U0157340

智能配电网及关键技术

下 册

主编　程利军

中国水利水电出版社
www.waterpub.com.cn
·北京·

内 容 提 要

本书主要介绍了智能配电网一二次系统及智能配电网的关键技术等相关内容，描述了智能配电网领域的技术挑战的关键技术及应对挑战的最有效的解决方案；针对智能配电网系统一二次系统的组成、技术、功能、拓扑、商业可行性、验证手段等进行了深入地探究，并介绍了当今智能配电网、微电网、新能源领域的热点及关键技术。

本书共分十六章，主要内容包括智能配电网概论，配电网一二次融合，智能配电装置，故障指示器，智能配变终端，馈线自动化系统方案，配电网通信技术，配、调一体化主站系统，智能微电网，直流配电网，储能，配电网系统电能质量，交直流配电系统试验平台，微电网工程案例，智能配电网运行维护，智能配电网其他相关技术。

本书可供从事智能电网和智能配电网的研究、建设以及运行维护人员阅读，也可供电网企业、装备制造企业各级技术管理人员参考，还可供电气工程、自动控制等专业的师生学习参考。

图书在版编目（CIP）数据

智能配电网及关键技术 ：上册、下册 / 程利军主编
. -- 北京 : 中国水利水电出版社, 2020.12
ISBN 978-7-5170-9009-0

Ⅰ. ①智… Ⅱ. ①程… Ⅲ. ①智能控制－配电系统－研究 Ⅳ. ①TM727

中国版本图书馆CIP数据核字(2020)第224190号

书　　名	智能配电网及关键技术（下册） ZHINENG PEIDIANWANG JI GUANJIAN JISHU（XIACE）
作　　者	主编　程利军
出版发行	中国水利水电出版社 （北京市海淀区玉渊潭南路1号D座　100038） 网址：www.waterpub.com.cn E-mail：sales@waterpub.com.cn 电话：（010）68367658（营销中心）
经　　售	北京科水图书销售中心（零售） 电话：（010）88383994、63202643、68545874 全国各地新华书店和相关出版物销售网点
排　　版	中国水利水电出版社微机排版中心
印　　刷	清淞永业（天津）印刷有限公司
规　　格	184mm×260mm　16开本　45印张（总）　1095千字（总）
版　　次	2020年12月第1版　2020年12月第1次印刷
印　　数	0001—2000册
总 定 价	**198.00**元（上、下册）

《智能配电网及关键技术》编委会

主　　编　程利军

副 主 编　杨德先　宁　涛　林志光　李振兴　唐金锐　吴大力
冯　光　陈艳霞　许少伦　张剑洲　祝　昆　姚承勇
黄家希　刘俊见　付志超　王耿炯　李智敏　张茂林
程　然

主　　审　陈德树（华中科技大学）

参编单位　江苏和网源电气有限公司
纳思达股份有限公司
北京龙腾蓝天科技公司
上海自新机电工程技术有限公司
康翊智能装备科技（江苏）有限公司
麦格磁电科技（珠海）有限公司
北京群菱能源科技有限公司
无锡德盛互感器有限公司
河南领智电力科技有限公司

参编人员　张凤鸽　刘世林　吴　桐　刘建峰　汪　科　付小培
王　鹏　姜　鸿　王　平　江忠耀　黄光林　秦荆伟
宋小伟　牛旭东　林永清　张进滨　华雄飞　刘梦媛
夏长军　王桂成　李　广　蒋中华　毛维宙　刘　琦
朱可桢　肖勤元　虞迅遂　陆　健　马　鹤　余良国
庞　帅

前言

随着全球智能配电网的建设进程，智能配电网已经从传统的供方主导、单向供电、基本依赖人工管理的运营模式向用户参与、潮流双向流动、高度自动化的方向转变。

未来，智能配电网市场仍将迅速增长。其中，发达国家以原有的配电网设备更新换代需求为主，发展中国家以新建智能配电网系统需求为主。全球智能电网市场规模将由2018年的238亿美元发展到2023年的613亿美元，年均复合增长率为20.9%。“十二五”期间，按配电网智能化率达到40%测算，配电智能化终端和主站的总市场容量分别达到230亿元和36亿元左右，总市场容量接近280亿元。“十三五”期间，国家发展和改革委员会、国家能源局相继出台多项文件促进配电网建设，提高配电自动化覆盖率，推动我国配电发展取得显著成果。“十四五”期间，配电网电力需求将继续保持中高速增长态势，未来几年配电自动化增长潜力巨大。

智能电网中配电环节的重点工程包括：配电网网架建设和改造、配电自动化试点和实用化、关联和整合相关的信息孤岛、分布电源的接入与控制和配用电系统的互动应用等。为了满足用户对供电可靠性、电能质量及优质服务的要求，满足分布式电源、集中与分布式储能的无扰接入，未来电网中传统的配电系统运行模式和管理方法亟待改善。智能配电网络是坚强智能电网的基石，坚强在特高压，智能在配电网。

下表给出了智能配电网的特征、目标及关键技术。

特征	目　标	关键技术
可靠	最大可能地减少瞬时供电中断；具备自愈功能实时检测故障设备并进行纠正性操作，最大限度地减少电网故障对用户的影响	环网供电、电缆化、不停电作业；采用小电流接地，自动补偿接地电流，提高熄弧率；配电自动化、快速自愈、无缝自愈；应用分布式电源微电网，在大电网停电时维持重要用户供电

续表

特征	目　　标	关键技术
优质	供电电压合格率超过99%；最大限度地减少电压骤降	电压、无功优化控制；配电自动化；柔性配电设备/DFACTS/定制电力
高效	提高供电设备平均载荷率，不低于50%；减低线损率，不超过4%	配电自动化：减少变电站备用容量；动态增容；实时电价、需求侧管理、需求侧响应
兼容	支持分布式电源的大量接入，即插即用	配电自动化：有源网络技术；分布式电源保护控制技术；虚拟发电厂技术；分布式电源集中调度
互动	用电信息互动：实现用电信息在供电企业与用户间的即时交换，创新用户服务。 能量互动：支持实时（动态）电价；支持用户自备DER并网	主要技术措施：高级量测体系，需求侧响应（DR）

我国智能配电网系统研究、实践正如火如荼探索前行。“安全可靠、经济高效、灵活互动、绿色环保”是智能配电网的发展目标。支撑和实现智能配电网发展目标有十大关键技术：主动配电网规划技术、智能配电装备技术、通信与信息支撑技术、智能配电网自愈控制技术、智能配电网能量调度技术、智能配电网能效管理技术、智能配电网互动化服务技术、配电网数模仿真技术、分布式电源并网与微电网技术以及电动汽车充放电技术等。

为促进我国智能配电网系统的建设发展，我们在总结当今国内外智能配电网技术的基础上，编写了《智能配电网及关键技术》一书。本书共分十六章，主要内容包括：智能配电网概论，配电网一二次融合，智能配电装置，故障指示器，智能配变终端，馈线自动化系统方案，配电网通信技术，调、配一体化主站系统，智能微电网，直流配电网，储能，配电网系统电能质量，交直流配电系统试验平台，微电网工程案例，智能配电网运行维护，智能配电网其他相关技术等。本书旨在协助从事智能电网和智能配电网的研究、建设以及运行维护工程技术人员对智能配电网一二次系统进行选择、规定、设计、部署和应用的工作。也可供电网企业、制造企业各级技术管理人员参考，还可供高校电气工程、自动控制等专业的师生学习参考。

本书主编程利军，副主编杨德先（华中科技大学）、宁涛（西安电子科技大学）、林志光（全球能源互联网研究院有限公司）、李振兴（三峡大学）、唐金锐（武汉理工大学）、吴大力（中国船舶总公司709所）、冯光（河南省电力公司电力科学研究院）、陈艳霞（北京电力公司电力科学研究院）、许少伦（上海交通大学）、张剑洲（纳思达股份有限公司）、祝昆（六盘水师范大学）、姚承勇（北京群菱能源科技有限公司）、黄家希（北京龙腾蓝天科技公司）、刘俊见［康翊智能装备科技（江苏）有限公司］、付志超（中国船舶总公司712所）、王耿炯（浙江华云信息科技有限公司）、李智敏（西安电子科技大学）、张茂林（西安电子科技大学）、程然（Swiss Re）。参加本书编著的还有张凤鸽、刘世林、吴桐、刘建峰、汪科、付小培、王鹏、姜鸿、王平、江忠耀、黄光林、秦荆伟、宋小伟、牛旭东、林永清、张进滨、华雄飞、刘梦媛、夏长军、王桂成、李广、蒋中华、毛维宙、刘琦、朱可桢、肖勤元、虞迅遂、陆健、马鹤、余良国、庞帅等。参编单位有江苏和网源电气有限公司、纳思达股份有限公司、北京龙腾蓝天科技公司、上海自新机电工程技术有限公司、康翊智能装备科技（江苏）有限公司、麦格磁电科技（珠海）有限公司、北京群菱能源科技有限公司、无锡德盛互感器有限公司及河南领智电力科技有限公司。

本书在编写过程中参阅了大量技术文献和技术成果，特向其作者表示感谢。在编写过程中得到江苏和网源电气有限公司、上海自新机电工程技术有限公司、北京龙腾蓝天科技有限公司的大力协助，在此表示感谢。

由于作者的水平有限，书中错误和缺点在所难免，望广大读者批评指正。

作者

目录

第十章　直流配电网

第一节　直流配电网概述

一、引言

近几年，随着半导体及电力电子技术和分布式能源发电的快速发展，直流供电逐渐显现出技术、经济和环保的优势。同时，伴随着城市规模快速增长以及信息技术迅速发展，电网内敏感负荷、非线性负荷，以及其他重要负荷越来越多。

未来智能电网技术发展方向主要集中在配电网。当前灵活、简单的交流配电技术仍是配电领域应用的主要模式；但交流配电系统存在动态响应速度慢、传输功率小、配电距离短、损耗大、电能质量差等问题。针对电力电子技术的大力发展、分布式电源接入大电网以及负荷呈现多样化需求等形势，国际上正积极开展直流配电技术的研究。相较于交流配电，直流配电系统具有诸多优势：

(1) 电能质量高。直流配电系统能够实现有功和无功的独立调节，且不存在频率偏差等问题。

(2) 经济性好。通过交、直流电网经济分析得出，直流配电系统可节省投资28%。

(3) 损耗小。分布式直流电源和直流负载不经过换流器，直接连接到直流馈线上，减少了冗余能量转换设备，从而降低系统损耗；同时直流系统只存在电阻损耗，因而线路损耗也会降低。

(4) 分布式电源易接入。分布式电源接入系统不需要与电网同步，降低了并网难度，提高了系统的可靠性和稳定性。

目前直流配电系统仍处于起步阶段，尚无明确、具体的评价体系和指标，缺乏科学、完善的评估方法和标准，在实际应用中仍有大量的问题待进一步研究、论证、解决。

二、直流配电系统

1. 直流配电的电压等级

同等电压等级下，直流比交流的配电容量大，制订合理的电压等级能够很好地满足未来直流负荷需求及适应配电网络的结构变化。

GB/T 35727—2017《中低压直流配电电压导则》规定了±3～±50kV范围中压配电系统的标称电压，见表10-1-1；48V～3kV范围的低压直流配电系统的标称电压见表10-1-2。

图10-1-1给出了直流配电系统电压等级。

表 10-1-1　　中压直流配电系统的标称电压　　单位：kV

优选值	备选值	优选值	备选值
	±50	±10	
±35			18
	±20		12
	30		±6
	24	±3	

表 10-1-2　　低压直流配电系统的标称电压　　单位：V

优选值	备选值	优选值	备选值
3000（±1500）			400
1500（±750）			336
	1000		240
750（±375）		220（±110）	
	600		48
	440		

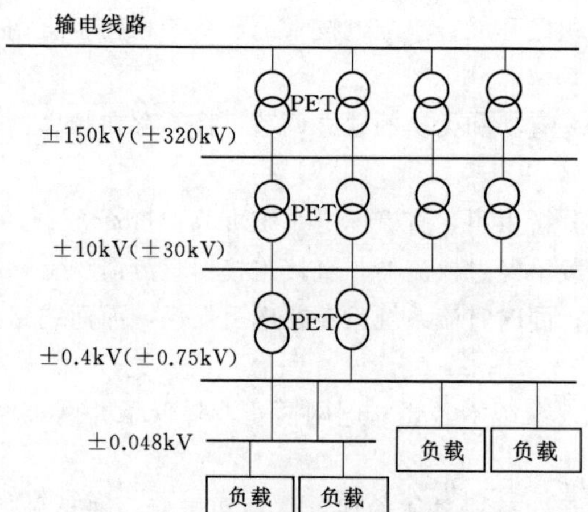

图 10-1-1　直流配电系统电压等级

家庭直流配电网是未来直流配电网发展的一个重要趋势，未来家庭直流配电电压分为高压（380V）和低压（48V）两个等级，其中低压用于供应家庭笔记本、照明灯等家庭常用电器。将直流配电网适用的 4 个电压等级（326V、230V、120V 和 48V）进行比较，最后从科技和经济角度考虑确定直流配电线路最合适的电压等级为 326V。

2. 直流配电网的网络结构

直流配电网的网络结构涉及供电可靠性、电能质量等关键问题，完善的网络结构能够保证系统稳定，满足未来城市直流配电的发展需求，而且较为成熟的柔性直流输电技术也为完善直流配电网络结构提供了借鉴。当前有关直流配电研究的仿真模型和已建成的实际工程的拓扑结构较多。基本拓扑结构主要有环状、放射状与两端配电 3 种。

一种直流微电网双极结构，如图 10-1-2 所示，通过变压器和整流器，从 6.6kV 交流配电网获得 340V 直流电压，配电网采用 3 条主供电线路结构，+170V、中性线和－170V。蓄电池和超级电容等储能设备通过 DC/DC 转换器连接到直流母线，燃气轮机和光伏电池等分布式电源分别通过 DC/DC 转换器和 AC/DC 转换器连接到直流母线。配电网能够基于直流母线供应多种电力，如 AC 100V、DC 48V、DC 340V 等，满足用户的不同需求。

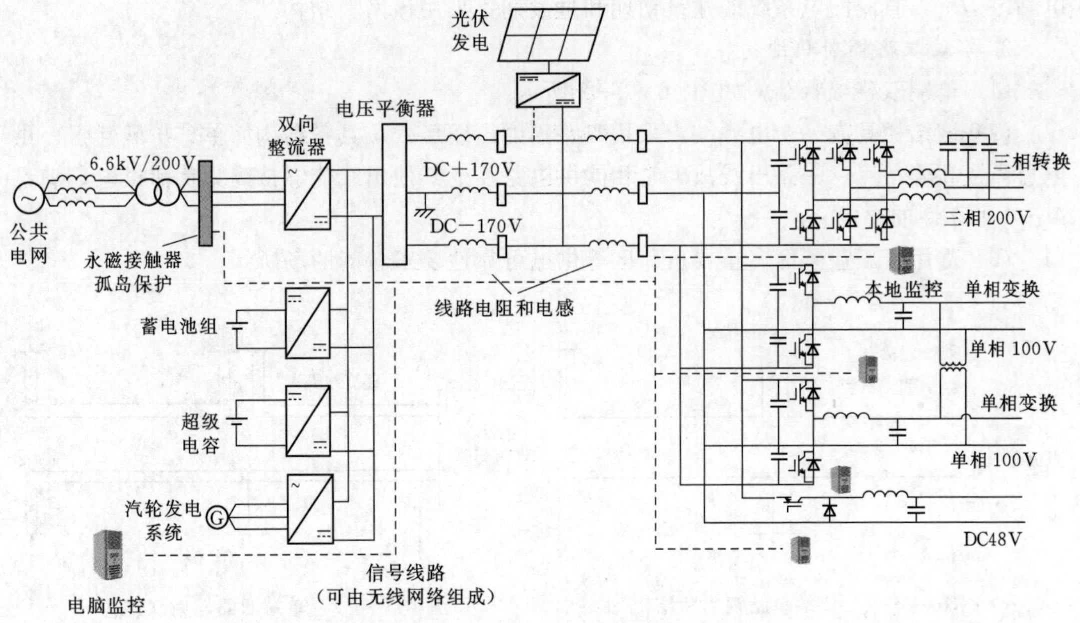

图 10-1-2　直流微电网双极结构

图 10-1-3 给出某高校校园直流微电网系统结构。采用 380V 低压直流配电母线的构成方式，包括 150kW 屋顶太阳能发电、城市各种负荷及办公用电。

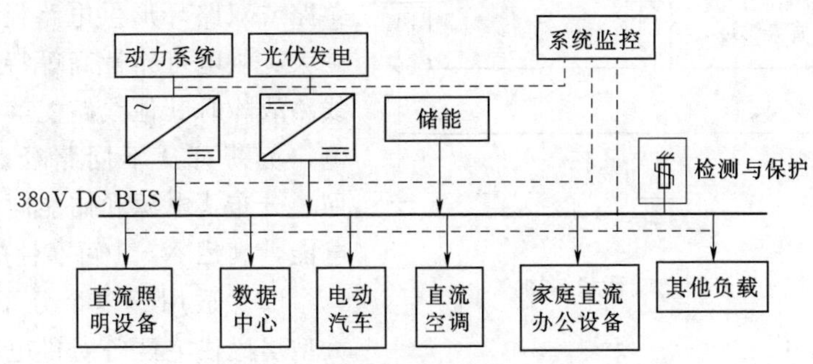

图 10-1-3　某高校校园直流微电网系统结构

第二节　直流配电网典型网架结构及故障

一、典型网架结构

1. 单端单路辐射状结构

单端单路辐射状结构如图 10-2-1 所示。

(1) 该结构具有一个电源端，采用单路辐射出线形式，具备结构简单、建设经济、扩展性强、升级改造灵活等特点，不满足 $N-1$ 可靠性的要求。

(2) 适用于一般直流负载集中区，如居民住宅区、电动汽车充电站和功率较大的储能电站等场所，直流配电系统的建设初期和过渡期宜采用该网架结构。

2. 单端双路辐射状结构

(1) 单端双路辐状结构如图 10-2-2 所示。

(2) 该结构具有一个电源端，采用双路辐射出线形式，具备结构简单、扩展性强、供电可靠性高等特点，一路出线故障时相同供电路径上其他出线能够持续为负荷供电，满足 $N-1$ 可靠性的要求。

(3) 适用于工业园区、重要负荷区等供电可靠性要求较高的场所。

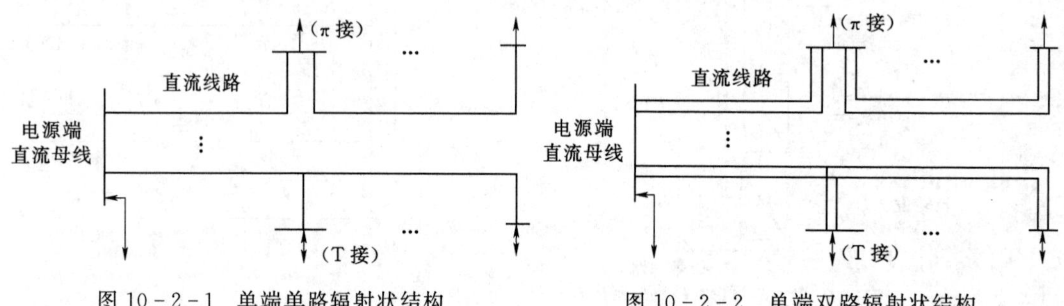

图 10-2-1 单端单路辐射状结构　　图 10-2-2 单端双路辐射状结构

3. 单端环状结构

单端环状结构如图 10-2-3 所示。

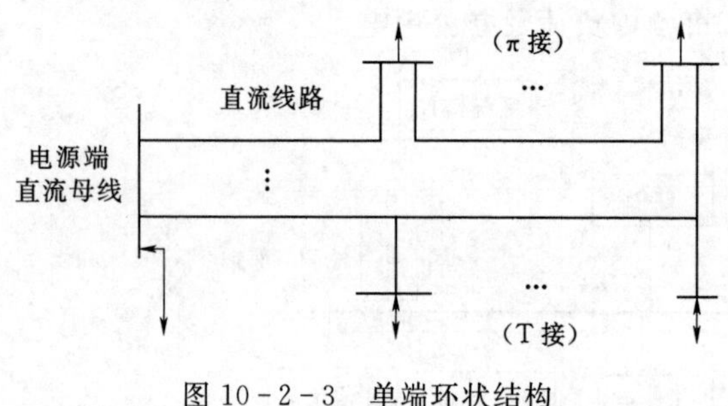

图 10-2-3 单端环状结构

(1) 该结构具有一个电源端，采用单路或双路环形供电路径，具备供电范围大、供电可靠性高等特点，任何一侧线路故障时其他线路能够持续为负荷供电，负荷可从不同路径获取电能或电网、分布式电源和储能向不同路径输出电能，满足 $N-1$ 可靠性的要求。

(2) 适用于多个分布式电源接入、大型居民住宅区等对供电可靠性要求较高的场所。

(3) 可根据用户需求及运行工况灵活选择开环或闭环运行方式。

4. 双端结构

双端结构如图 10-2-4 所示。

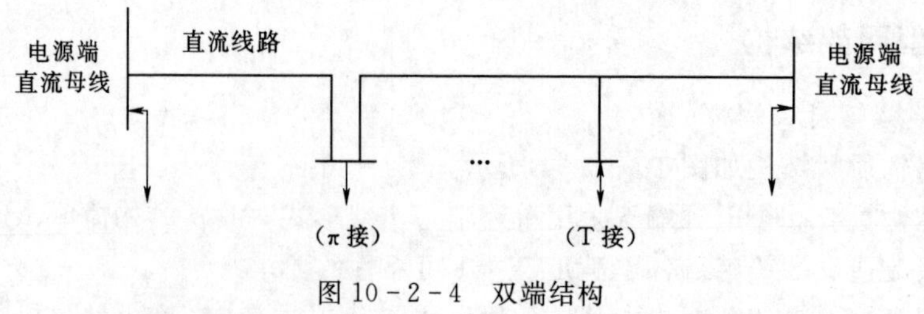

图 10-2-4 双端结构

（1）该结构具有双侧电源并列运行，采用单路或双路出线形式，具备供电范围大、供电可靠性较高的特点，任何一端电源故障时另一侧电源端能够满足全部负荷供电需求，负荷可从不同方向获取电能或电网、分布式电源和储能向不同方向输出电能，满足 $N-1$ 可靠性的要求。

（2）适用于容量较大、供电可靠性要求较高的场所，如工业园区、重要负荷区等供电场所。为提高可靠性，通过直流进行背靠背的交流供电系统也可采用双端网架结构。

5. 多端树枝状结构

多端树枝状结构如图 10-2-5 所示。

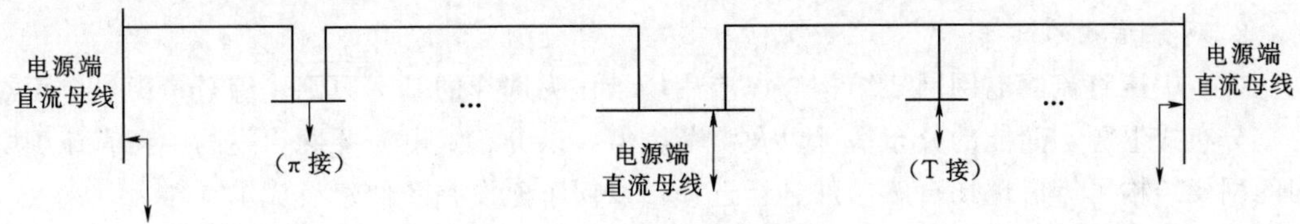

图 10-2-5　多端树枝状结构

（1）该结构具有三个及以上电源并列运行，采用单路或双路树枝状路径，具备供电范围大、供电可靠性较高的特点，任何一端电源故障时其他电源端能够满足全部负荷供电需求，负荷可从不同方向获取电能或电网、分布式电源和储能向不同方向输出电能，满足 $N-1$ 可靠性的要求。

（2）适用于多点高密度分布式电源接入及对供电可靠性要求较高的场所，直流配电系统建设的发展期宜采用该网架结构。

（3）可根据用户的用电需求确定电源端点数量和位置，对于多个可选的电源端点应进行技术经济性比较后再确定。

6. 多端环状结构

多端环状结构如图 10-2-6 所示。

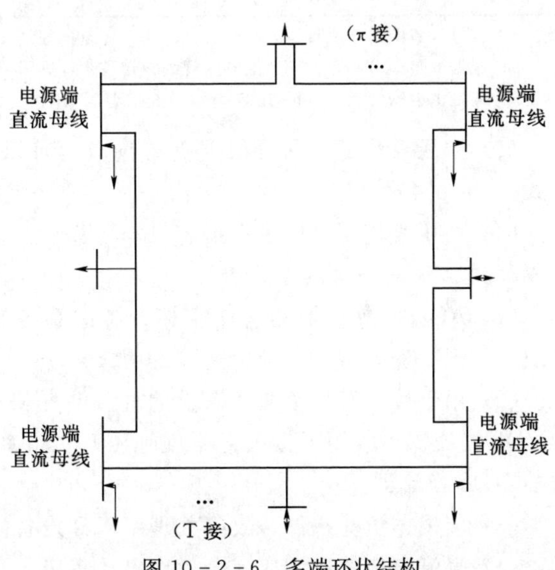

图 10-2-6　多端环状结构

（1）该结构具有两个及以上电源并列运行，采用单路或双路环形供电路径，具备供电范围广、供电能力强、供电可靠性高等特点，任何一侧线路故障时其他侧线路能够持续为负荷供电，且任何一端电源故障时其他电源端能够满足全部负荷供电需求，负荷可从不同路径获取电能或电网、分布式电源和储能向不同路径输出电能，满足 $N-1$ 可靠性的要求。

（2）适用于多个分布式电源接入及容量大且对供电可靠性要求高的场所。

（3）可根据用户需求及运行工况灵

活选择开环或闭环运行方式。

(4) 可根据用户的用电需求确定电源端点数量和位置。

二、供电方案技术要求与典型供电方案

1. 电压等级的确定

(1) 中压直流配电网电压等级的选择应以满足负荷需求和分布式电源输送容量的要求、简化变压层级为原则，取值对应相关直流配电电压标准的规范电压值。

(2) 中压直流配电网电压等级的确定需综合考虑其应用范围、传输容量、输送距离、可靠性、安全性和经济性等因素。

2. 网架结构的选择

(1) 中压直流配电网网架结构应以应用场景作为选择的基本原则，综合考虑供电可靠性，分布式电源、储能的分布情况以及负荷类型。以分布式电源并网为主的中压直流配电网的网架结构可考虑现场自然条件进行选择，以便于建设并降低建设成本。

(2) 不同供电可靠性要求的中压直流配电网区域宜根据其负荷特点及重要程度选择相应网架结构，见表 10-2-1。

表 10-2-1　　不同供电区域适用的中压直流网架结构

序号	网架结构类型	供电区域					
		A+	A	B	C	D	E
1	单端单路辐射状结构					√	√
2	单端双路辐射状结构	√	√	√	√	√	
3	单端环状结构	√	√	√	√	√	
4	双端结构	√	√	√	√		
5	多端树枝状结构	√	√	√			
6	多端环状结构	√	√				

注　1. 供电区域的划分参照 DL/T 5729—2016《配电网规划设计技术导则》执行。
2. 根据 DL/T 5729—2016《配电网规划设计技术导则》要求，A+、A、B、C 类供电区域的中压配电网结构应满足供电安全 $N-1$ 准则的要求，D 类供电区域的中压配电网结构宜满足供电安全 $N-1$ 准则的要求。

(3) 中压直流配电网可根据需要选取两种以上的拓扑结构组成复合拓扑的网架结构型式。

(4) 中压直流配电网可根据容量与可靠性需求选择单路、双路或多路供电方式。

3. 直流配电一次设备的选型

(1) AC/DC 换流器的选择应综合考虑系统的需求及换流器的性能、可靠性、损耗、占地、体积、安装条件、综合造价等因素。

(2) 用于接入有功率交换需求的直流系统和直流微电网的 DC/DC 换流器应采用双向 DC/DC 换流器，仅用于接入直流负荷和无功功率外送的直流系统和直流微电网可采用单向 DC/DC 换流器。

(3) 应根据负荷条件、故障处理要求和设备制造水平选择适用的直流断路器。

(4) 直流电缆的选型应综合考虑电压等级、载流量、电压偏差、动热稳定、过电压耐

受能力及供电裕度等因素。

（5）应根据网架结构、负荷分布及直流设备的配置情况选择适合的位置配置适用的直流潮流控制器。

（6）直流母线应综合考虑可靠性、灵活性与经济性等因素，并根据所选直流网络拓扑结构选择适用的配置方式。双路供电方式下，直流母线宜采用分断的方式。

4．直流配电的保护与自动化

（1）保护配置应满足选择性、速动性、灵敏性和可靠性的基本要求，相邻保护范围之间应重叠，避免保护死区。

（2）直流配电网络应配置直流自动化控制系统，采用多源协同、分层分区的控制方式，以实现直流系统稳定、高效运行。

（3）自动化系统的通信应采用成熟、适用并适度超前的技术，满足直流配电网安全运行的业务需求。

5．典型场景下的中压直流配电供电方案

（1）网架结构的选择见表10－2－2。

（2）推荐采用双极结构的接线型式，可在直流单极发生故障时，健全直流极能够满足全部或部分负荷供电需求；也可根据需要采用单极或对称单极结构的接线型式。

（3）接地方式应综合考虑直流系统的接线型式、直流与交流系统的隔离情况、交流系统侧的接地情况等因素。

（4）应考虑电压等级、载流量及区域负荷发展情况，导线截面宜一次选定，并通过添加电源或增加线路进行扩展，以满足负荷与分布式电源的容量及供电可靠性发展需要。

表10－2－2　不同应用场景下推荐的中压直流配电网架结构

序号	网架结构类型	应用场景			
		集中负荷下的中压直流配电网	分散负荷下的中压直流配电网	可再生能源汇集的中压直流配电网	高可靠性要求下的中压直流配电网
1	单端单路辐射状结构		√	√	
2	单端多路辐射状结构	√		√	√
3	单端环状结构		√		√
4	双端结构	√			√
5	多端树枝状结构	√	√	√	√
6	多端环状结构	√		√	√

注　1．集中负荷下的中压直流配电网特点：负荷密度大。
2．分散负荷下的中压直流配电网特点：负荷密度低，供电半径相对较大。
3．可再生能源汇集的中压直流配电网特点：分布式电源数量多、分布分散，负荷较轻。
4．高可靠性要求下的中压直流配电网特点：A＋及A类供电区域，至少满足$N-1$要求。

6．供电区域划分

供电区域划分见表10－2－3。

表 10-2-3　　供电区域划分

供电区域		A+	A	B	C	D	E
行政级别	直辖市	市中心区 或 $\sigma \geqslant 30$ 的供电区	市区或 $15 \leqslant \sigma < 30$ 的供电区	市区或 $6 \leqslant \sigma < 15$ 的供电区	城镇或 $1 \leqslant \sigma < 6$ 的供电区	农村或 $0.1 \leqslant \sigma < 1$ 的供电区	—
	省会城市、 计划单列市	$\sigma \geqslant 30$ 的 供电区	市中心区或 $15 \leqslant \sigma < 30$ 的供电区	市区或 $6 \leqslant \sigma < 15$ 的供电区	城镇或 $1 \leqslant \sigma < 6$ 的供电区	农村或 $0.1 \leqslant \sigma < 1$ 的供电区	—
	地级市 （自治州、盟）	—	$\sigma \geqslant 15$ 的 供电区	市中心区或 $6 \leqslant \sigma < 15$ 的供电区	市区、城镇 或 $1 \leqslant \sigma < 6$ 的供电区	农村或 $0.1 \leqslant \sigma < 1$ 的供电区	农牧区
	县 （县级市、旗）	—	—	$\sigma \geqslant 6$ 的 供电区	城镇或 $1 \leqslant \sigma < 6$ 的供电区	农村或 $0.1 \leqslant \sigma < 1$ 的供电区	农牧区

注　1. 计算负荷密度时，应扣除专线负荷，以及高山、戈壁、荒漠、水域、森林等无效供电面积。

2. σ 为供电区域的直流负荷密度（MW/km^2）。

3. A+、A 类区域对应中心城市（区），B、C 类区域对应城镇地区，D、E 类区域对应乡村地区。

4. 供电区域划分标准可结合区域特点适当调整。

三、直流故障特点及故障隔离

1. 直流故障特点

直流故障分极间故障与接地故障，极间故障电流与换流器有关，如图 10-2-7 所示。

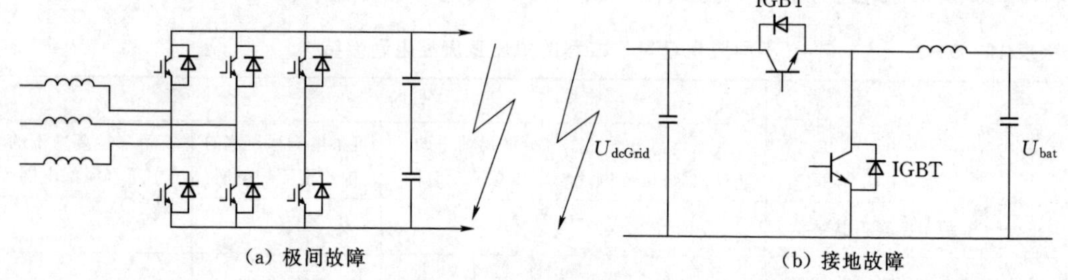

(a) 极间故障　　(b) 接地故障

图 10-2-7　直流故障

（1）对两电平半桥变流器，存在以下过程：①电容放电；②不控整流。

（2）对双向降压 DC/DC，电网侧故障存在以下过程：①电容放电；②不控放电。

（3）一些复杂的电路，放电时间短，有时甚至没有持续不控整流的情况，如图 10-2-8 和图 10-2-9 所示。

（4）虽然不同换流器故障过程不同，但大多数情况下，都存在先大电流放电、再故障电流减小的过程。

（5）为限制故障放电电流，往往在线路中增加限流电抗。

2. 故障隔离

故障隔离如图 10-2-10 所示。

（1）交流断路器隔离故障。对两电平变流器，只能靠交流侧断路器切除故障。

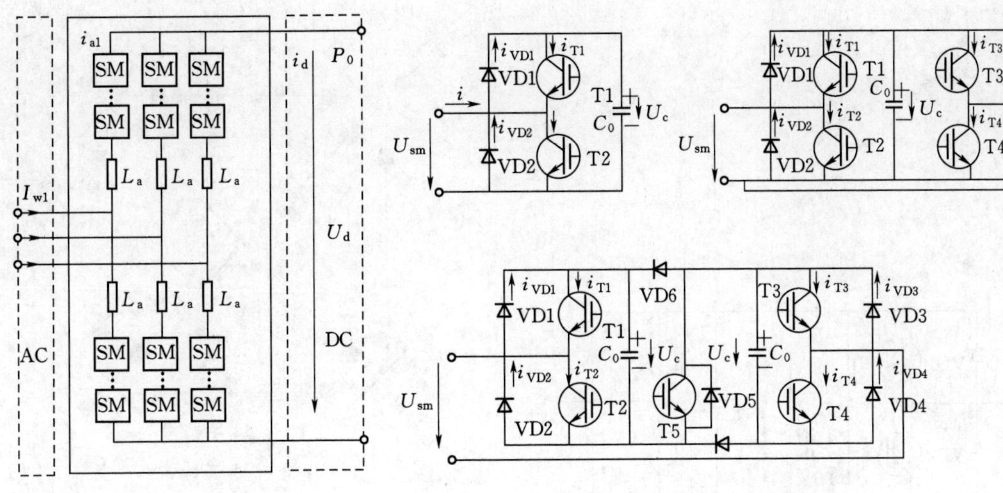

图 10-2-8　复杂直流故障

(2) DC/DC 隔离故障。低压侧故障，电容放电后，闭锁 IGBT 就可以隔离故障。两电平变流器后接 DC/DC 成为可限制故障电流的变流器。

(3) 一些变流器也有隔离故障的能力，如图 10-2-11 所示。

(4) 复杂的直流网络需要直流断路器来防止故障的扩大，如图 10-2-12 所示。

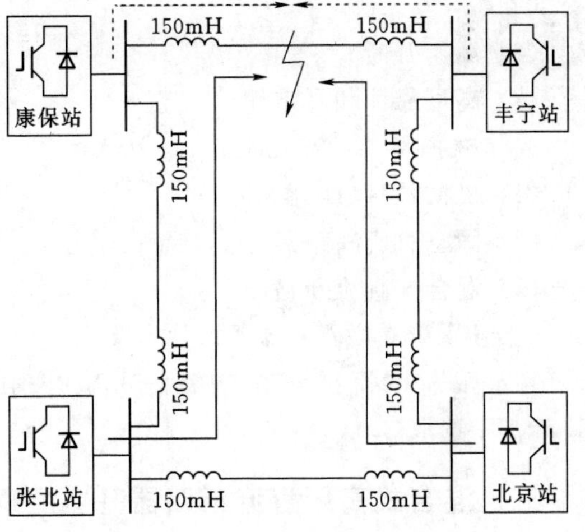

图 10-2-9　回端直流故障分析

四、直流断路器

1. 直流断路器的技术难题

(1) 直流电流没有自然过零点，直流电弧不易熄灭。

(2) 电容放电，其短路电流增长极快。

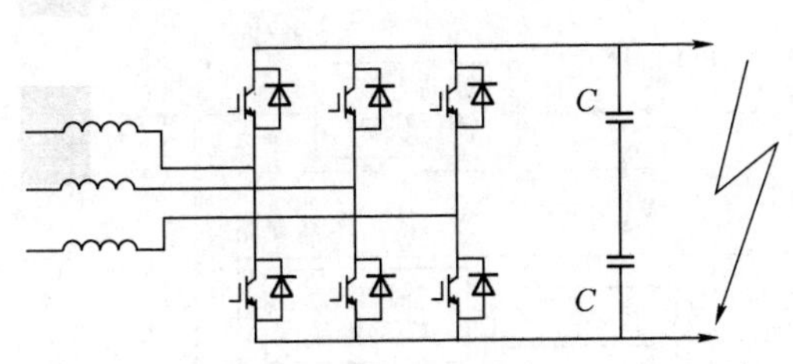

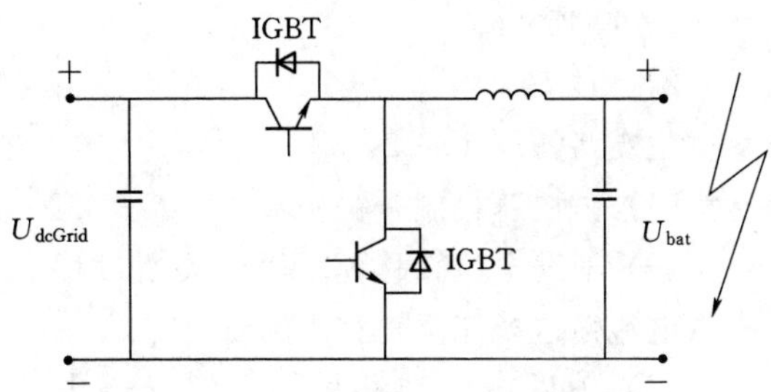

图 10-2-10　故障隔离

2. 直流断路器的性能需求

(1) 高电压、大电流。

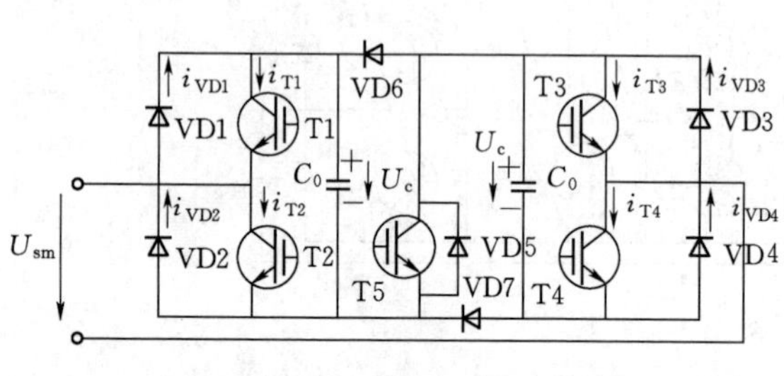

图 10-2-11 变流器隔离故障

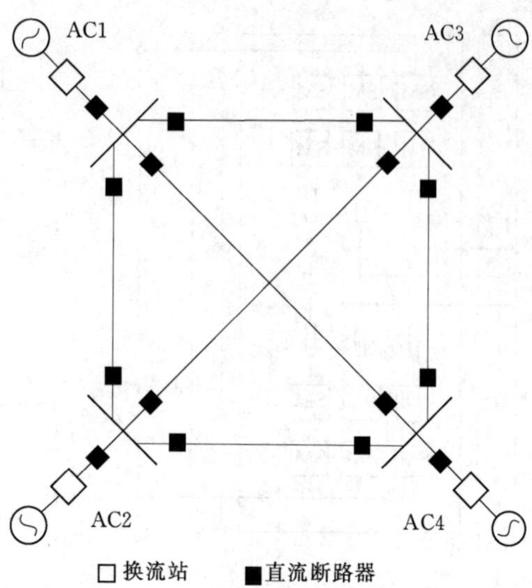

图 10-2-12 直流断路器切除故障

(2) 高速开断。

(3) 高可靠性和经济性。

3. 直流断路器的研究现状

(1) 机械式直流断路器。

(2) 固态直流断路器。

(3) 混合式直流断路器。

4. ±10kV 直流断路器通用技术要求

额定截断电流推荐在 4kA、5kA、6.3kA、8kA、10kA、12.5kA、20kA、25kA、31.5kA 中选取。

五、混合式高压直流断路器基本原理

1. 基本结构

混合式直流断路器的基本结构如图 10-2-13 所示。

2. 主支路

主支路如图 10-2-14 所示。

(1) 由快速机械开关构成。

(2) 辅助电流转移模块用于关断过程中将电流强迫换流至转移支路。

(3) 辅助电流转移模块会有导通电阻、导通损耗。

(4) 辅助电流转移模块中，IGBT 是一个常开接点。

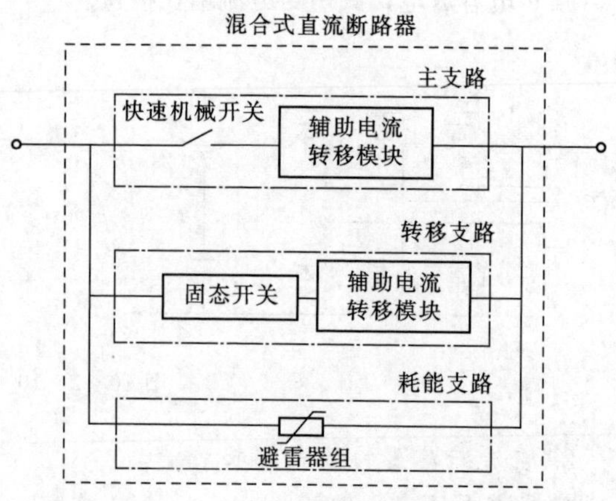

图 10-2-13 混合式直流断路器的基本结构

3. 转移支路

转移支路如图 10－2－15 所示。

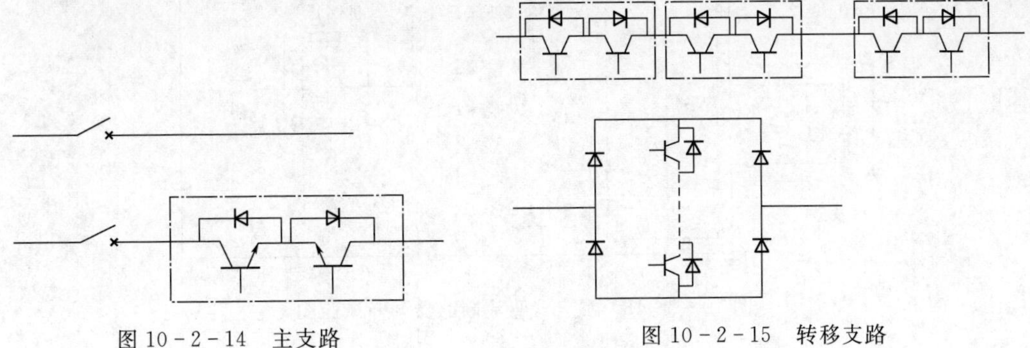

图 10－2－14 主支路　　图 10－2－15 转移支路

（1）转移支路关断耐压、通态压降与 IGBT 参数与串联个数有关。

（2）短路电流承受能力与 IGBT 参数与并联数有关。

4. 耗能支路

耗能支路如图 10－2－16 所示。

（1）防止过电压击穿 IGBT。击穿电压小，有助于保护 IGBT。

（2）吸收系统电感中的能量。吸收容量要大于系统电抗的能量，击穿电压大，故障电流衰减快。

5. 混合式直流断路器开断过程

混合式直流断路器的开断过程如图 10－2－17 所示。

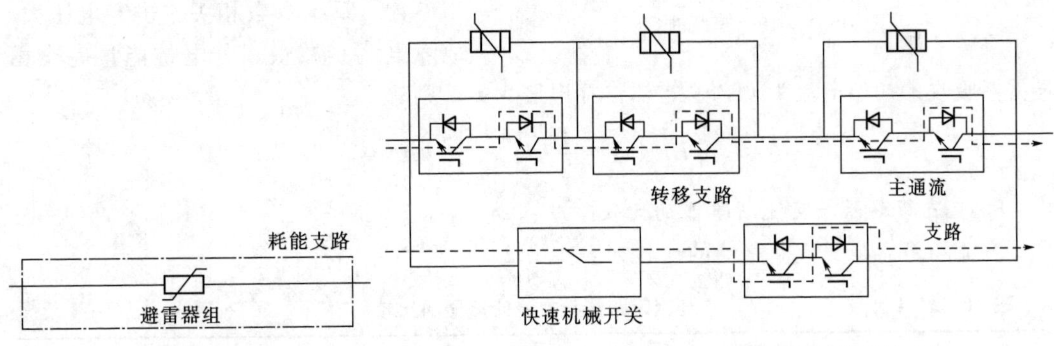

图 10－2－16 耗能支路　　图 10－2－17 混合式直流断路器的开断过程

（1）正常通流时，电流由主支路导通，而电流转移支路中无电流流过。

（2）开断时，主支路 IGBT 闭锁，电流转移至电流转移支路。

（3）快速机械开关无电弧分断至安全开距，且不承担大电流开断。

（4）转移支路 IGBT 闭锁，避雷器导通，电流转移至避雷器并衰减。

6. 混合式直流断路器开断过程中的时序

混合式直流断路器开断试验图和时序如图 10－2－18 和图 10－2－19 所示。

外部开关合闸于故障，当电流超过保护定值时：

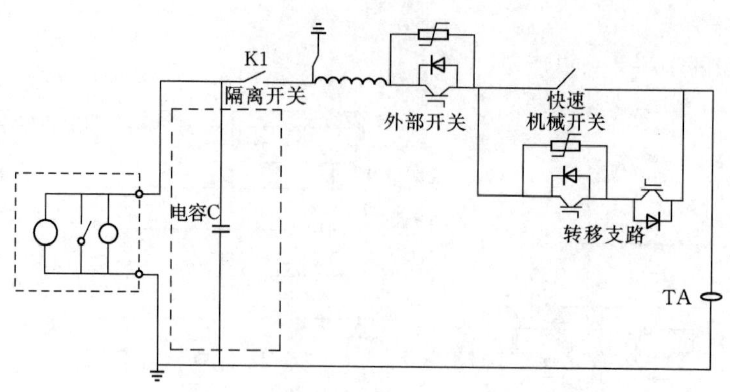

图 10-2-18 混合式直流断路器开断试验图

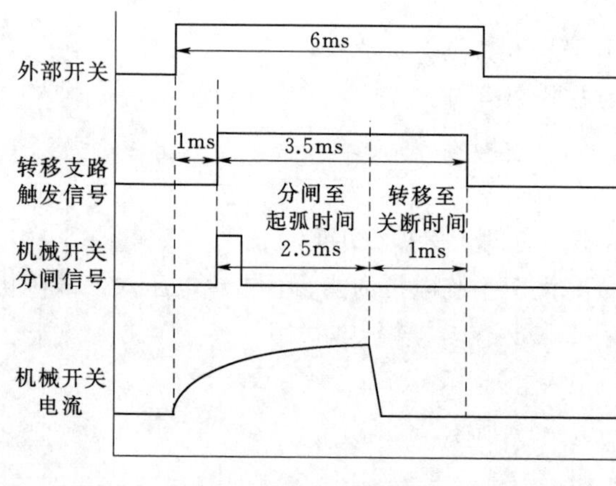

图 10-2-19 开断时序

(1) 触发转移支路，开断快速机械。

(2) 快速机械开关分断至安全开距，短路电流转移。

(3) 转移支路 IGBT 闭锁，避雷器导通，电流转移至避雷器并衰减。

7. 直流断路器故障电流清除时间

(1) 分断时间与开关断口绝缘恢复有关。

(2) 耗能支路清除电流与避雷器组参数及系统参数相关。击穿电压大，故障电流衰减快。若电抗能量完全由避雷器吸收，初始电流为 i_0，避雷器击穿电压为 U，则有

$$\frac{1}{2}Li^2(t)=\frac{1}{2}Li_0^2-\int_0^t Ui(t)\mathrm{d}t$$

8. 直流断路器与交流断路器的比较

直流断路器与交流断路器的比较如表 10-2-4 所示。

表 10-2-4　　直流断路器与交流断路器的比较

交流断路器	直流断路器
分闸时间：指分闸线圈的端子得电至三极触头全部合上或分离的时间	分断时间（开断时间）：从高压直流断路器收到分断命令时刻，到直流电流开始下降时刻的时间间隔
燃弧时间：指从断路器某极触头起弧瞬间至各极均熄弧瞬间的时间	清除时间：高压直流断路器分断过程中，从直流电流开始下降时刻到其至零时刻的时间间隔
开断时间：指分闸时间起始时刻到燃弧时间终了时刻的时间间隔	全分断时间：收到分断命令时刻，到直流电流下降至零时刻的时间间隔

第三节　直流配电网继电保护

一、概述

当前对直流配电技术的研究主要集中在技术经济可行性分析、系统拓扑结构、接地方式以及变换电路设计控制等方面，较少涉及继电保护系统，目前还没有直流配电系统保护配置的实践经验和标准。因此有必要针对直流配电系统研究保护方案配置，从而保证直流配电系统的安全可靠运行。

建立拓扑结构相对简单的直流配电系统模型，并进行稳态仿真，验证模型建立的可行性。其次针对模型典型故障进行仿真分析，得出故障后电气量暂态特征。最后根据上述故障暂态特征，结合继电保护“四性”要求，对直流配电系统进行保护配置。

二、直流配电系统模型

直流配电系统的基本拓扑结构主要有辐射网络、环状网络和网状网络。辐射网络的潮流路径确定，潮流易于控制，但可靠性较低；环状网络中任何两个站间的潮流路径都有两条，供电可靠性高，但潮流控制、故障检测与保护相对复杂；网状网络由两个或者两个以上环状网络结合，网络结构更加复杂，潮流路径不确定，更加难以控制。图 10-3-1 为一个典型辐射型直流配电网络结构。

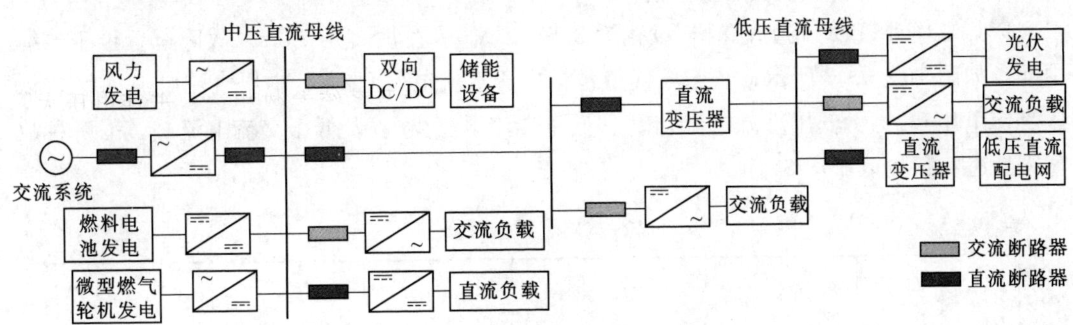

图 10-3-1　典型辐射型直流配电网络结构

建立仿真模型如图 10-3-2 所示，模型使用 110kV 交流系统对整个配电网进行供电，经过 110/10kV 变压器和整流器组成的配电换流站整流成 20kV 直流电，后经过一段 5km 电缆配电至用户变电站。在用户变电站内，将 20kV 直流电分别降压成 200V 直流电、逆变成 380V 交流电对直流负荷、交流负荷进行供电。为保证供电安全性和可靠性，中压直流系统和低压直流系统不接地，低压交流系统直接接地。

基于电磁暂态仿真软件 PSCAD/EMTDC 对直流配电网络模型进行建模仿真。稳态运行时配电换流站输出的中压直流电压保持在 20kV，用户变电站输出的低压直流电压、低压交流电压稳定在 200V、380V；对应的电流分别为 0.075kA、2kA、2.71kA；同时仿真结果显示各电缆压降和谐波含量均在允许范围之内，从而验证了仿真模型的可行性。

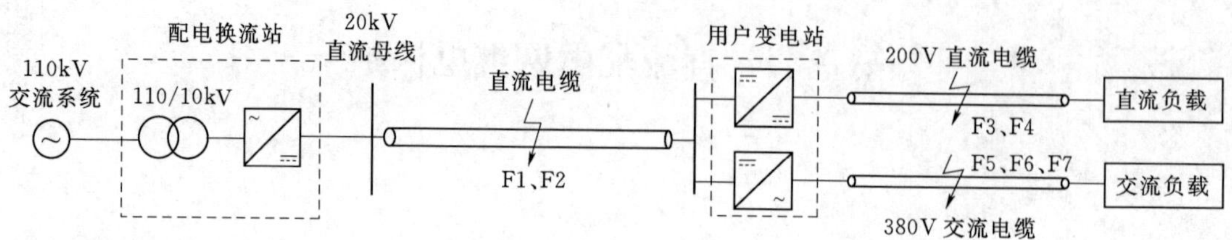

图 10-3-2 辐射型直流配电网络仿真模型

三、故障仿真

直流配电系统大量使用电力电子装置，因而其故障暂态特征与传统交流配电系统区别较大。通过探索直流配电系统故障暂态特征，提出相应的保护配置方案。

在直流配电系统模型中，主要研究以下典型故障类型：

(1) 20kV 直流电缆短路故障 F1。

(2) 20kV 直流电缆接地故障 F2。

(3) 200V 直流电缆短路故障 F3。

(4) 200V 直流电缆接地故障 F4。

(5) 380V 交流电缆 A 相接地故障 F5。

(6) 380V 交流电缆 BC 相短路故障 F6。

(7) 380V 交流电缆三相短路故障 F7。

PSCAD/EMTDC 仿真总时长设置为 3.5s，故障发生时刻为 1.5s；故障位置位于电缆中部，如图 10-3-2 所示；暂态电气量包括中压直流电压 U_{dc-z}、中压直流电流 l_{dc-z}、低压直流电压 U_{dc-d}、低压直流电流 l_{dc-d}、低压交流电压 u_{ac} 以及低压交流电流 i_{ac} 等。7 种故障下暂态特征见表 10-3-1。

表 10-3-1　　7 种故障下暂态特征

故障类型	U_{dc-z}	I_{dc-z}	U_{dc-d}	I_{dc-d}	u_{ac}	i_{ac}
F1	故障 15ms 内降低至接近 0 后保持不变	故障后 15ms 时上升至最大值 16kA，后逐渐降低	缓慢降低，故障 2s 后降低至 140V	缓慢降低，故障 2s 后降低至 1.4kA	缓慢降低，故障 2s 后降低至 160V	缓慢降低，故障 2s 后降低至 1.08kA
F2	基本无影响	影响小，只在稳定值附近存在一定谐波	无影响	无影响	略有波动，但影响不大	略有波动，但影响不大
F3	先缓慢降低，后迅速降至接近 0，间隔 0.9s	故障 0.9s 内快速上升至 6kA 后迅速振荡衰减	100ms 内高频振荡衰减至 20V	0.9s 内匀速上升至 13.5kA，后基本保持不变	0.9s 内基本保持不变，后逐渐降低至 255V	0.9s 内基本保持不变，后逐渐降低至 2.1kA
F4	基本无影响	先迅速上升至 0.35kA，后振荡衰减	在稳态值附近以 50Hz 频率波动	略微上升后下降，含有少量载波频率的谐波	略有波动，但影响不大	略有波动，但影响不大

续表

故障类型	U_{dc-z}	I_{dc-z}	U_{dc-d}	I_{dc-d}	u_{ac}	i_{ac}
F5	略有波动，但影响不大	40ms 内迅速上升至 1.6kA 后衰减下降	无影响	无影响	A相迅速下降稳定至 122V，BC相分别增至 457V、689V	A、B、C相分别迅速上升稳定至 5kA、2.77kA、4.21kA
F6	微小波动，但影响不大	先迅速上升至 2kA，后以 0.8Hz 大幅度振荡衰减	无影响	无影响	A相以 0.8Hz 周期性增大后降低；BC相瞬时降低，后以 0.8Hz 周期性增大后降低	A、B、C三相以 0.8Hz 周期性增大后降低，其最大幅值分别是 5.38kA、12.1kA、8.47kA
F7	周期性缓慢降低、迅速降低、迅速恢复至稳态值，第一个低谷值为 0	在 −4～5kA 区间振荡衰减	故障 0.3s 内降低 6V，后迅速恢复至稳态值	故障 0.3s 内降低 0.06kA，后迅速恢复至稳态值	故障瞬间降低至 0，后周期性增大后减小，第一个峰值幅值为 321V	周期性增大后减小，第一个峰值幅值为 13.55kA

四、保护配置

结合表 10-3-1 的故障暂态特征和继电保护“四性”要求，提出以下保护配置：

（1）从表 10-3-1 中可以看出，直流中压和低压配电系统短路和接地故障（F1～F4）对低压交流配电系统影响较小，特别是在故障初期（故障后 0.5s 内）；低压交流配电系统故障（F5～F7）初始阶段，电压电流故障特征与传统交流系统相似（没有考虑限流器的作用），同时考虑到用户变电站仅通过一条短电缆与交流用户相连，结构简单，因而仍可利用低压交流系统故障初期电压降低、电流增大两特征构成电压保护和电流保护，如低电压保护、过电流保护（考虑限流则不可用）、电流突变量保护和电流变化率保护等。这种方案既降低了保护配置的技术难度，又可保证较好的经济性，同时选择性亦可得到保证。

（2）直流中压和低压配电系统短路故障（F1 和 F3）对本线路的暂态影响相似，均会造成直流电压迅速降低和直流电流快速上升。不同之处在于，中压直流配电系统短路故障（F1）时，用户变电站输入直流电压降低导致低压直流配电系统的电压和电流均缓慢降低；而低压直流配电系统短路故障（F3）时，受低压直流配电系统故障影响，中压直流配电电压先缓慢降低，后加速降低至接近 0，此外作为低压直流系统的能量来源，中压直流电流迅速上升，后在控制系统的作用下衰减。

通过对 7 种故障下故障暂态特征的分析得出，在中压直流线路上，虽然除本线路接地故障（F2）外，其他故障均会造成直流电流的快速上升，但仅短路故障 F1 发生时直流电压才急剧下降。因此为了满足保护选择性要求，可以结合电流增量 ΔI 保护和电压下降率 du/dt 保护作为中压直流线路主保护。

对于低压直流配电线路，除短路故障 F3 外，低压直流电流均不会有较大增幅。因此可利用低压直流线路短路故障电流增大特征构成电流上升率 di/dt 保护或者电流增量 ΔI

保护。

（3）中压直流系统和低压直流系统均不接地，因此接地故障对系统影响不大。可采用绝缘监视保护方法，监视每条直流线导体的首端对地电压，从而在接地故障时发出警告信息，以便尽早查出接地位置，防止次生故障的发生。

此外保护配置时没有考虑线路保护与配电换流站、用户变电站自身保护配合问题。

第四节　直流配电电能质量

一、电压波动和闪变

电压波动和闪变问题是直流配电系统中常见的电能质量问题，影响负荷用电，危害系统的安全运行，如导致LED灯闪烁引起人体不适，影响计算机、工业控制设备等直流用电设备的正常工作。在直流系统中，导致电压波动和闪变问题的原因较多。

当前直流配电存在的电能质量问题表现为光伏、风力发电等微源的功率输出波动和负荷，是引起直流馈线电压波动的主要原因。风力发电由于风的本身特性，造成风电机组输出功率波动，其对直流配电系统主要的负面影响就是容易引起配电网电压波动。对于光伏发电，输出功率受太阳辐射强度变化的影响大，当天气突然变化时，输出电压不稳，易引起直流配电网电压波动。此外，直流微电网中常见的分布式电源投切会导致配电网电压闪变。

在直流配电系统中，负载的运行也会引起系统电压问题，如直流电弧炉等大功率负载，运行时会引起电网电压波动；变频空调、电动机启动瞬间的高电流和低功率因数会导致电网电压闪变；直流配电系统中大量使用的电力电子设备会产生谐波和间谐波，引起灯光闪变。

二、电压偏差和电压跌落

电压偏差和电压跌落是直流配电系统中另一常见的电压问题。电压偏差会影响日常家用电器（如冰箱、变频空调等）的使用，当电压出现越限时，可能导致对设备造成影响。

在当前直流配电系统中，负荷及各微源出力、运行方式与网络结构等因素发生变化都会引起直流微电网功率的不平衡，而有功不平衡则是引起直流微电网电压偏差的根本原因。

由于分布式电源的输出功率不稳，易导致直流母线电压跌落，光伏电站低电压穿越的故障特性对直流配电系统继电保护影响较大。直流配电系统控制算法不完善，为实现在不同变换器间合理分配负荷功率，多数研究将下垂控制引入到直流系统的控制算法中，但是在其实现负荷功率分配的同时，会带来母线电压的跌落。

直流配电系统出现支路故障时，会引起直流母线的电压偏差和电压跌落。当直流微电网中出现极间故障和接地故障时，不同故障对网络电压、电流的影响严重程度不同，其中正极低阻接地会导致明显的电压偏移，极间故障时，配电线路瞬间出现激增电流，电压严重跌落。

三、谐波

直流配电系统电能质量较高，相对传统交流配电网，配电网中谐波源少，其谐波主要来源于系统中的负载。直流配电系统中常见的脉冲负载，如混合动力汽车以及大负载启动时，会产生谐波并注入配电网中。

交直流混合电网之间的相互影响也是直流配电网的谐波来源之一，其中交流侧的畸变电流会通过变换器注入直流母线中，同时交流侧发电机端波形严重畸变。

四、直流配电电能质量综合评估

1. 直流配电电能质量标准

直流配电电能质量标准的制定是目前直流配电研究亟须解决的一个问题，直接关系到直流配电实际工程的建设和推广。现今，船舶、军舰直流区域配电研究已深入，其中美国海军应用的直流电压接口标准，包括各电压等级的稳态电压波动标准、最大电压偏移值、电压纹波的标准等，见表 10-4-1，部分标准数据可为直流配电电压标准的制定提供参考。

表 10-4-1　　375V 直流电能质量

类　别	数　值	类　别	数　值
稳态电压容差（系统要求）	±4%	异常服务稳态电压范围	0~95%和105%~110%
最大电压纹波振幅	1.5%U_{rms}		
电压纹波频率	<10kHz	电压暂态突变范围（负载正常运行）	±8.5%
最大电压偏移值	395V	电压暂态恢复时间	250ms
稳定状态电压范围（负载正常运行）	±5%	最大电压尖峰（正常运行）	750V

迄今，国际上对直流系统电压稳定的普遍定义是：能够承受系统电压额定值的±10%内的所有适宜电压。直流微电网中电压稳定的标准为：在系统受干扰时，直流母线电压波动不超过系统额定值的±5%。从用户侧和分布式电源接入综合考虑，建议直流配电系统的电压标准，即电压波动不超过系统额定电压的±10%。

2. 直流配电电能质量评估方法

针对直流配电系统电能质量的评估，首先需要确定直流电能质量特殊的评估体系。

现有交流电能质量的 7 项国家指标，适用于直流电能质量评估的分级指标体系和评价指标，如图 10-4-1 所示。

五、直流电能质量指标关联性

源、网、荷是直流配网中的基本组成部分，其持续发射与短时扰动特性产生相应的稳态、暂态电能质量问题。其中直流电压谐波与波动是由设备自身属性（如 PMM 变换器调制特性，分布式发电与新能源负荷用电的随机性、不确定性等）引发，稳态电压不平衡由两极负荷分配不均产生，电压偏差则由线路压降等因素导致，它们均可归类为稳态现象。而由故障、设备投切、外部冲击等短时扰动引起的直流电压暂降、暂态电压不平衡（不对

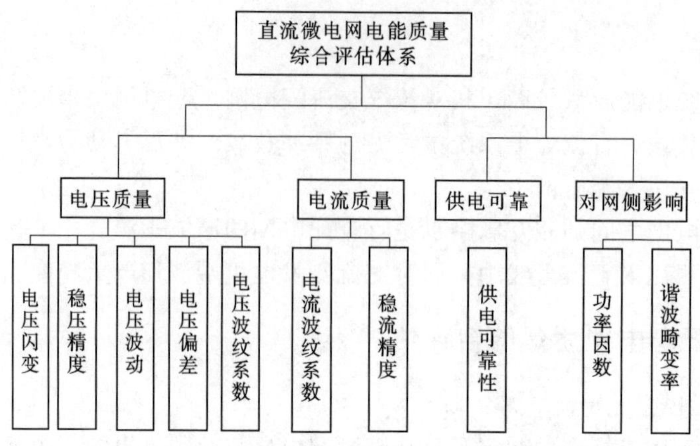

图 10-4-1 直流微电网的电能质量评价体系

称的冲击负荷投切、故障等引起）等属于暂态现象。由于直流电压的零频特性及直流配电网自身的结构，谐波与波动、电压偏差与稳态电压不平衡间呈现耦合特性。另外，双极型直流配电网中同一扰动下的电压暂降与暂态电压不平衡间也呈现耦合关系，各直流电能质量指标关联性如图 10-4-2 所示。

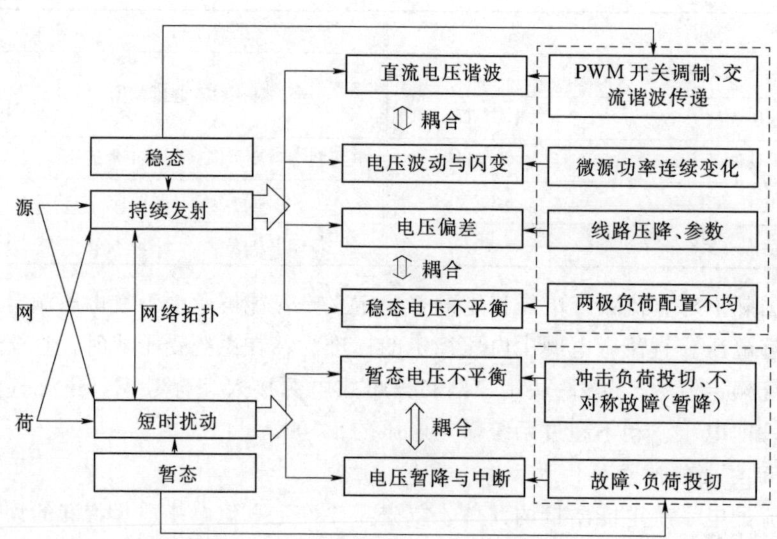

图 10-4-2 直流电能质量指标关联性

（1）直流电压波动与直流电压谐波呈现耦合关系。

（2）双极型直流配网接地方式和网络结构，使极间电压不平衡问题突出。

（3）不对称故障或冲击负荷投切，产生暂降和不平衡。

第五节 交流/直流/混合微电网

考虑到大电网目前仍以交流为主，以及直流分布式电源和直流负荷的更多接入，包含交直流电源和负载的交直流混合微电网将是未来微电网发展的主要方向。

图 10-5-1 给出了典型的交直流混合微电网的结构。

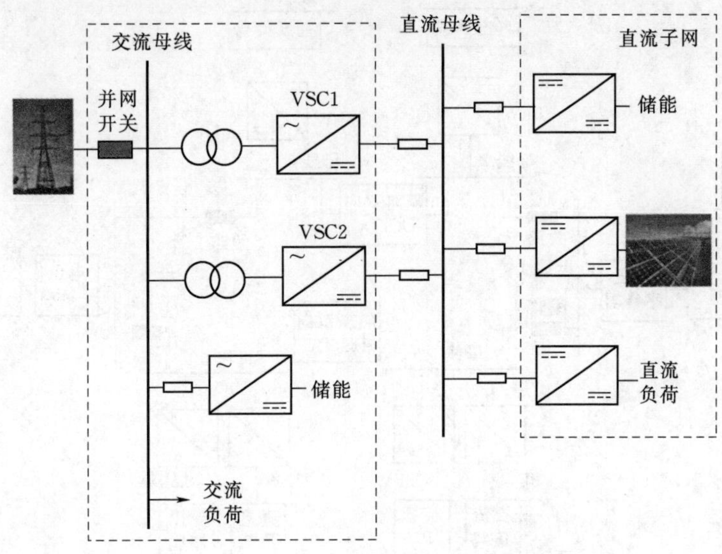

图 10-5-1　典型交直流混合微电网结构

(1) 控制结构通用：直流电压环、交流频率和电压控制环。

(2) 控制模式灵活：直流电压控制、恒功率控制、交流频率和电压控制。

(3) 即插即用：多 DC/AC 变流器可实现无互联通信情况下的协调控制，易于即插即用。

一、智能直流配用电试验平台

智能直流配用电试验平台如图 10-5-2 所示，该平台可满足验证直流微电网稳定控制技术、交直流相互支撑、能量管理、电能质量综合治理技术、故障快速保护技术及其他各种高级应用的需要，其主要特点如下：

(1) 多端环状结构。

(2) 双极型三线制。

(3) 六段直流母线。

(4) 利用隔离型 DC/DC 柔性互联。

(5) 分布式电源灵活接入。

二、山东电力科学研究院微电网实验平台

分布式电源接入电网后，配电网从放射状结构变为多电源结构，这对原有电力系统产生了一定的影响。电力系统的负荷预测和规划问题会随着分布式电源的接入而变得更加复杂化。分布式发电及微电网实验室正是基于上述背景而建立，其目的是可超前研究分布式电源对配电网规划、电能质量、用户间交互影响、系统保护和调度运行等带来一系列的影响。

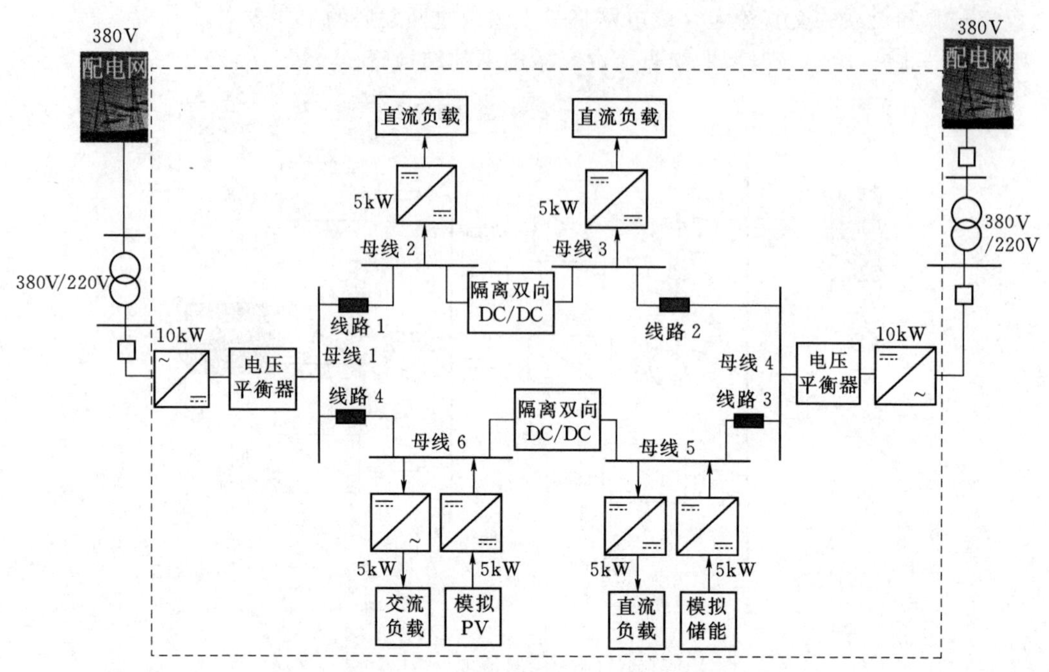

图 10-5-2 智能直流配用电实验平台

为促进新能源微电网技术进步，引导山东微电网相关产业发展，山东电力科学研究院在院区内建设新能源分布式发电及微电网实验（示范）工程。工程包括光伏发电 260kW、风力发电 420kW、柴油机辅助发电 200kW、混合储能及微电网能量管理系统等部分。该微电网可与大电网友好互动，有利于削减电网峰谷差，减轻电网调峰负担，技术经济性合理；采取“自发自用、余量上网”模式，当电网发生故障时，可以全部或部分孤岛运行，保证院区重要负荷连续供电。

山东电力科学研究院微电网试验平台结构如图 10-5-3 所示。

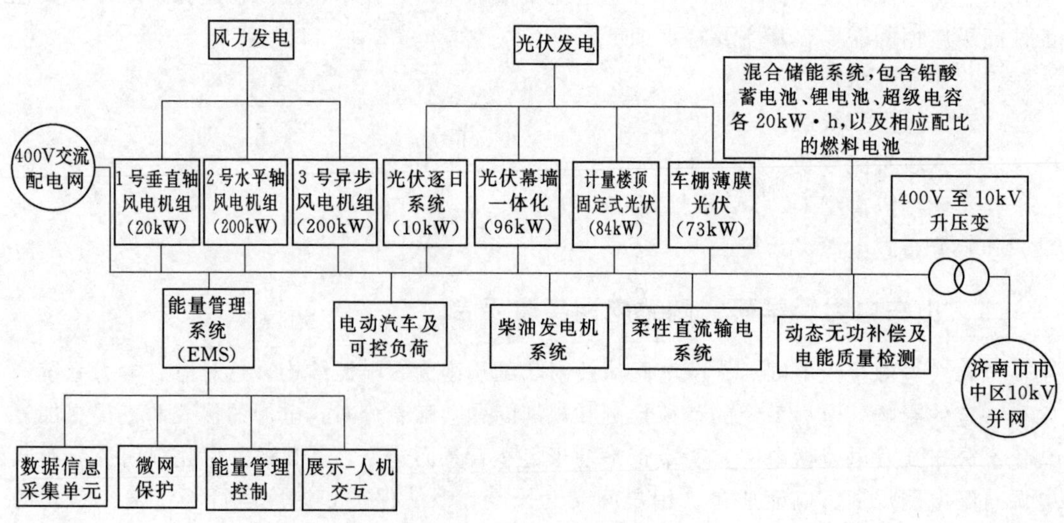

图 10-5-3 山东电力科学研究院微电网试验平台结构

(1) 逐日光伏发电：容量 10kW，采用 24 块单晶电池组件（对称型双轴自动跟踪）、16 块多晶电池（平板型双轴自动跟踪）、铅酸蓄电池储能系统组成，采用了三相并网逆变器和多台微型逆变器接入实验室 400V 微电网，可进行高效光伏发电和逆变器特性研究。

(2) 光伏幕墙发电：容量 96kW，位于电气试验楼南立面，包含双玻单晶组件与双玻多晶组件，通过光伏组件间的有机组合，将光伏幕墙划分为多晶并网区、单晶并网区、单晶离网区、微型逆变区等多种不同区域，采用了集中并网、离网、微逆整合并网等多种不同类型的分布式接入方式接入实验室 400V 微电网。

水平轴永磁直驱风电机组位于综合服务楼东北侧，装机容量为 200kW 接入实验室 400V 交流配电网实现并网发电。截至 2016 年 6 月 13 日，该台风电机组已正常运行约 465h，发电量为 8490kW·h。

(3) 垂直轴直驱风电机组装机容量为 20kW，具有运行噪声小、无需对风的优点，尤其适用于市区内靠近居民区的场所使用，对有效利用城区风能资源具有重要意义。

车棚光伏发电系统装机容量为 73.5kW，采用铜铟硒薄膜太阳能电池组件，其发电材料具有延展性好、发电效率高的特点，建成的光伏车棚充分利用了院区内现有的土地资源，不需要额外占地。

固定式光伏发电系统装机容量为 84.15kW，采用力诺瑞特多晶硅电池组件。车棚光伏与固定式光伏各通过 3 台逆变器接入院区 400V 交流配电网并网发电。

(4) 实验室功能定位。

1) 科技研发平台。进行微电网运行监控与诊断分析、分布式发电并网与接入控制、新能源远程检测诊断及运维、电力电子装备研发等方面的研究工作。进行分布式电源与微电网接入对配电网的影响以及配电网接纳分布式电源与微电网的适应性研究。

2) 试验检测平台，是可再生能源及微电网新技术、新设备的试验平台，可进行检测认证，为分布式电源逆变器和储能变流器厂家提供接入微电网的检测认证服务和技术监督，为微电网能量管理系统和保护装置研发单位提供动模试验验证平台。

3) 技术培训平台。进行培训咨询，举办高级研修班，为分布式发电及微电网公司提供技术支持与咨询服务，为分布式发电及微电网公司及企业的工程人员提供技术培训。

第十一章 储 能

第一节 储能技术概述

按照电能存储技术能量形式，可分为物理形式和化学形式。其中物理形式又可分为机械能和电磁场能，如图 11-1-1 所示。

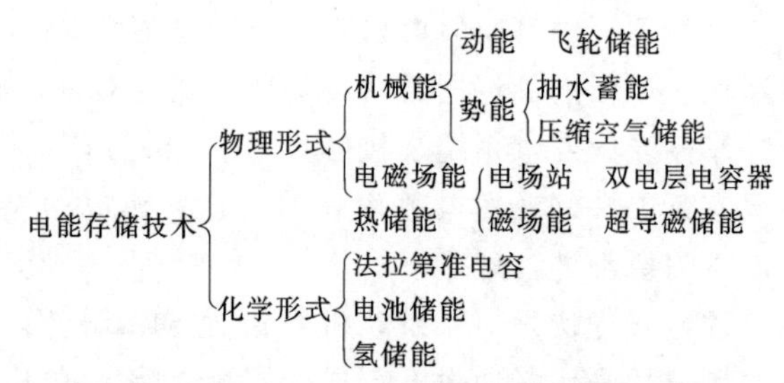

图 11-1-1 电能存储技术分类

一、机械储能

1. 抽水蓄能

抽水蓄能电站是技术成熟、可靠且较为经济的调峰电源、储能电源。抽水蓄能电站可在负荷低谷时，通过抽水将系统难以消耗的电能转换为势能；在负荷高峰时，通过发电将势能转换为系统需要的电能。建设适当的抽水蓄能电站，可减少火电或其他类型电源的装机容量，优化系统的电源结构，节省系统的投资和运行费用。它可将电网负荷低时的多余电能，转变为电网高峰时期的高价值电能，还适于调频、调相，稳定电力系统的频率和电压，作为电网的黑启动电源，可以改善供电质量，提高电网可靠性和抵御重大事故的能力，作为为事故备用，还可提高系统中火电厂和核电站的效率，降低能耗。

根据相关统计资料，我国已建、在建、待建以及正在进行可行性研究工作的抽水蓄能电站总容量约为 55000MW，已经超过了 2020 年我国抽水蓄能电站规划总装机容量 5000MW（国家电网 4000MW，南网 1000MW）。

2. 压缩空气储能

压缩空气储能系统是基于燃气轮机技术发展起来的一种能量存储系统。空气经压气机压缩后，在燃烧室中利用燃料燃烧加热升温，然后高温高压燃气进入透平膨胀做功。压缩空气储能系统的压缩机和透平不同时工作，在储能时，压缩空气储能系统耗用电能将空气压缩并存于储气室中；在释能时，高压空气从储气室释放，进入燃烧室利用燃料燃烧加热升温后，驱动透平发电。在释能过程中，并没有压缩机消耗透平的输出功，因此，相比于消耗同样燃料的燃气轮机系统，压缩空气储能系统可以多产生一倍以上的电力。

3. 飞轮储能

飞轮储能的基本原理是把电能转换成旋转体的动能进行存储。在储能阶段，通过电动机拖动飞轮，使飞轮本体加速到一定的转速，将电能转化为动能；在能量释放阶段，飞轮减速，电动机作发电机运行，将动能转化为电能。

飞轮储能的主要特点为：①功率密度大，在短时间内可以输出更大的能量；②能量转换效率高，一般可达 85%～95%；③对温度不敏感，对环境友好；④使用寿命和储能密度不会因过充电或过放电而受到影响，一般可达 20 年左右；⑤容易测量放电深度和剩余“电量”；⑥充电时间短，属于分钟级别；⑦便于与传统的发电机组组合使用。目前，中小容量的飞轮储能系统已实现商品化，大容量的飞轮储能系统也已进入工业试运行阶段。飞轮储能的主要缺点是储能密度相对还比较低，自放电率较高。

飞轮储能主要部件及其原理和功能如下：

(1) 飞轮。飞轮是飞轮储能系统中能量的载体，储存在飞轮质量内的动能为

$$E=\frac{I\omega^2}{2}$$

式中　I——飞轮的转动惯量；

ω——飞轮旋转角速度。

(2) 轴承。轴承是飞轮绕中心轴旋转的约束，为了减小飞轮在高速旋转中的摩擦损耗，就需要设计摩擦系数较小的轴承来实现高效率的飞轮系统。

(3) 电机及控制系统。电机是飞轮储能实现能量交换的关键，应能在不改变旋转方向的条件下实现电动机和发电机功能的转换。同时，由于在吸收能量时飞轮转速不断增加，而在释放能量时飞轮的转速不断降低，为维持电机输出端频率的恒定，需要采用变频技术，这一功能常通过电力电子装置实现。

(4) 辅助系统。辅助系统主要包括真空系统、冷却系统以及状态检测系统。

二、电化学储能

电化学类储能主要包括各种二次电池，有铅酸蓄电池、钠硫电池、全钒液流电池、锂离子电池、钠/氯化镍电池等，这些电池多数技术上比较成熟，近年来成为关注的重点，并且还获得许多实际应用。

1. 铅酸蓄电池

铅酸蓄电池是世界上应用最广泛的电池之一。铅酸蓄电池内的阳极（PbO_2）及阴极（Pb）浸到电解液（稀硫酸）中，两极间会产生 2V 的电势，这就是铅酸蓄电池的原理。铅酸蓄电池具有价格低廉、工艺简单、性能可靠和适应性强并可制成密封免维护结构等优点。

铅酸蓄电池常常用于电力系统的事故电源或备用电源，以往大多数独立型光伏发电系统均配备此类电池，目前有逐渐被其他电池（如锂离子电池）替代的趋势。

2. 钠硫电池

钠硫电池以钠和硫分别用作阳极和阴极。$\beta''-Al_2O_3$ 陶瓷管同时起隔膜和电解质的双重作用。电池运行温度需保持在 300℃以上，以使电极处于熔融状态。钠硫电池由美国福特（Ford）公司于 1967 年首先发明，至今已有 50 多年的历史，然而，受困于电池的性能提升、电池一致性的提高、成本以及规模化生产的工艺和装备技术，尤其是核心部件 Al_2O_3 陶瓷。

日本的 NGK 公司是世界上唯一能制造出高性能钠硫电池的厂家。目前采用 50kW 的

模块，可由多个 50kW 的模块组成 MW 级的大容量的电池组件。在日本、德国、法国、美国等地已建有约 200 多处此类储能电站，主要用于负荷调平、移峰、改善电能质量和可再生能源发电，电池价格仍然较高。

3. 全钒液流电池

在液流电池中，能量储存在溶解于液态电解质的电活性物质中，而液态电解质储存在电池外部的罐中，用泵将储存在罐中的电解质打入电池堆栈，并通过电极和薄膜，将电能转化为化学能，或将化学能转化为电能。

30 年来，多国学者通过变换两个氧化-还原电对，提出了多种不同的液流电池体系，如铈钒体系、全铬体系、溴体系、全铀体系、全钒体系液流电池等。在这些体系中，由于全钒体系液流电池系统的正负极活性物质均为钒，只是价态不同，可以避免正、负极活动物质通过离子交换膜扩散造成的元素交叉污染，优势明显，是主要的商用化发展技术方向。

钒电池特点如下：

(1) 输出功率只取决于电池堆的大小，容量取决于电解液储量和浓度。

(2) 活性物质理论寿命长。

(3) 电池可深度放电（达 100%）。

(4) 安全性高，无潜在爆炸或着火危险。

(5) 电池部件多为廉价的碳材料、工程塑料，使用寿命长。材料来源丰富，加工技术成熟，易回收。

4. 锂离子电池

锂离子电池实际上是一个锂离子浓差电池，正负电极由两种不同的锂离子嵌入化合物构成。充电时，Li^+ 从正极脱嵌经过电解质嵌入负极，此时负极处于富锂态，正极处于贫锂态；放电时则相反，Li^+ 从负极脱嵌，经过电解质嵌入正极，正极处于富锂态，负极处于贫锂态。

锂离子电池具有电压高、比能量大、比功率大、循环寿命长、内阻小、自放电少、无记忆效应、对环境友好等特点，是最有可能实现储能应用的二次电池，其特点具体如下：

(1) 比能量高。三元材料电池比能量可达 200W·h/kg。

(2) 比功率大。三元材料电池比功率可达 3000W/kg。

(3) 使用寿命长。钛酸锂电池的循环寿命可达万次以上。

(4) 充放电效率高。目前产业化的锂离子电池的充放电效率均在 95%以上。

(5) 平均输出电压高。工作电压大于 3V。

(6) 自放电小。每年 10%以下。

(7) 工作温度范围宽。工作温度为 −25～45℃。

(8) 无记忆效应。

当前产业化的锂离子电池负极材料主要是石墨，电解质和隔膜的选择也比较单一，所以主要以应用的正极材料名称对锂离子电池的类型进行区分，主要的产业化锂离子电池包括钴酸锂电池、锰酸锂电池、磷酸铁锂电池和三元材料电池，其主要参数见表 11-1-1。

表 11-1-1　　目前主要的产业化锂离子电池性能

参　数	钴酸锂电池	锰酸锂电池	磷酸铁锂电池	三元材料电池
比能量/[(W·h)/kg]	130～150	80～100	90～130	120～200
比功率/(W/kg)	1300～2500	1200～2000	900～1300	1200～3000
循环寿命/次	500	1000	3000	3000
安全性	差	良	优	良
一致性	优	优	差	优
充放电效率/%	≥95	≥95	≥95	≥95
最大持续放电电流/C	10～15	15～20	10	10～15
成本/[元/(kW·h)]	3000～3500	2000	2500～3000	3000～3500

5. 钠/氯化镍电池

钠/氯化镍电池是在钠硫电池研制基础上发展起来的一种新型高能电池，与钠硫电池属于相似体系。钠/氯化镍电池正极为 $NiCl_2$，负极为 Na，$\beta''-Al_2O_3$ 为固体电解质，$NaAlCl_4$ 为熔盐电解质同时作为电池过充、过放电时的反应物。钠氯化镍电池作为一种新型高能电池，具有一系列良好的特性，主要表现为：

(1) 开路电压高（300℃时为 2.58V）。

(2) 比能量高（理论上大于 700W·h/kg，实际达 100W·h/kg）。

(3) 能量转换效率高（无自放电，100%库伦效率）。

(4) 可快速充电（30min 充电达 50%放电容量）。

(5) 工作温度范围宽（250～350℃的宽广区域）。

(6) 容量与放电率无关（电池内阻基本上为欧姆内阻）。

(7) 耐过充、过放电（第二电解质 $NaAlCl_4$ 可参与反应）。

(8) 无液态钠操作麻烦（电池装配在放电状态）。

(9) 维护简便（全密封结构）。

(10) 安全可靠（无低沸点、高蒸汽压物质，电池损坏呈低电阻导通方式，少数单体损坏不影响系统正常工作）。

三、电磁储能

1. 超导储能

超导储能系统是由一个用超导材料制成的、放在一个低温容器中的线圈、功率调节系统（PCS）和低温制冷系统等组成。能量以超导线圈中循环流动的直流电流方式储存在磁场中。超导储能具有响应速度快、转换效率高、储能密度大、比容量/比功率高的优点。

超导储能适合用于提高电能质量、增加系统阻尼、改善系统稳定性能，特别是用于抑制低频功率振荡。但是由于其价格昂贵、维护复杂，虽然已有商业性的低温和高温超导储能产品可用，在电网中应用很少，大多是试验性的。超导储能系统在电力系统中的应用取决于超导技术的发展（特别是材料、低成本、制冷、电力电子等方面技术的发展）。

2. 超级电容器储能

超级电容器是根据电化学双电层理论研制而成的，又称双电层电容器，两电荷层的距离非常小（一般在0.5mm以下），采用特殊电极结构，使电极表面积成万倍的增加，从而产生极大的电容量。

超级电容器是近年来受到国内外研究者们广泛关注的一种新型储能元件，按照储能原理的不同，可以分为双电层电容器（DLC）和电化学电容器（EC）；按电极材料的不同大致可分为活性炭、金属氧化物、导电高分子聚合物；按电解质的不同又可分为液体电解质和固体电解质，其中液体电解质包括水溶液电解质和有机电液电解质。超级电容器的主要优点如下：

（1）超高电容量。容值范围一般在0.1F至数万F之间，与同体积的电解电容器相比，容量要高出数千倍。

（2）充电速度快。可以在数秒至几分钟内达到其额定容量的95%以上。

（3）功率密度高。功率密度是目前一般蓄电池的10倍以上。

（4）充放电效率高、损耗小，大电流能量循环效率超过90%。

（5）循环使用寿命长。深度充放电循环使用次数可达1万～50万次。

（6）工作稳定范围宽。可在－40～80℃温度范围内工作，低温环境工作特性好。

（7）环境友好。原材料构成、生产、使用、储存及拆解过程没有环境污染问题。

超级电容器的主要缺点如下：

（1）电压低。超级电容器的额定电压一般只有1～3V，过压工作将会引起内部电解质分解，造成电容器的损坏。因此，必须通过串并联组合构成超级电容器模块才能满足实际应用系统对电压和能量等级的要求。

（2）两端电压随着充电和放电过程变化。超级电容器的端电压随着充电而上升，随着放电而下降，所以通常两端都需要与一个DC/DC变换器连接，以保持输出电压的稳定。

（3）参数的不一致。同一型号规格的超级电容器在电压、内阻、容量等参数上存在着不一致性。

四、热储能

在一个热储能系统中，热能被储存在隔热容器的媒质中，以后需要时可以被转化回电能，也可直接利用而不再转化回电能。

热储能有许多不同的技术，可进一步分为显热储存和潜热储存等。显热储存方式中，用于储热的媒质可以是液态的水，热水可直接使用，也可用于房间的取暖等，运行中热水的温度是有变化的。而潜热储存是通过相变材料（Phase Change Materials，PCMs）来完成的，该相变材料即为储存热能的媒质。

由于热储能储存的热量可以很大，所以在可再生能源发电的利用上会有一定的作用。熔融盐常常作为一种相变材料，用于集热式太阳能热发电站中。此外，还有许多其他种类的储热技术正在开发中，它们有许多不同的作用。

熔融盐蓄热是指利用熔融盐使用温区大、比热容高、换热性能好等特点将热量通过传热工质和换热器加热熔融盐存储起来，需要利用热量的时候再通过换热器、传热工质和动力泵等设备将储存的热量取出以供使用。

由于熔融盐在300℃以上的高温区具有价格低廉和良好的化学和热稳定性，是目前有效的高温热量储存介质。近些年来，使用熔融盐相变蓄热作为高效蓄热系统的发展引起人们的广泛关注，这主要是由于熔融盐相变蓄热具有在温度不变时储热/放热能效高、适用的温度高、大规模蓄热成本低等优点。

五、各种储能技术性能比较

各种储能技术性能比较见表11-1-2。

表11-1-2　各种储能技术性能比较

系统	功率等级/MW	持续发电时间	能量自耗散率	合适的存储期限	循环次数	寿命/年
抽水蓄能	100～5000	1～24h+	极低	h～月	2000～50000	40～60
压缩空气储能	5～300	1～24h+	低	h～月	10000～30000	20～40
低温储能	0.1～300	1～8h	0.5%～1%	min～d		20～40
高温储热	0～60	1～24h+	0.05%～1%	min～月		5～15
钠硫电池	0.05～8	s～h	～20%	s～h	2500	10～15
全钒液流电池	0.03～3	s～10h	低	h～月	12000+	5～10
镍氯电池	0～0.3	s～h	～15%	s～h	2500	10～14
锌溴电池	0.05～2	s～10h	低	h～月	2000+	5～10
镍镉电池	0～40	s～h	0.2%～0.6%	min～d	2000～2500	10～20
铅酸电池	0～20	s～h	0.1%～0.3%	min～d	500～1000	5～15
锂电池	0～0.1	min～h	0.1%～0.3%	min～d	1000～10000	5～15
燃料电池	0～50	s～24h+	～0	h～月	1000+	5～15
金属空气电池	0～0.01	s～24h+	极低	h～月	100～300	
超导储能	0.1～10	ms～8s	10%～15%	min～h	100000+	20+
飞轮储能	0～0.25	ms～15min	100%	s～min	20000+	～15
超级电容	0～0.3	ms～60min	20%～40%	s～h	100000+	20+
电容储能	0～0.05	ms～60min	40%	s～h	50000+	～5

第二节　储　能　技　术

一、各种储能技术的分类

表11-2-1给出几种储能类型及特点。

表 11-2-1　　几种储能类型及特点

	储能类型	特　点
物理储能	抽水蓄能 压缩空气储能 飞轮储能	(1) 采用水、空气等作为储能介质。 (2) 储能介质不发生化学变化。 (3) 机械能转化为电能
电化学储能	铅酸蓄电池 锂离子电池 液流电池（钒电池、锌溴电池） 钠硫电池	(1) 利用化学元素做储能介质。 (2) 充放电过程伴随储能介质的化学反应或者变化
电磁储能	超级电容 超导储能	响应速度快，短时间可释放大功率电能，循环次数多
其他储能	燃料电池 金属-空气电池	不具备“充电”特性

注　1. 虽然燃料电池和金属-空气电池不具备“充电”特性，但其特点和应用领域又与储能产品相近，因此收录在其他储能类别中。

2. 最大规模应用的储能为抽水蓄能。

储能技术大部分都已成熟商业化，如图 11-2-1 所示。

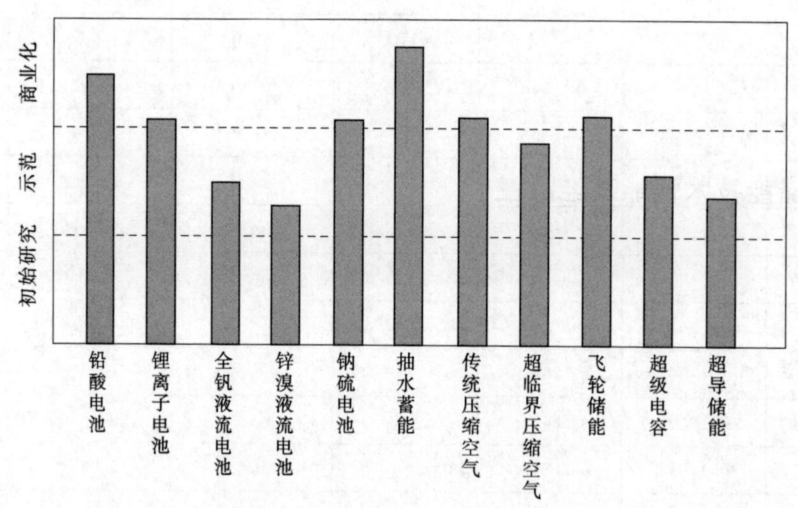

图 11-2-1　几种储能技术商业化情况

（注：全钒液流电池和超级电容近几年已经成熟并有商业化）

2017 年国内各种储能占比如图 11-2-2 所示。

二、几种储能技术概述

1. 锂离子电池储能

(1) 磷酸铁锂电池，是指用磷酸铁锂作为正极材料的锂离子电池。

(2) 三元聚合物锂电池是指正极材料使用镍钴锰酸锂［$Li(NiCoMn)O_2$］或者镍钴铝酸锂的三元正极材料的锂电池。

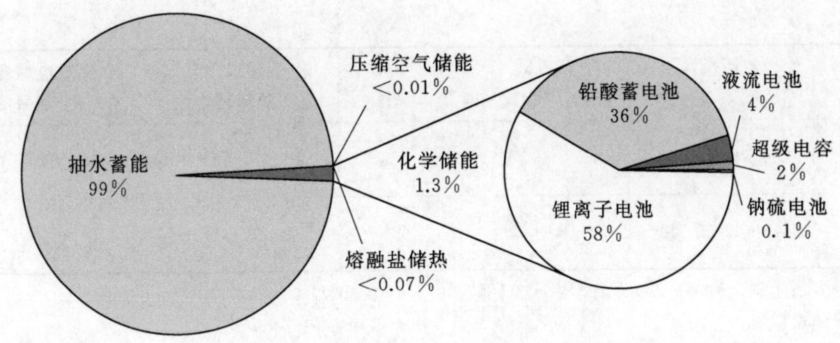

图 11-2-2　2017 年国内各种储能占比

2. 全钒液流储能

正极电解液由 V^{5+} 和 V^{4+} 离子溶液组成，负极电解液由 V^{3+} 和 V^{2+} 离子溶液组成，电池充电后，正极物质为 V^{5+} 离子溶液，负极为 V^{2+} 离子溶液，电池放电后，正、负极分别为 V^{4+} 和 V^{3+} 离子溶液。

3. 铅碳电池

铅碳电池是铅酸蓄电池的创新技术，将具有双电层电容特性的碳材料（C）与海绵铅（Pb）负极进行合并，制作成既有电容特性又有电池特性的铅碳双功能复合电极，充电速度提高，循环寿命提高。

4. 钠硫电池

能量密度较高，充放电速度较快，主要是由日本生产和掌握技术。

三、储能技术性能及经济性

1. 性能

几种电池性能比较见表 11-2-2。

表 11-2-2　　几种电池性能比较

电池类型	深度充放电	高倍数充放电	快速响应
锂离子电池	良好	优秀	优秀
全钒液流电池	非常优秀	一般	良好
铅碳电池	良好	良好	良好

2. 经济性

几种电池经济性比较见表 11-2-3。

表 11-2-3　　几种电池经济性比较

电池类型	初始投资 /[万元/(MW·h)]	残值 /[万元/(MW·h)]	效率 /%	寿命或深充深放循环次数	充放电综合评价指标（全寿命周期考虑）
锂离子电池	250（150～400）	20	85～90	5000，8～12 年	0.55（0.33～0.88）元/(kW·h)

续表

电池类型	初始投资 /[万元/(MW·h)]	残值 /[万元/(MW·h)]	效率 /%	寿命或深充深放循环次数	充放电综合评价指标(全寿命周期考虑)
全钒液流电池	350 (400)	100	80	15000，15～20年	0.42元/(kW·h)
铅碳电池	140 (120～150)	—	80	4000，5～10年	0.44 (0.38～0.47) 元/(kW·h)

注 1. 计算方法示例：0.55＝250万/(MW·h)×10000/(5000×1000×0.9)。
2. 全钒液流电池，考虑20年，每年300天，每天2次充放电，共12000次。
3. 计算均未考虑残值。
4. 以上计算只考虑了充放电峰谷电价综合评价效益，实际应用还需综合考虑其他因素，如利用电池快速充放电性能进行调频，则锂电池最适合。

3. 布置

几种储能电池占地及重量见表11-2-4。

表11-2-4 几种储能电池占地及重量

电池类型	占地/m	重量/t
锂离子电池 (1MW·h)	体积：2.438×8×2.591	20
全钒液流电池 (1MW·h)	体积：1.77×35×1.79	70～100
铅碳电池 (1.2MW·h)	体积：2.438×12.19×2.591 (40呎标准集装箱)	48

注 以250kW、1MW·h为例，不包括逆变器和控制柜。

4. 环保安全性

几种储能电池的环保安全性对比见表11-2-5。

表11-2-5 几种储能电池的环保安全性对比

电池类型	安全性	回 收
锂离子电池	燃烧爆炸风险	不易回收
全钒液流电池	有毒，但密封好后无危险	电解液直接回收
铅碳电池	基本无安全风险	不易回收

四、储能技术发展

1. 全球储能技术发展

(1) 储能已经进入爆发期。

(2) 锂电池近年明显占第一。

(3) 铅酸蓄电池和液流电池增长明显。

几种电池的使用情况见表11-2-6。

2. 我国储能技术发展

我国储能爆发刚开始，锂离子电池产量近年来明显占第一，全球铅酸蓄电池增长主要在我国。

表 11-2-6　几种电池的使用情况　单位：MW·h

电池类型	2013 年	2014 年	2015 年	2017 年
锂离子电池	185	260	357	2709
钠硫电池	334	339	339	407
铅酸蓄电池	90	109	111	299
液流电池	44	47	51	117
合计	653	756	857	3532

3. 未来发展趋势

(1) 2020 年，铅碳、锂离子电池成本相对 2017 年下降 40%，全钒液流电池成本下降 30%。

(2) 2025 年，非抽水蓄能度电成本有望实现 0.2 元/(kW·h)。

(3) 2025 年，磷酸铁锂电池寿命为 8000～10000 次。

第三节　主要电储能技术及发展

一、储能的作用

储能可实现电力在供应端、输送端以及用户端的稳定运行，具体应用场景包括：①应用于电网的削峰填谷、平滑负荷、快速调整电网频率等领域，提高电网运行的稳定性和可靠性；②应用于新能源发电领域，降低光伏和风力等发电系统瞬时变化大对电网的冲击，减少"弃光、弃风"的现象；③应用于新能源汽车充电站，降低新能源汽车大规模瞬时充电对电网的冲击，还可以享受波峰波谷的电价差。表 11-3-1 给出了储能的主要应用场景。

表 11-3-1　储能的主要应用场景

应用场景	作　用	储 能 规 模	
		低值	高值
可再生能源并网	平滑输出	1kW	500MW
	多余电能存储	1kW	500MW
	即时并网（短时）	0.2kW	500MW
	即时并网（长时）	0.2kW	500MW
电网辅助服务	电网调降	1MW	500MW
	调频辅助	1MW	100MW
	加载跟随	1MW	500MW
	电压支持	1MW	10MW
	黑启动	1MW	500MW

续表

应用场景	作　用	储能规模	
		低值	高值
电网输配	缓解输电阻塞	1MW	500MW
	延缓输配电升级	250kW	500MW
	变电站备用电源	1.5kW	500MW
分布式及微网	基于分布式电源储能	1kW	50MW
用户侧	工商业削峰填谷	100kW	50MW
	需求侧响应	50kW	10MW
	能源成本管理	1kW	1MW
	电力服务可靠性	0.2kW	10MW

表 11-3-2 给出不同应用对不同储能技术指标的要求。每一种应用，需要判断哪种储能技术最合适，每一种储能技术需要确定最适合哪种应用市场。目前没有一种储能技术在每个方向均领先。

表 11-3-2　　不同应用对不同储能技术指标的要求

应用市场	质量能量密度	体积能量密度	循环寿命	安全性要求	功率密度	较低成本	能量效率	低温特性	高温特性	自放电	电压
RFID	—	★★★★★	★★★★★	★★	★★★★★	★	★	★★	★★	★★★★	★★★★
植入医疗电子	★★★★★	★★★★★	★★	★★★★★	★	—	★	★	★	★★★★★	★★★
可穿戴电子	★★★★★	★★★★★	★★★★	★★★★★	★★★★	★★★	★	★★★★★	★★	★★★★	★★★★
智能手机	★★★	★★★★★	★★★	★★★★★	★★★★	★★★★	★	★★★★	★★★★	★★★	★★★★
电动工具	★★★★	★★★★	★★★	★★★★★	★★★★★	★★★★	★	★★★★	★★★★	★★★	★★★
无人飞机	★★★★★	★★★	★★★	★★★★	★★★★★	★★★	★	★★★★★	★★★★★	★★★★	★★★★
机器人	★★★★★	★★★★★	★★★★★	★★★★★	★★★★★	★★★★★	★★	★★★★★	★★★★★	★★★★	★★★★
电动自行车	★★★★★	★★★★★	★★★★★	★★★★★	★★★★★	★★★★★	★★	★★★★★	★★★★★	★★★★★	★★★★
通信基站	★★★	★★★	★★★★★	★★★★	★★★★	★★★★★	★★	★★★★	★★★★	★★★★	★★
工业节能	★★★	★★★	★★★★★	★★★★★	★★★★★	★★★★★	★★★★	★★★★	★★★★	★★★★	★★★
电动汽车	★★★★★	★★★★★	★★★★★	★★★★★	★★★★★	★★★★★	★★★★	★★★★★	★★★★★	★★★★★	★★★★★
航空航天	★★★★★	★★★★★	★★★★★	★★★★★	★★★★★	★★★★★	★★★★	★★★★	★★★★	★★★★★	★★★★★
分布式储能	★★	★★★★	★★★★	★★★★	★★★★	★★★★★	★★★★	★★★★	★★★★	★★★★	★★
数据中心	★★	★★★★	★★★★★	★★★★★	★★★★★	★★★★★	★★★★★	★★★	★★★★	★★★★	★★
规模储能（调频）	★★	★★★★	★★★★★	★★★★★	★★★★★	★★★★★	★★★★	★★★★	★★★★	★★★★	★★
规模储能（调峰）	★★	★★★★	★★★★★	★★★★★	★★★★★	★★★★★	★★★★★	★★★★	★★★★	★★★★	★★

二、主要电能存储技术及发展

如何用好现有的储能技术并发展创新是储能技术发展的关键。根据储能频次可分为瞬时高频储能（<3min）、短时高频储能、低频次储能（<4h）、长时间低频次储能（>4h）。图 11-3-1 给出几种储能技术的演化。

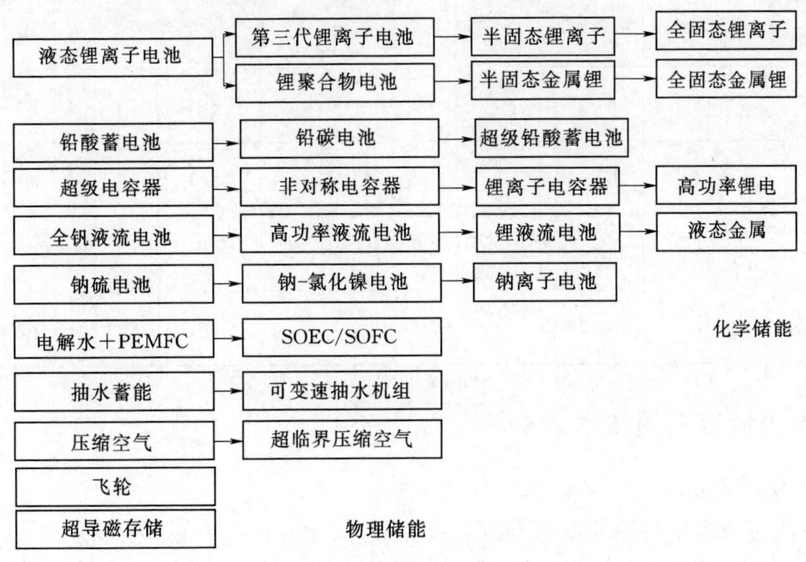

图 11-3-1　几种储能技术的演化

表 11-3-3 给出了几种储能类型的优、缺点及应用范围。

表 11-3-3　几种储能类型的优、缺点及应用范围

储能类型	主要储能方式	优　点	缺　点	应用范围
物理储能	抽水蓄能	发展历史长、技术成熟、成本较低，已经实现了商业化应用。由于具备蓄能容量大、寿命长等优点，作为调峰调频和备用电源广泛地应用于电网侧	对环境、地理地质条件有较高的要求，极大地制约了这些技术的普遍推广和应用	调峰、调频、系统备电、平滑波动
化学储能	锂离子电池储能	比能量高、高功率、循环特性好、可深度放电，响应速度快，适合调峰调频	高成本、循环寿命短和安全性问题	UPS、电能质量调节
其他储能	超导储能和电化学电容器储能	具有响应速度快（ms 级），转换效率高（⩾96%）、比容量（1～10W·h/kg）和比功率（104～105kW/kg）大等优点，可以实现与电力系统的实时大容量能量交换和功率补偿	高制造成本、低能量密度、需要在低温条件下使用	电能质量调节、UPS、可靠性频率控制、备用电源、削峰、再生能源集成

表 11-3-4 给出了化学储能技术指标汇总。

表 11-3-4　　化学储能技术指标汇总

储能技术	比能量 /[(W·h)/kg]	比功率 /(W/kg)	循环寿命 /次	单体电压 /V	服役寿命 /年	能量效率 /%	自放电率 /(%/月)	库仑效率 /%	安全性	成本 /[元/(W·h)]	工作温度 /℃
液态锂离子电池	90～260	100～20000	1000～2×10⁴	3～4.5	5～15	90～95	<2	～95	中	1.5～10	−20～55
铅酸蓄电池	35～55	75～300	500～5000	2.1	3～10	50～75	4～50	80	好	0.5～1	−40～60
镍氢电池	50～85	150～1000	1000～3000	1.2	5～10	50～75	1～10	70	良	2～4	−20～60
超级电容器	5～15	1000～10⁴	5000～10⁵	1～3	5～15	95～99	>10	99	好	40～120	−40～70
全钒液流电池	25～40	50～140	5000～10⁴	1.4	5～10	65～82	3～9	80	好	6～20	10～40
钠硫电池	130～150	90～230	4000～5000	2.1	10～15	75～90	0	～90	良	1～3	300～350

三、电力储能应用技术需求

1. 储能应用基础理论研究需求

(1) 不同应用场景的储能配置与优化关键技术。

(2) 储能系统建模与仿真关键技术。

(3) 储能电站能量控制与电池健康管理关键技术。

(4) 储能电站集群控制技术。

(5) 多点广域布局储能系统运行关键技术。

2. 系统集成及工程化研究

(1) 百兆瓦级储能电站工程化关键技术。

(2) 十兆瓦级储能梯次利用储能电站工程化技术。

(3) 提高新能源输送能力的储能工程化技术。

(4) 新运营模式下的分布式储能应用技术。

3. 综合评价研究需求

(1) 储能系统安全状态在线评估与防护技术。

(2) 储能装置特性评估、检测与认证技术。

4. 储能标准研究需求

(1) 储能本体标准规范体系。

(2) 储能装置、系统并网标准规范体系。

四、储能在智能电网应用

1. “十三五”智能电网储能项目

“十三五”智能电网储能项目见表 11-3-5。

表 11-3-5　　“十三五”智能电网储能项目

序号	任务名称	重要内容	类别
1	大规模储能关键技术研究	(1) 100MW 级锂离子电池储能技术。 (2) 10MW 级液流电池储能技术。 (3) 10MW 级先进压缩空气储能技术。 (4) 0.1～10MW 级分布式储能。 (5) 动力电池梯次利用技术。 (6) 储能失效机制及其逆向分析技术	重大共性关键技术
2	新型储能器件的基础科学与前瞻技术研究	(1) 锂离子超级电容器。 (2) 高速飞轮储能单元及阵列。 (3) 储能型全固态锂电池。 (4) 液态金属电池	基础前瞻
3	海水抽水蓄能技术	(1) 资源开发潜力及生态评估技术。 (2) 发电电动机研制及防腐蚀技术。 (3) 小容量海水抽蓄电站试验工程	基础前瞻

2. 大规模储能技术的发展

(1) 重点发展长时、短时、高功率 3 类规模储能技术。

(2) 降低度电使用成本到 0.2 元/(kW·h) 以下。

(3) 延长储能器件寿命到 15～30 年。

(4) 模块化、标准化、智能化、免维护、易于集成。

(5) 梯级利用，全寿命周期设计。

(6) 高度安全、高度可靠、可规模化制造。

3. 锂离子电池技术

锂离子电池是大规模储能关键技术之一，其研究方向见表 11-3-6。

表 11-3-6　　锂离子电池研究方向

锂离子电芯	电源管理 BMS	电柜设计	监控软件
高能量密度	汽车级芯片	标准化设计，系统打容方便、单机容量 150kW·h，可单独使用，也可多柜并联	对电池实时全方位监控
长循环寿命	主动均衡	高强度结构设计，便于运输、安装	数据存储、处理能力强
低内阻	CAN2.0 高速数据传输	内部模块化设计，容量可灵活调整，维护方便	自动生成报表
低成本	扩展性强		可实时远程监控

(1) 锂离子补偿技术。

1) 内容：锂离子补偿技术。

2) 目标：25℃，循环不小于 12000 次；日历寿命不小于 20 年；重量能量密度不小于 140W·h/kg；体积能量密度不小于 270W·h/L；成本不高于 1200 元/(kW·h)；安全性满足国标。

(2) 电池储能系统研究。

1) 内容：电池模块及系统研究、电池动态一致性表征方法及电池动态阻抗在线识别技术。

2）电池模块：25℃，循环不小于 10000 次；日历寿命不小于 15 年；安全性满足国标。

3）电池储能系统：成本不高于1500 元/(kW·h)；服役寿命不小于15 年；百兆瓦时大规模储能系统落地。

(3）安全性评测研究。

1）内容：基于新型锂离子电池的安全性评测方法研究。

2）目标：制定新型锂离子电池安全性检测标准。

(4）寿命预测。

1）内容：补锂离子电池寿命预测模型研究。

2）目标：开发补锂离子电池循环和日历寿命预测。

第四节　储能技术在电力系统中的应用

储能存在于全社会的多个领域，通过储能进行能量的时间转移存储、发电可以和负荷曲线更优匹配；提高电能质量降低电力系统综合投资；增强电力系统消纳更大规模清洁能源的能力，达到电力供能更加清洁、综合社会成本更低的目的，从而增强我国工业竞争力，实现社会发展绿色低碳的最终目标。

在电力系统发电、输电、配电、用电各个环节中，储能系统均起到一定作用。

1. 发电领域

(1）提高火电机组效率，减少碳排放，延长机组寿命，降低维护费用和设备更换费用。

(2）取代或延缓新建机组。

2. 输电领域

(1）延缓电网升级建设。

(2）缓解输电线路阻塞。

(3）降低网络损耗。

(4）无功支持。

(5）作为黑启动电源。

3. 配用电领域

(1）参与需求侧响应；改善电能质量。

(2）作为备用电源，提高用户供电可靠性；延缓电网扩建，降低变配电变压器扩容费用。

4. 可再生能源发电并网领域

(1）平抑可再生能源发电出力波动，跟踪计划出力，避免弃风、弃光。

(2）减少其他电源的调峰压力。

(3）减少备用电源预留量。

5. 辅助服务领域

(1）二次调频服务。

（2）电压支持。

（3）调峰服务。

（4）提供备用容量。

（5）解决分布式电源出力的间歇性问题；为孤岛微网提供稳定的电压和频率。

6. 典型的储能系统

典型的储能系统如图 11-4-1 所示。

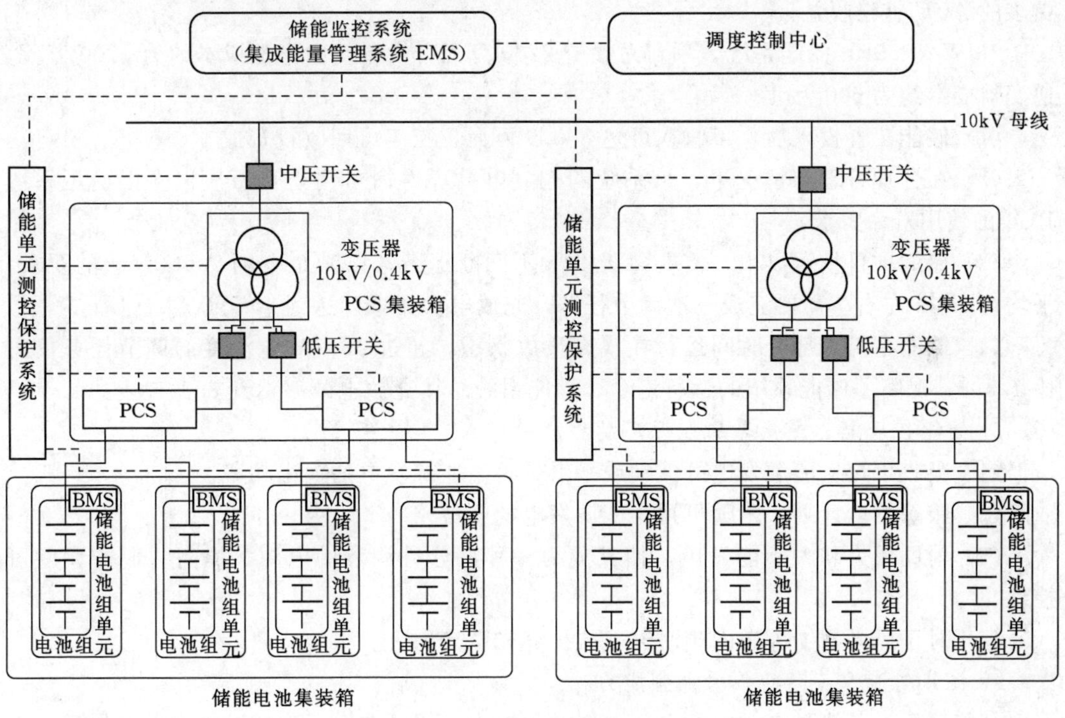

图 11-4-1　典型的储能系统

（1）储能电池成组。电池组、电池组监测装置、电池管理系统。

（2）双向储能变流系统（PCS）。多种控制模式：PQ 控制模式、Vf 控制模式、下垂控制模式、VSG 模式。

（3）智能测量控制与保护系统。联络线功率控制、频率调节、电压调节、功率平滑控制、频率电压紧急控制、运行模式切换、离网监测及稳定控制、并网保护。

（4）能量管理系统。管理储能系统的工作及应用模式，管理系统内的能量分配。

一、发电侧储能应用

1. 传统火电机组

主要昰进行协助提供二次调频辅助服务，当参与二次调频的火电机组受爬坡速率限制，不能精确跟踪调度调频指令时，由高速响应的储能根本上改善火电机组的自动发电控制（AGC）能力，从而获得更多的 AGC 补偿收益。

（1）常规火电机组若机组容量较小，锅炉蓄热能力小，机组的负荷调节速率及调节精度均弱于大容量机组，在电网两个细则考核中处于劣势。

（2）机组投入 AGC 后导致现场设备频繁动作，设备故障率增高，煤量大幅过调降低了锅炉燃烧的经济性。

2. 储能

若协助提供二次调频辅助服务，当参与二次调频的火电机组受爬坡速率限制，不能精确跟踪调度调频指令时，由高速响应的储能根本上改善火电机组的 AGC 能力，从而获得更多的 AGC 补偿收益。

2MW（0.5h）储能系统，项目总投资 2260 万元，设备费中电池成本约为 1200 万元，逆变器成本约为 600 万元。

（1）储能装置投入后，年收入可达 808.9 万元，三年可回收投资成本。

（2）在合理管理的情况下，该系统的充放电循环寿命可高达百万次以上，满足系统 10 年的使用寿命要求。

（3）储能项目投运以来，需要每天 24h 不间断运行，以满足电网 AGC 调频的要求，平均每 2min 左右就需要完成一次调节任务，充放电次数累计达到 40 万次以上。

（4）储能系统大部分时间运行在浅充浅放状态，超过 10%放电深度的调节任务仅占比 1.5%，保障了储能系统的运行寿命。储能系统总体充放电效率达到 85%以上。

3. 储能在风电、光伏等新能源厂站的应用

（1）吸收可再生能源发电的波动或平滑可再生能源发电的输出功率。

（2）跟踪发电计划，跟随可再生能源发电的爬坡。

（3）辅助风力和太阳能发电，使其成为一种部分可调节的电源，提高它们的调度可控性。

（4）对于风光消纳外送困难时刻，减少弃光、弃风。

4. 提升新能源厂站的一次调频能力

新能源厂站可能具有一定的向下一次调频能力，但是向上一次调频能力普遍缺乏。

长期来看，当可再生能源比例更高时，储能参与调频服务将会发挥更大的作用。美国国家可再生能源实验室研究表明，当风电和光伏等可再生能源发电波动性达到 30%时，调频需求量将增加 107%。PJM 研究也表明，波动性发电达到 30%时，调频需求会增加 80%～127%。

DL/T 1870—2018《电力系统网源协调技术规范》以风电场参与电网一次调频的下垂曲线为例，一次调频死区设定 0.06Hz，调差率设定 2%，最大负荷限幅设定不小于额定负荷的 10%。

二、电网侧储能应用

1. 调峰

电池储能电站跟踪负荷变化能力强，响应速度快，控制精确，且具有双向调节能力，具有削峰填谷的双重功效，是不可多得的调峰电源，特别是其他电源调峰经济性不佳时（如需要动用火电深度调峰甚至启停调峰，核电参与调峰，新能源、水电等清洁能源弃电调峰）。

2. 供电

缓解电网供电缺口，减缓电力建设投资，包括输电网和配网投资、变电和线路投资，以及为增加可靠性的其他投资。

负荷中心的负荷继续增长，部分火电机组退役，导致负荷中心出现供电较大供电缺口；新增线路和变电容量较为困难，或者投资代价过大。

3. 调频辅助服务运行

(1) 系统内参与二次调频的火电机组受爬坡速率限制，不能精确跟踪调度调频指令时，能够更好地解决系统二次调频跟踪偏差和不经济问题。

1) 2011 年美国电科院（EPRI）研究报告指出，储能应用于调频是在所有电力系统储能应用中价值最高的应用。

2) 2008 年美国西北太平洋国家实验室的分析报告指出，同等规模比较下，储能系统进行调频的效果是水电机组的 1.7 倍，是燃气机组的 2.7 倍，是火电机组和联合循环机组的近 20 倍。

(2) 系统内存在较大频率波动风险（如大容量直流、大容量机组等大电源丢失风险），而系统相对较小或系统内机组一次调频能力相对不足（如大规模新能源的接入、已有机组一次调频能力有限等），需要储能等快速充放电设备协助确保系统安全稳定运行，提高电网毫秒级控制能力，保障大受端电网运行安全。

三、用电侧储能应用

1. 用户角度——节省报装容量费

储能能够减少报装容量水平，节省报装基本容量费（仅针对大工业用户）。

以广东为例，假设储能容量为 250kW，即可实现年节约容量费 6.9 万元（23×250×12，一般专变负载比较重选择）或 9.6 万元（32×250×12，一般专变负载比较轻选择）。

2. 峰谷电价套利

能够协助调节峰平谷不同电价时段的用电电量情况，节省电费支出。假设某一般工商用户上班时间负荷基本维持在 250kW，负荷主要在白天上班时间（早上 8：30—晚上 7：00，部分时间存在加班情况），且负荷基本不可能转移到其他时段。

(1) 采用一般工商业用户的固定电价，原来每天电费为 250×10.5×0.8143＝2138（元）。

(2) 若用户采用峰谷电价，则每天电费为 250×(3×1.3235＋7.5×0.8143)＝2519(元)。

(3) 采用电池储能每天充放一次，则电费为（250×3×0.4226/0.88＋250×7.5×0.8143)＝1887（元）。

采用电池储能和用户执行固定电价，每天节省电费 2138－1887＝251（元）。若用户原来采用固定电价，电池储能节电效益一般；若用户原采用峰谷电价，储能峰谷电价效益充分发挥。

3. 提高供电可靠性

随着城市等负荷中心负荷密度的持续上升，以及负荷中心老旧火电机组的逐渐退役，电网供电能力紧张，负荷中心土地和走廊困难紧张，新增供电容量需要较长时间周期、较大代价，甚至难以实现，电网需要用户错峰限电、有序用电，对工商业用户生产不利，采用储能可以保证供电可靠性，确保用户重要、重点负荷的持续供电。

4. 综合能源服务

实现光-燃-储多能互补，源-网-荷协同管理。图 11-4-2 给出包含三联供机组的综合能源系统，实现能源的分级分质利用，利用效率 70%以上。

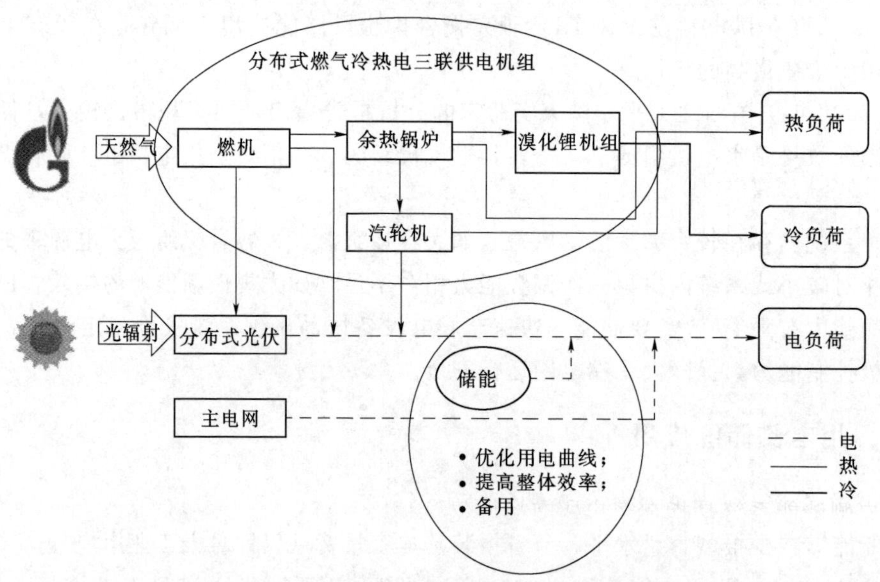

图 11-4-2 包含三联供机组的综合能源系统

5. 接受电网的调度

响应电网功率调度要求，对电网输出功率，支撑电网电能质量稳定。《南方区域电化学储能电站并网运行管理及辅助服务管理实施细则（试行）》规定如下：

第三条 本细则适用于南方区域地市级及以上电力调度机构直接调度的并与电力调度机构签订并网调度协议的容量为 2MW/0.5h 及以上的储能电站。其他类型储能电站参照执行。

第二十一条 储能电站根据电力调度机构指令进入充电状态的，按其提供充电调峰服务统计，对充电电量进行补偿，具体补偿标准为 0.05 万元/(MW·h)。

6. 未来电力市场的套利

(1) 利用日前、日内市场的价差获取利润空间。

(2) 减少偏差电量、提高负荷预测准确率获取相关回报。

(3) 利用日内市场价格波动提高储能调用频次，减少储能回报周期。

四、各国储能市场应用份额

表 11-4-1 为各国储能市场应用份额。

表 11-4-1　　各国储能市场应用份额

应　用	澳大利亚	德国	韩国	美国	日本	英国	中国	其他	总体
用户侧工商业	0%	5%	2%	9%	7%	2%	27%	2%	8%
分布式及微网	11%	25%	2%	12%	2%	1%	35%	13%	12%
电网输配	1%	5%	43%	12%	0%	9%	2%	19%	14%
电网辅助服务	42%	65%	90%	73%	68%	80%	17%	76%	67%
可再生能源并网	87%	15%	7%	25%	50%	17%	29%	23%	28%

以表 11-4-1 中可以得出：

(1) 我国用户侧比例较高，国外较少。

(2) 我国用于电网辅助服务比例较低，国外普遍超过 2/3。

(3) 不同国家的应用比例和当地电源结构、电网结构、电力市场构建情况相关，区别较大。

第五节　客户侧储能即插即用装置

一、概述

1. 客户侧储能系统

客户侧储能系统是指在客户所在场地建设，接入客户内部配电网，在客户内部配电网平衡消纳，并通过机械储能、电化学储能或电磁储能进行可循环电能存储、转换及释放的分布式储能设备或系统。

2. 客户侧储能监控平台

用于整合接入客户内部配电网的储能资源，可满足接入客户内部配电网的储能与源网荷的自适应匹配及协调运行，可实现接入客户内部配电网的储能设施即时接入、自动认证、即插即用的软件平台。

3. 客户侧储能即插即用装置

用于连接客户侧储能系统与客户侧储能监控平台的装置，利用可实现即插即用的信息和通信技术采集客户侧储能系统数据，并上传给客户侧储能监控平台，可采集客户侧储能变流器、储能电池以及电表数据，具有通信交互、管理、认证、加密、计费、结算、协调控制、数据发布等相关功能，可以与客户侧储能监控平台通信，接受客户侧储能监控平台协调控制命令。

4. 即插即用装置基本构成

即插即用装置由 CPU 处理器、ESAM 模块、非易失存储器、通信接口、时钟、电源管理等部件构成。

即插即用装置包括以下通信接口：电能表接口、储能监控平台接口、储能就地 EMS 接口、储能电池管理系统接口和储能系统 PCS 接口等。

二、即插即用装置功能要求

1. 通信功能

即插即用装置通信示意如图 11-5-1 所示。

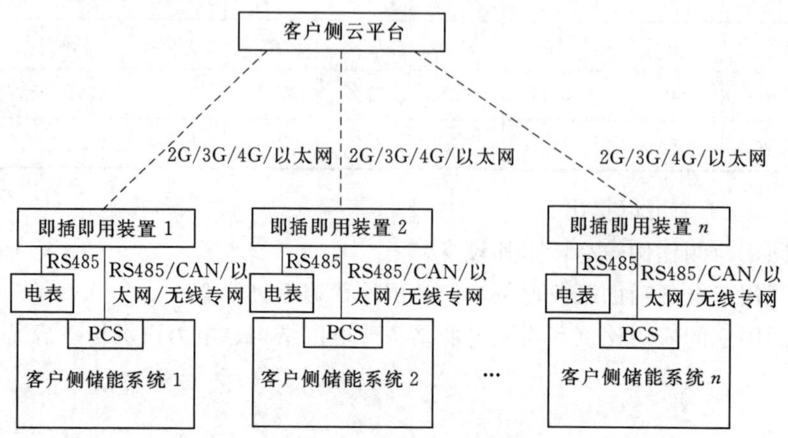

图 11-5-1 即插即用装置通信示意图

(1) 即插即用装置具备与客户侧储能系统的通信能力，通信方式可选择 RS485、CAN、以太网等。

(2) 即插即用装置具备与智能电表通信的功能。

(3) 即插即用装置应通过单独的通信模块与客户侧储能监控平台通信，通信方式可选择 2G/3G/4G 和以太网、无线专网，对客户侧储能监控平台通信一般采用 MQTT 或 https 通信协议。

2. 安全认证和数据加解密

(1) ESAM 模块具备存储密钥以及进行加解密运算的功能，由即插即用装置启动 ESAM 模块完成安全认证以及数据保护工作。

(2) 即插即用装置具备与客户侧储能监控平台主动注册、主动发送自描述模型、主动上送信息等功能。

3. 储能控制

储能控制功能满足如下要求：

1) 即插即用装置应具备用户通过扫描二维码、输入账号等方式，完成身份识别，实现储能充放电功能。

2) 即插即用装置应具备对不同类型客户侧储能系统的储能电池及储能变流器运行信息、状态信息、告警信息和参数信息等数据的采集功能。

3) 即插即用装置应具备对不同类型客户侧储能系统启/停、充放电模式切换及充放电功率调节的控制功能。

4) 即插即用装置应具备本地控制和远程控制两种运行模式。

5) 即插即用装置应具备通过设置计划曲线自动对客户侧储能系统进行充放电控制的

功能，能够接受本地设定计划曲线和远程下发计划曲线两种方式。

6）即插即用装置应具有客户侧储能装置本地/远程运行模式选择功能。

7）即插即用装置在本地/远程控制模式下，应具备对客户的削峰填谷、节能控制等控制策略。

（1）本地控制。即插即用装置宜具备对近一周内储能装置历史记录进行就地显示、调阅功能。

（2）远程控制。

1）即插即用装置在远程控制模式下，应具备接受上层系统的远程控制命令并执行下发的功能。

2）即插即用装置应具备网络运行管理功能，包括网络的接入控制、管理策略远程部署、异常处理和修复，以及日志文件的设定与管理。

4. 计费结算

（1）计费功能。即插即用装置应具备计费功能，能通过标准电能表获取储能系统的实时上网电量数据，接收客户侧储能监控平台下发的电价信息，根据客户侧监控平台下发的计费模型实现电费和补贴计算，应支持电费模型的存储和更改功能。

（2）结算功能。即插即用装置宜具备费用结算功能。若具备结算功能，结算方式应至少支持智能电卡、App终端方式。

5. 存储功能

（1）模型存储。即插即用装置应存储客户侧储能监控平台下发的模型信息。

（2）记录存储。

1）即插即用装置应记录储能系统产生的告警和故障信息，存储容量不少于五万条。

2）即插即用装置应记录储能系统的电压、电流、功率、累计充放电量等数据信息，存储时间不低于1年。

6. 远程升级

即插即用装置应具有通过客户侧储能监控平台实现应用软件远程升级、本地分时计费和服务费模型更新、装置内部ESAM的密钥数据更新的功能。

7. 校时功能

（1）即插即用装置应具备接收客户侧储能监控平台发出的时钟召测和对时命令的功能，并可通过报文等方式对即插即用装置进行对时。

（2）即插即用装置应有RTC时钟，当外电源停电后，应维持时钟正常工作，维持时间不低于3个月。

（3）时钟准确度不低于±0.5s/d。

8. 掉电检测

即插即用装置应具有掉电检测功能，掉电后应实现历史记录的存储功能。

9. 扩展功能

即插即用装置可根据需求扩展以下功能：

（1）网络发布：预留UART接口，用于储能数据的网络发布等。

（2）扩展存储：预留SD卡插拔接口，根据数据存储量要求可使用SD卡扩展存储容量。

三、即插即用装置的技术要求

1. 电源要求

电源应满足如下要求：

（1）即插即用装置电压工作范围见表 11-5-1。

表 11-5-1　　电压工作范围

规定的工作范围	(0.9～1.1)U_n	极限工作范围	(0.6～1.15)U_n
扩展的工作范围	(0.8～1.15)U_n		

（2）功耗不大于 3W。

2. 硬件要求

（1）处理能力要求。

1）即插即用装置所采用的 CPU 兼容 ARM 架构，且主频不低于 800MHz。

2）即插即用装置所采用的内存应不小于 512MB。

（2）存储能力要求。即插即用装置自身存储容量不得低于 1GB，支持通过 SD 扩展存储容量。

（3）通信能力要求。应配置同时支持中国移动、中国联通、中国电信 2G/3G/4G 的全网通通信模块，未来可升级到 5G。

（4）对外接口要求。即插即用装置应至少具备如下对外接口：

1）网络接口，包括无线数据接口 1 路和以太网 2 路：①无线数据接口，支持移动、电信和联通的 2G/3G/4G 无线数据连接；②以太网，10/100Mbit/s 自适应工业以太网，RJ45 接口。

2）串行接口，包括至少具备 4 路串行接口；至少具备两路 RS485 和一路 CAN。

3. 系统软件要求

（1）操作系统。即插即用装置应采用 Linux 系统平台，Linux 内核版本不低于 3.6.0。

（2）文件系统。即插即用装置建立的文件系统，满足应用程序和数据的存储需求。

4. 应用软件要求

（1）即插即用装置可通过以太网接口读取即插即用装置内部记录的数据、信息。

（2）设置软件应采用权限和密码分级管理体系，具有设置验证功能，并能记录操作人员、操作时间、操作项目等信息，能备份被改写的内容。

（3）即插即用装置内软件应具备备案和比对能力。

（4）即插即用装置制造厂商提供的嵌入式软件中不应留有后门，任何内部参数改动均应在授权方式下进行。制造厂商在软件研发管理上应具备相关安全监督及防范机制，防止出现软件泄密带来的安全隐患。

5. 数据安全性要求

（1）一般性要求。当其他设备通过接口与即插即用装置交换信息时，即插即用装置的性能、存储的数据信息和参数不应受到影响和改变。在任何情况下，即插即用装置存储、记录的电量数据以及运行参数不应因非法操作和干扰而发生改变。

（2）编程要求。可通过以太网、3G/4G/5G 等通信方式对即插即用装置进行程序写入，并应具备程序写入防护措施，以防止非授权人进行程序写入操作。

（3）ESAM。即插即用装置应嵌入 ESAM 用于信息交换安全认证。通过本地/远程模式对即插即用装置进行参数设置、信息返写和下发远程控制命令操作时，应通过 ESAM 进行安全认证、数据加/解密处理以确保数据传输的安全性和完整性。

（4）加/解密算法。ESAM 应使用符合国家密码管理政策的国密 SM1 算法。

（5）关键数据存储。即插即用装置的关键数据应保存在 ESAM 中，并以此作为计费依据，即插即用装置参数设置状态调整均应采用 ESAM 加密保护。

（6）关键数据传输。

1）通过通信端口进行参数修改时，对于 ESAM 中已经定义的、须写入 ESAM 芯片的参数，应按照 DL/T 645—2007《多功能电能表通信协议》定义的协议格式先进行身份认证，认证通过后，以明文＋MAC 的方式进行数据的传输和修改。

2）对于 ESAM 中未定义的、写在 ESAM 芯片外部的参数，应按照 DL/T 645—2007《多功能电能表通信协议》定义的协议格式先进行身份认证，认证通过后，以密文＋MAC 的方式进行数据的传输和认证，认证通过后，再以明文的方式获取对应的参数，并进行参数设置与存储。

3）身份认证应采用基于国密 SM1 算法的双向挑战应答协议。

6. 结构要求

（1）通用要求。

1）即插即用装置的设计和结构应能保证在额定条件下使用时不引起任何危险，尤其应能保证防电击；防过高温影响的人身安全；防火焰蔓延；防固体异物、灰尘及水。

2）易受腐蚀的所有部件在正常条件下应予以有效防护。

3）任一保护层在正常工作条件下不应由于一般的操作而引起损坏，也不应由于在空气中暴露而受损。

4）即插即用装置应有足够的机械强度，并能承受在正常工作条件下可能出现的高温和低温。

5）部件应可靠地紧固并确保不松动。

6）电气接线应防止断路，包括在某些过载条件下。

7）即插即用装置结构应使由布线、螺钉等偶然松动引起的带电部位与可触及导电部件之间绝缘短路的危险最小。

8）即插即用装置应能耐阳光照射。

（2）外壳。

1）即插即用装置应采用金属外壳封装，外壳结构设计应考虑接线端子接线操作和安装的便利性。

2）介质的插口应能防尘、防水，防尘应达到 GB/T 4208—2017《外壳防护等级（IP 代码）》中规定的 IP5X 防护等级要求；户内用即插即用装置的防水要求应达到 IPX1 防护等级，对于户外用即插即用装置，应达到 IPX4 防护等级。

3）整体应无外露锐角，表面涂覆色泽层应均匀光洁，不起泡、不龟裂、不脱落。

（3）安装方式。宜采用导轨或壁挂固定方式。

第六节　基于300kW·h移动锂电储能多功能电源车

一、移动锂电池技术性能比较

移动储能技术性能对比见表11-6-1。

表11-6-1　　移动储能技术性能对比

序号	内容	移动储能	飞轮储能	柴油发电机组
1	前期投资成本	较高	非常高	低
2	环境和噪声污染	无环境和噪声污染	环境和噪声污染大	环境和噪声污染大
3	启动时间	启动时间ms级	启动时间ms级	启动时长5～30s
4	电能质量	供电电压波动1V以内、频率波动0.1Hz以内	供电电压、频率波动大	供电电压、频率波动大
5	功率	功率双向流动，并离网平滑切换	功率单向流动	功率单向流动
6	技术成熟度	新技术	新技术	传统产业
7	运维难度	运维难度高	运维难度高	运维难度低

选用300kW·h磷酸铁锂电池。

二、核心动力磷酸铁锂电池系统

电池系统采用三级架构，如图11-6-1所示，包括BMU、BCMS及BAMS。主要特点包括：

（1）主动均衡策略。

（2）自动标定技术，解决SOE偏移问题。

（3）电池热管理，杜绝热失控发生。

（4）门禁、灯光、消防联动设计。

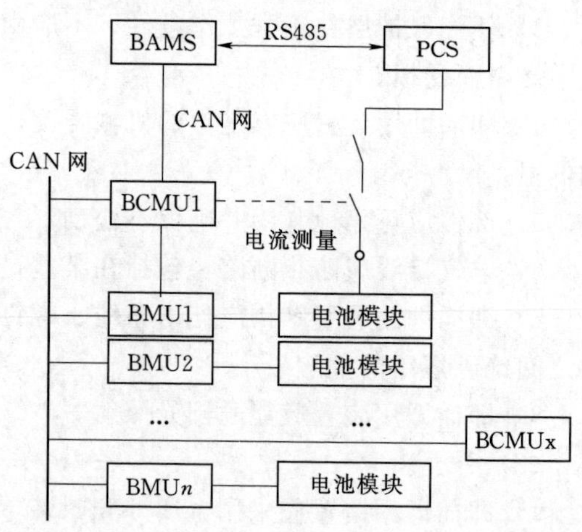

图11-6-1　电池系统三级架构

三、系统主拓扑回路

检测到发生安全事故时，立即联动BMS，断开设备连接。系统主拓扑回路如图11-6-2所示。

四、强大的安全防护系统

1. 硬件保护

（1）交/直流熔断器、断路器机械保护。

（2）模拟电路保护设计：不经过软件，在发生过流、过压故障时直接驱动系统停机。

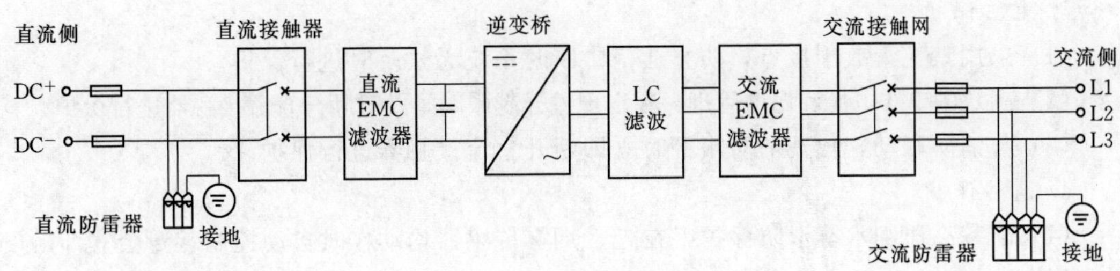

图 11-6-2　系统主拓扑回路

其主要参数见表 11-6-2。

表 11-6-2　　主要参数

项目		参数/规格
系统参数	额定功率	150kW
	允许电网电压范围	380(1±10%)V
	允许电网频率范围	50(1±5%)Hz
	系统最大效率	>97%
	功率因数	±0.98
	过载能力	110% 2h，120% 1min，150% 10s
	满功率充放电转换时间	<20ms
	功率指令相应时间	<1ms
交流侧参数	交流电压 THD	<3%
	交流电流 THD	<3%
	三相输出电压不平衡度	<2%
	输出相位偏差	<3°
	离网交流输出电压	380(1±5%)V
	离网交流输出频率	50(1±0.5%)Hz
直流侧参数	直流电压范围	400～800V
	直流稳压精度	1%
	直流稳流精度	1%
	电池电流纹波	2%
其他	柜体尺寸	800mm（宽）×800mm（深）×2000mm（高）
	重量	0.9t

（3）急停、过温保护：包括变压器过温、电抗器过温、IGBT过温、环境温度过温等多个温度采样及保护措施。

2. 软件保护

交流侧过欠压保护、交流过流保护、直流侧过欠压保护、直流过流保护、交流过欠频保护、各部件过温保护、极性反接、相序异常、风机异常、消防异常、空调异常等软件保护。

3. 电池保护

(1) 采用禁充禁放干接点，防止通信中断时系统无法及时进行保护。

(2) 高效的单体电压和温度管理，在出现差异越限时，及时断开直流接触器进行保护。

(3) 与消防联动，出现消防报警时立即断开直流接触器进行保护。

4. 消防保护

(1) 配备高压细水雾消防保护，在光、烟雾传感器均动作时自动控制装置会立即触发进行灭火。

(2) 消防系统还与电池系统、EMS 系统、PCS 进行联动管理，一旦出现意外情况，所有设备均会开启保护动作，确认事故不再蔓延。

5. 温湿度控制

(1) 配置静音工业空调，恒温恒湿控制给系统运行创造一个最佳运行环境。

(2) 温湿度控制系统与后台 EMS 进行通信，实时上传当前集装箱内的温湿度状态，如有异常，EMS 将会触发保护措施，并可以通过云监测系统进行查看。

6. 安全接地

整车以铜排的形式提供 2 个符合最严格电力标准要求的接地点，接地点与整个集装箱的非功能性导电导体形成可靠的等电位连接，接地点位于集装箱的对角线位置。

五、就地智能管控系统

就地监控平台可以实现移动车的实时控制和数据监测功能，集成输入、输出控制，输入侧 PCC 并网点采用静态开关设计，被动离网切换时间可控制在 5～10ms 内，输出侧断路器设有指示灯，方便操作人员观察输出状态。此外，设置有同期按钮，在电网恢复供电时可快速同期并网。

六、远程云平台管理系统

远程云平台管理系统如图 11－6－3 所示，其基于数字配电终端采集的电流、电压、有功、无功等数据，对配网的电压降落、电压损耗、电压偏移、功率损耗、电能损耗、配网潮流、配网无功、短路电流等进行计算分析。

七、特种车辆车体优化设计

包括车体结构设计、内部布局快速接入、抗震设计、散热设计及安全防护设计。

变流器与储能系统分区布局，装置与车体可靠连接，提高系统抗震性能，满足不同路况不同应用场景需求，便于多套系统并联运行。

集装箱内配置自动消防系统，由七氟丙烷灭火剂与锂离子电池复燃抑制剂两部分组成。该系统在电池箱内置烟雾传感器并配备具有电磁阀的消防管路，当发生火情后，电磁阀开启，消防系统开启，喷洒灭火剂至电池箱，并注入复燃抑制剂。该系统通过将监测范围缩小至模块级别，实时监测，快速判断火情。当发生火灾时系统可准确判断火灾位置，一旦有火灾隐患，消防系统能够自动启动，准确喷洒灭火剂，将复燃抑制剂注入起火电池箱，防止电池发生复燃。

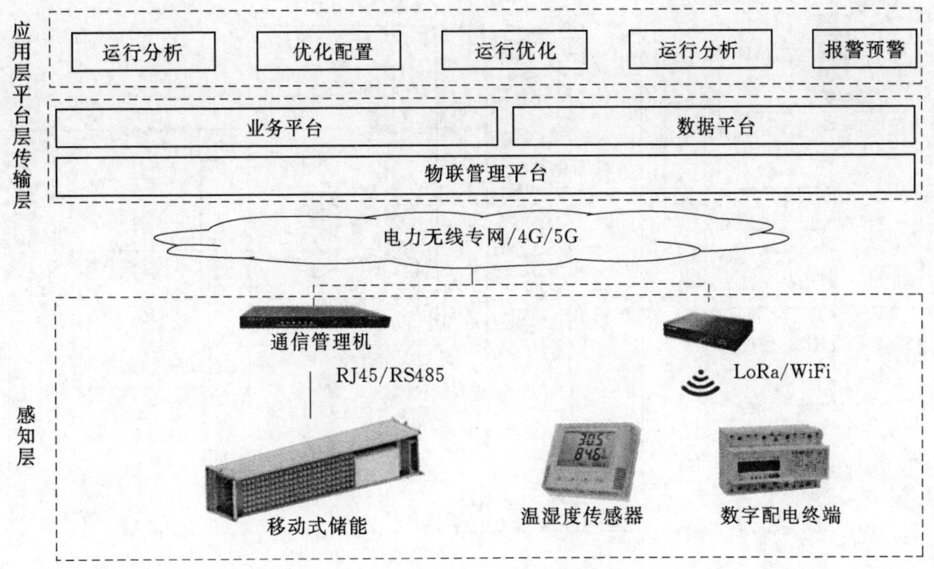

图 11-6-3　远程云平台管理系统

系统采用高压细水雾消防，容量 70L，持续喷射时间 10min。

八、现场负荷跟随控制

移动电源车与台区典型接线如图 11-6-4 所示。移动储能系统采集负荷数据，检测并网点功率大于放电预设值或小于充电预设值，在电池 SOC 处于可运行区间范围内时（预设为 10%～100%，可更改），PCS 通过闭环调节自身充放电功率（功率调节算法公式），使并网点功率达到预设的功率控制区间，从而达到并网点功率控制功能。但储能的出力（项目标称容量）有限，在电池容量用完或充满后则无法进行相应的功率补偿。

1. 削峰填谷控制

移动储能系统在电池 SOC 处于预设范围内时，进入操作控制界面，点击“削谷”按钮，设置各时间段功率，确认后点击“使能开启”按钮，系统会按照设定的功率值进行充放电控制，达到削峰填谷功能。

2. 故障重合闸功能

分析当前故障类型，若允许重启（外部故障，内部故障不允许自动重启），延时预设时间后自动进行故障复归并下发开机命令，若在预设的时间段内没检测到再次故障信号，则重合闸成功；反之重合闸操作失败，需要人工介入。

3. 无人值守，自动运维

检测当前系统已停止运行超过预设值，系统自动开机放电至预设 SOC 值，随后自动充满电，达到对电池的自我维护功能。

4. 离网黑启动控制

系统离网独立运行时采用电池直流取电方式，在电网临时检修或者临时用电时，系统可作为电源黑启动并向负载供电。

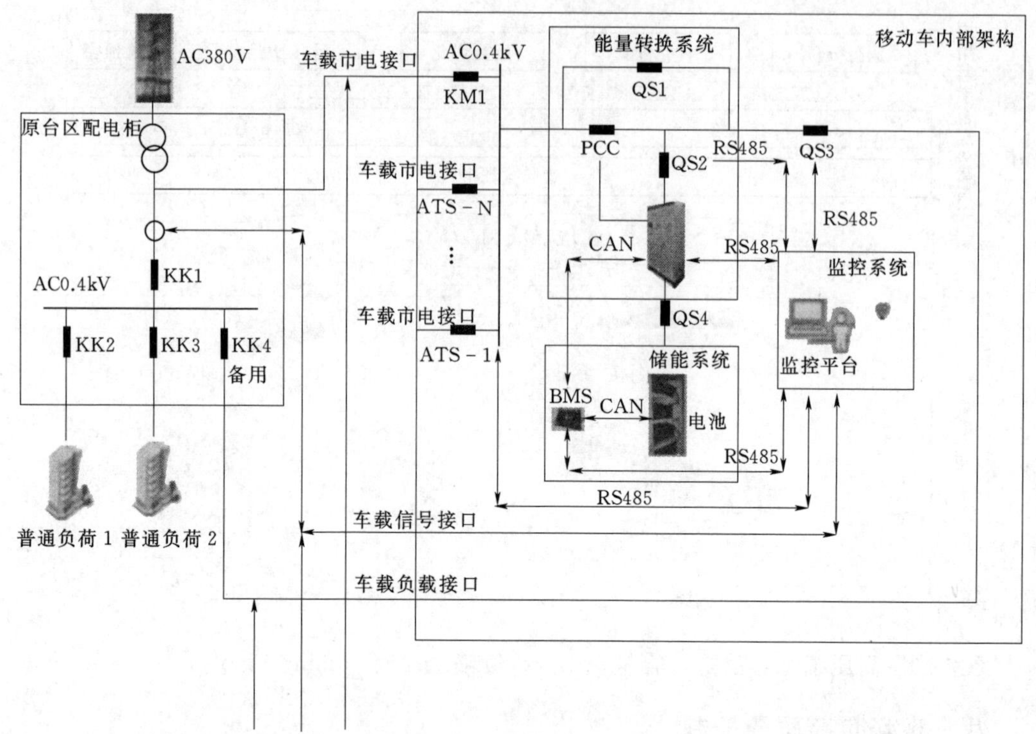

图 11-6-4 移动电源车与台区典型连接

第七节 储能电站系统

一、电化学储能综述

1. 电化学储能电站（系统）的主要优势

（1）设计灵活、配置方便。模块化设计，通过并联可实现 20MW 以上级别系统规模，不受地理条件限制。

（2）响应速度快。ms 级时间尺度内实现额定功率范围内的有功无功的输入和输出。

（3）精确控制。能够在可调范围内的任何功率点保持稳定输出。

（4）双向调节能力。充电为用电负荷，放电为发电电源，额定功率双倍的调节能力。

（5）科学安全，建设周期短。

（6）技术成熟。

（7）集约用地，减少资源消耗。

（8）绿色环保，促进环境友好。

2. 电化学储能电站面向电网侧及新能源消纳实际应用场景

（1）段峰填谷。

（2）调频服务十“虚拟同步机”。

(3) 动态无功支撑。

(4) 微网/冷热综合能源。

(5) 新能源储能互补。

(6) 断面功率控制。

(7) 大电网紧急控制。

(8) 黑启动/热备用。

3. 储能容量选择

储能容量须综合考虑系统潮流、调峰、调频、调压及紧急控制等各方面需求。现阶段，储能容量主要受限建设运营成本约束。

(1) 调峰、调频、紧急控制：主要是面向解决全网性问题，客观上储能配置越大越有效。调峰需求能量型储能，一般不小于2h，调频和紧急控制需求功率型储能，持续时间一般小于0.5h即可。

(2) 调压：主要考虑电网的动态无功需求，功率型储能，容量越大，动态无功支撑能力越强。

二、电池选型

1. 电池选型原则

(1) 满足电网调频的持续高倍率充放电。

(2) 满足电网调频、调峰需求的充放电循环次数。

(3) 满足电网调频需求的满充放转换的快速响应。

(4) 满足电网要求的稳定运行以及安全性。

(5) 满足收益要求的成本及系统效率。

(6) 满足电池易维护、电站无人值守的设计要求。

(7) 满足电池高效使用的SOC运行范围。

(8) 满足环境要求的宽工作范围。

2. 电池参数对比

电池以现今流行的电池：铅碳电池、锂离子电池（磷酸铁锂）、锂离子电池（三元锂）、全钒液流电池为例，其参数见表11-7-1。

表11-7-1　几种电池参数

电池类型	铅碳电池	锂离子电池（磷酸铁锂）	锂离子电池（三元锂）	全钒液流电池
工作电压/V	2	2.8～3.7	3.2～4.2	1.5
能量密度/[(W·h)/kg]	25～50	130～160	200～220	7～15
功率密度/(W/kg)	150～500	500～1000	1000～1500	10～40
倍率性能	0.25C	长期2C/瞬时5C	长期2C/瞬时5C	2～5C
SOC推荐使用范围/%	30～80	10～90	10～85	30～90
电池组循环次数	1000～3000	3000～5000	2500～4000	>10000
工作温度/℃	－20～60	充电－10～45/ 放电－20～55	充电－30～55/ 放电－30～60	－5～60

续表

电池类型	铅碳电池	锂离子电池（磷酸铁锂）	锂离子电池（三元锂）	全钒液流电池
响应速度	<10ms	ms 级	ms 级	ms 级
安全性	析氢等弱风险	保护措施得当燃烧风险较低	燃点低，燃烧等风险较高	五氧化二钒等毒性弱风险
环保性	存在一定环境风险	环境友好	环境友好	环境友好
能量成本/[元/(kW·h)]	800～1300	1300～1600	1500～2000	2200～2300
电池效率	80%～90%	98%@0.1C/90%@1C	98%@0.1C/90%@1C	60%～75%

3. 电池成组方案对比

电池或组方案对比见表 11－7－2。

表 11－7－2 电池成组方案对比

储能系统类型	铅炭电池	锂离子电池（磷酸铁锂）	锂离子电池（三元锂）	全钒液流电池
集装箱规格/尺	40	40	40	20
集装箱数量/个	100	100	50	400（另需配置电解液储罐）
BMS 设计难度	简单，主要以监控为主	复杂，需要考虑 SOC 估算精度以及均衡算法	十分复杂，电压抖动剧烈，SOC 估算难度较大，一致性需要精准的均衡算法	一般
系统集成可行性	可行	可行，国内主流技术路线，方案相对成熟	待验证，日韩为代表的国外技术路线，尚未掌握核心技术，一致性问题较为严重，标准尚未统一	待验证
运维特点	电池寿命短，运维差别化服务难	可实现无人运维	难实现无人运维，安全因素是制约	可长时间运行，但增添电解液作业繁琐，工程浩大
初始投资	相对少	适中	较大	较大

注 1尺≈0.33m。

4. 各电池技术参数比较

上述几种电池各有优缺点：

(1) 铅碳电池成本较低，但倍率特性低、循环寿命短、响应速度慢及存在环保问题。

(2) 全钒液流电池具有较高的倍率特性、循环次数高，但其功率及能量密度低、占面积大，且高成本。

(3) 锂离子电池具有较高的能量和功率密度，较高的倍率特性、宽 SOC 运行范围、环次数高等优势，其中三元锂离子电池具有更高的能量及功率密度，但存在安全及成本问题。

(4) 根据总体需求，兼顾电网调频和调峰等其他应用场景。

5. 锂离子电池的风险

国内外近期发生各起锂离子电池储能电站火灾事故。事故一旦发生会造成严重后果，对锂离子电池热事故特征参数识别、热失控早期预报、安全联动和消防防护显得十分重要。

三、储能电站 BMS 系统

1. BMS 系统作用

大型储能系统电站可应用于发电侧或电网侧的调频调峰或削峰填谷，其中储能电站BMS实现对电池运行状态量（电压、电流、温度、绝缘等）的监测，进而实现对电池状态剩余电量（SOC）、电池健康状态（SOH）的分析和评估，对电池组（堆）实现均衡管理、控制、故障告警、保护及通信管理的系统装置，其目的是实现电池组安全，稳定、可靠、高效、经济适用。BMS系统功能如图 11－7－1 所示。

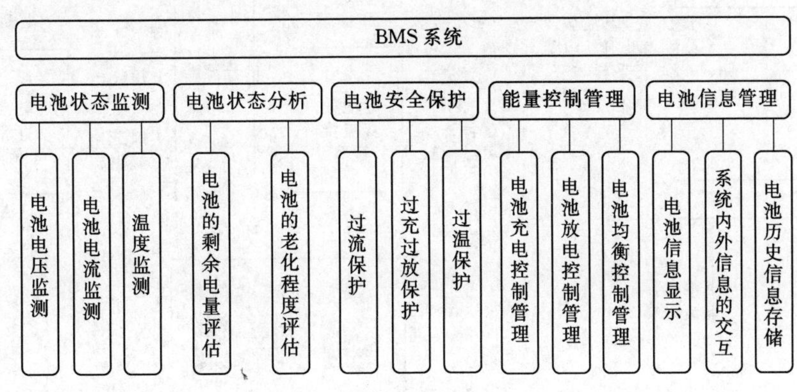

图 11－7－1　BMS 系统功能

2. BMS 系统典型架构

BMS系统采用三层架构，如图 11－7－2 所示。

（1）第一层，BMS从控BMU（电池数据采集单元）。主要采集单体电池电压、温度等信息，对电池状态进行计算，作均衡、热管理执行控制。

（2）第二层，BMS主控BCU（电池簇控制模块）。主要负责电池组端电压采集、电流采集、绝缘检测、电池状态计算、继电器控制、均衡策略、数据通信等。

（3）第三层，BMS总控BAMU（电池堆控制模块）。主要进行数据显示、查询、参数设置、数据计算、通信、数据保存等。

3. 电池模型

电池模型采用增强型自校正（ESC）锂离子电池等效电路模型，考虑温度、滞回电压、欧姆电阻、RC阶数等影响因素，并能够为SOC估计算法提供模型基础，如图 11－7－3 所示。

模型考虑开路电压与温度、SOC的关系，以及其他参数与温度的关系，能够准确描述锂离子电池工作的外特性。

4. 电池 SOC 结算

电池储能设备SOC采用高精度的安时积分＋开路电压、校正方法，采用神经网络法对磷酸铁锂电池SOC进行估算，将估算误差控制在5%范围内，具有较高的估算精度。

5. 电池均衡控制

基于电池单体电压、单体SOC、单体SOH以及历史数据等综合均衡判据，采用被动

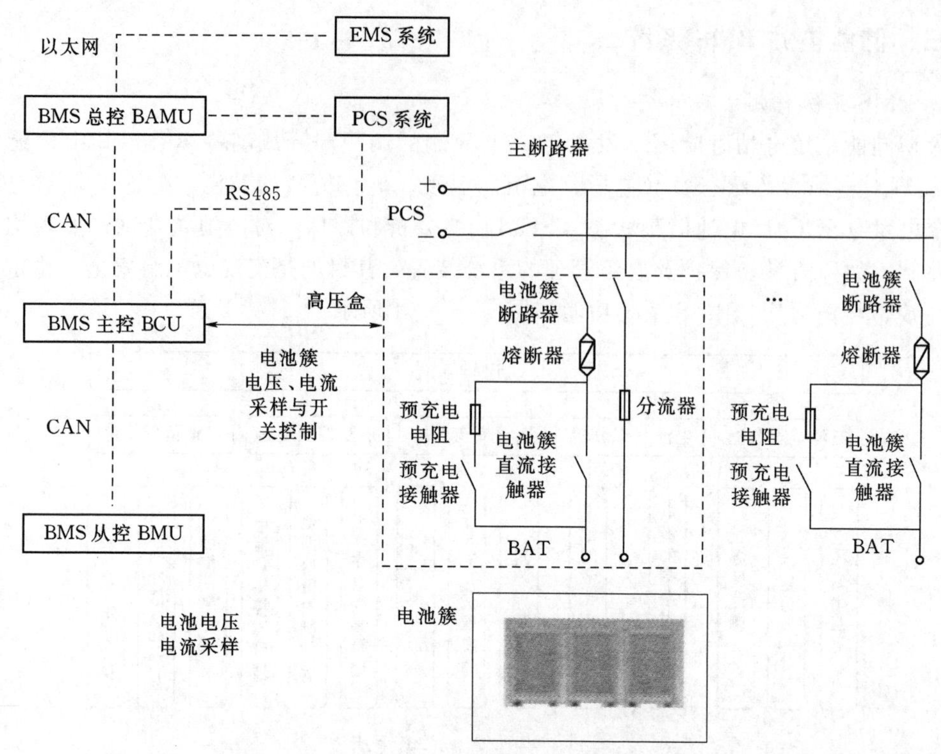

图 11-7-2　BMS系统架构

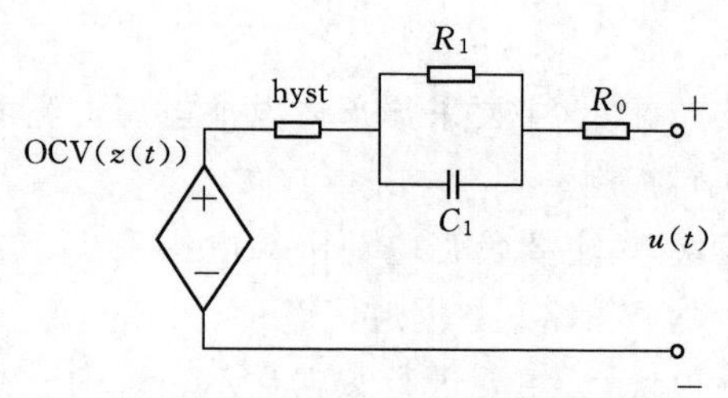

图 11-7-3　电池模型原理图

均衡+主动均衡控制策略，大幅改善成组电池的一致性、可用容量、电池寿命。

6. 集成高速通信规约

支持双网冗余连接模式，通信协议采用 IEC-104、IEC-61850 系列等标准规约，提升信息传输速率。

7. 电池安全保护

(1) 采用 ASIL-B 级保护策略，具备先进的自我故障诊断和容错技术，对模块自身软硬件具备自我检测功能，硬件保护措施不会因为 BMS 故障造成储能系统安全问题。

(2) 具备完善的软硬件保护设计，采用分级预警、告警以及保护动作等分级保护系统，电压、湿度等具备变化率保护、多级阈值保护等。

(3) 具备完善的 SOE 以及故障录波功能，丰富的本地与远程的数据记录功能，满足现场运行状态的监控以及事后分析的要求，做到历史事件可追溯、故障问题可分析，有效解决储能系统发生故障时责任不清问题。

(4) 具备多层级消防联动保护系统设计，具备 pack 级的消防，采用多传感器融合技术（特征气体、烟雾、温度），结合非标锂电池热失控判断算法，实时监控电池热失控阶段，实现锂电池热失控早期分级预警，并在锂电池发生火情第一时间进行灭火最小单元干预控制。

（5）电池热失控分析。

1）外因包括过充电触发热失控、外力导致热失控、过热触发热失控。

2）内因包括电池内部短路触发热失控等。

电池热失控过程如图 11－7－4 所示。

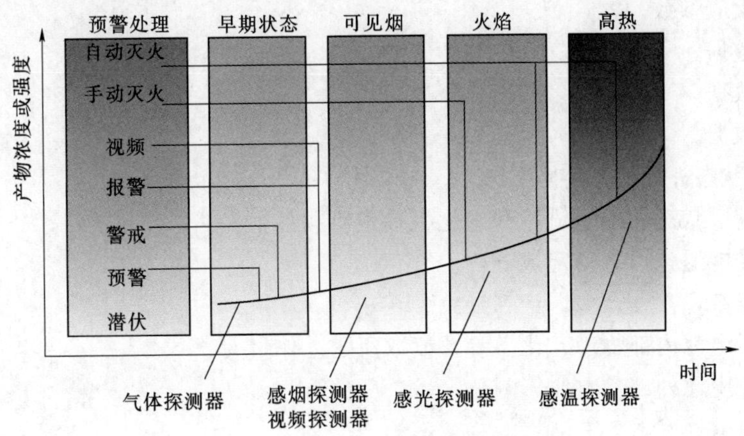

图 11－7－4　电池热失控过程

8. 储能系统防护措施

（1）内部安全。

1）添加对电池电化学性能影响小的阻燃添加剂。

2）热失控阻隔设计发展的“三明治”式结构阻隔方法能够有效阻隔电池组内的热失控传播。

（2）外部安全设计。

1）电气系统的安全设计。

2）BMS 在线热管理及干预（干预包括：切断充电电源、降低功率等）。

3）电解液泄漏检测发现早期隐患。

4）综合热管理系统保证电池工作在正常温度。

（3）早期热失控预警。

1）根据电池热失控前表征参数体系，进行早期的热失控探测。

2）系统的联动控制（BMS、PCS、空调等）。

（4）防护技术及控制。

1）电池系统安全防护技术和防护装置联动控制策略。

2）PACK 箱体的热扩展防护扑灭初期电池火灾，延迟热失控传播时间。

（5）外部消防接口。对接消防车采用淹没式消防设计。

9. 电芯状态评估技术

根据储能电站在线监控数据及电池本征参数进行锂离子电池精细建模，表征电芯最大容量及内阻变化情况，进而对电芯实际状态、老化程度、剩余寿命等进行评估。其中电池寿命评估是核心问题。

(1) 电池实际运行过程中的参数。

1) 电池整体参数。

2) 正、负电极参数。

3) 正、负极层间参数。

4) 正、负极材料颗粒特性。

5) 化学反应参数。

6) 电压数据。

7) 电流数据。

8) 温度数据。

(2) 电芯状态评价技术特点如下：

1) 电池健康状态的准确描述和老化机理最直接的证据。

2) 电池性能退化因素的定量分析。

3) 模型复杂，参数众多，计算量大。

4) 锂离子电池内部物理、化学参数读取所需工作量大。

5) 锂离子电池外部参数便于测量。

6) 分析时效性好。

7) 易受数据不确定性和不完整性的影响。

8) 需要庞大数据量以提升评估精度。

(3) 评估过程如图 11-7-5 所示。

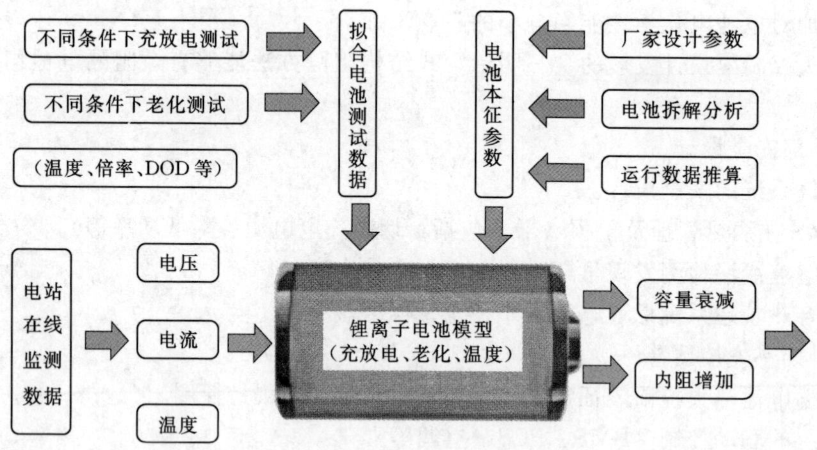

图 11-7-5　电芯状态评估

四、储能电站监控系统

1. 储能电站监控系统现状

采用数据集中式上送方式，网络简单，成本较低，在数据较少的储能站有其优势。但大量遥测、遥信数据，不是实时监控必需的关键数据，会造成网络的拥堵和浪费。

(1) 电站监控主机性能要求高，负荷大，可靠性差。

（2）数据网络拥挤，上、下行关键数据堵塞，电站控制响应缓慢。

（3）大量非关键数据与关键数据一起配置，运行维护复杂、低效。

监控系统架构如图 11－7－6 所示，其特点如下：

（1）不区分关键数据和详细数据集中上送。

（2）通信协议不统一，需要规约转换器进行转换。

（3）监控主机资源消耗大。

（4）网络拥堵，全站控制效率、速率较低。

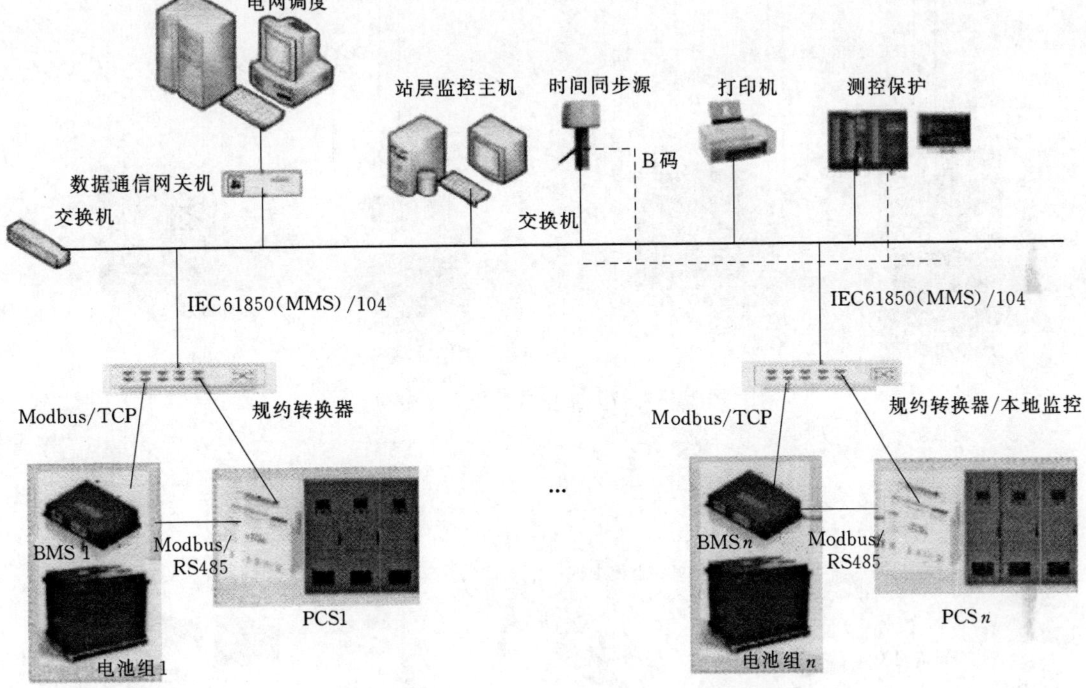

图 11－7－6 监控系统架构

2. 集中式监控系统

集中式监控系统架构如图 11－7－7 所示，其特点如下：

（1）在保证网络承载力和主机性能的前提下，数据集中上送。

（2）统一协议（IEC 61850），全站无规约转换器。

（3）架构简单，建设成本较低。

（4）全站控制速率较高。

（5）推荐应用于总数据量不超过 10 万的中小储能电站。

3. 分布式监控系统

架构如图 11－7－8 所示，其特点如下：

（1）关键数据实时上送；详细数据分层存储，按需调阅（SOA）。

（2）统一协议（IEC61850），全站规约转换器。

（3）上、下行数据分流，全站控速率快、效率高。

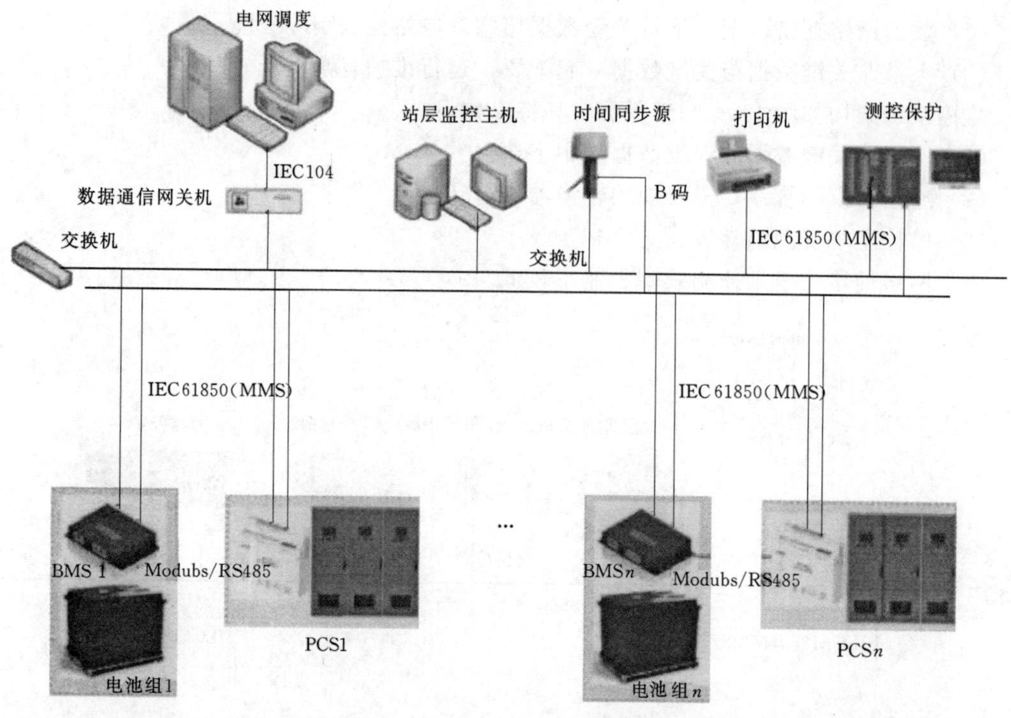

图 11-7-7　集中式监控系统架构

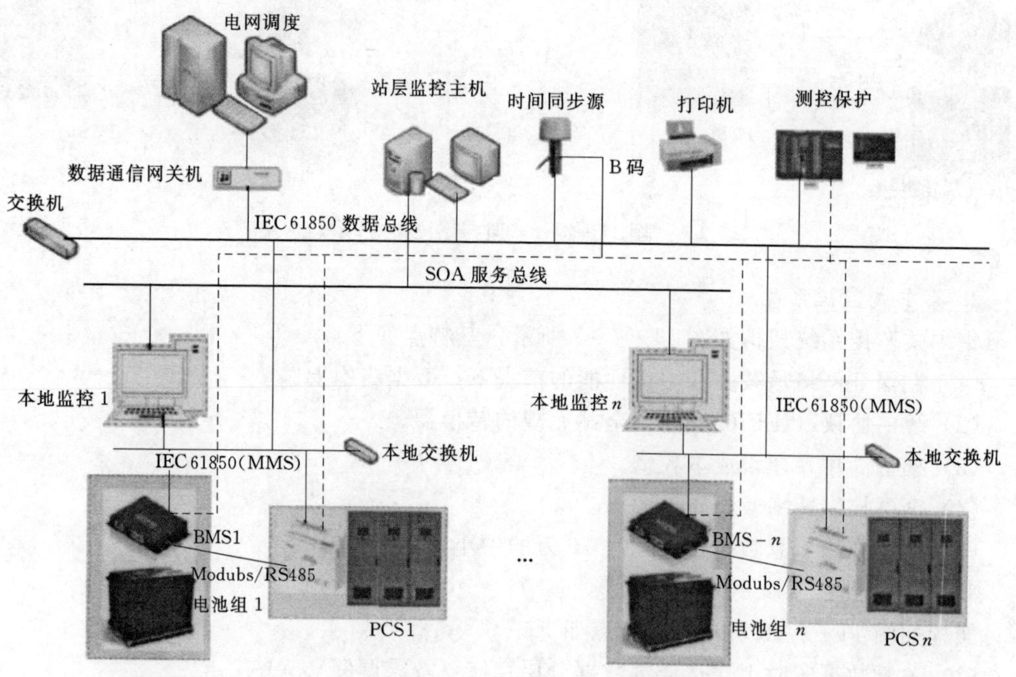

图 11-7-8　分布式监控系统架构

（4）本地监控按需配置。

（5）推荐应用于中大储能电站。

五、储能电站智能运维系统

如图 11-7-9 所示，储能电站智能运维系统采用分层分布式系统，实现储能电站全生命周期管理。

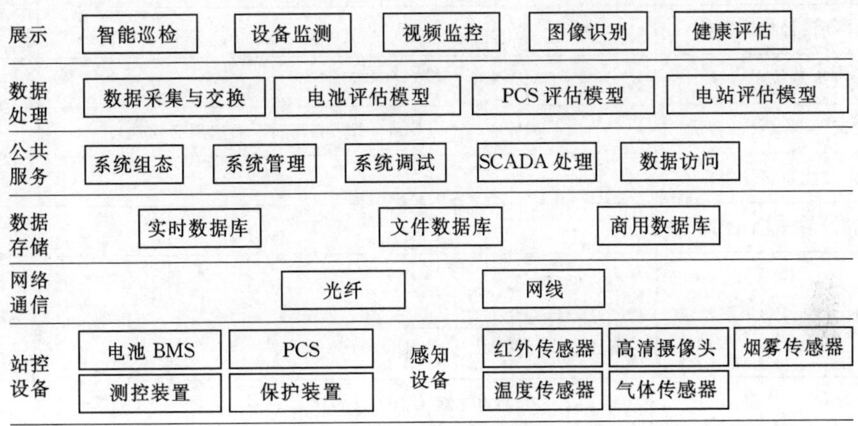

图 11-7-9　储能电站智能运维系统

第八节　储能电站工程关键技术

一、储能电站工程技术对接

表 11-8-1 给出了储能电站工程技术对接提资单，涵盖了储能电站方方面面的技术。

表 11-8-1　　储能电站工程技术对接提资单

1	项目名称		
2	客户（公司）名称		
3	项目所在地详细地址	______国______省______市______区（县）______路	
4	项目简介	举例：可提供项目可研报告，初步技术方案，技术规范书等	必填写
5	项目交货期要求	______年______月　或者　合同签订后______天	必填写
二	项目所在地环境（必填写）		
1	产品安装位置		
		室外可用区域，长______m；宽______m	
		长______m；宽______m；高______m	
2	系统外部环境		

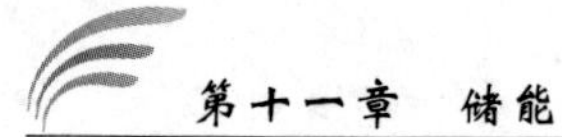

续表

	温度范围_________℃　　湿度范围_________%　　海拔_________m		
3	防护要求		
		项目地离海边距离_______m	
三	储能电站基本要求（必填写）		
1	规划设计标称容量	_______MW_______MW·h	
2	本期设计标称容量	_______MW_______MW·h	
3	直流侧放出容量	_______MW·h（无要求可不填写）	
4	交流并网点放出容量	_______MW_______MW·h（填此项下面选项必勾选）	
5	储能系统作用		
6	储能系统运行工况		
7	储能系统寿命年限要求	（1）循环次数_________次。 （2）设计寿命__________年。 备注：设计两者先到为准	
四	储能电站接入信息（必填写）		
1	储能系统接入形式		
2	电源组成		
		光伏组件_______MW；光伏逆变器_______MW	
		风电变流器_______MW	
		柴油机__________MVA	
		火电机组__________MW	
		其他电源__________MW	
3	储能系统接入电压		
4	接入点变压器容量	接入点上一级变压器容量________MVA，电压等级_______kV/________kV	
5	有无接入间隔		
6	接入间隔数量		
7	馈电上网		
五	供货范围（如需报价必填写）		
1		含电池箱，电池机架，BMS，汇流柜，所供设备之间的直流电缆和通信线缆	
2		含消防、视频监控、照明、配电、风道等	
3		若PCS甲供需要明确直流侧电池系统工作电压范围_______～__________V（DC）	

续表

4		一般由EPC方提供，若我司提供需提供电网公司电力接入批复或技术规范书	
5		提供需明确具体的功能要求	
6		境外项目只负责指导安装	
7		运输到________城市________港口	
六	产品认证证书要求（如需报价必填写）		
1	电芯	有要求请明确认证标准：比如IEC 62619/UL 1973/UN 38.3及其他	
2	电池箱	有要求请明确认证标准：比如UN 38.3以及其他	
3	电池簇	有要求请明确认证标准：比如IEC 62619/UL 1973以及其他	
4	PCS	有要求请明确认证标准	
5	消防系统	有要求请明确认证标准	
6	其他设备	请补充	
七	如储能系统接入用户侧或微电网系统客户需提供以下资料（如要方案和报价必填写）		
1	电费单	近一年12月	用户侧必需提供
2	日负荷曲线	一年内典型日负荷功率曲线或者统计数据表（精确到小时）	用户侧/微电网必填写
3	用电情况说明	（1）一天24h，工作时间段______，休息时间段______。 （2）一年内用电高峰月份或季节______，用电低谷的月份或季节______。 （3）主要用电设备：例如生活照明、电机、焊机、水泵等。 （4）用电负荷是否平稳？ （5）是否有尖峰用电负荷（短时使用的大功率负荷或功率冲击性负荷）？ （6）是否有敏感性负荷（供电质量要求高的负荷或停电时需要后备电源的负荷）？ （7）屋顶是否已做光伏发电？若有，光伏发电并网形式是全额上网还是自发自用余电上网？若自发自用余电上网，自用比列约为多少？	用户侧必需提供
4	配电系统接线图		用户侧必需提供
5	配电房电气平面布局图		用户侧必需提供
6	场区建筑总平面布置图		如有请提供

注　必须填写部分不清楚、不完善的，无法提供技术方案和报价。

二、储能电站工程相关的标准

（1）提供设备包括向其他厂商购买的所有附件和设备，这些附件和设备符合相应的标准规范或法规的最新版本或其修正本的要求，除非另有特别说明，将包括在合同期内有效的任何修正和补充。

（2）除非合同另有规定，均须遵守最新的国家标准（GB）和国际电工委员会（IEC）标准以及国际单位制（SI）标准。如采用合资或合作产品，还应遵守合作方国家标准，当上述标准不一致时按高标准执行。

（3）所有紧固、电气连接、电器设备选型等，均满足国际、国内相关标准要求。

（4）应遵循的主要现行标准。

GB 51048—2014《电化学储能电站设计规范》

GB 50016—2014《建筑设计防火规范》

GB 50229—2019《火力发电厂与变电站设计防火标准》

NB/T 33015—2014《电化学储能系统接入配电网技术规定》

Q/GDW 1886—2013《电池储能系统集成典型设计规范》

Q/GDW 1887—2013《电网配置储能系统监控及通信技术规范》

Q/GDW 1738—2012《配电网规划设计技术导则》

Q/GDW 1769—2012《电池储能电站技术导则》

Q/GDW 697—2011《储能系统接入配电网监控系统功能规范》

Q/GDW 564—2010《储能系统接入配电网技术规定》

GJB 4477—2002《锂离子电池组通用规范》

GB/T 2297—1989《太阳光伏能源系统术语》

GB 2900《电工术语》

GB 4208—2017《外壳防护等级（IP 代码）》

GB/T 17626《电磁兼容　试验和测量技术》

GB 14048.1—2012《低压开关设备和控制设备　第 1 部分：总则》

GB 8702—2014《电磁环境控制限值》

GB 50057—2010《建筑物防雷设计规范》

DL/T 5429—2009《电力系统设计技术规程》

DL/T 5136—2012《火力发电厂、变电所二次接线设计技术规程》

DL/T 478—2013《继电保护和安全自动装置通用技术条件》

DL/T 620—1997《交流电气装置的过电压保护和绝缘配合》

GB 50217—2018《电力工程电缆设计标准》

GB 2894—2008《安全标志及其使用导则》

GB 50054—2011《低压配电设计规范》

GB/T 13384—2008《机电产品包装通用技术条件》

GB/T 191—2008《包装储运图示标志》

GB/T 1413—2008《系列 1 集装箱　分类、尺寸和额定质量》

GB/T 14598.27—2017《量度继电器和保护装置　第 27 部分：产品安全要求》

GB/T 15945—2008《电能质量　电力系统频率偏差》

GB/T 12325—2008《电能质量　供电电压偏差》

GB/T 12326—2008《电能质量　电压波动和闪变》

GB/T 15543—2008《电能质量　三相电压不平衡》

GB/T 14549—1993《电能质量　公用电网谐波》

GB/T 19826—2014《电力工程直流电源设备通用技术条件及安全要求》

三、箱式储能系统

箱式储能系统由储能电池系统（含储能电池和电池管理系统）、监控系统、消防系统、温度控制系统、照明系统等主要组件构成，以科学安全、绿色环保、节约用地的原则进行设计，缩减客户建设周期，促进环境可持续发展。该系列储能系统采用集装箱方案，电池模组和电池架均使用标准模块化设计，易于安装、运输、维护和进行系统扩容。

储能系统由比能量高、成本低、安全无污染的 LFP 储能电池单元以串并联方式进行连接，同时配置先进的电池管理系统、温湿度控制系统、消防系统等，具有灵活、可靠、易扩展升级等优势，此外，储能系统还有如下特点：

（1）全方位的多级电池保护策略、故障隔离措施，高安全性。

（2）集装箱内配置自动火灾报警及自动灭火系统，并具有声光报警和上传功能，可有效保障极端情况下的防火要求。

（3）集装箱内配置智能温湿度调节系统，内部设备工作环境受外部环境影响小。

（4）开放式以太网接口设计，可提供便捷的通信接口。

储能系统方案根据客户需求，根据所采用的电池规格和性能及电池组对通风采暖的要求进行储能单元优化设计，实现对电池簇在预制舱内的合理布置，以实现电池系统最优集成。

（一）单个 40 尺集装箱电池成组方案

储能电池包括电芯、电芯模块、电池标准箱、电池组支路、电池组阵列及控制回路等，如图 11-8-1 所示。

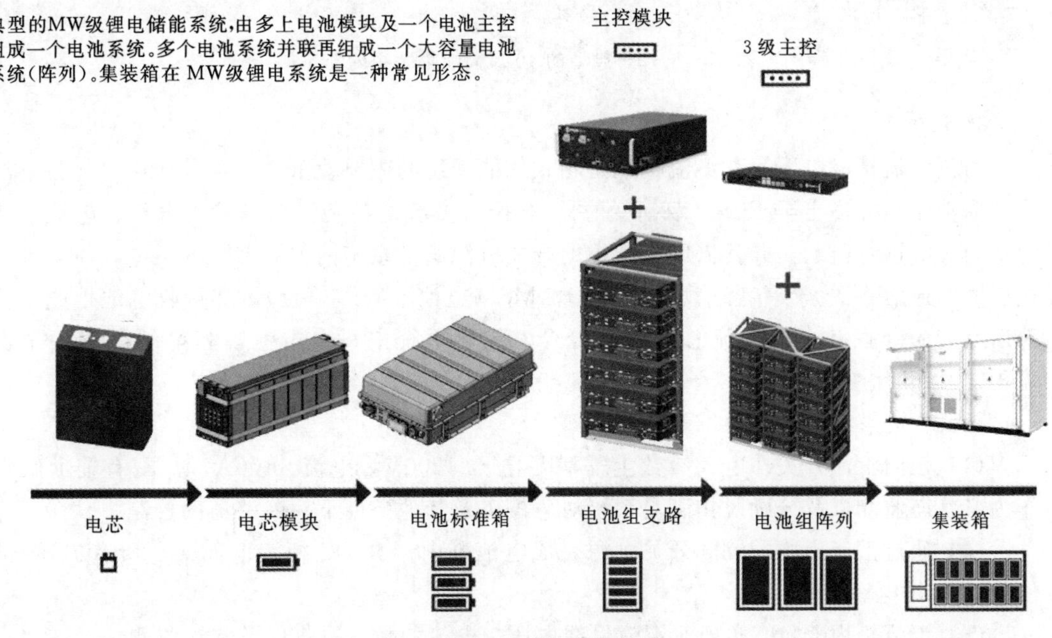

图 11-8-1　储能电池部件

某个工程集装箱采用磷酸铁锂电池，布置如下：

(1) 40 尺集装箱储能系统 14 个电池架。

(2) 每个电池架放 1 个电池簇。

(3) 每个电池簇放置 6 个电池标准箱。

(4) 每个电池标准箱由 33 个电芯 1 并 33 串而成，电芯容量为 280Ah。

(5) 因此系统总共 14 簇电池，84 个电池标准箱。

(二) 集装箱平面布置图

本储能系统为能量型储能产品，采用 40 尺标准集装箱（标准产品，若室内放置，则不需要集装箱，集装箱方案仅作为参考，室内放置根据现场情况重新设计放置方案），箱内按用途分隔为电气仓和电池仓。电气仓安装双向变流器，电池仓内放置电池柜、直流汇流柜、交流配电柜、消防系统、温度控制系统及散热风道。系统运行时，为保证储能电池的安全运行，在电气仓和电池仓之间安装一道耐火隔离门，实现电气设备与电池完全分开放置，减小电气仓内设备工作发热的对电池仓的影响。典型的 40 尺储能集装箱内部布局如图 11-8-2 所示。

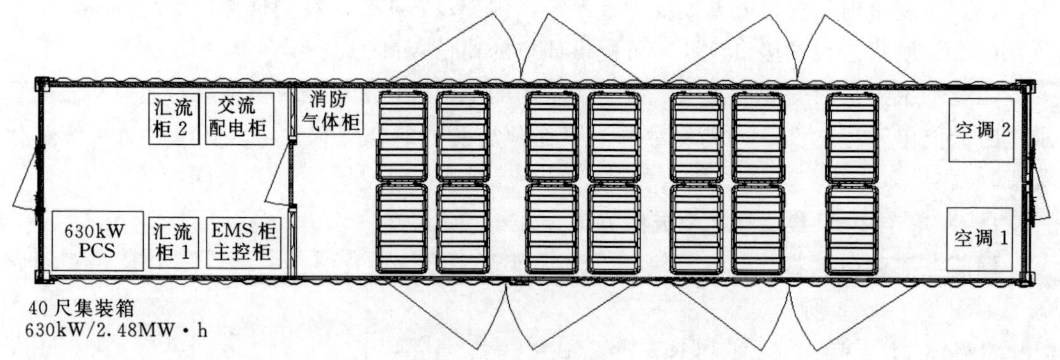

图 11-8-2 典型的 40 尺储能集装箱内部布局

1. 汇流柜

直流汇流柜（以下简称汇流柜）是箱式储能系统的主要设备之一，其作用是将各电池簇并联汇流，并输出至 PCS（双向变流器），配合系统监控装置对其输出电压、电流以及绝缘情况等进行监测，并且借助于其中的开关电源满足系统内关键器件的供电，BCMS 通过以太网通信将数据或状态信息上传到 BAMS（电池堆管理单元），并接收电池堆或者监控后台的命令控制直流汇流总开关的分合。储能系统中每个电池阵列都须配置一个汇流柜。

汇流柜能够满足以下要求及功能：

(1) 柜内汇流开关在电气参数上需满足电压 1200V，电流 1100A，并配有辅助触点作为其状态监测以及分励脱扣满足系统对急停以及其他条件下对断路器的控制。

(2) 通过汇流柜内配置的开关电源完成电池堆内（含 DC 柜及电池架）所有 BMS 部件的 24V 供电。

(3) 汇流柜内 DMU 实现对汇流母线电压、电流的数据采集以及绝缘监测。

(4) 通过 BAMS 监测汇流开关分合闸状态、直流 SPD 故障与否状态、急停按钮动作状态以及消防事故报警信号（接自于消防主机），从而根据既定控制策略完成汇流开关的紧急分闸以及给 PCS 以急停或降功率运行信号。

2. 中控柜

中控柜主要作用是为集装箱内的交流用电设备提供交流电源以及通过柜内 UPS 为电池堆 BMS 部分提供不间断电源。同时它可以整合集装箱内自耗电情况、各部分开关门状态、箱内温湿度情况以及消防状态信息，并将这些信息上报至 BMS 系统。同时作为系统内总配电柜，在发生消防事故或者其他紧急事故下可以完成自动或者手动控制下的急停。中控柜具有以下功能：

(1) 完成集装箱内工业空调、照明、消防、应急灯、柜内外插座的交流配电，同时完成对系统内 BMS 部件（含交换机）的不间断交流配电，后备时间至少需要 0.5h。

(2) 采集集装箱内自耗电情况、箱体温湿度状态信息和汇流柜、中控柜开关门状态、消防状态信息，并将以上数据上传至后台。

(3) 通过合理地分配尽量保证整个配电系统中各相负载平衡，各条支路具有完备的保护功能，关键支路微断分合闸状态可以采集并上传至后台。

(4) 将集装箱内各堆 BAMS 通过以太网通信接至中控柜内交换机中，通过中控柜内触摸屏实现对 BMS 系统信息的查看与控制。

3. 接地系统

在储能集装箱设计中，所涉及的接地主要有一次接地和二次部分接地。集装箱外部提供两个单独接地点，一二次分开接地。

一次接地主要是机柜外壳保护接地和防雷接地，其中的保护接地主要是机壳安全接地，它是将系统中平时不带电的金属部分（机柜外壳、操作台外壳等）与地之间形成良好的导电连接，以保护设备和人身安全。原因是系统的供电是强电供电（380V、220V 或 110V），电池汇流部分直流电压最高有 850V，通常情况下机壳等是不带电的，当故障发生（如主机电源故障或其他故障）造成电源的供电火线与外壳等导电金属部件短路时，这些金属部件或外壳就形成了带电体，如果没有很好地接地，那么这带电体和地之间就有很高的电位差，如果人不小心触到这些带电体，就会通过人身形成通路，产生危险。因此，必须将金属外壳和地之间作很好地连接，使机壳和地等电位。防雷接地是作为防雷措施的一部分，其作用是把通过防雷器的电涌引入大地。电气设备的防雷主要是用防雷器的一端与被保护设备相接，另一端连接地装置，当发生直击雷时，防雷器将产生的电涌引向自身，电涌电流经过其引下线和接地装置进入大地，从而避免电气设备损坏或危及人身安全。

二次接地主要是集装箱内控制器件、端子、测量设备、屏蔽电缆等接地。可提高储能系统二次设备的抗干扰能力，降低其产生异常状况的机率，保障储能箱内相关二次回路的安全可靠性。

本系统中三相交流电采用的是 TN－S 接地系统，即一种把工作零线 N 和专用保护线 PE 严格分开的供电系统。其优点是 PE 线在正常情况下没有电流通过，因此不会对接在 PE 线上的其他设备产生电磁干扰。此外，由于 N 线与 PE 线分开，N 线断线也不会影响 PE 线的保护作用。TN－S 其安全可靠性而广泛使用于工业与民用建筑等低压供电系统。

4. 消防系统

储能集装箱设备在消防系统上的设计，依照国家规范，在系统防护区内设置高灵敏度的火灾报警系统，配备温感、烟感探测器，在检测到火灾险情后通过警铃和声光报警器发出火灾报警，把火灾信息上传至消防主机，并同时启动七氟丙烷柜式灭火系统进行灭火。系统具有自动检测火灾、自动报警、自动启动灭火和自动上传消防状态功能，同时具有自检功能，定期自动巡查、监视故障及故障报警，保障储能电站的消防安全。

(1) 储能集装箱气体灭火系统，系统对 1 个防护区进行无管网七氟丙烷气体灭火防护。

(2) 设计原理：本系统具有自动、手动两种控制方式。各保护区均设两路独立探测回路，当只有一路探头探测到火警时，发出警报，指示火灾发生的位置，提醒工作人员注意；当第二路探测器亦发出火灾信号后，自动灭火控制器开始进入延时阶段（0～30s 可调），延时过后，向控制对应保护区的启动瓶发出灭火指令，打开电磁阀，然后打开储气瓶，向失火区进行灭火作业，同时报警控制器接收压力讯号器的反馈信号，控制面板上喷放指示灯亮；当报警控制器处于手动状态，报警控制器只发出报警信号，不输出动作信号，由值班人员确认火警后，按下报警控制面板上的应急启动按钮或保护区门口处的紧急启停按钮，即可启动系统，喷放灭火剂。

(3) 本设计为全淹没组合分配系统，根据国家现行规范要求，结合本工程实际情况，设置一整套独立式灭火系统。

(4) 防护区的围护结构及门窗的耐火极限高于 0.5h，吊顶的耐火极限高于 0.25h；围护结构及门窗的允许压强高于 1200Pa。

(5) 储瓶间的位置及尺寸由系统平面图所示确定，其耐火等级高于二级。储瓶间门的近通道处开设有若干小孔，便于通风。

(6) 防护区设置有泄压装置，泄压装置设置在集装箱壁上，并安装在防护区净高度 2/3 以上。

(7) 灭火系统的储存装置无设置备用量，按系统储存设计用量的 100％设置。灭火系统的设计温度为 20℃。灭火系统的储存装置设在专用储瓶间内。储瓶间靠近防护区，并符合建筑物耐火等级不低于二级的有关规定及有关压力容器存放的规定，且有直接通向室外的出口。

七氟丙烷气体灭火系统主要组件说明：①储瓶瓶头阀采用黄铜材质，以确保长时间存放不易腐蚀生锈，且开启灵活可靠。储瓶瓶头阀设置有安全泄爆装置；②储瓶瓶头阀配置有安全帽，以确保产品在生产、运输、装卸、安装、调试等过程中的人身安全；③储瓶瓶头阀采用双密封压差式结构；④高压连接软管采用挠性软管结构，可向水平方向和高度方向任意调节；⑤气体灭火系统启动管道设置有低压安全泄漏装置，以防止气体启动装置因慢泄漏造成误喷。

5. 视频监控系统

在集装箱内安装一个摄像机，摄像机通过网线将视频图像传输到 POE 交换机，POE

交换机连接到NVR，NVR再通过网线连接至网络，同时可将需要传输的语音信号同步录入到录像机内。通过电脑，操作人员可发出指令，对云台的上、下、左、右的动作进行控制及对镜头进行调焦变倍的操作，并可通过控制主机实现在多路摄像机及云台之间的切换。利用特殊的录像处理模式，可对图像进行录入、回放、处理等操作，使录像效果达到最佳。本视频监控系统远程传输采用网络传输方式。其优点是：采用网络视频服务器作为监控信号上传设备，有Internet网络安装上浏览器插件或远程监控软件就可监看和控制。通过网络传输，客户可在远方监控到现场设备的运行情况。

储能箱内摄像头最大监控距离为50m，可以覆盖到整个箱体，并且支持3D降噪、强光抑制、背光补偿等功能，以提高监控效果。此外，摄像头防护等级为IP67，满足工业环境下的长期使用。

四、空调通风设计要素

1. 空调通风设计要素

(1) 地理位置、气候环境：极端温度/湿度，日光辐射强度。

(2) 室外空气品质：腐蚀性气体，灰尘，易燃易爆，正压与过滤。

(3) 防水、防潮，防火，防尘，抗震、抗爆。

(4) 室外机散热通风条件。

(5) 室内设备发热状况（逐时）和布置合理性（冷热通道、温度场）。

(6) 箱体性能：保温隔热，气密性，遮阳。

(7) 系统可靠性：备份（$N+1$），冬季制冷。

(8) 远程实时监控。

(9) 运行策略：设置合理的室内温度，达到系统最优性能。

(10) 节能措施：冷热回收、自然冷却、变频调节。

(11) 变频机组：全年能效比、更宽的运行范围、高风速/低潜热。

(12) 设备可维护性。

2. 箱体内部除尘

(1) 净化保护不但对空调，也对内部设备有利。

(2) 空调需要配置过滤器并定期清洗。

(3) 被堵塞的换热器会导致系统停止工作或减短寿命，能耗升高。

(4) 采用主动式的新风正压控制有利于对室内的防护。

(5) 可以结合散热通道的排风（热回收），但需要考虑运行区间问题。

(6) 单独设置则要考虑新风负荷：可与自动门联动，以减小新风带来的空调功耗。

3. 多路光纤测温，做能效、安全的闭环

对储能集装箱内所有电芯进行多点温度实时检测，实现对温度场的动态监控。

(1) 电芯安全监控和故障预测。

(2) 能效监控和优化。

应用方案如图11-8-3和图11-8-4所示。

不同的组网方式满足不同传感器安装方式，光路布线更加灵活。

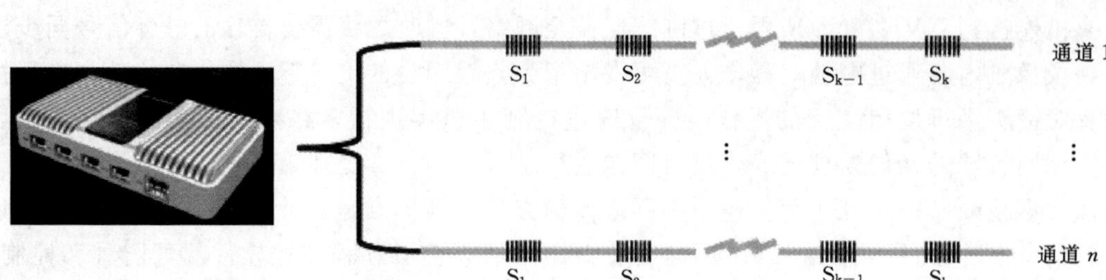

图 11-8-3 传感器串联组网方案

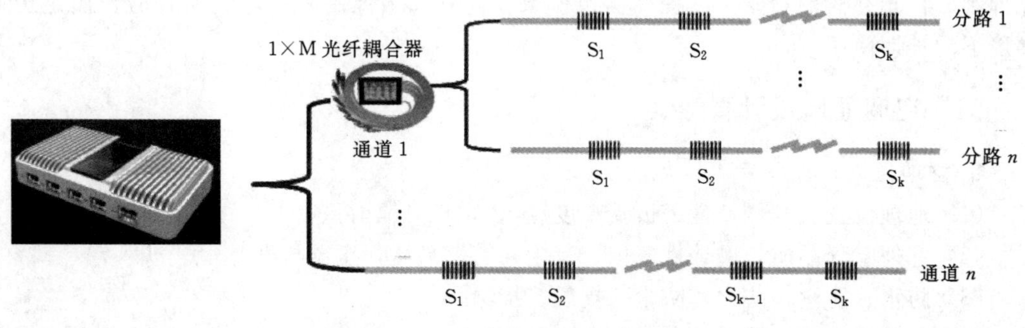

图 11-8-4 传感器并联组网方案

五、集装箱吊装以及安装方案

1. 吊装集装箱现场需要满足的条件

(1) 储能集装箱各门紧锁。

(2) 根据现场条件，选择合适的吊车或起吊工具。所选工具必须具备足够的承重能力、臂长和旋转半径。

(3) 如果需要在斜坡上移动等，可能会需要额外的牵引装置。

(4) 清除移动过程中存在或可能存在的一切障碍物，如树木、线缆等。

(5) 应尽可能选择在天气条件较好的条件下对储能集装箱进行吊装。

(6) 务必设置警告牌或警示带，避免非工作人员进入吊装区域。

警告：在吊装的整个过程中，必须遵守项目所在国家/地区的集装箱作业安全规程！对集装箱和作业中使用的任何机具，均应经过维护。所有从事装卸和栓固的人员均应接受相应的培训，特别是安全方面的培训。

注意：在装卸、运输的整个过程中，需时刻牢记储能集装箱以及中压变流箱的机械参数：储能集装箱宽×高×深：12192mm×2896mm×2438mm，重量约 44000kg；中压变流箱宽×高×深：6058mm×2896mm×2438mm，重量约 12000kg。

2. 注意事项

警告：在对储能集装箱进行起吊的整个过程中，均需严格按照吊车的安全操作规程进行操作。操作区域 5～10m 范围内严禁站人，尤其是起吊臂下及吊起或移动的机器下方严禁站人，避免发生伤亡事故。如遇恶劣天气条件，如大雨、大雾、强风等，应停止起吊工作。

在对储能集装箱进行起吊时，至少需满足如下要求：

(1) 起吊时必须保证现场安全。

(2) 在进行吊运安装作业时，现场应有专业人员全程指挥。

(3) 所用吊索的强度应能够满足至少 50t 的起吊要求。

(4) 确保所有吊索连接处安全可靠，确保与角件连接的各段吊索等长。

(5) 吊索的长度可根据现场实际要求进行适当调整。

(6) 整个起吊过程中一定要保证储能集装箱平稳，不偏斜。

(7) 请使用储能集装箱的四个顶角件对储能集装箱实施起吊作业。

(8) 采取一切有必要的辅助措施确保储能集装箱安全、顺利起吊。

图 11-8-5 给出了储能集装箱在起吊过程中的吊车作业示意，内层的虚线圆表示吊车作业范围。在吊车工作时，外层的实线圆内严禁站人。

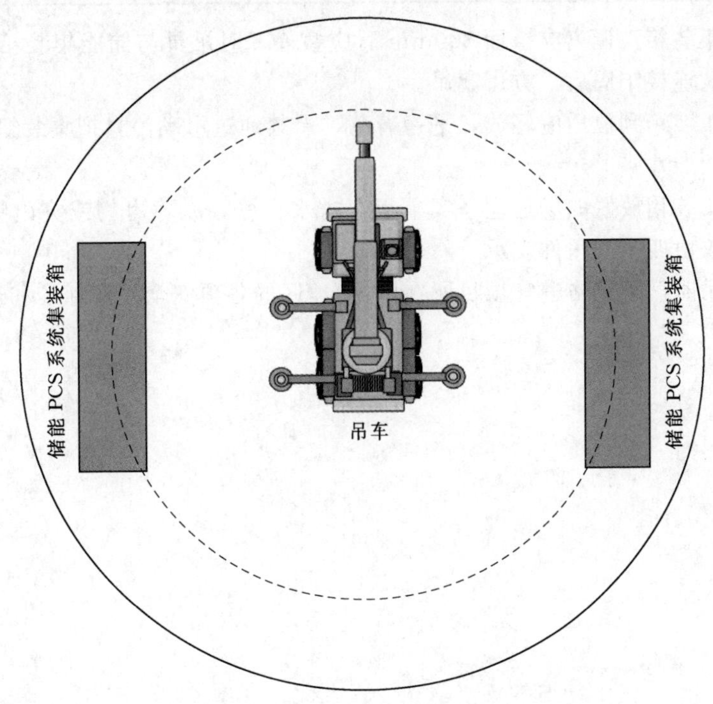

图 11-8-5　储能集装箱在起吊过程中的吊车作业示意图

3. 连接件的紧固

可使用带有吊钩或 U 型钩的吊索对储能集装箱进行吊顶作业。起吊装置应与储能集装箱箱体正确连接，见表 11-8-2。

4. 起吊过程

在对储能集装箱进行起吊的过程中，各操作环节应按下述要求进行：

(1) 应垂直起吊储能集装箱，起吊时不得出现在地面或下层箱顶上拖曳现象，不应在任何表面上拖推储能集装箱。

表 11-8-2　　起吊装置连接示意

起吊装置	吊　钩	U 型　钩
连接示意	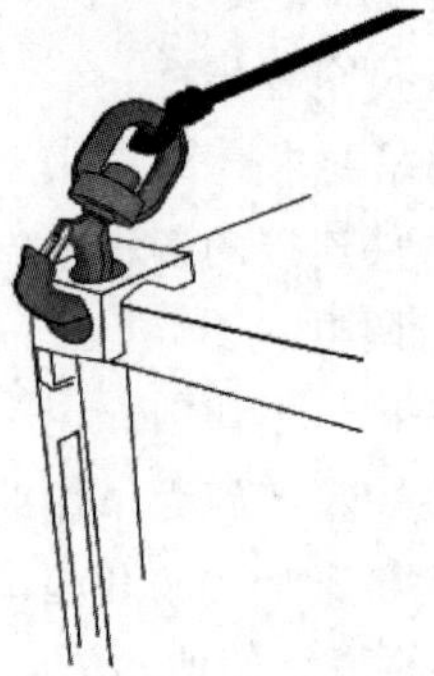	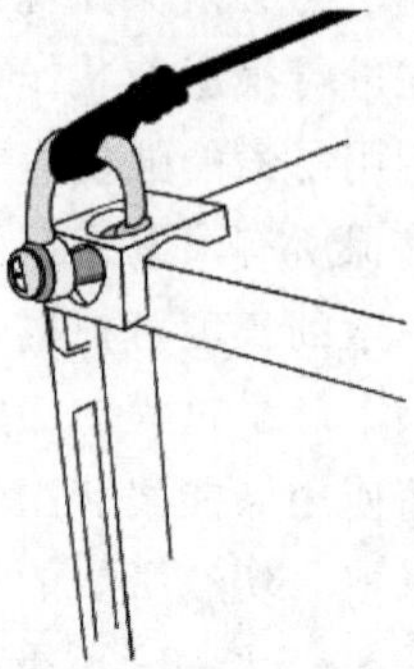
注意事项	应由里向外挂钩，不允许由外向里挂钩	横销必须拧紧

（2）储能集装箱被调离支撑面 300mm 后应暂停，对吊具与储能集装箱的连接情况进行检查，在确认连接牢固后，方可起吊。

（3）储能集装箱到位后应轻放，平稳着落，严禁通过甩动吊具把集装箱放置在垂直着落外的地方。

（4）储能集装箱放置的场地应坚实平坦，排水良好，无障碍物或突出物；在场地上，储能集装箱应仅由四个底角件支承。

警告：起吊时，须严格遵守项目所在国家/地区的各项安全操作标准和规范。

第十二章　配电网系统电能质量

第一节　电力电子技术在配电网的应用

一、新一代电力系统是高比例电力电子装备的电力系统

风电、太阳能发电装机容量持续增加，占总发电装机容量的比例不断提高。预计2050年，风、光总装机容量占比将接近70%。随着风、光等发电的快速发展，新能源将大量替代传统的火电，电力电子装备在源端的应用日益广泛，如直驱式风电机组变流器，光伏电站和分布式光伏逆变器，非水储能电站和分布式储能逆变器等。

变频负荷的大量采用，依赖于现代电力电子换流和功率控制技术。未来将有90%的电力需要经过电力变换后使用，含有电力变换接口装量的多样性强非线性负荷数量将急剧增加。

二、高可靠性、低功耗的电力电子技术

宽禁带半导体技术的推广应用，推动着电网中的电力电子装备的升级换代，促进了直流输配电网的形成和发展。宽禁带半导体材料具有电子漂移饱和速度高、介电常数小、导电性能好等特点，可在更强的电场、更高的温度、更高的电压下安全工作。用其制造的功率晶体管结构更紧凑，开关速度更快，能量损耗更低。以宽禁带半导体材料为基础的高压直流输电将具有更大的容量、更高的效率和可靠性。

功率半导体器件的衬基材料从硒、锗、砷发展到今天广泛应用的硅，近几年又进一步发展到宽禁带半导体材料，如碳化硅、氮化镓等，性能不断提升，应用范围不断扩大。性能提升发展方向和要求为高耐压、高频率、高功率密度、小尺寸、耐高温、低成本。

新一代电力电子器件的突破和实用化将助力构造直流电网新形态。

采用宽禁带半导体的家流FACTS装置、交直流能量略由器、固态变压器等，具有更高的功率体积比和更低的损耗，适用于构建直流配电网或作为微电网功转换装置，将给中低压主动配网和微电网带来革命性变化。

三、电力电子变换器与电力系统之间的关键技术问题

1. 系统可靠性

在电力电子系统可控范围内，控制的意义在于确保电力电子装置的可靠性、安全性以及控制的鲁棒性；在电力系统可控范围内，控制的意义在于满足电力系统运行与控制要求的性能指标。

2. 系统的容错能力

系统的容错能力是指在电力电子系统可控范围内，控制系统误码出错后，电力电子装置继续正常运行的能力。例如：直流输电系统存在偶尔的换相失败现象，一般情况下，系统能承受这种换相失败而继续运行。

智能配电网面向网络化的数字控制，更需要电力电子装置系统具备这样的能力。

3. 低电压穿越特性

电网出现故障时，甚至负荷的突变，都可能引起电网的电压降低。对于复杂拓扑结构的电力电子装置，其内部的低电压动态过程值得关注，也是影响装置安全可靠工作的重要因素之一。

4. 电磁兼容问题

在电力电子系统可控范围之外，电力电子装置面临着复杂的电磁环境，来自电力系统的以及电力电子装置自身产生的内部瞬态过电压也是威胁电力电子装置安全的重要因素之一。而且电力电子装置内部过电压没有很好的建模与计算方法，实际中如何避免和消除过电压一直困扰阻碍电力电子技术的推广应用。

5. 分布式电源并网运行面对的问题

（1）微电网由以下设备构成电源：

1）包含各种能源接入（光、风、氢、天然气、余热等）。

2）各种转换单元（光、电、热、风、直流、交流等）。

3）可以独立运行，也可以并网运行。

（2）电源特性决定了分布式电源并网运行具有以下特点：

1）不可调度（可再生能源）。

2）功率波动（电源间隙性）。

3）需要备用（不提供备用）。

（3）双向潮流导致分布式电源并网运行需要解决以下问题：

1）电压调节。

2）保护协调。

3）能量优化。

6. 电能转换控制中关注的研究内容

（1）最大功率跟踪问题。任何可再生能源发电系统，由于其电源容量非无穷大，必然存在最大功率跟踪控制问题。

（2）低电压穿越特性。电压降落处于一定范围时，再生能源发电系统必须具备保持与电网相连的能力，甚至起到无功支持作用，这就是低电压穿越特性。

（3）微电网内电力电子装置的控制。针对并网的微电网运行与控制，大电网的控制不能对微电网内部任何元件起作用，相对于大电网，微电网内元件不可观，也不可控。因此电力电子装置设计时要适应自稳定的要求。

7. 电能质量控制

适应再生能源发电系统的功率波动，需安装无功补偿装置。无功补偿装置包括：静态的开关投切电容补偿装置（SC）、静止无功补偿装置（SVC）、磁控电抗器（MCR）、静止

同步补偿器（STATCOM）等。

8. 定制电力系统

用户第一，为用户提供电能质量满足其特定需求的电力，包括：

（1）有功潮流控制。

（2）电压与无功控制。

（3）电能质量控制。

（4）故障隔离与网络重构。

涉及以下设备：配网用统一潮流控制器（UPFC）、柔性直流输电技术（HVDC - light）、无功补偿装置（SC/SVC/MCR/SVG）、动态电压恢复器（DVR）、有源电力滤波器（APF）、统一电能质量调节器（UPQC）、固态断路器（SSCB）、故障电流限制器。

四、适应智能配电网运行控制的电力电子装置

（1）合理划分配电网的作用区域和范围，确立不同类型电力电子装置布局及协调按制方式，研究智能配电网控制理论和方法，满足电网自愈控制要求，实现电能质量控制和电能的灵活分配，降低损耗、提高供电可靠性和电能质量。

（2）网络化控制的电力电子装置是适应智能配电网运行控制的基础。

（3）能源管理中的电力电子技术包括：基于电力电子的节能技术、基于电力电子的储能技术、基于电力电子的供电变压技术。

（4）基于电力电子的节能技术：高压变频调速技术。其电路拓扑结构具有以下特点：

1）采用链式结构，具有冗余设计。

2）自动旁路，可实现飞车启动。

3）输入功率因数高，谐波含量小。

4）输出电压电流谐波小。

5）Vf 控制、矢量拉制。

（5）基于电力电子的储能技术。

1）电能储存的目的有两个：一是稳定电网运行（如抽水蓄能、超导储能、超级电容器储能）；二是实现电能的分散利用（如化学电池、制氢等）。

2）为了提高电源质量，应该在新能源发电系统中设置储能装置，以便在外部能源充足时储存多余的电能，而在能源不足时提供电能。风力发电机可以通过电感储能器存储风能，改善电网供电质量。

3）除了传统的蓄电池和电感等储能方式外，现代的储能装置有超级电容和飞轮等方式。

（6）基于电力电子的供电变压技术，保持变压、隔离、传递能量等基本功能不变，增加功率控制和电能质量控制功能。

1）基于负荷特性分析。调类典型负荷特性：一类是电动机群负载；另一类是考虑新能源利用的负荷特性。

2）确立配电电源的可控性原则。选择合适的控制策略使得能量传递、电能质量、节能等控制的优化，特别关注的是电压控制和功率控制特性的建立。

3）配电电源拓扑结构。基于功率单元级联方式的拓扑结构构建 10kV 配电电源。

拓扑结构特点如下：

1）功率单元级联拓扑结构实现高电压或者降压功能。

2）部分单元具有能量回馈通道，满足部分负荷无功功率需求。

3）适合残余能量回收发电的接入。

五、工业企业配电系统的新特点

（1）用户电子设备、电力电子设备的大量使用，电气化铁路快速发展和冲击性负荷的增长导致配电系统含有大量的谐波和电压闪变污染。

（2）单相负荷和线负荷增长迅速，三相不平衡严重。

（3）电动机群负荷和大功率电动机负荷的广泛使用，配电系统供电电压的稳定性产生的附加能耗依然严重。

（4）新能源发电系统的接入，使得依赖于传统配电系统供电可靠性和供电质量问题变得复杂。

（5）太阳能等新能源的综合利用，特别是针对非电转换的新能源综合利用系统，工业企业余热等综合利用，为了适应这类工业负荷的节电供电，传统配电系统的运行模式下很难适应综合节能控制的需要。

六、高比例分布式光伏发电造成的问题

1. 电能质量问题

（1）出力特点。

1）周期性。

2）随机性。

3）波动性。

（2）接入特点。

1）类型多样。

2）分散多点布置。

3）独立控制。

4）接入电压等级低。

5）存在单相运行。

（3）逆变器的多机并联耦合及频繁投切放大电能质量问题。

1）谐波：主要是电流谐波，一般通过测试分析才可以识别。

2）电压三相不平衡：分布式光伏存在单相运行。

还依赖于并网点短路容量和同一中压升压变下并网的分布式光伏总量。

（4）电能质量问题严重会对附近发电系统、敏感用电设备、信号传输造成破坏和干扰。

2. 功率因数和无功配置

（1）分布式光伏接入会降低系统功率因数。

（2）配电网接入的光伏发电单元的功率因数应具备符合电网要求范围内可调的能力，并且按照标准要求配置一定的无功功率。

（3）配置短期使用但是数量级巨大的电网无功将是一项投资巨大的工程。

（4）若要光伏自身进行无功补偿，则会影响其有功出力，影响经济性。

3．对配电网局部电压稳定的影响

（1）改变电压分布：单辐射配网中，电压理论上沿传输线潮流方向逐渐降低，光伏接入对并网点电压有抬升作用。

（2）改变电压偏差：电压分布改变造成电压偏差改变，当接入一定规模，可能会出现电压越限。

（3）造成电压波动：发电功率的变化直接导致接入点电压波动，分布式电源出力与负荷正相关时，电压波动减小，反之，电压波动增加。

分布式系统接入对配电网局部电压的影响如图 12-1-1 所示。

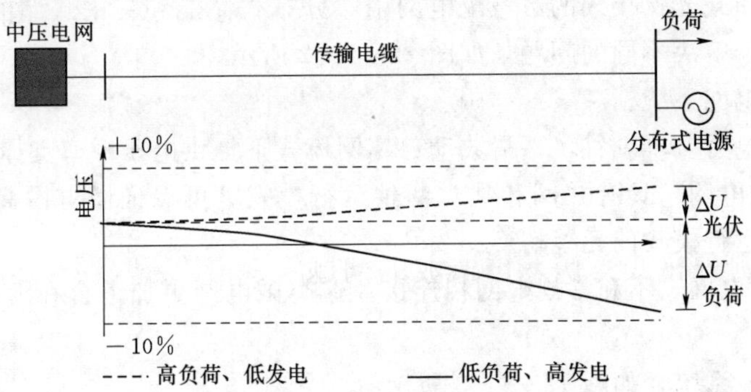

图 12-1-1　分布式系统接入对配电网局部电压的影响

$$\Delta U=\frac{(P-P_{\rm pv})R_{\rm line}+(Q-Q_{\rm pv})X_{\rm line}}{U_{\rm s}} \tag{12-1-1}$$

$$U_{\rm dcta}=\frac{U-U_{\rm N}}{U_{\rm N}}\times 100\% \tag{12-1-2}$$

$$U_{\rm t}=\frac{U_{\max}-U_{\min}}{U_{\rm N}}\times 100\% \tag{12-1-3}$$

配电网络供电能力不足，电网设备利用效率下降。配套建设输电通道，光伏发电的利用小时数少。高渗透率分布式光伏的发展，也面临配网接纳能力不足的问题（潮流返送导致过电压问题；配网设备利用率下降，配套建设跟不上）。

（1）影响配电网安全稳定运行。

（2）限制了分布式光伏的消纳，影响其发展建设。

4．解决问题的方案——储能系统

（1）储能系统具有以下功能：

1）平滑光伏波动，从而减少电压波动。

2）充放电调节光伏并网功率，减少电压偏差。

3）储能三相电压独立控制，可解决三相电压不平衡问题。

4）储能进行无功补偿，可以改善功率因数，同时不影响光伏有功出力。

5）通过功率型储能（如超级电容）的快速响应能力，可以补偿电压闪变和暂降。

（2）储能提高分布式光伏的消纳。

1）集中式储能。

a. 线路潮流控制。

b. 并网点无功补偿。

c. 节点电压调节。

2）分布式储能。

a. 光储一体化集中控制。

b. 接入点有功稳定。

c. 接入点无功平衡。

d. 接入点电压稳定。

在高渗透分布式光伏接入的区域配电网中，分布式储能和集中式储能可以单独配置，也可以同时配置，解决不同的问题，如图 12-1-2 所示。

（3）光储微电网系统。

并网模式下电力调峰调谷，平滑波动；离网模式下提供电压频率支撑。

1）并网型微电网，具有并网和独立两种运行模式。可保证微电网高电能质量供电，也可以实现两种运行模式的无缝切换。

2）独立型微电网，不和常规电网相连接。这类微电网更加适合在海岛、边远地区等地为用户供电。

（4）典型交流系统，如图 12-1-3 所示。

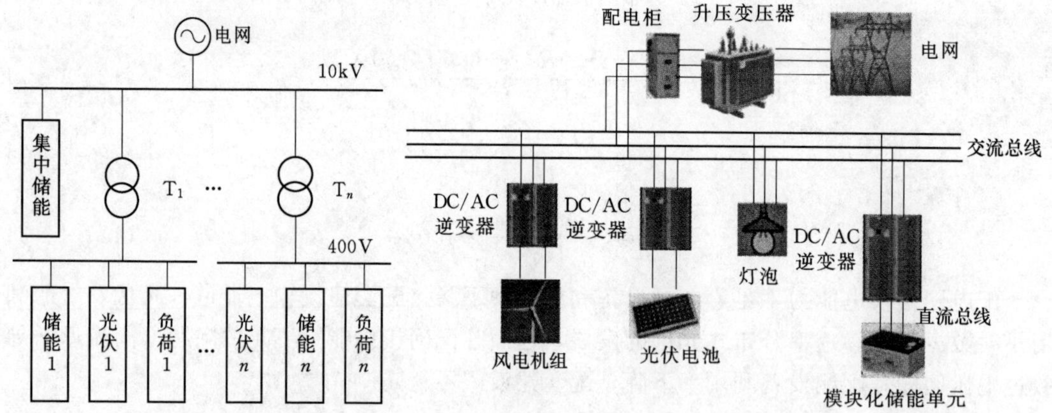

图 12-1-2　集中储能与分布式储能

图 12-1-3　典型交流系统

1）储能系统是支撑微电网运行的关键核心设备，不可或缺。

2）作用：维持微电网内部的功率平衡；支撑微电网的电压/频率稳定。

（5）典型直流系统，如图 12-1-4 所示。

1）新能源灵活、便捷接入。

2）提高供电容量。

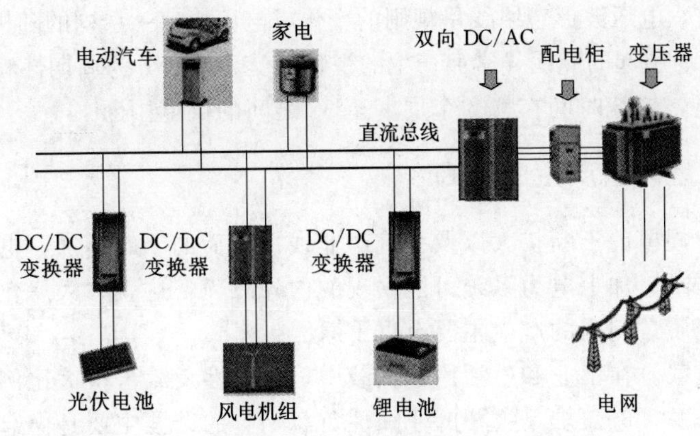

图 12-1-4　典型直流系统

3）减小线路损耗。

4）改善用户侧电能质量。

5）隔离交直流故障。

第二节　配电网电能质量问题

现代电力系统提出电能质量问题是指任何出现的电压、电流及频率偏移导致的用户设备损坏或运行不正常的电能问题，主要包括频率、电压、波形等内容。

一、电能质量问题的分类

电能质量问题按产生和持续时间可分为稳态电能质量问题和动态电能质量问题。

1. 稳态电能质量问题

稳态电能质量问题以波形畸变为主要特征，一般是持续时间较长、在一段时间内（通常是 1min 以上）出现的电能质量不正常的情况，主要有下列类型：

（1）过电压，是指持续时间大于 1min，数值大于标称电压的电压。

（2）欠电压，是指持续时间大于 1min，数值小于标称电压的电压。

（3）电压不平衡，是指电压的最大偏移与三相电压的平均值的比值超过规定标准的电压。

（4）谐波，对周期性电压或电流进行傅立叶分解，得到频率为基波整数倍分量的含有量。谐波是衡量电能质量的重要指标之一。

2. 动态电能质量问题

动态电能质量问题通常是以暂态持续时间为特征，包括脉冲暂态和振荡暂态两大类，主要有以下几种形式：

（1）电压骤升、骤降，持续时间为 0.5 个周期至 1min，电压有效值上升或下降至标称电压的 110%～180%或 10%～90%。

（2）电压瞬变，持续时间很短的电压值发生快速的变化。

(3) 电压闪变，电压波形包络线呈规则的变化或电压幅值一系列的随机变化，一般表现为人眼对电压波动所引起的照明异常而产生的视觉感受。闪变分为周期性和非周期性两种。

(4) 短时断电，持续时间在0.5个周期至3s之间的供电中断。

二、电能质量问题产生的原因

随着电力系统规模的不断扩大以及系统中非线性负荷的不断增加，电力系统受到的谐波污染也越来越严重，加上电力系统可能出现的内外故障，这就大大恶化了系统的电能质量。电力系统电能质量问题的产生主要有以下原因：

(1) 非线性负载。在工业和生活用电负载中，非线性负载占很大比例，这是电力系统谐波问题的主要来源。电弧炉是主要的非线性负载，它的谐波主要是由起弧的时延和电弧的严重非线性引起的，电弧长度的不稳定性和随机性，使得其电流谐波频谱非常复杂，而且随时间会有明显的变化。

荧光灯的伏安特性是严重非线性的，因此也会引起严重的谐波电流，其中3次谐波的含量最高。3次谐波还有可能引起谐振，使谐波放大，使电压波形也发生严重畸变。

大功率整流或变频装置在现代工业中的应用极为广泛，这种基于电力电子的设备会产生严重的谐波电流，对电网造成严重污染，同时也使功率因数降低。

(2) 电力系统设备的非线性特性。在电力电子装置大量使用以前，电力系统中主要的谐波源是发电机和电力变压器。

发电机是公用电网的电源。在实际运行中，由于多种原因，发电机的感应电动势不是理想的正弦波，因此其输出电压中也就包含一定的谐波。

变压器谐波电流是由其励磁回路的非线性引起的，产生谐波电流的大小与变压器的铁芯结构、铁芯饱和程度以及变压器的连接方式都有关系。

(3) 电力系统故障。电力系统运行的内、外故障也会造成电能质量问题，如短路故障、雷击、误操作、电网故障时发电机及励磁系统的工作状态的改变、故障保护装置中的电力电子设备的启动等都将造成各种电能质量问题。

(4) 配电变电站式工厂电气运行中的误操作等。

(5) 施工挖掘破坏。

三、电能质量问题的危害

电能质量问题对电力系统、供电部门和电力用户带来严重的危害，主要表现在以下方面：

(1) 谐波使公用电网中的元件产生附加损耗，降低了发电、输电及用电设备的效率。大量3次谐波流过中线会使线路过热，甚至引起火灾。

(2) 谐波会影响电气设备的正常工作，使电机产生机械振动和噪声等，使变压器局部严重过热，使电容器、电缆等设备过热、绝缘老化、寿命缩短，以至损坏。

(3) 引起电网谐振。这种谐振可能使谐波电流放大几倍甚至数十倍，会对系统，特别是对电容器和与之串联的电抗器形成很大的威胁，经常使电容器和电抗器烧毁。

(4) 导致继电保护和自动装置误动作，造成不必要的供电中断和生产损失，导致生产消费。

(5) 谐波会使电气测量仪表计量不准确，产生计量误差，给供电部门或电力用户带来经济损失。

(6) 谐波会对临近的通信系统产生干扰，轻则产生噪声，降低通信质量；重则导致信息丢失，使通信系统无法正常工作。

(7) 短时停电、电压骤升或骤降会影响许多特殊行业的生产过程，降低生产工效和产品质量，直接造成经济损失，甚至造成设备损坏。

(8) 导致重要数据丢失，造成不可挽回的损失，引发恐慌。

四、低压配电网现状

1. 三相不平衡严重

由于400V低压配电系统用户侧几乎都是单相负载，且用电具有不同时性，配电系统极易出现三相不平衡，不平衡度严重超标。表12-2-1给出了某地区配变不平衡情况。

表12-2-1　某地区配变不平衡情况（抄件数2202台）

不平衡率	0～15%	15%～30%	30%～40%	40%～50%	50%～60%	60%～70%	70%～80%	80%～90%	90%～100%
变压器台数	7	16	72	252	437	494	436	280	208
占分比	0.27%	0.72%	3.3%	11.4%	19.8%	22.4%	19.8%	12.7%	9.4%

2. 电压合格率低

400V低压配电系统供电半径长，由于三相不平衡、用电高低时段的影响，容易导致电压超过限值，造成供电末端电压过低。表12-2-2给出某地区电压合格率统计。

表12-2-2　某地区电压合格率统计表　　%

月份	A类	B类	C类	D类	综合	本年累计	上年同期
5	99.6	99.7	96.7	96.67	98.65	98.4	98.1
6	99.7	99.7	97	97	98.8	98.47	98.09
7	99.7	99.7	97	97	98.8	98.52	98.09
8	99.7	99.7	98.02	98.21	99.17	98.6	98.09

注　A类为35kV变电站10kV母线电压；B类为35kV变电站母线电压；C类为10kV专线用户电压；D类为380/220V用户电压，380V的电压合格率要求达到98%。

3. 功率因数低

配变广泛使用分组投切电容器，有补偿台阶，补偿效果差，极易出现过补或欠补。

某地区低压台区功率因数统计见表12-2-3和表12-2-4。

表12-2-3　某地区低压台区功率因数统计表（轻负荷条件）

变压器台区名称	容量/kVA	A功率因数	B功率因数	C功率因数
台区1	315	0.453	0.173	0.442
台区2	100	0.774	0.802	0.747
台区3	180	0.754	0.846	0.789

表 12-2-4　　某地区低压台区功率因数统计表（重负荷条件）

变压器台区名称	容量/kVA	A 功率因数	B 功率因数	C 功率因数
台区 1	315	0.849	0.692	0.97
台区 2	315	0.765	0.774	0.767
台区 3	180	0.848	0.832	0.884

4. 变压器效率低

配变三相不平衡，有的相过负荷，有的相出力不足，导致发热严重，降低配变寿命，甚至烧毁配变。某地区 315kVA 变压器半年带载情况见表 12-2-5。

表 12-2-5　　某地区 315kVA 变压器半年带载情况

台　区	A 相最大负载率/%	三相电流/A	B 相最大负载率/%	三相电流/A	C 相最大负载率/%	三相电流/A
五一路移动营业厅南	138.7	594.3/448.4/481	101.6	565.0/461.7/472.9	109.9	593.1/400.6/500.0
民主路西段民生街口	141.55	643.6/279.5/525.3	70.8	587.4/322.0/480.8	122.4	578.6/302.3/556.3
珠江路黄岗东	149.8	681.0/406.7/586.8	89.4	681.0/406.7/586.8	140.1	602.9/342.8/637.1
50073 薛庄	118.0	536.4/466.8/517.2	107.7	442.8/489.6/542.4	125.9	463.2/456.6/572.4
柳庄村（郊 143）	89.7	408.0/474.0/542.4	132.0	388.8/600.0/546.0	135.9	396.0/535.2/618.0
泰山南路小学门口	149.1	678.1/610.9/441.0	149.8	584.6/681.1/406.1	103.7	603.7/558.6/471.6

注　表格数据为半年内各相的最大带载率及最大带载率时各相电流情况。

5. 电压骤降

电压骤降对电力设备的影响见表 12-2-6。

表 12-2-6　　电压骤降对一些设备的影响

设备名称	电压骤降造成的影响结果
制冷电子控制器	当电压低于 80%时，控制器动作将制冷电机切除，导致巨大的经济损失
某公司芯片测试仪	当电压低于 85%时，芯片烧毁，测试仪停止工作，其内部电子电路主板故障
PLC	对于某公司早期的产品，当电压低于 10%时，仍能持续工作 15 个周期；新版产品，当电压低于 50%时，PLC 停止工作。而对于另一公司产品，当电压低于 81%时，PLC 停止工作；一些 I/O 设备，当电压低于 90%、持续时间仅几个周期，就会被切除
精密机械工具	由机器人控制对金属部件进行钻、切割等精密加工，为保证产品质量和安全，工作电压门槛值一般设为 90%，当电压低于此值、持续时间超过 2～3 个周期时，被跳闸
直流电机	当电压低于 80%时，直流电机被跳闸，单次损失数量级达 1 万美元
调速电机（VSD）	当电压低于 70%、持续时间超过 6 个周期时，VSD 被切除。而对于一些精细加工业中的电机，当电压低于 90%、持续时间超过 3 个周期时，电机就会被跳闸而退出运行
交流接触器	有研究表明，当电压低于 50%、持续时间超过 1 个周期时，接触器被脱扣；也有研究表明，当电压低于 80%、甚至更高，接触器就会脱扣
计算机	当电压低于 60%、持续时间超过 12 个周期，计算工作受到影响，如数据丢失

五、电能质量问题的解决方法

1. 传统方法

(1) 调节有载调压变压器的分接头，可保持电压稳定，保证电压质量，但不能改变系统无功需求平衡状态，同时也可能影响变压器运行的可靠性。

(2) 局部并联电容器组，可补偿系统无功功率，解决电压偏低的情况，但对轻载情况下电压偏高的电能质量问题却无能为力。

(3) 无源滤波器是传统的抑制谐波电流的主要手段，它通过 LC 谐振吸收电网中的谐波电流，但只能抑制固定频率的谐波，同时也可能造成系统谐振。

(4) 通过备用发电机组和机械式双电源切换装置（>2s）等方法对重要用户连续供电。

以上传统方法都能在一定程度上解决电能质量问题，但也都存在着本身无法克服的缺陷，因此必须提出新的解决电能质量问题的方法。

2. 电力电子技术的解决方法

(1) 静止调相机（STATCOM），用以调节电压和系统功率因数，用于动态非线性负载，如电弧炉等。

(2) 固态电子转换开关（SSTS），用于双回线路的切换，克服传统的机械开关反应慢的弊端，保证对重要用户可靠供电。

(3) 动态电压恢复器（DVR），补偿电源电压波动和闪变等，用于敏感负荷，如半导体生产厂家。

(4) 不间断稳压电源（UPS），用于重要负荷，如银行、医院等。

(5) 有源滤波器（APF），抑制非线性负载产生的电流谐波，消除其对电网造成的谐波污染。

用户电力技术家族中的各种现代电能质量补偿控制设备的特点是可以快速、动态地补偿配电网中各种电能质量问题，对电力系统运行的影响小。它们的协调配置可将配电系统改造成无电压波动、无不对称以及无谐波的柔性化网络，满足电力负荷对电能质量日益提高的需求。

六、改善配电网电压质量的措施

电压质量问题是农村配电网面临的挑战之一，对解决农村配电网电压质量问题有效的措施包括：网络重构、改变馈线结构、增大导线截面、调压器、并联电容器、串联电容器、分布式电源、电力电子设备、储能设备等，见表 12-2-7。

表 12-2-7 中介绍到，良好的储能措施可以解决电压暂降和电压闪变问题，但往往解决电压偏差问题的能力较差，而且建设和运行维护费用较高，通常用在不得不用的特殊场合。

恰当使用正确类型的电力电子设备几乎可以解决任何电压质量问题，但建设费用和运行维护费用高，而且会增大损耗。因此，宜尽量不在农村配电网使用。

表 12-2-7　　改善配电网电压质量的措施

措施类型	改进效果			影响		其他说明
	电压降	电压调整	闪变	初始费用	运行费用	
网络重构	经常	经常	可能	高	一般	需要安装配电终端和建设通信网络
改变馈线结构	有影响	有影响	有影响	有影响	降低	经常被遗忘，但是值得探索，需要“做得更聪明些”
增大导线截面	好	好	好	有影响	降低	由于 X/R 特性，只对截面较小的导线效果好
调压器	很好	很好	差	费用大	增加	通常费用比较高，并且增大损耗和运行维护费用，调压效果好
并联电容器	好	好	中等	有影响	增加	如果可投切则费用较高，可稍微减少线损，但是增加了运行维护的费用及其复杂程度
串联电容器	好	好	好	有影响	有影响	需要采取快速开断断路器对电容器进行保护，以避免在馈线发生故障时导致电容器承受太高的电压而损坏，因此造价较高，宜限制在不得不用的场合使用
分布式电源	好		好	好	费用高	看情况而定，不适用于仅作电压支持，能引起许多复杂的运行问题
电力电子设备	很好	很好	很好	费用高	有影响	恰当使用正确类型的电力电子设备几乎可以解决任何电压调整问题，建设费用和运行维护费用高，而且会增大损耗
储能设备	差	差	好	有影响	增大	良好的储能措施可以解决闪变和短期调压问题，但是解决电压偏差问题的能力较差，而且建设和运行维护费用都较高，通常用在特殊场合

分布式电源对于电压质量有一定影响，但它不能仅作为电压的支持手段，避免由此引起许多复杂的运行问题。串联电容器对于导线截面大且长的线路效果好，但需要采取快速开断断路器对电容器进行保护，在馈线发生故障时，避免电容器承受太高电压而损坏。因此，整套设备的造价较高，宜在必须用的场合使用。并联电容器则费用较高，且增加了运行维护的费用及其复杂程度。

调压器往往不能同时兼顾馈线升压或降压，如果对每条馈线分别安装调压器，费用很高。

网络重构有助于解决电压偏差问题，需要安装配电终端和建设通信网络。

七、利用配电网的固有属性改善配电网电压质量

对于电压始终偏低或偏高的供电区域，只需调整配电变压器分接头就可解决电压偏差问题，但不能解决电压波动和电压闪变问题。对于电压忽高忽低的供电区域，调整变压器分接头不能解决电压质量问题。

改变馈线结构和负荷供电路径，能够改善馈线负荷电流分布，有助于改善配电网电压质量。

增大导线截面有助于解决电压偏差和电压波动问题，但只针对截面积小的导线。因为馈线的阻抗为$R+jX$，增大导线截面可减少R，但对X的影响较小。当导线截面增大到一定程度后，R/X较小，馈线的阻抗主要取决于X，继续增大导线截面，对电压降落的改善效果较小。

缩小架空导线相间距可以减少X。因此，将部分馈线段改用紧凑型结构敷设。将架空馈线部分改造成三芯电缆，可以极大地缩小导线相间距离，采用较大截面的铜导体又能有效减少R，从而有效降低母线到负荷之间的阻抗，减少电压偏差和电压波动。换句话说，在同样的负荷条件下，在电压偏差极限值和电压波动指标下，采用三芯电缆替换一部分架空线可有效延长供电半径。由于越接近母线的馈线段上流过的电流往往越大，一般可以选择将靠近母线的馈线段更换为三芯电缆。采用三芯电缆后还可以显著改善受树木侵害区域的可靠性，也可以选择将容易受到树木侵害的架空馈线段更换为三芯电缆。

在配电系统中，是电压幅值而非相角使得功率得以传输，任何一种减少电压降的方法都需要花费资金，增加运行的复杂性。因此，最好将电压降看成是一种资源，在输配电规划的配置和实施中，将其精打细算使用以达到最优化的目的。

对于10kV配电网，其容许的电压偏差范围±7%（即9.3～10.7kV）。在准备投资减少电压降之前，应当将该限值用满。许多电力规划人员投入费用将电压维持在±3%，甚至±2%，其实需要采用动态有载调压、电容器组动态投切、网络重构，或昂贵耗能的电力电子装置。充分利用电压偏差范围，则可以采用固定电容器或调整变压器分接头等措施解决，或偶尔人工控制一次电容器有投切即可。

第三节　低压配电网三相不平衡

一、低压配电网负荷特点及运行问题

1. 低压配电网负荷特点

（1）负荷的随机性。负荷增减的随机性大，负荷使用的随机性大。

（2）负荷的敏感性。低压电网容量比较小，负荷变化对电网的运行影响比较大。

（3）大功率负载增多。

1）充电桩进小区。

2）1kW以上的大功率家用电器普遍化。

3）夏季空调负荷和冬季电采暖负荷。

4）春节农民工返乡造成的用电高峰。

2. 低压配电网的运行问题

运行问题是日常面对的问题，负荷问题是运行问题的根源。源-网-荷三要素中，负荷是决定性因素。

负荷不平衡体现在配变之间负荷不平衡、相间负荷不平衡、线路之间负荷不平衡。负荷不平衡影响配电网安全、可靠、节能、高效等诸环节。

3. 三相负荷不平衡的危害

(1) 综合损耗增加。

1) 三相负荷平衡时，即 $I_a=I_b=I_c=I$，此时 $I_n=0$，有

$$\Delta P=\Delta P_a+\Delta P_b+\Delta P_c+\Delta P_n=3I^2R \tag{12-3-1}$$

2) 当三相负荷极端不平衡时，即 $I_a=I_n=3I$，有

$$\Delta P=\Delta P_a+\Delta P_b+\Delta P_c+\Delta P_n=(3I)^2R+(3I)^2R=18I^2R \tag{12-3-2}$$

三相负荷最大不平衡状态有功损耗是三相平衡状态有功损耗的 6 倍。

(2) 造成低电压问题。由于三相负荷不平衡造成的低电压问题占全部低电压问题的15%～20%。

(3) 造成配变运行安全隐患。三相负荷不平衡造成配变非全相重载或过载，缩短配变寿命，甚至烧毁。

4. 全国配电台区数量

(1) 截至 2013 年年底，全国在网运行的配电变压器总台数约 1530 万台，总容量约 48 亿 kVA，其中，电网公司运行管理的配电变压器台数约 860 万台，占比为 56%；其他企业运行管理的约 670 万台，占比为 44%。全国发电装机容量达到 12.47 亿 kW，全社会用电量累计 5.3 万亿 kW·h，配变容量与发电容量之比为 3.85，单台配变当量容量约为 315kVA。

(2) 2020 年，全国发电装机容量将达到 20 亿 kW，按照配发容量比 3.5 计算，配电容量将达到 70 亿 kVA。按照单台配变当量容量 315kVA 计算，全国配变数量为 2222 万台，电网公司运行管理的配变台数为 1244 万台。

5. 三相负荷不平衡度统计案例

表 12-3-1 给出了，可得三相负荷不平衡度不大于 15%台区仅占 1.33%。

表 12-3-1　　三相负荷不平衡度统计　　%

供电所序号	日期				
	2016 年 1 月 5 日	2016 年 4 月 5 日	2016 年 7 月 5 日	2016 年 9 月 5 日	平均值
1	1.79	0.88	2.86	1.85	1.84
2	1.36	1.35	0.70	0.68	1.02
3	2.13	2.35	0.00	3.23	1.93
4	1.45	2.44	1.56	4.41	2.47
5	1.55	0.76	0.00	0.00	0.58
6	0.00	0.00	3.03	0.00	0.76
7	0.00	0.00	2.33	3.41	1.43
8	0.00	0.00	0.00	0.00	0.00
9	0.98	0.98	1.03	0.99	1.00
10	3.33	0.00	3.85	1.20	2.10
11	9.84	0.00	0.00	1.92	2.94

续表

供电所序号	日　期				
	2016年1月5日	2016年4月5日	2016年7月5日	2016年9月5日	平均值
12	3.31	0.00	1.77	4.24	2.33
13	0.00	0.00	1.75	1.63	0.85
14	0.00	0.00	0.88	0.81	0.42
15	0.00	0.00	0.00	1.02	0.25
平均值	1.72	0.58	1.32	1.69	1.33

二、电压不平衡情况判断

1. 单相接地

一相电压降低到零，其余两相升高至线电压。

2. 单相不完全接地

一相电压降低不到零，其余两相升高但不超过线电压。

3. TV保险熔断

一相电压降低，其余两相电压不变或变化很小。

4. 谐振过电压

三相电压依次轮流升高，而且三相电压在不同的范围内出现低频摆动。

5. 谐振过电压

一相电压降低，但不为零，其余两相升高而且超过线电压。

6. 特殊情况

当一相电压降低但不到零，另两相略有升高，单纯从电压变化无法确定故障为不完全接地还是TV故障时，可通过将相应母线与其他母线短时并列运行的方式，确定是否为接地故障。

三、三相负荷不平衡自动调节典型模式

1. 三相负荷不平衡治理有关规定

(1) 三相负荷不平衡度计算公式为

三相负荷不平衡度=(最大电流－最小电流)/最大电流×100%

1) Yyn0接线变压器负荷不平衡度不大于15%，零线电流不大于变压器额定电流的25%。

2) Dyn11接线变压器负荷不平衡度不大于25%，零线电流不大于变压器额定电流的40%。

(2) 越限日定义为：1天内持续越限时间超过1小时定为1个越限日。

(3) 治理范围。对于平均负载率大于20%且单月内累计出现5个以上三相负荷不平衡越限日的配电台区，应纳入治理范围。其中，单相最大负载率超过80%的重载台区应作为问题严重台区，立即采取有效措施进行治理。

2. 换相开关型三相负荷不平衡自动调节装置

换相开关型三相负荷不平衡自动调节装置如图 12-3-1 所示，其应用功能如下：

(1) 降低三相电流不平衡度。

(2) 减少低电压问题。

(3) 降低配变损耗和低压线路损耗。

(4) 安装在分支线路或电表箱前，从负荷侧调节三相电流不平衡。

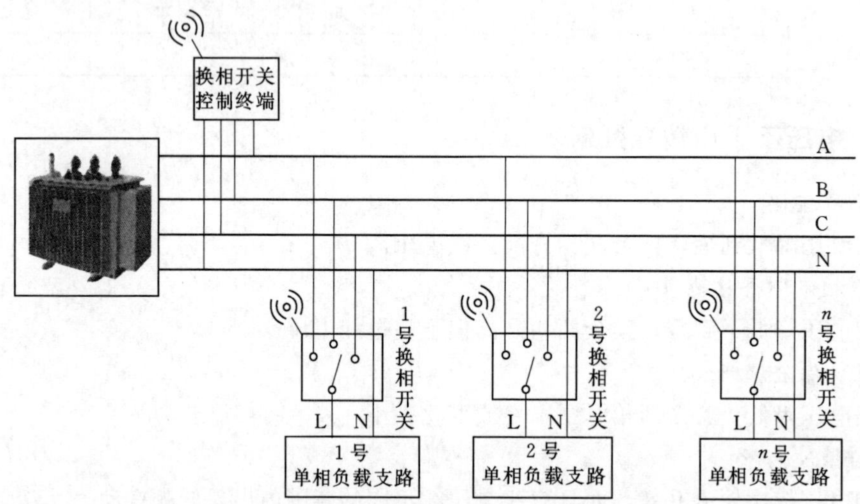

图 12-3-1 换相开关型三相开关不平衡自动调节装置

3. 电容型三相负荷不平衡自动调节装置

电容型三相负荷不平衡自动调节装置如图 12-3-2 所示，其应用功能如下：

(1) 降低配电变压器的三相电流不平衡度。

(2) 降低配电变压器的损耗。

(3) 具有无功补偿作用。

(4) 安装在配电变压器位置，从电源侧调节三相电流不平衡。

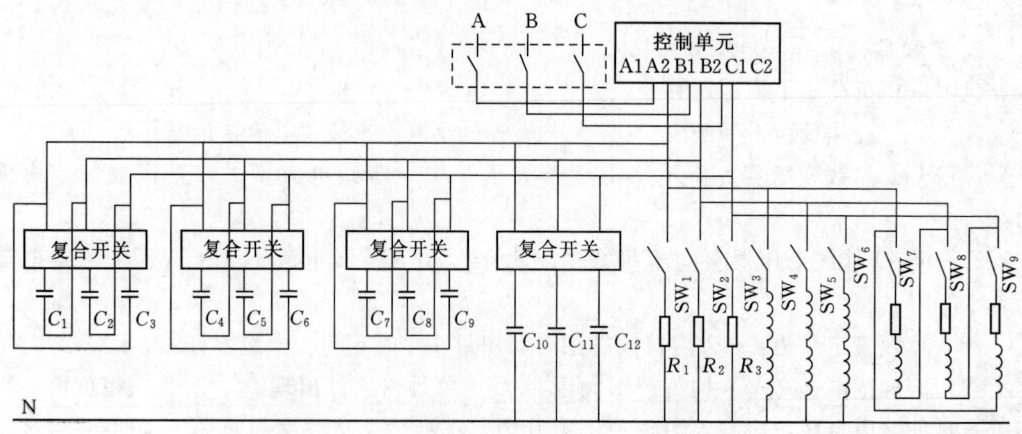

图 12-3-2 电容型三相负荷不平稳自动调节装置

4. 电力电子型三相负荷不平衡自动调节装置（SVG）

电力电子型三相负荷不平衡自动调节装置如图 12-3-3 所示，其应用功能如下：

(1) 降低配电变压器的三相电流不平衡度。

(2) 降低配电变压器的损耗。

(3) 具有无功补偿、谐波抑制作用。

(4) 安装在配电变压器位置，从电源侧调节三相电流不平衡。

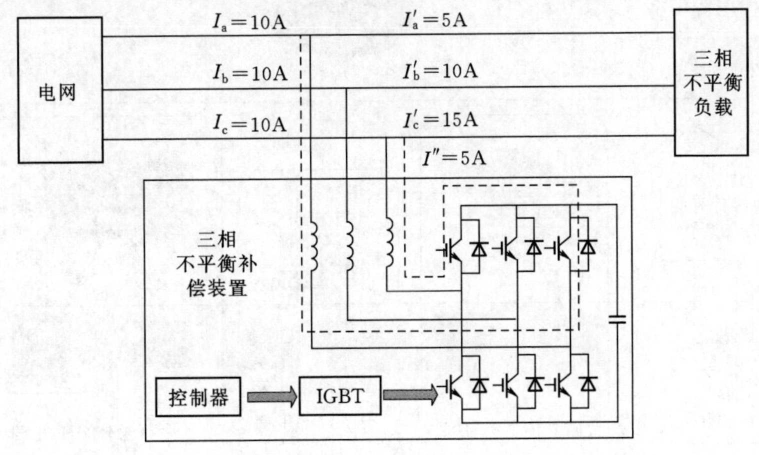

图 12-3-3　电力电子型三相负荷不平衡自动调节装置

四、基于边缘计算的三相负荷不平衡自动调节系统

1. 系统组成

基于边缘计算的三相负荷不平衡自动调节系统如图 12-3-4 所示，由若干个换相开关和 1 个换相控制终端组成，采用边缘计算技术，通过 4G 通信与供电服务指挥平台连接，通过小无线通信/宽带载波通信与换相开关连接。是泛在电力物联网典型的“网-边-端”结构。

换相控制终端可以是单独的边缘计算装置，也可以利用 TTU 的平台资源，在容器型 TTU 中装入换相控制程序。

2. 逻辑架构

基于边缘计算的三相负荷不平衡自动调节系统逻辑架构如图 12-3-5 所示。

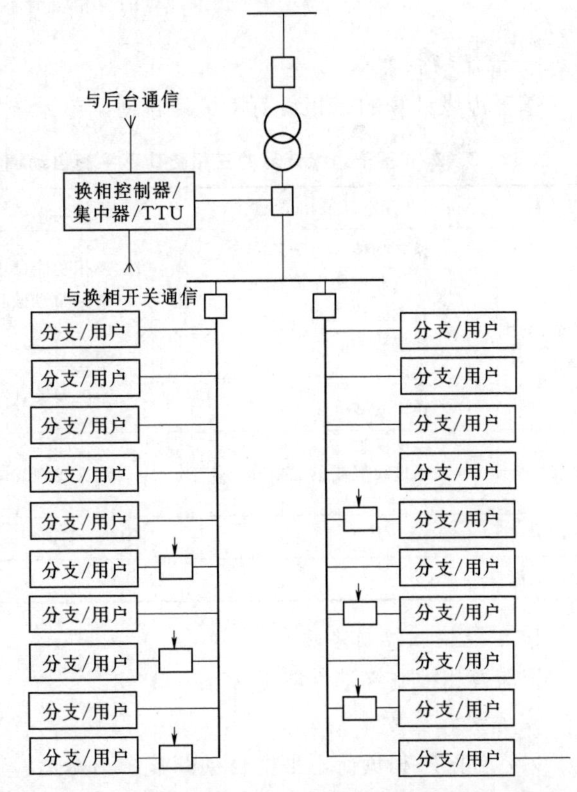

图 12-3-4　基于边缘计算的三相负荷不平衡自动调节系统

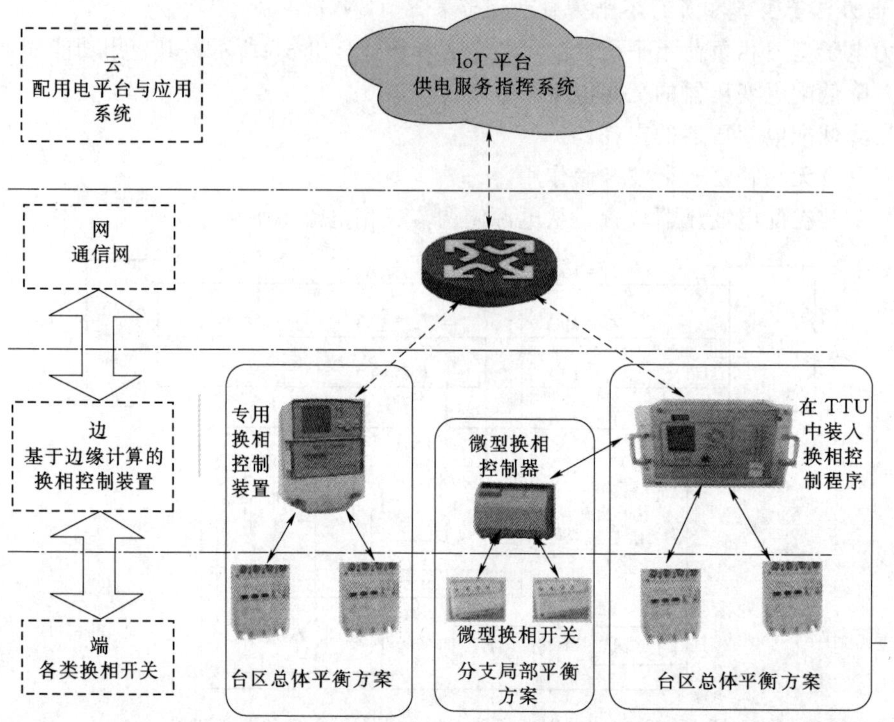

图 12-3-5　基于边缘计算的三相负荷不平衡自动调节系统逻辑架构

3. 智能换相单元

基于边缘计算的三相负荷不平衡自动调节系统智能换相单元性能见表 12-3-2。

表 12-3-2　基于边缘计算的三相负荷不平衡自动调节系统智能换相单元性能

产品名称	塑壳空开换相单元	机械互锁型换相单元	导轨安装型换相单元
产品简介	(1) 换相功能 (小于 10ms)。 (2) 过流和短路保护功能。 (3) 自动旁路功能。 (4) 四遥功能。 (5) 塑壳 (220mm×140mm)。 (6) 箱内安装 (IP20)	(1) 换相功能 (小于 10ms)。 (2) 主电路机械互锁功能。 (3) 四遥功能。 (4) 塑壳 (290mm×170mm)。 (5) 箱内安装 (IP20)	(1) 换相功能 (小于 10ms)。 (2) 四遥功能。 (3) 塑壳 (126mm×90mm)。 (4) 箱内安装 (IP20)
安装位置	电表箱进线侧或单三相分支处	电表箱进线侧或单三相分支处	电表箱进线侧、单三相分支处或三相用户的单相负载前
通信方式	LORA	LORA、HPLC	LORA
额定电流	120A	120A	120A

4. 智能换相控制终端

智能换相控制终端性能见表 12-3-3。

5. 系统配置方案

(1) 台区三相负荷不平衡自动调节。国网运检三相负荷不平衡治理方案推荐：1 个配电台区配 1 只智能换相控制终端：换相开关的数量参考配电台区额定容量 100kVA、

200kVA、400kVA 的配置分别配置 6、9 和 12 台，见表 12-3-4。

表 12-3-3　　智能换相控制终端性能

产品名称	交流采样型换相控制终端	总表通信型换相控制终端	导轨安装型换相控制终端
产品简介	(1) Linux 系统。 (2) 交流采样功能。 (3) 适用于不能从低压总表读取数据的台区	(1) Linux 系统。 (2) 不具备交流采样功能，通过 485 从总表读取电流数据。 (3) 适用于可以从低压总表读取数据的台区	(1) 不带操作系统。 (2) 交流采样功能。 (3) 适用于局部调整三相不平衡
远方通信	2.5G、3G、4G	2.5G、3G、4G	485
本地通信	LORA、HPLC	LORA	485

表 12-3-4　　台区换相开关及控制器配置

变压器容量	100kVA	200kVA	400kVA
换相开关	6 台	9 台	12 台
换相控制器	1 台	1 台	1 台

(2) 低压分支线路三相负荷不平衡自动调节。对于三相进线单相出线的低压分支箱、电表箱或配电箱，可采用 1 只智能换相控制终端，若干只换相开关进行局域平衡。换相开关可安装在单相出线，数量为单相出线回路数的 20%～30%，但最少为 3 只。智能换相控制终端与换相开关可采用有线通信方式。

第四节　电能质量问题及对策

一、配电网无功补偿

无功补偿设备就是专门用来补偿电力系统的感性无功功率的电气设备。

在电力系统中，由于感性负载的客观存在，如变压器、电动机、感应炉等，它们都是应用电磁感应原理工作的，即依靠磁场来传输和转换能量。因这些设备在运行过程中，不仅要消耗有功功率，还要消耗一定数量的无功功率。如果不采取其他补偿措施，这些无功功率将由发电机或变压器提供，就必然要降低发电机或变压器的有功出力，这对于电源不足的电网，将使频率降低。供电线路和变压器，由于传输无功功率也将造成电能员失和电压损失，设备利用率也相应降低。为此，除了设法提高用户的自然功率因数，减少无功损耗外，必须在用户处对无功功率进行人工补偿。并联电容器就是一种常用的无功补偿装置。

1. 无功补偿的作用

(1) 提高电压质量。

(2) 提高变压器的利用率，减少投资。

(3) 减少用户电费支出。

1) 可避免因功率因数低于规定值而受罚。

2) 可减少用户内部因传输和分配无功功率造成的有功功率损耗，电费可相应降低。

(4) 提高电力网传输能力。

2. 并联电容器的作用

(1) 补偿感性负荷和电网感性元件的无功功率，提高功率因数，降低功率损耗。

(2) 改善电压质量。

(3) 提高发供电设备的效率。

(4) 减少变配电设备的投资。

二、电压暂降

1. 电压暂降的原因

现代电力系统中用户侧发生电压暂降事件的次数远大于停电次数。据统计，每年前者至少是后者的 6 倍以上，城市供电网络中甚至高达 600 多倍。电压暂降已成为最频繁的电能质量问题。图 12-4-1 给出了电力系统产生电压暂降的原因，反映到 380V 用电系统时严重影响供电可靠性。

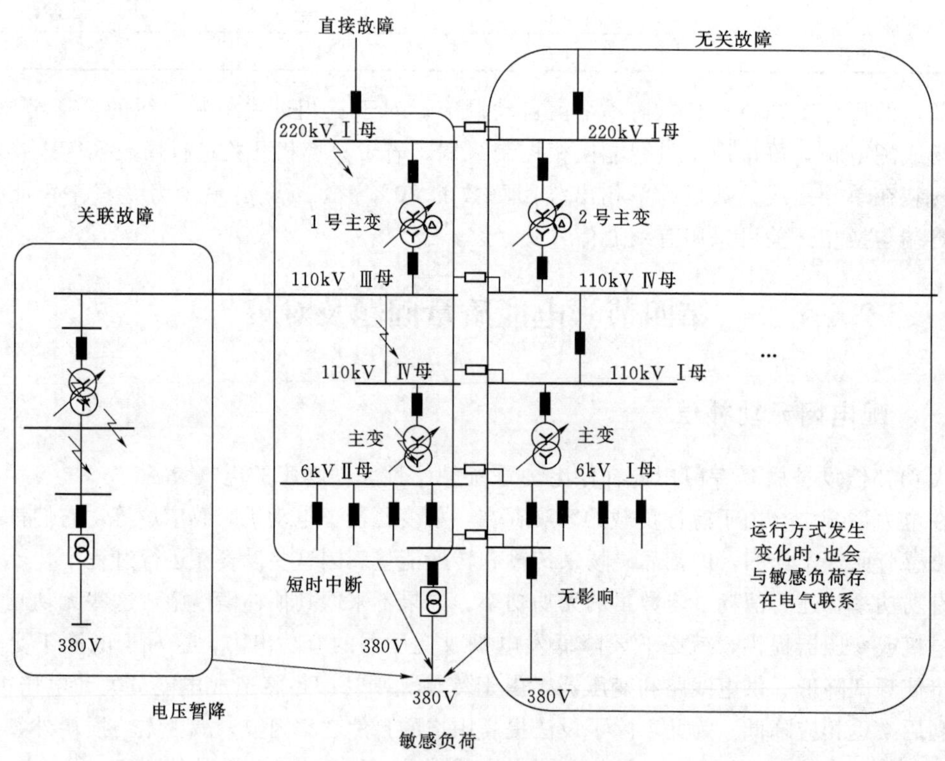

图 12-4-1　电压暂降原因

表 12-4-1 给出了电压暂降与供电可靠性的考虑范围、产生原因、造成损失、治理和提升手段等。

传统负荷只有停电才受影响，现代新型负荷对电压暂降和短时间中断事件非常敏感。我国现行的 DL/T 836—2012《供电系统用户供电可靠性评价规程》明确规定自动重合闸重合成功或备用电源自动投入成功，不应视为对用户停电，不影响供电可靠性，但会发生电压暂降。

表 12-4-1　　电压暂降与供电可靠性

类别	电压暂降	供电可靠性
考虑范围	10ms 至 1min，未停止供电	当前评估停电范围：分钟级及以上
产生原因	短路故障、感应电机启动和雷击	设备质量缺陷、自然灾害、人员误操作、运行管理水平低、继电保护误动作
造成损失	仅对敏感用户造成影响，发生次数多，对敏感用户造成损失大	对所有用户均造成影响，但发生次数少，单次损失较大
治理和提升手段	需要供用电双方共同解决： (1) 对系统进行优化改造，降低发生暂降问题的概率。 (2) 加装电压暂降抑制设备	以供电方解决为主 (1) 对重要线路采用双回输电线路。 (2) 制定合理的系统运行方式。 (3) 采用快速可靠的继电保护装置； (4) 保持适当的备用容量； (5) 选择合理可靠的电力系统结构和接线等

以江苏省为例，2017 年累计监测暂降 12 万余条，其中 7 月、8 月明显居多；输电网的暂降次数较少，94%的暂降记录发生在 10kV 配网；配电网故障引发的暂降占比 95.4%，其中单相故障占比 52.6%；雷击、冲击性负荷等引起的暂降占比为 4.6%；电压暂降发生概率与降雨量大小呈现正相关特性。

2. 关于电压暂降的名词定义

(1) 电压暂降（voltage dip、sag），指电力系统中某点工频电压方均根值突然降低至 0.1～0.9p.u.，并在短暂持续 10ms～1min 后恢复正常的现象，如图 12-4-2 所示。

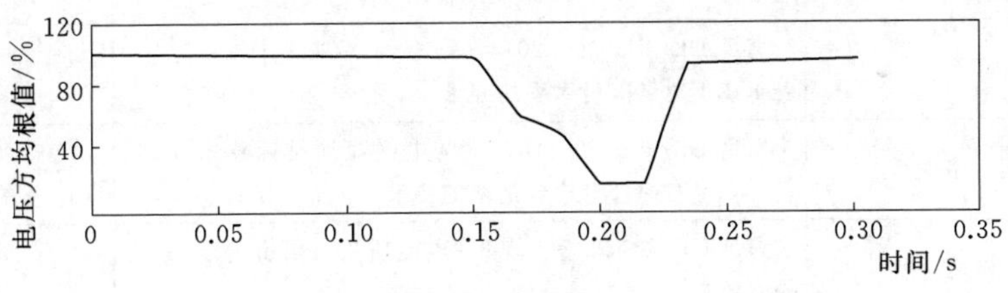

图 12-4-2　电压暂降

(2) 短时中断（short interruption），指电力系统中某点工频电压方均根值突然降低至 0.1p.u. 以下，并在短暂持续 10ms～1min 后恢复正常的现象，如图 12-4-3 所示。

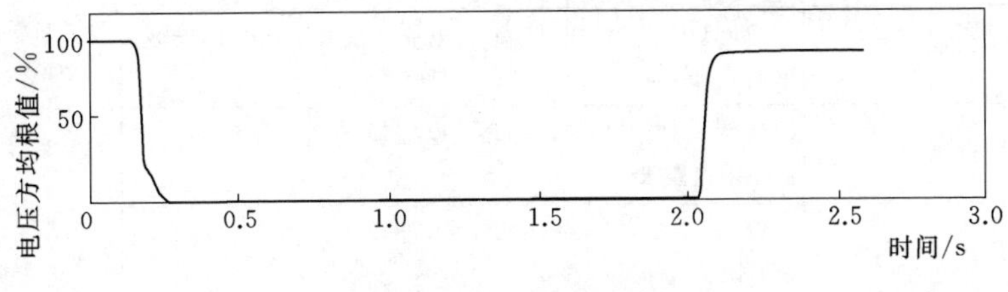

图 12-4-3　短时中断

(3) 每周波刷新电压方均根值，指测量数据窗口为一周波的电压方均根测量值，每个周波更新一次，其计算公式为

$$U_{rms(1)}(k)=\sqrt{\frac{1}{N}\sum_{i=1+(k-1)N}^{kN}u^{2}(i)} \qquad (12-4-1)$$

（4）半周波刷新电压方均根值，指测量数据窗口为一周波的电压方均根测量值，每半个周波更新一次，其计算公式为

$$U_{rms(1/2)}(k)=\sqrt{\frac{1}{N}\sum_{i=1+(k-1)\frac{N}{2}}^{(k+1)\frac{N}{2}}u^{2}(i)} \qquad (12-4-2)$$

（5）暂降深度，指标称电压与残余电压的差值。

（6）电压暂降（短时中断）持续时间，指达到电压暂降（短时中断）阈值的电压暂降（短时中断）事件的持续时间。

（7）残余电压，指电压暂降过程中记录的电压方均根值的最小值。

第五节　定制电力技术对电能质量的要求

一、各种用户对电能质量的要求

各种用户对电能质量的要求见表 12-5-1。

表 12-5-1　　各种用户对电能质量的要求

供电质量要求		常规需求用户	定制电力用户
供电可靠率		满足 DL/T 5729—2016《配电网规划设计技术导则》表 4.3.1 对供电可靠率的要求	高于所在区域供电可靠率
综合电压合格率		满足 DL/T 5729—2016《配电网规划设计技术导则》表 4.3.1 对综合电压合格率的要求	高于所在区域综合电压合格率的要求
稳态电能质量指标	电压偏差	满足 GB/T 12325—2008《电能质量　供电电质偏差》限值要求	单个或多个指标高于国家标准要求
	频率偏差	满足 GB/T 15945—2008《电能质量　电力系统频率偏差》限值要求	
	三相电压不平衡度	满足 GB/T 15543—2008《电能质量　三相电压不平衡》限值要求	
	谐波	满足 GB/T 14549—1993《电能质量　公用电网谐波》限值要求	
	间谐波	满足 GB/T 24337—2009《电能质量　公用电网间谐波》限值要求	
	电压波动和闪变	满足 GB/T 12326—2008《电能质量　电压波动和闪变》限值要求	
暂态电能质量指标	电压暂降与短时中断	不作要求	可依据国家标准 GB/T 30137—2013《电能质量　电压暂降与短时中断》进行定制

表 12－5－2 给出了各种供电对电能质量的要求。

表 12－5－2 各种供电方式对电能质量的要求

<table>
<tr><th>指 标</th><th>基本供电</th><th>优质供电</th><th>最优供电</th></tr>
<tr><td>供电频率偏差</td><td colspan="2" rowspan="5">稳定电能质量指标满足相应国标要求</td><td rowspan="5">能提供高于国际要求的稳态电能质量指标</td></tr>
<tr><td>供电电压偏差</td></tr>
<tr><td>谐波/间谐波</td></tr>
<tr><td>三相电压不平衡</td></tr>
<tr><td>电压波动和闪变</td></tr>
<tr><td>供电可靠性
（平均停电持续时间）</td><td>4h/（户·年）以下</td><td>1.7h/（户·年）以下</td><td>5min/（户·年）以下</td></tr>
<tr><td>短时电压中断</td><td rowspan="2">暂态电能质量不要求</td><td>单路供电电源故障，短时电压中断小于 20ms；双路供电中断，小于 20s</td><td>不出现短时中断现象</td></tr>
<tr><td>电压暂降/暂升</td><td>持续时间不超过 20ms</td><td>持续时间不大于 5ms</td></tr>
</table>

二、敏感负荷

敏感负荷的用户对供电可靠性和电能质量有更高的要求且愿意为此付出相应的费用。

1. 按负荷敏感性划分

（1）极敏感负荷。对供电质量极其敏感，发生轻微电能质量问题将造成损失的负荷。

（2）敏感负荷。对供电质量敏感，发生电能质量问题将造成损失的负荷。

（3）普通负荷。不属于极敏感和敏感负荷的其他负荷。

2. 按负荷重要性划分

（1）极重要负荷。供电质量事件会造成人身伤亡、重大政治影响、量大经济损失或影响重要用电单位的正常工作的负荷。

（2）重要负荷。供电质量事件会在经济上造成较大损失或者影响较重要用电单位的正常工作的负荷。

（3）普通负荷。不属于极重要和重要负荷的其他负荷。

三、暂态电能质量分析

（1）应基于定制供电区外、区内各种短路分析及区内用户的生产工艺过程进行分析。

（2）暂态电能质量效果评估应结合暂态电能质量控制措施包括容量、控制策略、响应特性等进行综合分析。

（3）应根据定制电力用户要求及其设备抗扰度水平进行评估，验证是否满足定制设计要求。

四、定制电力技术，提高电能质量的方案

可分为无源治理方案，包括 HSB（快速开关）、SSTS（固态切换开关）；有源治理方案，包括 UPS（不间断电源）、DVR（动态电压恢复器）、VSP（直流支持技术）等。

表 12-5-3 给出了定制电力设备对电站质量的抑制及价格。

表 12-5-3　　定制电力设备对电能质量的抑制及价格

定制电力设备	HSB	DVR	SSTS	DSTATCOM	SVC	TUC	APF	ESS	UPS	UPQC	VSP
电压暂降	•	•	•				•	•	•	•	
电压短时中断	•		•					•	•	•	•
过电压		•		•	•			•		•	
欠电压		•		•	•			•		•	
电压波动和闪变		•			•			•		•	
电流不平衡						•	•			•	
电流谐波							•			•	
仅供参考治理成本	600元/kVA	低压：2000元/kVA	2500元/kVA	600元/kvar	300元/kVA	低压：500元/kvar	低压：500元/A	低压：800元/kW	低压：1500元/kW	2000元/kVA	1000元/kW

1. 不间断电源（UPS）

UPS系统结构如图 12-5-1 所示。

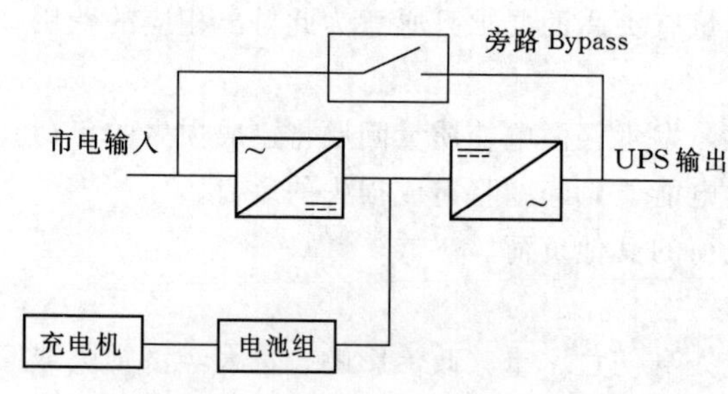

图 12-5-1　UPS系统结构图

UPS是由整流器和逆变器等组成的一种电源装置，它与直流电源的蓄电池组配合，能提供符合要求的不间断电源。DL/T 1074—2019《电力用直流和交流一体化不间断电源》适用于 UPS 的设计、制造和试验。

为满足各种不同工况的运行需要，UPS容量的选择应留有必要的裕度。需考虑的因素有：动态稳定系数、直流电压下降系数、温度补偿系数、设备老化系数等。UPS的容量选择计算式为

$$S_C = K_i K_d K_t K_a \frac{P_\Sigma}{\cos\varphi} = K_{rel} \frac{P_\Sigma}{\cos\varphi} \tag{12-5-1}$$

式中　K_{rel}——可靠系数，$K_{rel}=1.33\sim1.53$；

$\cos\varphi$——负荷功率因素，$\cos\varphi=0.7\sim0.8$。

2. 动态电压恢复器（DVR）

DVR结构如图 12-5-2 所示。它是串联于电源和负荷之间的电压型电力电子补偿装置，用于快速补偿系统电压暂降。

DL/T 1229—2013《动态电压恢复器技术规范》适用于户内使用的 35kV 及以下电压等级的动态电压恢复器。DVR 装置的技术参数如下：

(1) 额定补偿电压：动态电压恢复器在额定电流下输出的工频电压（有效值）设计值。

(2) 补偿时间：从输出电压上升至设定值的 90%到输出电压下降到设定值的 90%所

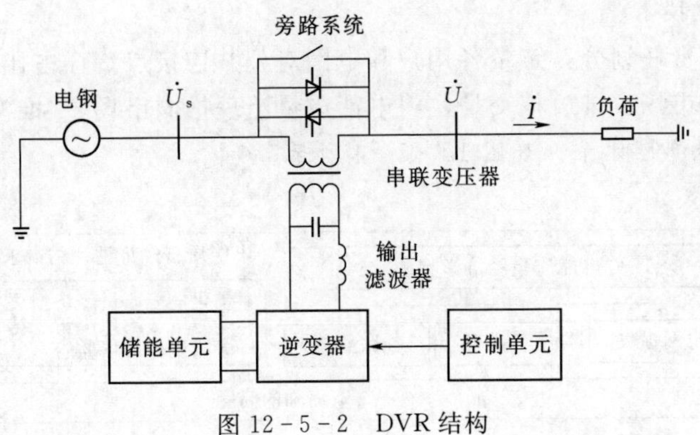

图 12－5－2　DVR 结构

持续的时间。额定补偿时间应小于 1s。

(3) 装置响应时间：电压暂降深度为 50%，系统电压下降到标称电压的 90%至将负荷电压补偿到系统标称电压的 90%所需要的时间，一般不大于 5ms。

(4) 储能/取能单元，动态电压恢复器在补偿状态时提供能量的单元。

3. 固态切换开关（SSTS）

SSTS 结构如图 12－5－3 所示。

DL/T 1229—2013《动态电压恢复器技术规范》适用于 35kV 及以下、50Hz 的户内配电用固态切换开关。SSTS 装置的技术参数如下：

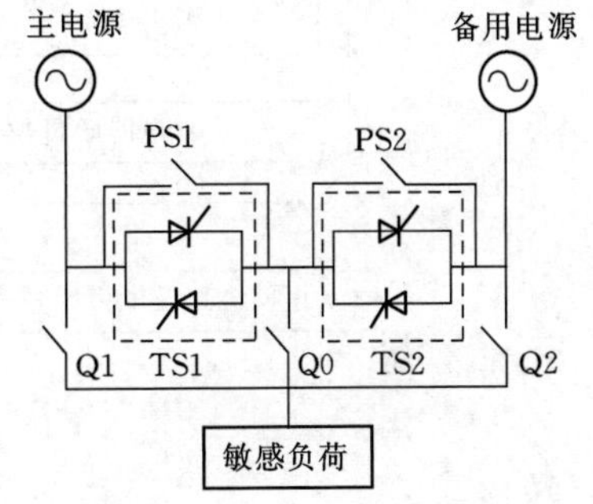

图 12－5－3　SSTS 结构

(1) 检测时间：从电源电压发生异常至装置控制系统检测到该异常的时间。

(2) 整定时间：从装置控制系统检测到电压异常到发出切换命令之间的时间。

(3) 转移时间：从装置控制系统发生切换切换命令到负荷转移到备用电源的时间。

(4) 切换时间：从电源电压发生异常到负荷转移到备用电源的时间，即检测时间、整定时间和转移时间之和。整定时间为零时的切换时间称之为最小切换时间。

(5) 量小切换时间应不大于 15ms。

五、电能抽量经济性相关标准

1. 电能质量经济性国际系列

(1) GB/Z 32880.1—2016《电能质量经济性评估　第 1 部分：电力用户的经济性评估方法》。

(2) GB/Z 32880.2—2016《电能质量经济性评估　第 2 部分：公用配电网的经济性评估方法》。

(3) GB/Z 32880.3—2016《电能质量经济性评估　第 3 部分：数据收集方法》。

2. 相关的关键技术

(1) 电能质量责任划分：定量各用户和电网对公共连接点责任占比。

(2) 电能质量市场：排放权交易，将电能质量治理推向市场，“谁污染，谁付费”。

3. 电能质量经济性体系，如图 12-5-4 所示。

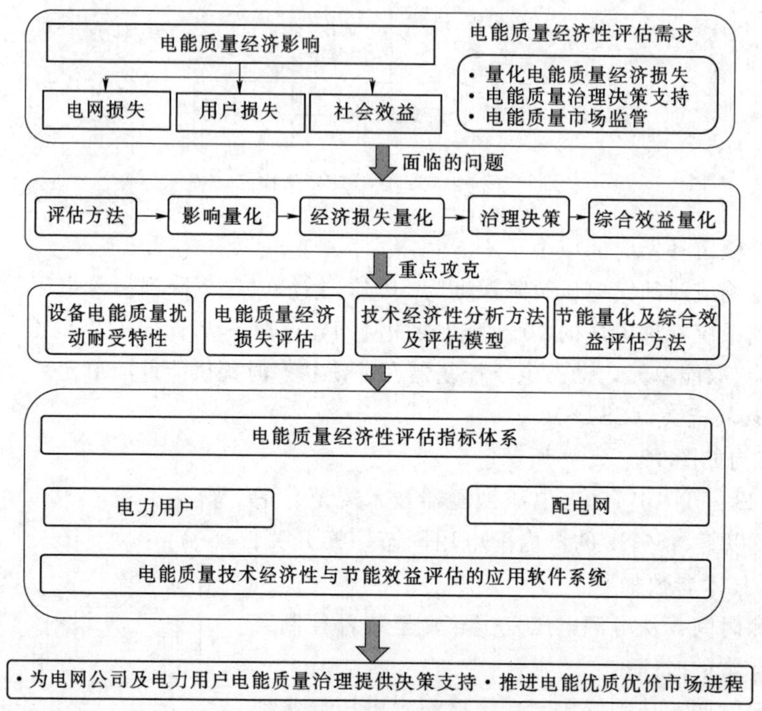

图 12-5-4　电能质量经济性体系

第六节　配电网电能质量测试

随着国家政策及港口企业自身对节能降耗、提高供配电系统安全可靠性及经济性的重视，及为此而越来越普遍地在系统中应用各类变频装置和整流设备的现状，企业需要更好地了解、掌握自身相关供配电系统参数、运行情况、电能质量情况对企业正常安全经济生产已有的或可能的影响，从而建立对企业供配电系统整体状况的清晰认识。

以某供配电系统为例，根据其电网运行情况、生产情况、工艺流程及相关具体生产设备（包括主要非线性用电设备、冲击性用电设备、已有的无功补偿和滤波设备）的现场运行情况，结合供配电系统存在的相关问题，对供配电系统进行全面、系统地电能质量测试，查找谐波污染源，研究谐波污染趋势，分析其对系统的危害，并由此有针对性地制定相关治理对策，评估配电系统及相关电气设备节能潜力，保证供配电系统的安全可靠、优质高效供电。

一、电能质量测试评估导则

（一）适用范围

适用于220kV及以下工厂供配电网的综合测试评估。

（二）测试评估目的

（1）为工厂供配电网提供电能质量基础技术资料。

（2）分析工厂供配电网在电能质量及安全可靠和经济运行中存在的问题。

（3）为构建安全可靠、优质高效的工厂供配电网提供整体解决方案。

（三）测试评估的内容

（1）短路容量计算。

（2）电能质量指标限值计算。

1）供电公司与用户公共连接点的供电电压质量指标限值与用户（全部和单个）对电网的干扰水平指标限值计算。

2）用户配电网内部供电点供电电压的电磁兼容水平指标限值和规划水平指标限值计算，用电设备（全部和单个）对配电网干扰水平指标限值计算。

3）供电公司与用户公共连接点的供电电压质量指标限值是对公司供电质量的考核指标。

4）用户对供电公司与用户公共连接点的干扰水平指标限值是对电力用户的考核指标。

5）用户配电网内部供电点供电电压的电磁兼容水平指标限值是使用电设备正常运行的电压质量指标。

6）用户配电网内部供电点供电电压的规划水平指标限值是用户配电网内控电压质量指标。

7）用电设备对配电网的干扰水平限值是允许用电设备接入配电网的条件。

（3）母线电压、线路电流在较大工况下的典型波形和频谱。

（4）在较大工况下，功率及电能质量参数的变化趋势分析和统计报表。

（5）从电能质量、安全运行和经济运行三个方面对配电系统进行综合评估。

（6）供配电系统电能质量存在的问题及解决方案。

（四）测试标准

1. 国家电能质量标准

（1）GB/T 15945—2008《电能质量　电力系统频率偏差》。

（2）GB/T 12325—2008《电能质量　供电电压偏差》。

（3）GB/T 14549—1993《电能质量　公用电网谐波》。

（4）GB/T 12326—2008《电能质量　电压波动和闪变》。

（5）GB/T 15543—2008《电能质量　三相电压不平衡》。

2. 国家电磁兼容标准

（1）GB/Z 17625.4—2000《电磁兼容　限值　中、高压电力系统中畸变负载发射限值的评估》。

（2）GB/Z 17625.5—2000《电磁兼容　限值　中、高压电力系统中波动负载发射限值的评估》。

(3) GB/T 17626.7—2017《电磁兼容　试验和测量技术-供电系统及所连设备谐波、谐间波的测量和测量仪器导则》。

3. IEEE 和 IEC 有关标准

《Electromagnetic compatibility（EMC）- part 2 - 8 Enviroment Voltage dips and short interruptions on public power supply systems with statistical measurementresults》IEC61000 - 2 - 8 First Edition 2002 - 11.

《IEEE（1993）519 IEEE recommended practies and requirements for harmoniccontrol in electrical power systems. Standard，IEEE 519. IEEE，New York》

（五）评估方法

1. 限值计算

(1) 公共连接点的诺波电压、谐波电流限值按照 GB/T 14549—1993《电能质量　公用电网谐波》规定计算。

(2) 用户供配电网内部公共连接点的谐波电流限值按照 IEEE 519—1992《电能质量标准》规定计算，若计算结果不小于国标限值的 2 倍，则以国标限值的 2 倍作为工厂内部供配电网的指标限值。

(3) 用户供配电网内部的谐波电压限值按照 GB/Z 17625.4—2000《电磁兼容　限值　中、高压电力系统中畸变负载发射限值的评估》中谐波电压规划水平和谐波电压电磁兼容水平计算。

(4) 系统频率偏差限值按照 GB/T 15945—2008《电能质量　电力系统频率偏差》规定计算。

(5) 公共连接点的电压偏差、三相电压不平衡度、电压变动与闪变的限值，按照 GB/T 12325—2008《电能质量　供电电压偏差》、GB/T 15543—2008《电能质量　三相电压不平衡》、GB/T 12326—2008《电能质量　电压波动和闪变》的有关规定计算。

(6) 用户供配电网内部公共供电点的三相电压不平衡度、电压变动与闪变的限值计算按照下述原则计算：一般负载按照 GB/T 15543—2008《电能质量　三相电压不平衡》、GB/T 12326—2008《电能质量　电压波动和闪变》的有关规定计算；对于冲击较大且单独供电的负载，可以先计算公共连接点的限值，再根据短路容量比将限值由高压向中压或低压传递，但不能超过国标限值的 2 倍。若计算结果不小于国标限值的 2 倍，则以国标限值的 2 倍作为工厂内部供配电网的指标限值。

(7) 用户供配电网内部公共供电点的电压偏差限值按照 GB/T 12325—2008《电能质量　供电电压偏差》有关规定计算，考虑到节电运行的要求，工厂内部的电压偏差往往规定得更加严格，例如电压偏差限值为±3%或±2%。

(8) 各供电母线电压暂降深度和持续时间限值根据所带用电设备对电压的敏感度确定。

2. 评估要点

(1) 建立供配电系统运行参数基础资料。通过测试评估，建立较为完善的“供配电系统运行参数基础资料”，包括如下内容：

1）各变电站供配电系统图。

2）35kV、10kV、6kV 各段供电母线最大和最小短路容量。

3）各变电站供配电系统电能质量限值。

4）标准工况下，系统频率变化趋势及统计报表。

5）标准工况下，主要供电线路基波电压、电流、功率和谐波电压、谐波电流等参数变化趋势及统计报表。

6）标准工况下，各供电母线电压偏差、三相电压不平衡度、电压变动与闪变等供电电压质量参数变化趋势及统计报表；电压凹陷敏感负载的供电母线电压凹陷事件统计报表及典型事件波形。

以上资料对配电系统改造、电气故障分析有极其重要的参考价值。

（2）电能质量评估。通过测试评估，电力用户总进线的供电质量是否合格；配电系统的冲击负载、非线性负载和不对称负载对公用电网的干扰是否在允许值以内；提出整改措施，维护供用电双方的权益。

（3）安全运行评估。通过测试评估，考核电力用户内部供配电系统的供电质量和负载干扰参数是否在相关标准规定的范围内，提出相应整改措施，以实现供配电系统安全稳定运行。

（4）经济运行评估。通过测试评估，分析中压供配电系统供电电压、无功潮流分布、功率因数、变压器负载率对电能损耗的影响，提出相应整改措施，以实现供配电系统经济运行。

3. 几点说明

（1）额定电压与标称电压。中低压供电系统直接面向负载，负载设备额定电压大都以标称电压为准，为了评估供电电压的合理性，在电压偏差计算中统一以标称电压为参考电压，而不以变压器输出额定电压为参考电压。评估时需要考虑母线至设备终端的电压降。

（2）工厂内部电能质量限值。大电力用户中低压系统一般由用户管理，内部电能质量限值完全采用国家标准计算显得过于严格，为了达到限值要求，需要较大的技改投资，根据宝钢等大电力用户的运行经验，中压系统的电能质量只要能满足 IEC 电磁兼容标准和相关的 IEEE 标准及部分国标规定，系统能够安全运行即可。

（3）测试时段内的功率冲击计算方法。

一条线路冲击计算公式为

$$\begin{aligned}\Delta P &= P_{\max} - P_{\min}\\ \Delta Q &= Q_{\max} - Q_{\min}\end{aligned} \tag{12-6-1}$$

两条线路冲击合成计算公式为

$$\begin{aligned}\Delta P &= \Delta P_1 + 0.5\Delta P_2 (\Delta P_1 \geqslant \Delta P_2)\\ \Delta Q &= \Delta Q_1 + 0.5\Delta Q_2 (\Delta Q_1 \geqslant \Delta Q_2)\end{aligned} \tag{12-6-2}$$

n 条线路冲击合成计算公式为

$$\Delta P = \Delta P_1 + 0.5\sum_{i=2}^{n-1}\Delta P_i (\Delta P_1 \geqslant \Delta P_i, i \neq 1)$$

$$\Delta Q=\Delta Q_1+0.5\sum_{i=2}^{n-1}\Delta Q_i(\Delta Q_1\geqslant\Delta Q_i,i\neq 1) \tag{12-6-3}$$

（4）用电设备低电压偏差运行技术。

a. 历史背景。20 世纪 80 年代，由于供电不足，输配电技术落后，电压波动很大，特别是往负载方向波动大，用户为了保证设备的正常供电，在供电设计上，不得不把设备终端电压调得很高。到了 21 世纪，电力充足，电压稳定，但很多用户还保留原来的设计思想，致使我国配电系统中电力设备的运行电压普遍偏高，使有功损耗和无功损耗大大增加，因此大力推广配电网和用电设备的低电压偏差运行技术势在必行。

b. 低电压偏差运行技术的节电原理。

a）工厂配电系统和用电设备具有较高的无功电压灵敏度。

b）配电变压器运行在一定程度的磁饱和状态下，当电压降低时变压器的励磁电流减小。现场测试表明，当电压降低 1%时，变压器的无功功率相应减少 3%～6%。

c）工厂负载中约 75%是电机负载和电加热负载及空调负载，而这些负载功率的静态特性表明，当电压降低时，工厂有功功率变化很少，而无功功率变化很大。负载电压灵敏度的静态模型可以表示为指数形式，即

$$P=P_0\left(\frac{U}{U_0}\right)^{P_U}$$

$$Q=Q_0\left(\frac{U}{U_0}\right)^{Q_U} \tag{12-6-4}$$

c. 钢铁工业主要用电设备的静态特性参数及 U/U_0 由 1.05 降到 1.0 时，P/P_0 和 Q/Q_0 变化见表 12-6-1。

表 12-6-1　各种用电设备的静态特性

设备		工业电机	泵、风扇和其他电机	电弧炉	中央空调	室用空调	煤炉鼓风机	工业电视	荧光灯
P_U		0.05	0.08	2.3	0.2	0.5	0.08	2.0	1.0
Q_U		0.6	1.6	4.6	2.2	2.5	1.6	5.2	3.0
P/P_0	$U/U_0=1.05$	1.002	1.004	1.119	1.01	1.025	1.004	1.103	1.050
	$U/U_0=1.0$	1.000	1.000	1.000	1.000	1.000	1.000	1.000	1.000
Q/Q_0	$U/U_0=1.05$	1.030	1.081	1.252	1.113	1.130	1.081	1.289	1.158
	$U/U_0=1.0$	1.000	1.000	1.000	1.000	1.000	1.000	1.000	1.000

降低运行电压，有功功率变化较小，但无功变化较大。对于工业负载平均来说，当供电电压大于额定电压时，电压降低 5%，无功功率可减少 8%左右，设备有功功率的减少小于 1%。设备运行降至额定电压，不会影响生产，但无功电流产生的线路损耗减少了，同时也减少了无功补偿设备的投入。

（六）测试评估结果和主要结论的内容

1. 测试评估的主要结果

（1）主要供电变压器负载功率一览表。报表内容包括：变电所序号、变压器序号、变压器容量、变压器额定电压、平均有功功率、平均无功功率、平均视在功率、平均负载

率、平均功率因数、有功冲击、无功冲击。

(2) 主要供电母线电能质量参数一览表。报表内容包括：变电所序号、供电母线编号、短路容量（最大、最小）、电压偏差（最大正偏差、最大负偏差、平均偏差）、电压总谐波畸变率、主导谐波电压含有率、三相电压不平衡度、电压闪变的95%概率大值、电压变动。

(3) 主要供电线路电流、谐波电流及功率一览表。报表内容包括：变电所序号、供电线路编号、基波电流（最大、最小、平均）电流总谐波含量、主导谐波电流含量、平均功率（有功功率、无功功率、视在功率、功率因数）、有功冲击、无功冲击。

(4) 电压暂降事件一览表。报表内容包括：发生时间、发生频度、暂降深度、暂降持续时间等。

2. 测试评估的主要结论的内容

按变电所给出电能质量评估、经济运行评估、安全运行评估的结论，并给出相应的建议解决方案。

二、某供配电系统电能质量限值计算

(一) 电压偏差限值

(1) 35kV供电压偏差的绝对值之和不超过系统标称电压的10%。

(2) 10kV和6kV母线供电母线电压属于某供配电系统自己管理，为了减少无功损耗，电压偏差应控制在±3%以内。

(二) 三相电压不平衡度

电网正常运行时，负序电压不平衡度不超过2%，短时电压不平衡度不得超过4%。

(三) 电压变动和闪变

35kV、10kV和6kV供电母线的供电电压变动限值见表12-6-2。

表12-6-2 电压变动限值

r/(次/h)	d/%		r/(次/h)	d/%	
	LV、MV	HV		LV、MV	HV
$r \leqslant 1$	4	3	$10 < r \leqslant 100$	2	1.5
$1 < r \leqslant 10$	3	2.5	$100 < r \leqslant 1000$	1.25	1

注 1. 很少的变动频度（每日少于1次），电压变动限值d还可以放宽，但不在此处规定。
2. 参照《标准电压》(GB/T 156—2017)，标称电压U_N等级按以下划分：
低压（LV） $U_N \leqslant 1kV$
中压（MV） $1kV < U_N \leqslant 35kV$
高压（HV） $35kV < U_N \leqslant 220kV$
对于220kV以上超高压（EHV）系统的电压波动限值可参照高压（HV）系统执行。

35kV、10kV和6kV供电母线的供电电压闪变限值见表12-6-3。

表12-6-3 电压闪变限值

≤100kV	>110kV
1	0.8

（四）谐波电压限值

（1）35kV谐波电压总畸变率限值为3.0%，各次谐波中奇次谐波电压含有率不超过2.4%，偶次谐波电压含有率不超过1.2%。

（2）10kV和6kV谐波电压限值取表12-6-4规定的值。

表12-6-4　MV、HV和EHV谐波电压规划水平的指标值（标称电压的百分数）

非3倍次数奇次谐波			3倍次数奇次谐波			偶次谐波		
谐波次数	谐波电压/%		谐波次数	谐波电压/%		谐波次数	谐波电压/%	
	MV	HV-EHV		MV	NV-EHV		MV	NV-EHV
5	5	2	3	4	2	2	1.6	1.5
7	4	2	9	1.2	1	4	1	1
11	3	1.5	15	0.3	0.3	6	0.5	0.5
13	2.5	1.5	21	0.2	0.2	8	0.4	0.4
17	1.6	1	>21	0.2	0.2	10	0.4	0.4
19	1.2	1				12	0.2	0.2
23	1.2	0.7				>12	0.2	0.2
25	1.2	0.7						
>25	0.2+0.5×(25/h)	0.2+0.5×(25/h)						

注　总畸变率（*THD*u）：MV网络为6.5%，HV网络为3%；110kV按照HV计算，35及以下按照MV计算。35kV、10kV和6kV属于中压系统。

（五）谐波电流限值

考核点在35kV进线上，由于35kV母线最小短路容量及供电公司供电设备容量均无法查到，根据实测数据计算实际运行短路容量。

无功最小时（包括负值）Q_1对应的电压U_1，无功最大时Q_2对应的电压U_2，则母线实际短路容量为

$$S_{\text{kmin}}=\frac{Q_2-Q_1}{\dfrac{U_1-U_2}{U_1}} \tag{12-6-5}$$

计算各个变电站运行短路容量，根据用电协议容量，计算出2～25次谐波电流限值，见下表12-6-5和表12-6-6。

表12-6-5　某变35kV进线2～25次谐波电流限值

h	2	3	4	5	6	7	8	9	10	11	12	13
I_h限值/A	5.91	3.24	3.03	3.48	2.01	2.84	1.50	1.61	1.22	2.10	1.02	1.81
h	14	15	16	17	18	19	20	21	22	23	24	25
I_h限值/A	0.87	0.98	0.74	1.42	0.67	1.26	0.59	0.71	0.55	1.06	0.51	0.98

表 12-6-6　　某变 6kV 母线进线 2～25 次谐波电流限值

h	2	3	4	5	6	7	8	9	10	11	12	13
I_h 限值/A	36.51	28.87	17.83	28.87	11.89	20.37	9.34	9.34	7.22	13.59	6.03	11.04
h	14	15	16	17	18	19	20	21	22	23	24	25
I_h 取值/A	5.18	5.77	4.50	8.49	3.99	7.64	3.65	4.16	3.31	6.28	3.06	5.77

三、基波功率潮流分析

（一）设备的功率状态评价

对相关变电站中各供电线路基波有功功率、无功功率功率因数、有功冲击、无功冲击及各供电变压器负载率进行监测，得到测试数据。表 12-6-7 给出了主要设备功率状态。

表 12-6-7　　各主要设备功率状态

分公司	变电站	供电线路	P/MW	Q/Mvar	S/MVA	$\cos\varphi$
区域 1	5 号变	6kV 2 号斗轮机	0.03	0.05	0.06	0.55
区域 2	1 号变	0.4kV 16T 门机	0.02	0.02	0.03	0.76
	2 号变	0.4kV 25T 门机	0.04	0.06	0.07	0.52
		0.4kV 10T 门机	0.27	0.38	0.46	0.57
	59 号泊位	6kV 25T 门机	0.08	−0.05	0.09	0.83
		6kV 40T 门机	0.1	−0.08	0.13	0.78
区域 3	1 号变	6kV 皮带机（G5）	0.41	0.36	0.55	0.75
		6kV 斗轮机（G30）	0.16	0.14	0.21	0.76
	2 号变	6kV 1 号装船机（G6）	0.13	0.13	0.18	0.73
		6kV 9A2 皮带机（G10）	0.09	0.07	0.11	0.8
	3 号变	0.4kV 卸车机（变频）	5.61	0.04	0.61	1
		0.4kV 皮带机	0.05	0.04	0.07	0.75
	4 号变	6kV 5 号斗轮机（G5）	0.13	0.13	0.19	0.7
		6kV 1 号皮带机	0.04	0.02	0.045	0.89
		0.46kV 10 号皮带机（变频）	0.04	0.02	0.045	0.89
	5 号变	6kV 40T 门机（1G5）（变频）	0.09	0.01	0.09	0.99
区域 4	501 号变	6kV 斗提机（H12）进线	0.4	0.28	0.49	0.82
		6kV 1 号两用机（H15）	0.13	0.09	0.16	0.81
		6kV 16T 门机（变频）	0.05	0.02	0.05	0.95
		0.4kV 12T 门机（变频）	0.04	0.01	0.04	0.95
	筒仓变	0.4kV 埋刮板机	0.01	0.01	0.01	0.67
区域 5	1 号变	6kV 2 号装卸桥（G14）	0.04	0.04	0.06	0.65
		6kV 8 号装卸桥（G04）（变频）	0.06	0.03	0.11	0.9
		6kV 9 号装卸桥（G05）（变频）	0.07	0.02	0.12	0.95
		6kV 龙门吊	0.03	0.01	0.04	0.94
	4 号变	10kV 10 号装卸桥（G7）	0.07	0.07	0.14	0.72

续表

分公司	变电站	供电线路	P/MW	Q/Mvar	S/MVA	$\cos\varphi$
区域 6	1 号变	6kV 3 号装卸桥（变频）	0.33	0.07	0.43	0.98
		6kV 带式传送机（G16）	1.28	1.64	2.08	0.62
	2 号变	6kV 带式传送机（2G5）	0.19	0.14	0.23	0.81
	3 号变	6kV 2 号斗轮机（3G1）	0.06	0.06	0.08	0.67
		6kV 装车机（3G10）	0.05	0.05	0.07	0.68
		6kV BC9 皮带机（3G10）	0.2	0.17	0.26	0.76
	502 号变	0.4kV 5MD6 门机（变频）	0.06	0.05	0.07	0.95
		0.4kV 5MD7 门机（变频）	0.08	0.02	0.09	0.97

从表 12-6-7 可以看出：相当数量的终端负载设备的功率因数较低（低于 0.90），可以采用就地补偿的方式提高功率因数，达到节电的效果。所谓就地补偿方式就是针对容量较大、经常运转的用电设备，采用低压电容器对单台设备进行补偿的方式，电容器安装于电动机旁，并同电动机共用一个开关，这种方式可减少线路损耗，但在有些场合下安装维护较困难，因此需要对每个主要设备进行调研，确认安装维护的可行性，同时由于需要就地补偿设备的数量较多，设备总投入相对较大，因此节电效果的经济性也需要可行性研究。

（二）无功补偿装置的直接经济效益分析方法

设线损 $P_1=I^2R=(I_p^2+I_q^2)R$，补偿前功率因数 λ_1，补偿后功率因数 λ_2，则有

$$\lambda_1=\frac{I_p}{I}$$

$$I_q=\sqrt{\left(\frac{I_p}{\lambda_1}\right)^2-I_p^2}=I_p\sqrt{\frac{1}{\lambda_1^2}-1}=\frac{I_p}{\lambda_1}\sqrt{1-\lambda_1^2} \tag{12-6-6}$$

补偿前

$$P_{l1}=I_p^2\left[1+\frac{1}{\lambda_1^2}-1\right]=\frac{I_p^2}{\lambda_1^2} \tag{12-6-7}$$

补偿后

$$P_{l2}=\frac{I_p^2}{\lambda_2^2} \tag{12-6-8}$$

则线损减小率

$$\eta_{pl}=\frac{P_{l1}-P_{l2}}{P_{l1}}\times100\%=\left[1-\left(\frac{\lambda_1}{\lambda_2}\right)^2\right]\times100\% \tag{12-6-9}$$

线损约占总电量的比例 η_w 为 5%～15%。

设电量为 W，则总减小量约为

$$P_2=W\eta_w\eta_{pl}$$

各分公司部分主要设备的无功补偿经济效益评估见表 12-6-8。

针对主要设备的电机进行变频改造的节电效果将高于就地无功补偿。此技术改造投入较大，需要作安装维护及经济性的可行性研究。

表 12-6-8 **各分公司部分主要设备的无功补偿经济效益评估**

分公司	变电站	供电线路	平均有功功率/MW	基波功率因数（测试平均值）	补偿后基波功率因数	功约电能/[(kW·h)/年]	折合成标准煤/(t/年)
区域 1	5 号变	6kV 2 号斗轮机	0.03	0.55	0.90	7519	3.04
区域 2	1 号变	0.4kV 16T 门机	0.02	0.76	0.90	2295	0.93
	2 号变	0.4kV 25T 门机	0.04	0.52	0.90	10659	4.31
		0.4kV 10T 门机	0.07	0.57	0.90	16769	6.79
	59 号泊位	6kV 25T 门机	0.08	0.83	0.90	4784	1.93
		6kV 40T 门机	0.1	0.78	0.90	9956	4.02
区域 3	1 号变	6kV 皮带机（G5）	0.09	0.75	0.90	11000	4.44
		6kV 斗轮机（G30）	0.16	0.76	0.90	18362	7.42
	2 号变	6kV 1 号装船机（G6）	0.13	0.73	0.90	17789	7.19
		6kV 9A2 皮带机（G10）	0.09	0.8	0.90	7556	3.05
	3 号变	0.4kV 卸车机（变频）	0.07	1	—	—	—
		0.4kV 皮带机	0.05	0.75	0.90	6111	2.47
	4 号变	6kV 5 号斗轮机（G5）	0.13	0.7	0.90	20543	8.30
		6kV 1 号皮带机	0.08	0.5	0.90	22123	8.94
		0.4kV 10 号皮带机（变频）	0.04	0.89	—	—	—
	5 号变	6kV 40T 门机（1G5）（变频）	0.09	0.99	—	—	—
区域 4	501 号变	6kV 斗提机（H12）进线	0.4	0.82	0.90	27180	10.98
		6kV 1 号两用机（H15）	0.13	0.81	0.90	9880	3.99
		6kV 16T 门机（变频）	0.05	0.95	—	—	—
		0.4kV 12T 门机（变频）	0.04	0.95	—	—	—
	筒仓变	0.4kV 埋刮板机	0.01	0.67	0.90	1783	0.72
区域 5	1 号变	6kV 2 号装卸桥（G14）	0.04	0.65	0.90	7654	3.09
		6kV 8 号装卸桥（G04）（变频）	0.06	0.9	—	—	—
		6kV 9 号装卸桥（G05）（变频）	0.07	0.95	—	—	—
		6kV 龙门吊（变频）	0.14	0.93	—	—	—
	4 号变	10kV 10 号装卸桥（G7）	0.07	0.72	0.90	10080	4.07
区域 6	1 号变	6kV 3 号装卸桥（变频）	0.33	0.98	—	—	—
		6kV 带式传送机（G16）	0.09	0.62	0.90	18916	7.64
	2 号变	6kV 带式传送机（2G5）	0.19	0.81	0.90	14440	5.83
	3 号变	6kV 2 号斗轮机（3G1）	0.06	0.67	0.90	10699	4.32
		6kV 装车机（3G10）	0.05	0.68	0.90	8583	3.47
		6kV BC9 皮带机（3G8）	0.2	0.76	0.90	22953	9.27
	502 号变	0.4kV 5MD6 门机（变频）	0.06	0.95	—	—	—
		0.4kV 5MD7 门机（变频）	0.08	0.97	—	—	—

注 单台设备按照年运行 4000h 计算，η_w 取 10%，每度电折合标准煤 400g。

四、基波电压分析

(一) 基波电压状态图

根据测试数据，给出各供母线电压的电压偏差、电压变动与闪变、三相电压不平衡度、最大电压下降。

(二) 基波电压评价

1. 电压偏差

平均电压普遍偏高，港口变电所 10kV 母线最大正偏差为 6.93%，平均电压偏差为 5.93%，庙岭变电所 6kV 母线最大正偏差为 5.76%，平均电压偏差为 3.89%，各段母线电压高于等于标称电压的 3%。若将配电电压偏差降到±3%以内，则可减小无功损耗约 7%，港口变电所实测负载率约为 1800kVA，功率因数为 0.98，则港口变电所可减少配电系统无功 $1800\times\sqrt{1-0.98^2}\times0.07=25$kvar，设无功当量为 5%，则可减少无功损耗 1.25kW，按全年 7000h 运行情况计算，可节电 8750kW·h 左右；庙岭变电所实测负载率约为 5900kVA，功率因数为 0.98，则庙岭变电所可减少配电系统无功 $5900\times\sqrt{1-0.98^2}\times0.07=82$kvar，设无功当量为 5%，则可减少无功损耗 4.1kW，按全年 7000h 运行情况计算，可节电 28680kW·h 左右。由以上计算可以看出，港区各变电站负载率较低，分别为 1800kvar 和 5900kvar，负载功率因数较高，均高达 0.98，系统经济运行比较合理，所以降低电压运行的效果不是非常明显。

2. 电压变动与闪变

庙岭变 6kV 电压变动超过国标限值，最大电压下降达 6.36%。

庙岭变 6kV 无功冲击为 4Mvar，无功冲击主要是港口冲击性负载（608、625、627 线路）生产工艺决定的，但是在此无功冲击情况下最大电压下降达 6.36%，说明 6kV 母线短路容量较小。由于测试期间港区生产不饱满，如果上述冲击性负载同时生产的话无功冲击更大，电压变动值将大大超过国标限值，建议在 6kV 母线同时考虑 5 次、7 次谐波电压和谐波电流较大的情况设置动态无功补偿兼滤波装置解决上述问题。

港口变 10kV 电压变动在国标限值以内，最大电压下降为 1.731%。

3. 三相电压不平衡度

庙岭变 35kV 进线及 6kV 母线三相电压不平衡度均较高，分别达到 1.27%和 1.58%，接近国标限制（2%），三相电压不平衡度引起负序电流引起电机温升异常，绝缘老化加速，降低电机使用寿命，因对于引起三相电压不平衡度的原因进行进一步分析研究，彻底解决此问题，为公司创造间接经济效益。

五、谐波电压分析

(一) 谐波电压状态图

根据测试数据，得出各供母线电压的总谐波畸变率、主导谐波电压含有率。

(二) 谐波电压评价

1. 电压总谐波畸变率

港口变 35kV 母线电压及 10kV 母线电压总谐波畸变率均在国标限值以内；庙岭变

35kV 母线电压及 6AV 母线电压总谐波畸变率均在国标限值以内。

2. 主导谐波电压

港口变 3kV 母线电压 $THD_U=0.82\%$，$HRU_5=0.59\%$：港口变 10kV 母线电压 $THD_U=1.37\%$，$HRU_{11}=0.97\%$，港口变母线供电质量良好。

庙岭变 35kV 母线电压 $THD_U=2.67\%$，$HRU_3=2.36\%$：庙岭变 6kV 母线电压 $THD_U=2.1\%$，$HRU_5=1.74\%$，庙岭变 5 次谐波电压偏高，未超过国标限值。

庙岭变 35kV 母线电压主导 3 次谐波电压为背景谐波，3 次谐波电压偏高，接近国标限值（2.4%），虽未影响到港区的内部，但建议进一步确认后要求供电公司采取技术手段提高供电质量。

六、谐波潮流分析

（一）谐波潮流图

根据测试数据，给出各供电线路的谐波电流、谐波电压、谐波功率及谐波功率流向。

（二）波潮流评价

1. 谐波源

港口变负载产生 11 次谐波电流，庙岭变负载（623、627、628、618、620 线路）产生 5 次和 7 次谐波电流。

2. 谐波传递

（1）由于港口变 11 次（4.25A）谐波电流含量较小，不予以分析。

（2）数据分析表明，庙岭变 6kV 负载产生的 5 次（29.75A）和 7 次（19.98A）谐波电流较大，通过主变注入 35kV 系统。

（三）谐波危害

庙岭变 6kV 负载（623、627、628、618、620 线路）产生的 5 次和 7 次谐波电流较大，致使 6kV 母线 5 次和 7 次谐波电压含有率偏高：一方面高次谐波引发的谐波故障严重影响配电系统的安全运行；另一方面谐波损耗影响经济运行。

（四）公共连接点谐波考核

港口变和庙岭变注入 35kV 公共连接点的各次主导谐波电流均在国标限值（根据实测系统运行短路容量计算得到）之内，符合要求。

（五）谐波治理

根据庙岭变 6kV 系统谐波阻抗和谐波电流分布设计 5 次、7 次滤波支路，并通过仿真优化滤波器参数，滤除庙岭变 6kV 系统产生的 5 次、7 次谐波电流，降低 6kV 母线 5 次谐波电压畸变率。

七、典型的波形和频谱分析

35kV 母线电压及 311 进线电流典型波形频谱如图 12－6－1 所示。

八、总结

举例的供配电系统在安全可靠、优质经济运行的要求下，存在的主要电能质量问题

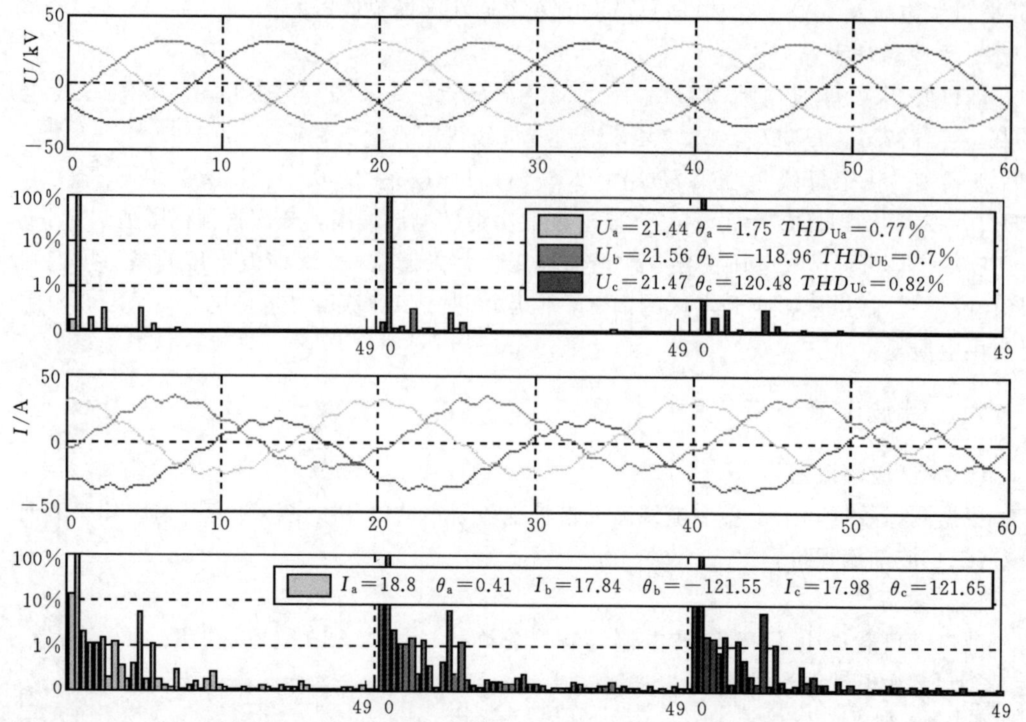

图 12-6-1　35kV 母线电压及 311 进线电流典型波形频谱图

如下：

(1) 电压偏高，影响系统的经济运行。

(2) 电压变动超过国际限值。

(3) 5 次谐波电压偏高。

(4) 三相不平衡度偏高。

(5) 主要设备功率因数偏低，线路损耗严重。

第十三章　交直流配电系统试验平台

第一节　电力系统模型仿真

电力系统的研究方法和其他科技领域一样，可以概括为理论分析和科学实践两种途径，理论分析无疑是极端重要的，它能够阐明电力系统的基本规律，并探索新原理和新方法。但是由于电力系统及其暂态过程的复杂性，仅靠理论分析往往难以得到全面的知识，因此，必须与科学试验相结合。同时有些新的原理和规律，也往往是在科学试验的启发下总结出来的。

电力系统的模型试验方法有数字仿真和物理模拟两种。其中：将采用数学方法进行试验研究的方式习惯称为数字仿真；将采用物理方法进行试验研究的方式习惯称为物理模拟。

1. 数字仿真

数字仿真是建立在数学方程式基础上的一种对原型系统进行仿真研究的方法。对于各种物理现象，在一定的假设条件下写出其运动过程的数学方程式，借助专门的数学求解工具进行求解，以得出所需要的结果。

目前电力系统的主要功能已经能够用实时数字仿真实现，但是对于一些新的领域和现象的研究（如新能源和非线性材料等），人们不能把研究系统的全部环节完全用数学方程精确描述。

数字仿真在暂态故障还原、故障指示器试验、弧光接地模拟、系统级测试方面存在很大不足。

2. 物理模拟

物理模拟是在根据相似原理建立起来的电力系统物理模型上进行模拟研究的方法，该模型是基于相似原理把实际电力系统按一定的模拟比例关系缩小、并保留其物理特性的电力系统复制品。它的主要特点是能够直接观察到各种现象的物理过程，便于获得明确的物理概念，特别是对于某些新的问题和物理现象，由于认识上的限制，不能或不完全能用数学方程式表示时，利用物理模拟可以探索到现象的本质及其变化的基本规律，物理模拟的试验结果还可以用来校验电力系统的理论和计算公式以及已建立数学方程式、各种假设的合理性，并为理论的简化指出方向，进而使理论得到进一步完善和发展。

动态模拟的另一个显著特点是可以将新型的继电保护和自动控制装置，直接接入动态模拟系统中，进行各种工况运行和短路故障试验，考核装置的各种性能。

作为电力系统模拟研究领域成熟和重要的技术手段，物理模拟实验实证性强、技术成熟、仿真结果准确可靠。在系统运行特性研究、事故分析等研究方面起着重要作用。物理模拟对分析研究新能源系统具有非常重要的意义，并具有以下应用特点：

（1）物理模拟可有效地研究内在过程不清楚、难以或不能用数学方法描述的现象，直接、可靠地检验理论分析和计算结果。因此，能很好地解决新能源电力系统随机性强、潮流多变、难以建立准确的数学模型进行模拟的问题。

（2）物理模拟可通过模型直接观察物理过程，物理概念明确，可方便地对电力系统的特性和过程进行定性和定量研究。针对新能源并网瞬间时间短、内在相互作用复杂，物理模拟能够更加真实地展现系统原貌、反映系统的暂态特性。

（3）物理模拟可直接研究、测试和检验新的各种自动调节和自动控制装置。系统结构灵活，具有更强的适应性。同时，与在实际系统中实验相比，减少了实验资金、设备的投入。

动态模拟的缺点是待研究系统的规模不能过大，而且模拟装置的参数调整范围有一定的限制，试验前模拟参数的配置和改变运行方式的调整比较复杂。

3．数字仿真与物理模拟之间的关系

数字仿真与物理模拟之间的关系见表 13－1－1。

表 13－1－1　　数字仿真与物理模拟对比表

项　目	物理模拟	数字仿真
模型与理论的关系	以实验为基础，检验和推动理论研究	以理论为指导，结果依靠理论
实验研究的前提条件	只需物理过程的物理量，不需数学模型	必须确定物理过程的数学模型
模型物理量	与原型系统相同，不改变性质	可以与原型系统不同
物理过程	直观、真实	不直观
建模的工作	物理模型建立、参数的调整	数学模型建立、仿真算法的设计
与实际装置相联	直接接入	不能或者通过功率放大器相联
模型通用性	较差、参数修改较难	较强、参数修改容易
模型的规模	规模不能过大	规模可以很大
模型的投资	投资较多	投资可大可小
模型的使用	操作复杂、不安全	操作简单、安全

物理模拟和数字仿真各有其特点和适用范围，即使不断推陈出新的数字式电子计算机也难尽善尽美。因此，取长补短、相互配合是较好的解决方案。利用物理模拟和数字仿真相互结合的接口，将 RTDS 实时数字仿真和新能源与微电网物理模拟的各自优势结合起来，进行数字模拟混合仿真，可为新能源与微电网发展研究做贡献。

第二节　物理模拟条件

一、模拟系统的构成原理和用途

电力系统动态模型是在满足相似理论的三个相似判据和三个附加条件的情况下建立的。把三个相似判据和三个附加条件应用于电力系统，可以概括为原型（实际电力系统）各元件及其连接情况均用特殊设计制造的相应缩小了容量的物理模型元件和相同的连接方式来模拟，只要原型及模型系统各对应元件用标幺值描述的稳态和动态方程完全相同，且每个元件相应的非线性特性（如发电机、变压器等的标幺值空载特性）也完全相同，则模

型电力系统与原型电力系统就是相似的，模型系统的正常或动态情况下呈现的稳态或动态特性，便可以反映原型系统的特性。

由于模型系统的规模不可能很大，因此在对电力系统进行物理模拟研究时，需要按模型系统的规模对原型系统进行简化，这也是电力系统动态模拟的局限性。然而，电力系统动态模拟可以利用它对实际电力系统中使用的二次设备，特别是待投产的电力系统自动装置和继电保护等新设备，进行考核其性能的试验研究，这对电力系统的理论研究和保证电力系统正常运行以及开发新产品都起着很大的作用。

二、模型系统建立的条件

(一) 原型系统资料的收集和整理

原型系统资料的收集与所要研究的问题有关。其中，发电机及其励磁系统、原动机及其调速系统、输电线路、各类负荷的静态及动态特性等参数总是必不可少的，在此基础上就根据模型系统的规模，将原型系统等值简化成模拟试验用的系统及其参数（包括元件参数、连接方式以及运行状态、基准功率等）。等值简化的方法视研究问题的要求而定。

(二) 模拟比的选择和调整

在建设电力系统的动态模拟试验室时，模拟比的选择是一个要兼顾到技术和经济的重要问题，模拟比选择过小，将会增大模型系统的设备容量和占地面积，以及设计和施工难度，从而大大增加试验室建设投资；相反，若模拟比选择过大，虽然可以因设备容量及占地面积减小而节约投资，但由于测量系统的功率消耗和附加损耗占模型系统容量的份额增大，将会影响实验结果的精确度，或者说会破坏相似条件，所以模拟比的选择是电力系统的动态模拟试验室首先要确定的重要参数。

1. 各种模拟比及其相互间的关系

电力系统动态模拟，主要是为了研究电力系统中的电流、电压、功率、转矩、转速等物理量所描述的机电暂态过程，所以，在建立模型系统时，主要要求电路所反映的电流、电压、功率以及转矩、转速的特性满足相似条件，而场（电场、磁场）、发热、机械应力等则不予模拟。

从上述前提出发，在电力系统物理模拟中，主要涉及的模拟比为

$$\left.\begin{aligned}
&\text{功率模拟比(功率比)}m_{\mathrm{p}}=\frac{S_{\mathrm{s}}}{S_{\mathrm{m}}}\\
&\text{电压模拟比(电压比)}m_{\mathrm{U}}=\frac{U_{\mathrm{s}}}{U_{\mathrm{m}}}\\
&\text{电流模拟比(电流比)}m_{\mathrm{I}}=\frac{I_{\mathrm{s}}}{I_{\mathrm{m}}}\\
&\text{阻抗模拟比(阻抗比)}m_{\mathrm{z}}=\frac{Z_{\mathrm{s}}}{Z_{\mathrm{m}}}\\
&\text{时间模拟比(时间比)}m_{\mathrm{t}}=\frac{t_{\mathrm{s}}}{t_{\mathrm{m}}}
\end{aligned}\right\}\tag{13-2-1}$$

式（13－2－1）中各量的下标 s（source）表示原型系系统物理量；m（model）表示

模型系统的物理量。为使模型系统中的现象更直观，通常时间模拟比取 1，这样两系统的频率相同，电角速度相同，转速模拟比也等于 1，转矩模拟比与功率模拟比相同。

由于原型和模型电力系统都要符合电路定律，因此，有

$$\left.\begin{aligned} m_p &= m_U m_I \\ m_I &= \frac{m_U}{m_z} \\ m_p &= \frac{m_U^2}{m_Z} \\ m_z &= \frac{m_U}{m_I} \end{aligned}\right\} \tag{13-2-2}$$

由此可见，四个模拟比中，只能有两个可以独立选择，选定两个以后，另外两个要由式（13－2－2）中的关系求出。实际应用中，通常是先确定功率模拟比 m_p 和电压模拟比 m_U。

2. 模型中的模拟比选择

模拟比必须兼顾技术和经济两个方面综合地考虑。

从相似第二定律的表述可以看出，物理系统可用无量纲的方程来描述。综合个相似判据及三个附加条件。

对于电力系统来说，相似条件可以综合成：原型系统和模型系统用各自的基准值为基准的标幺值，描述系统特性的方程式完全相同（从形式及数值）。因此，模拟比实质上就是原型系统和模拟系统的基准值之比。通常，大多数都是以设备的额定值为基准值。至此，可以更进一步地明确，模拟比的选择，也可以就是选择原型系统与模型系统额定值之比，更确切地说，就是选择模型系统设备的额定容量。

第三节　配电系统动态模型

一、模型文件设计

电力系统动态模拟实验室是根据相似原理建立起来的物理模型，配电系统动态模拟试验平台是在传统电力系统动态模型基础上，凭借模拟无穷大电源、输电线路、变压器、断路器、各种负荷、各种互感器、小电源机组、各类电气回路结构，以及硬（软）件匹配而构建的模拟试验系统。配电系统有其特殊性，包含配电网中性点接地方式、配电线路模型、小电源机组模型等。

1. 中性点接地方式

模型配电系统应能模拟原型系统各种各样的接地方式，并且包含采用接地变等如下方式：

（1）模拟中性点直接接地系统。

（2）模拟中性点不接地的系统。

（3）模拟中性点通过电阻或者消弧线圈等阻抗接地，以限制接地故障电流的阻抗接地

方式，要求电阻值或者消弧线圈补偿度可根据动模试验需要进行灵活调整。

2. 架空和电缆线路

模拟架空或者电缆线路均由等效链形电路组成，可采用“Ⅱ”型或“Γ”型电路，其电路参数特性应与相同配电网电压等级的原型线路相符。

模型线路参数设计是针对原型系统，根据阻抗模拟比进行计算，要求所有模型线路元件在通过额定或者故障工频电流时，其电压与所通过的电流值成正比（阻抗值恒定），因此模拟线路电抗器均采用空心线圈绕制方式。

3. 小电源机组

随着新能源的高速发展，光电、风电、小水电等可再生能源均接入配电网系统，容易改变配电网的结构和电流的分布，改变配电网的故障特性。

模拟小水电机组，其频率范围应能在 48～52Hz 可调整。模拟小电源机组的容量可根据实际情况按照模拟比选择，一般 10kV 电压等级在 0.4～6MW 范围，35kV 电压等级在 6～20MW 范围。在配电系统的动态模型中，要根据整个配电模型的功率模拟比，配置小容量的光伏、风电或者水电机组。

4. 配电变压器

原型配电变压器以双绕组变压器为主，10kV 配电变压器的短路阻抗为 4%～6%，35kV 配电变压器的短路阻抗为 6.5%～8%，也有一些特殊变压器的短路阻抗特别大，因此模拟配电变压器短路阻抗要求能在 4%～20%范围内可调整，模拟变压器最大分接头为 ±10%U_N，建模时要求模拟变压器短路阻抗的标幺值与原型变压器相等。

为了继电保护试验方便，模拟变压器高压侧和低压侧绕组应有匝间短路设置，匝间短路匝数与总匝数之比应在 1%～10%间可选择。并且模拟变压器在空投时其励磁涌流应足够大，三相中最大涌流峰值应不小于 4 倍额定电流峰值。

二、特殊设备研制

针对故障指示器产品试验检测而研制了特殊的升流器、升压器；为开展小电流接地选线装置试验而研制了特殊的零序电流互感器；为了满足短路试验而研制了短路时刻合闸角程序控制器。

1. 升流器和升压器

故障指示器动模试验时需要模型系统提供与原型系统一样的稳态 300～600A 大电流、10kV 高电压，动模试验一般是检测自动化装置、继电保护装置等二次设备，而故障指示器相当于是一次设备，因此在动模实验室对故障指示器进行试验时，要采用特殊研制的升流器和升压器，升流器、升压器试验接线如图 13-3-1 所示。图中，TA 为电流互感器，TV 为电压互感器，FU 为熔断器。

升流器是将模型线路电流值升到与实际系统中的原型线路电流值相等，确保故障指示器通过升流器所测到的负荷和故障电流与原型实际系统中所测到的负荷和故障电流的大小相等、相位相同，暂态特性一致。国内动模实验室模型的一次额定电流值一般是 10～20A，而故障指示器像钳形表一样是通过磁钳卡在导线上来感应导线电流，因此将线径一致的导线环绕 30 匝，钳在上面的故障指示器感应的导线电流就是额定电流 10～20A 的 30

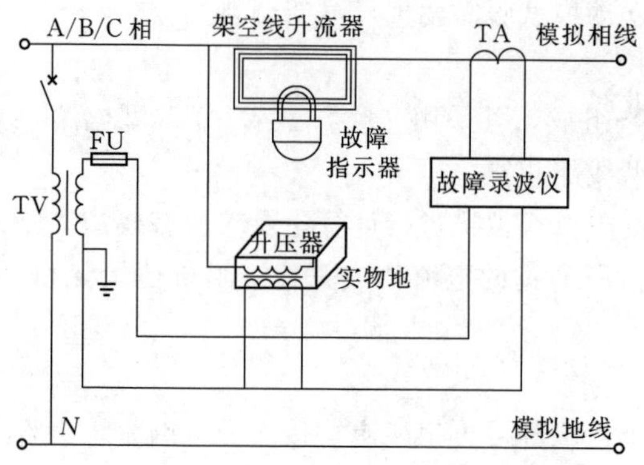

图 13-3-1 升流器、升压器试验接线图

倍，即300～600A电流值。图13-3-1中的故障指示器是钳在30匝的架空线路升流器上，如果需要不同的额定值，可以采用不同匝数的升流器，安装时注意电流的方向。

升压器是将模型线路的相对地电压值，升到原型实际系统中各相线路对地电压值，确保故障指示器对升压器极板所感应的静态和动态电压与在原型实际系统中所感应的静态和动态电压特性一致。国内动模实验室模型的一次额定线电压值一般是800～1200V，即额定相电压是462～693V（对应的变压器为462～693V/57.7V），而故障指示器检测的是所挂导线对大地之间电压的感应电压，针对10kV架空线路，每相故障指示器所感应的额定电压是5.77kV，因此采用容量10VA、变比为57.7V/5770V的升压器，图13-3-1所示的升压器原方绕组接电压互感器的副方，升压器副方绕组一端连接模型的一次导线、另一端接升压器顶部的金属极板（实物地），故障指示器下端对着升压器的金属极板，额定时感应到5.77kV电压，如果模拟不同电压等级的线路，可以采用不同变比的升压器，同时也要注意同各端的极性。

2. 零序电流互感器

模型电流与原型电流是按照电流模拟比来设计的，当原型配电系统运行在中性点不接地或者经消弧线圈接地方式下，单相接地故障时所产生的零序电流很小，如果采用传统穿心式零序电流互感器在动模实验室进行测量，故障电流仅仅只有几毫安或者更小，即使是采用最小变比的零序电流互感器，也无法启动继电保护装置和故障录波装置，不能开展配电系统动态模拟试验研究，因此要特殊研制一种如图13-3-2所示的零序电流互感器。

磁平衡法绕线式零序电流互感器，是将三相线路和副方绕组绕在同一个环形铁芯上，原方绕组为三个相线路并绕，副方绕组为零序电流互感器的二次输出，可以接保护装置和故障录波仪，可以根据要求调整原副方匝数比，使单相接地故障时所产生的零序电流在0.1～10A范围，从而通过磁平衡原理提高零序电流互感器的二次电流值、负载能力和测量精度，满足了继电保护装置和故障录波装置测量要求，是开展配电网故障试验研究的一个重要检测方法。

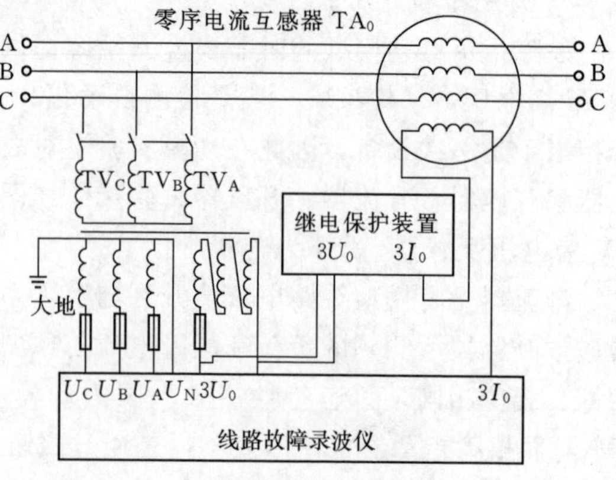

图 13-3-2 零序电流互感器试验接线图

3. 合闸角程序控制器

为了满足动模试验中短路时刻精确控制、变压器励磁涌流控制和故障转换控制

等，研制了具有多路参考电压的短路合闸时间控制和开关逻辑控制的合闸角程序控制器。

合闸角程序控制器有 12 路输出脉冲信号，每路输出信号的脉宽在 10～5000ms 间可调，精度能够达到 0.1ms，能够自动判断波形情况，输出脉冲可实现编程控制，该可调的脉冲信号再去控制合闸继电器完成断路器合闸控制，实现合闸时刻的精确控制。考虑了现场外部断路器的固有动作延时，可以通过设置“导前角”参数进行补偿。

三、接地选线试验模型

我国 3～66kV 配电网的中性点一般采用不接地、经消弧线圈或者电阻接地方式，据国家电网公司 2016 年统计，国网公司配电网中性点接地方式是：不接地方式占 68.5%、经消弧线圈接地方式占 28.2%、经低电阻接地方式占 3.3%。实际系统发生单相接地故障占小电流接地系统故障的 80%以上，因稳态故障电流幅值小，故障选线装置不易判别，小电流接地系统单相接地故障选线装置的选线准确率不到 50%，故障线路可靠识别一直没有得到圆满解决，因此动模实验研究显得尤其重要。

1. 试验模型

接地选线试验模型要模拟中性点不接地系统、经消弧线圈或电阻接地系统，模型线路型式要求模拟架空线路、电缆线路或架空电缆混合线路。接地选线试验要求小电流接地系统单相接地故障选线装置在各种运行工况下系统发生单相接地故障时，能够识别故障线路并不受线路型式的影响。

典型模型系统采用图 13-3-3 的接线方式，其中 L1～L7、L9 为架空线路，L8 和 L10 为电缆线路。L1 为 50km 线路，L2 和 L3 为 20km 线路，L4、L5、L8 及 L10 为 10km 线路，L7 和 L9 为 5km 线路，L6 为 2km 线路。模拟单相接地时，过渡电阻值应在 0～20kΩ 范围。

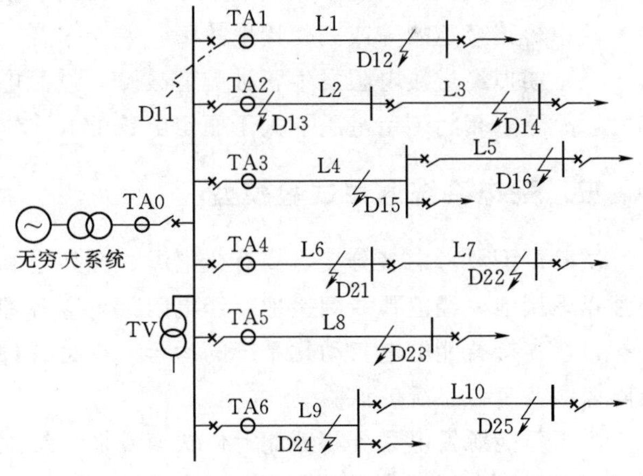

图 13-3-3　小电流接地故障选线试验模型

2. 试验内容

针对不接地系统、经电阻接地系统，在 90%～95% 补偿度及 105%～110% 补偿度工况下的经消弧线圈接地系统进行试验如下：

(1) 在各个故障点分别模拟各种金属性单相接地故障，包含间歇性故障。

(2) 在各个故障点分别模拟各种经过渡电阻单相接地故障或弧光接地故障。

(3) 某一个故障点发生单相接地故障经不同时间发展成另一个故障点同名相单相接地故障。

四、故障指示器试验模型

配电网线路分支多、运行工况复杂，发生短路故障时，故障位置难以确定。故障指示器根据故障点前后故障指示器所检测的故障信息来确定故障区段。因此，试验模型要考虑多分支，要有全电缆线路、全架空线路和电缆架空混合线路三种方案，并且要同时设置多个故障指示器，分别测试在不同点故障时装置的动作情况。

1. 试验模型

在各模拟电缆线路、模拟架空线路上为故障指示器加装升压器、升流器，通过改变变压器各种接地方式模拟配电网各种运行工况，通过匹配升流器、升压器参数，保证电缆线路、架空线路的模型参数和原型参数对应，为动态测试故障指示器提供试验平台，测试模型能够模拟 10kV 线路感应电场和不小于 610A 的线路电流，应能考核主干馈线、边界馈线下故障指示器产品性能。

动模试验应能模拟金属性故障、弧光接地故障、发展性故障、区内外经过渡电阻短路故障、线路突合负载涌流试验、非故障相重合闸涌流、负荷瞬时突变、人工投切大负荷、空载合闸励磁涌流、最小不动作电流试验的需要。

2. 试验内容

(1) 模拟线路正常运行时，投切大负荷，包含启动电动机负荷。

(2) 模拟线路空载和正常运行下，空投负荷变压器产生的励磁涌流试验。

(3) 在各个故障点分别模拟瞬时性或者永久性单相接地、两相短路接地、两相相间短路、三相短路以及三相短路接地金属性故障。

(4) 模拟在线路发生单相接地故障时，在同一故障点或者不同故障点经过不同时间发展为两相短路接地故障或三相接地故障。

(5) 模拟经过渡电阻发生各种类型故障，过渡电阻可以调整，相间故障经最大电阻短路时，故障点相间剩余电压不大于额定电压的5%。

五、配电系统通用试验模型

试验模型要考虑多分支，要有全电缆、全架空和电缆架空混合线路三种方案；要模拟中性点不接地、经消弧线圈接地、经电阻接地等各种接地方式；具有灵活故障点设置和丰富接口，支持智能配电自动化系统的运行，支持各种配电网的继电保护装置和各种配电网故障监测及定位系统的试验。

由于新能源发电系统和储能元件快速发展，给配电网结构带来了深刻变化，原来单电源的辐射型配电网变成了双电源或者多电源配电网，并且潮流的方向也可能随着风、光的变化而改变，容易导致继电保护出现拒动、误动、失灵等现象，给配电网继电保护技术带来了挑战，因此现代配电网试验模型一定要含新能源和储能系统，该模型可以开展因随机性波动性新能源的接入，将配电系统从单一电源结构变为复杂多电源结构，系统潮流的大小和方向发生巨大改变的配电网的规划、系统运行、故障分析等试验研究；还可以开展因不同类型和容量的分布式电源和储能系统在系统中的位置不同而引起的配电网双向潮流、电压不平衡、电能质量及继电保护等一系列问题的试验研究。

1. 模块化

对通用试验模型进行开放性、实时性、可持续发展性设计，模拟设备采用模块化结构，整个通用试验模型体现灵活性、便捷性和模块化的架构特点，各个模块之间可以任意组合，每个单元均有测控装置，模块组如下：

(1) 无穷大模块，无穷大电源、变压器和开关组。

(2) 电源模块，小电源机组（含新能源）、变压器和并网开关组。

(3) 储能模块，储能单元、变流器和开关组。

(4) 负荷模块，负荷开关、变压器和负荷组。

(5) 可开关模块，线路开关、电流电压互感器组。

(6) 线路模块，各种模拟线路元件组。

2. 通用性

参数标幺值一致且物理特性相同的模型系统具有直观性、灵活性和系统性等优点，该通用模型模拟了三个电压等级，即 110kV 高压配电网、10kV 中压配电网、0.4kV 低压配电网，三绕组联络变压器的三侧分别连接高、中、低压配电网。

在高压配电网中，模拟水力发电机通过 110kV 双回路 100km 线路，经联络变压器与无穷大系统相连，可以开展 GB/T 26864—2011《电力系统继电保护产品动模试验》标准中的线路保护、变压器保护、母线保护的全部试验内容。

在中压配电网中，无穷大系统经多段 10kV 线路与无穷大系统相连，通过调整的调压器或者移相器可以调整输电线路的无功功率或者有功功率，模拟线路类型可以通过线路模块更换成电缆线路或者架空线路，各段母线上有各种负荷、风电机组、光伏、功率型和能量型储能设备，11～17km 为模拟环网柜等。

模型的一次系统采用搭积木方式，二次系统采用组态方式，这样试验模型灵活多变，试验过程方便快捷，具有可持续发展性。通过各种开关的组合，可以模拟单电源的辐射型、双电源手拉手式、多电源井字形等典型拓扑结构的配电网进行模拟，也可以完成 T/CSEE 0027—2017《配电系统继电保护及自动化产品动模试验技术规范》要求的全部试验内容。

3. 多功能

可模拟配电系统中的各种故障特性，如各种短路故障、单相接地、弧光接地、配电变压器匝间故障等，并具有相应的一次、二次侧的输出接口，方便故障特征分析，检测配电网的各种继电保护和自动化设备。

(1) 针对配电线路短路故障和异常运行的线路保护装置测试，包括纵联保护、电流速断保护、距离保护、过电流保护等。

(2) 针对配电变压器短路故障和异常运行的变压器保护装置测试，包括纵联差动保护、电流速断保护、过流保护、阻抗保护等。

(3) 针对配电网在各种运行工况下系统发生单相接地故障时，小电流接地系统单相接地故障选线产品测试，在不同的接地方式下，能够识别故障线路且不受线路型式的影响。

(4) 针对配电线路各种类型的短路故障，对馈线自动化系统进行检测，在不同的接线方式下，能及时诊断出故障区间并将故障区间隔离，恢复对非故障区间的供电。

第四节　交直流配电系统动态模拟试验平台建设

一、动态模拟试验平台建设目标

根据“微电网动态模拟系统目标和内容”，紧密联系电网的实际，并结合实验室面积的实际情况，依据GB/T 26864—2011《电力系统继电保护产品动模试验》、DL/T 723—2000《电力系统安全稳定控制技术导则》等各种国家标准和电力行业标准的要求，进行系统总体规划设计、实验室一次系统构成、实验系统的模拟比选择、一次系统主设备参数、二次控制测量系统及监控系统的设计、实验室整体布局等方面进行研究。

交直流微电网动态模拟实验室的建设以实用性为原则，严格按照电力行业标准的要求建立模型，采用现代化的控制方式，并利用模拟互感器加上就地数字化设备等多种测量方式，模拟原型系统的控制设备特性，使模型系统方便、灵活，更真实地反映原型系统，充分满足科研试验和培训要求。

（一）实验室建设目标

能够模拟220kV及以下多个电压等级的含多种分布式电源的配电网，系统网架可灵活改变，并能模拟配电网中各种类型故障和运行工况。为适应可再生能源与微电网发展需要的前沿技术超前布局；为相关前沿技术的应用提供多方位的支撑，研发相关技术检验检测平台，确保在智能电网各前沿技术领域发展问题上的主导权，更好地服务于电网战略发展方向。

试验室建设发展目标如下：

（1）满足电力行业实验标准，是可再生能源及微电网新技术、新设备的试验平台，为电力新技术的发展提供技术支撑。

（2）实用、新型的微电网动态模拟实验室，是技术创新和集成创新的研究基地，能作为人才培养的教学和实训基地。

（3）建设成为可视化、数字化，标准化、控制测量系统自动化的现代化实验室，为电网发展作贡献。

（4）为分布式能源和微电网协调控制器、保护和安全稳定控制以及自动化设备提供可靠的试验手段和验证环境。

（二）微电网标准体系大纲

微电网标准体系按设备和运行可划分为微电网设备规范、微电网设计标准、微电网独立运行标准、微电网并网运行标准等，如图13-4-1所示。微电网标准体系及应具有的内容如下。

1. 微电网设备规范

参照IEEE 1547—2018《分布式电源与电力系统互联标准》，应包括：

（1）适用范围。

（2）引用的标准。

（3）术语解释。

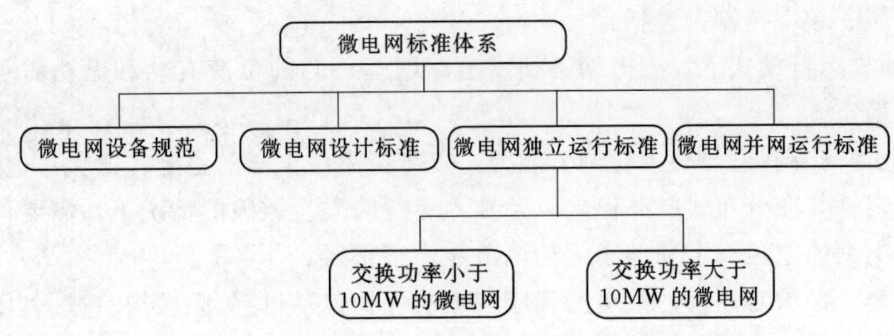

图 13-4-1　微电网标准体系

(4) 分布式电源，包括燃气轮机、内燃机、微燃机、太阳能光伏发电、小型风力发电、生物质能发电、燃料电池发电等。

(5) 储能装置，包括飞轮储能、超导储能、超级电容器储能、电池储能（铅酸蓄电池、锌-锰电池、镍-镉电池、镍-氢电池、锂系电池、钠硫电池、液流电池。

(6) 变换器，包括整流器和逆变器及必要的滤波和保护装置。

(7) 负荷，包括敏感负荷、不敏感负荷、热负荷等。

(8) 静态开关。

(9) 保护装置，包括微电网内线路故障保护、孤岛保护以及重要设备的保护装置。

2. 微电网设计标准

参照 IEEE 1547—2018《分布式电源与电力系统互联标准》应包括：

(1) 适用范围。

(2) 引用的标准。

(3) 术语解释。

(4) 微电网组成，包括分布式电源、储能装置、负荷等。

(5) 分布式电源的控制方式设置。

(6) 微电网内能量管理系统设置。

(7) 保护系统设置。

(8) 通信系等设置。

3. 微电网独立运行标准

参照 IEEE 1547—2018《分布式电源与电力系统互联标准》，应包括：

(1) 适用范围。

(2) 引用的标准。

(3) 术语解释。

(4) 负荷类型。

(5) 发电管理。

1) 独立运行方式下，发电机和负荷管理，必须有充足的发电备用容量以满足负荷的变化。

2) 在有多个分布式电源的微电网中，需要对分布式电源的运行进行经济调度，可以制定发电机运行费用最低的模式。

（6）电压、频率控制，包括：

1）在独立运行模式下，微电网必须满足离网运行时的负荷有功和无功需求，能够基本确保频率稳定。

2）微电网需要有适当的无功调节能力，以维持系统电压的稳定，避免过电压。

（7）稳定性，在分布式电源停电以及独立运行时发生故障的情况下，需要保持暂态稳定，因此微电网的电压稳定和动态无功调节能力很重要。

（8）安全、保护与控制，微电网侧应装设的保护包括过/欠频保护、过/欠压保护、孤岛保护、过电流保护、断相保护等。

（9）冷负荷启动。

（10）监测和通信。

（11）电能质量。

（12）安装与测试。

4. 微电网并网运行标准

并网运行标准按微电网与配电网之间的交换功率可分为小于 10MW 和大于 10MW 两部分。

（1）交换功率小于 10MW 的微电网并网标准。参照 IEEE 1547—2018《分布式电源与电力系统互联标准》、BS EN 50438—2013《微电源接入低压配网的规定》、CAS - C22. 2 NO. 257 - 06—2015《基于逆变器的分布式微电源与配电系统的互联标准》以及 CA. C22. 3 NO. 9《分布式电力供应系统互联标准》中的相关规定，其中部分要求见表 13 - 4 - 1～表 13 - 4 - 3。

表 13 - 4 - 1　　并网形式和并网条件

条　目	内　　容
接入点	微网通过公共连接点接入配电系统。
隔离方式	对于拥有多个电源的微电网，必须配置能够一次性切断微电网中所有电源的隔离设备，切断装置的位置和类型应获得电力公司的同意。连接系统的并联装置可以经受住 220%额定电压的过电压
微电网与配网互联的变压器	互联变压器是微电网并网系统中的重要设备，会影响其他的微电网设备，其绕组配置还会影响继电保护的选型和系统故障的检测。对于用户自有变压器，其绕组配置必须经过电力公司的同意
接地方式	微电网和互联变压器的接地方式应该遵从电力公司和设备生产商的建议。变压器在配网侧的接地方式必须符合电力公司的要求，且不得引起电压扰动或破坏配电系统接地故障保护的协调性
并网条件	微电网并网前，其频率、电压和相序必须和电网的一致
防止电磁干扰	微电网与配网的连接点处应有防止电磁干扰的措施
抵御电压和电流电涌的能力	微电网具备抵御电压和电流电涌的能力

表 13-4-2　　正常运行时应满足的要求

条目	内　容
电压调整	微电网接入对配网电压的影响在规定的范围内，微电网不参与连接点处的调压
监测	在微电网并网的公共连接点处装设监控设备，监测连接状态、有功输出、无功输出、电压、电流、频率及谐波等
同步	并网的微电网不应造成点的电压波动超过±5%
接地	接地配置不应引起过电压，也不应造成配网接地保护的配合混乱
谐振	应考虑潜在的谐振对系统的影响，包括：①变压器铁磁谐振；②微电网侧投入的电容器和其他用户引起的谐波谐振

表 13-4-3　　电能质量的要求

条目	内　容
谐波	微电网接入不得引起配网的电压畸变，可参考 GB/T 14549—1993《电能质量　公用电网谐波》中的规定
电压波动与闪变	微电网接入不得引起配网侧的电压闪变，可参考 GB/T 12326—2008《电能质量　电压波动和闪变》中的规定
中压不平衡	微电网系统不得在公共连接处引起配网侧的三相电压不平衡，可参考 GB/T 15543—2008《电能质量　三相电压不平衡》中的规定
电压偏差	可参考 GB/T 12325—2008《电能质量　供电偏差》中的规定
直流注入	对并网模式直流电流注入的限制，由微电网侧来控制。直流注入限值可参照 IEEE 1547—2018《分布式电源与电力系统互联标准》中的规定结合我国情况确定
功率因数	可参照 IEEE 1547—2018《分布式电源与电力系统互联标准》中的规定
谐振和自激	在微电网的设计和评估中，应考虑潜在的谐振对系统的影响，包括：变压器的铁磁谐振；由电容器组或大型旋转设备引起的次同步谐振；在微电网侧装设了电容器的情况下，和其他用户引起的谐波共振。对于异步发电机型 DR，设计和评估中还应考虑潜在的自激效应

微电网与配网公共连接点处的继电保护系统应对配网正常的频率和电压变化作出正确的反应，确保分布式电源接入后不对配网的安全造成不利影响。该连接点处的保护、监测和控制功能可以集中放置在分布式电源控制系统中，也可以分别放置在不同的设备中。保护装置可以具有在公共连接点或者 DR 连接点测量电压和频率的功能。对于总容量大于 30kVA 的 DR 系统，测量点的设置必须和电力公司达成一致。

保护的配置方案必须能检测出公共连接点可能出现的以下情况：对称故障和不对称故障、频率变化、电压变化以及孤岛情况。根据具体情况，还可能要求保护的配置方案能检测出断相、铁磁谐振过电压、零序过电流等故障。应装设过/欠频、过/欠压、孤岛、过电流、断相等保护。

所有的短路电流切断装置的选型必须考虑 DR 侧和配网侧的短路电流贡献。如果改变连接点处保护系统的设置，需和配电公司形成书面协议，且要依据制造厂家给出的技术规范。如果两个或多个分布式电源并列运行，且各自拥有一个连接点保护系统，要确保保护装置之间的匹配；如果一个或多个分布式电源共用一个接地保护装置，再有一个电源加入时，需征得配电公司的同意。

切断分布式电源和配网的电交换后，接地处保护装置要确保当频率和电压偏差达到规定的限值后，经过一定的时间才可恢复分布式电源和配网的电交换：经交流线连接为3min，经逆变器连接为20s，这种恢复是通过自动控制进行的。

微电网有两种过渡状态：一种是微电网与主网解列的过渡状态；另一种是独立运行的微电网再并网的过渡状态。这两种状态相互转换过程中主要对以下内容有要求：网侧故障时微电网侧的响应，如孤岛保护动作时间等；微电网侧故障时对该侧保护的要求；电能质量的要求等。

在电力公司要求的情况下，微电网系统应该配备与电力公司信息交换的装置。为了和现有的设备兼容，电力公司应详细说明通信协议和所需的信息交换设备。

连接测试主要包括：同步测试、孤岛测试、连接测试、对异常频率和电压的响应测试。可参照IEEE 1547—2018《分布式电源与电力系统互联标准》中的相关规定。

（2）交换功率大于10MW的微电网并网标准。

可参照IEEE 1547—2018《分布式电源与电力系统互联标准》、BS EN 50438—2013《微电源接入低压配网的规定》、CSA - C22.2 NO.257 - 06—2015《基于逆变器的分布式微电源与配电系统的互联标准》、CA.C22.3 NO.9《分布式电力供应系统互联标准》、ERG75/1《接入20kV以上电压等级或容量超地5MW的嵌入式发电厂接入公共配网的推荐标准》。

远用范国、引用的标准、朱语解释、并网形式和并网条件可参照交换功率小于10MW的微电网并网标准中的相关内容。微电网运营商应提供微电网正常并网运行参数，以便电力公司分析微电网接入后对电网的影响。提供的发电机组参数，应能满足在计算机上进行网络静态和动态分析的需要。

正常运行时可参照交换功率小于10MW的微电网并网标准中的相关内容，见表13-4-4。

表13-4-4　　正常运行时应满足的要求

条目	内　容
电压调整	微电网接入不得在公共连接点处对系统电压水平产生不良的影响。在电力公司的允许下，在电网的调度范围内，微电网参与连接点处电压调整。微电网接入和断开与配网的连接时，对系统电压波动的限制可参照BS EN 50438—2013《微电源接入低压配网的规定》中的相关规定
频率调整	在本地或附近发生扰动时，电力公司可以让微电网中的微电源参与调频，以维持系统的频率稳定。
功率因数	在电力公司没有另行要求的情况下，DR的功率因数必须在±0.9的范围内。对于同步发电机DR，必须配备励磁控制器。机端母线电压必须稳定在额定电压的±5%范围内。对于异步发电机DR，电力公司可以要求它们配备无功补偿装置以满足公共连接点处功率因数的要求。对于基于逆变器的DR，其在公共连接点处的功率因数必须限制在±0.9范围内
功率调节	根据电网的要求进行有功、无功功率调节

电能质量要求可参照交换功率小于10MW的微电网并网标准中的相关内容。

安全、保护与控制可参照交换功率小于10MW的微电网并网标准中的相关内容。

短路电流限制。微电网接入可能引起短路电流增加，同步电机和异步电机对短路电流的影响都应计入，还应考虑开关“开启”和“关断”时的预期电流，保证电厂不存在过负荷风险。可参照ER G75/1《接入20kV以上电压等级或容量超过5MW的嵌入式发电厂接入公共配网的推荐标准》中的相关规定。

接地方式。微电网的接地方式需与接入的配网接地方式相配合。

保护。微电网接入可能引起系统电抗/电阻率的升高，导致电流互感器出现部分或全部饱和，进而对保护系统的性能产生不利影响，当开关合闸于故障系统时，短路电流中的直流分量衰减时间会变长，一些极端情况下，会使故障电流过零点延迟。评估开关装置的性能须从确保配电系统的安全运行来考虑。

微电网接入配网后，配网的保护逻辑、重合闸的设置以及与现有保护设备的协调配合可能不再适用，为了减小风险，必要时，更换开关装置、改进运行方式、完善保护系统以及其他控制措施都可考虑。

在配网发生故障时，微电网应通过孤岛保护断开与配网的连接，进行有计划地独立运行，保持适当的频率和电压，尽可能保持稳定运行，不中断对敏感、重要负荷的供电。在何种情况下采取独立运行方式，需分析其优势和可行性，每次实施前，电厂和配电公司必须达成协议，应明确界定各方的法律责任。独立运行模式下的接地系统设置应能保证所有用户的安全。具体可参照 ER G75/1《接入 20kV 以上电压等级或容量超过 5MW 的嵌入式发电厂接入公共配网的推荐标准》中的相关规定。

微电网接入电网后会对系统产生什么样的影响，应进行深入的研究，提出其接入的方式及限定条件，并参考研究结果，以合同的形式在配电公司和电厂之间达成协议，协议中将规定电厂以何种方式接入电网。微电网接入后不应对整个电网的安全稳定造成不利影响；应对微电网和电网容量作出合理选择。具体可参照 ER G75/1《接入 20kV 以上电压等级或容量超过 5MW 的嵌入式发电厂接入公共配网的推荐标准》中的相关规定。

对于具有同步发电机的系统需要进行静态稳定性和暂态稳定性分析，对于存在大型异步电动机和异步发电机的系统，还需进行电压稳定性分析。双馈式异步发电机通过逆变器与系统相联，本地电压降可能引起 AC/DC/AC 换流器与系统快速解列，并导致发电机退出运行。如果中型或大型电站采用这种类型的发电机，需要进行稳定性分析，即使失去该发电站全部功率，要求系统仍能保持暂态稳定和电压稳定。对于其他类型的发电机，则要求其具备故障穿越能力，等待系统恢复稳定。具体可参照 ER G75/1《接入 20V 以上电压等级或容量超过 5MW 的嵌入式发电厂接入公共配网的推荐标准》中的相关规定。

配网规划设计要求：配网设计应考虑与微电网的兼容性，以及微电网是否接受配网统一调度等。

通信及测试可参照交换功率小于 10MW 的微电网并网标准中的相关内容。

二、交直流微电网动模系统构成

（一）系统基本构成

系统主要由底层的实验室基础设施和上层控制系统，通过通信系统（以光纤为主）实现实验室的运作。

1. 基础设施

（1）模拟 220kV（110kV）输电网，模型采用 800V。

（2）模拟 10kV 交流微电网，模型同样采用 800V。

（3）模拟直流微电网，模型采用 750V。

（4）风电、光伏、柴油发电机组等微电源。

（5）锂电池、铅酸蓄电池、极拟液流电池、超级电容器等储能设备。

（6）三相和单相交流静止负荷、三相交流旋转负荷、直流负荷等各种负荷。

（7）模拟大系统的等效无穷大电源。

（8）单相操作和三相操作的交流开关、直流开关及其测控单元。

（9）故障系统以及搭积木式的一次网架。

（10）包括 DSCAD、元件/微电网/并网保护测控等保护测控等设备以及待试设备接口等多个模块。

2. 上层控制系统

（1）微电网运行管理系统（包括基于标准信息接口的微电网运行控制、协调控制、能效管理等）、微电网测试检验系统以及展示等。

（2）微电网实验室配置视频、安防等安全监控设施，可以在微电网测试检验系统或微电网运行管理系统对微电网的各类设备进行紧急控制，避免一些不安全事故的发生。

为了方便开展微电网设备检验检测工作，在一次网架上预留微电网、微电源、储能装置、保护测控装置检测接口，开展微电网孤岛/并网检测、保护测控检测、微电网的电压/频率特性检测、微电网装置入网检测工作；在保护测控装置与运行管理系统之间的通信系统建设时，采用双接口冗余设计，专门为微电网运行控制策略检测预留接口。

（二）一次网架结构

微电网动态模拟系统典型接线图如图 13-4-2 所示。220kV（110kV）输电网系统通过联络变压器与 10kV（380V）配电网或者复杂大微电网相连，大微电网由多个小微电网组成，小微电网由更小微电网组成。总体来看：

（1）M01～M05 母线所涵盖系统组成多电源的输电网。

（2）M01～M03 母线系统可构成双回路输电网，也可以构成环形输电网。

（3）M11～M14 母线所涵盖系统组成交流微电网 1。

（4）M21～M24 母线所涵盖系统组成交流微电网 2。

（5）M31～M34 母线所涵盖系统组成交、直流微电网 3。

（6）M32～M34 母线所涵盖系统组成直流微电网。

为了实验研究方便，各微电网设计有跨接开关，可构成复杂环网。

各种分布式电源、储能、负荷分别挂接在不同的母线上，各支线上的不同分布式电源、储能、负荷看起来是固定的，这只是某一种典型接线组合方式，并不代表这种电源点、负荷点以及相应的各段母线不能改变。

（三）交流输电网模拟

交流输电网可以模拟成双回输电网络、T 型输电网络或者环形输电网络等，图 13-4-3 是其中的一个典型接线，交流输电网基本组成和功能如下：

（1）01G 模拟发电机组，通过可接成自耦变压器的升压变压器接到 M01 母线，再通过可改变长短的双回输电线路向无穷大系统送电。在中间开关站也可以接入其他电源，如 02G 或 03G 等，可以构成环形输电网络，便于动模试验系统分析。

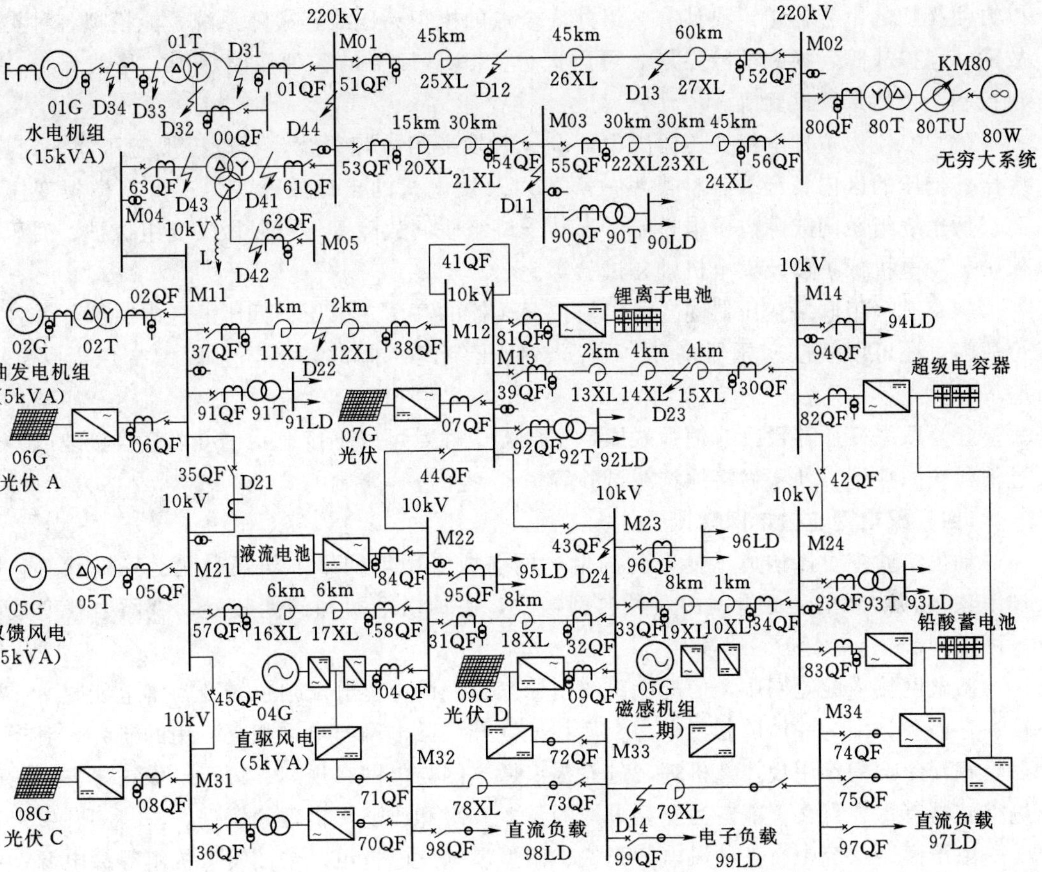

图 13-4-2　微电网态模拟系统典型接线图

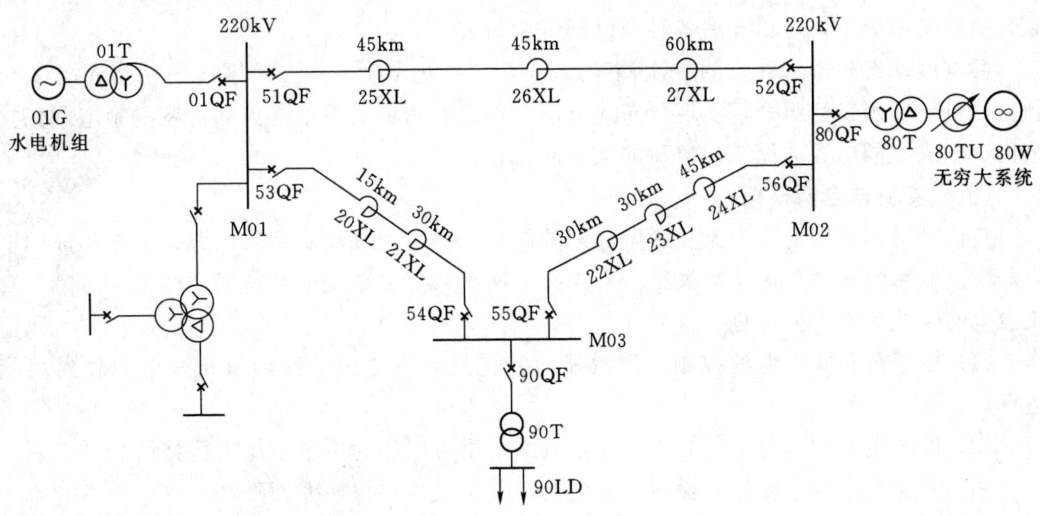

图 13-4-3　输电网动模系统典型接线图

(2) 220kV 模拟输电线路兼 110kV 线路，共设计有 8 条不同的长短线路，并均带可以方便投切的电容器组，设计有 2 组共 8 个点的模拟高压线路故障系统，能模拟各种类型故障，保护故障转换和故障发展。可以进行 220kV 以下的各种线路保护、母线保护、稳定控制、接地选线试验等。

（3）01G 模拟发电机变压器组中，设计有发变组故障系统，可以模拟变压器的高压、中压、低压的区内、区外各种类型故障，以及发电机的出口故障等，还可以模拟变压器高、低压绕组匝间故障、发电机定子、转子绕组匝间故障等，可以做发变组保护、变压器保护、发电机保护以及发电机励磁试验等。

（4）三绕组联络变压器同样可以模拟变压器的高压、中压、低压的区内、区外各种类型故障，还可以模拟变压器高压、中压、低压绕组匝间故障等，可以做变压器保护试验等。

（5）联络变压器设计有消弧线圈，变压器中性点可以不接地，也可以直接接地或者通过消弧线圈接地，便于做接地选线试验等。

（四）配电网与微电网模拟

动模实验室可以构成千变万化的配电网络或者微电网络，如辐射状、环网状等，图 13-4-4 所表示的为微电网的一种典型接线，去掉微电源和储能装置，该网络就变成配电网模型。

微电网接入配电网中，使配电系统由原来单一的电能分配角色转变为集电能收集、传输、存储和分配为一体的新型电力交换系统。开展微电网与电网相互作用的研究，对揭示二者相互影响的作用规律及机理，进而提出微电网与电网在规划、运行，保护等方面的改进措施具有重要意义，能够为新型电网的技术升级和改造提供理论依据。

由于模型系统中有各种风电、光伏、微型燃气发电机组、柴油发电机组等微电源；锂电池、铅酸蓄电池、模拟液流电池、超级电容器等储能设备；不同长短的 12 条模拟 10kV 交流线路和 2 条模拟直流线路，可以构成各种交流微电网系统、直流微电网系统、交直流混合微电网系统等，可以开展各种微电网试验研究。

微电网动态模拟实验室的一次网架采用搭积木方式组合，二次系统采用组态方式控制，尽可能实现灵活组合，实现分布式电源、储能和负荷的灵活换点和可变的微电网拓扑结构，形成不同电源、储能和负荷的微电网组合。

（五）直流微电网模拟

直流微电网可以解决交流互联微电网的同步、稳定、无功功率等问题，实现集成的电力分配及数字负荷的直流功率供给。直流微电网相对于传统交流系统不会产生大故障。直流微电网系统具有下列优势：

（1）由于分布式电源的控制仅取决于直流电压，直流微电网的分布式电源较易协同运行。

（2）发电电能和消费负荷的改变在直流网络里可以作为一个整体进行补偿。

（3）只有与主网连接处需要使用逆变器，系统成本和损耗大大降低。

图 13-4-5 是直流微电网的一个典型模型。M31 母线上挂设直流微电网，配置直流电子负载，开展直流微电网的电网接口单元、直流微电网中分布式电源协调控制、对直流负载的响应技术、直流供电环境下的高效用户电力变换器技术、直流微电网系统的监控与

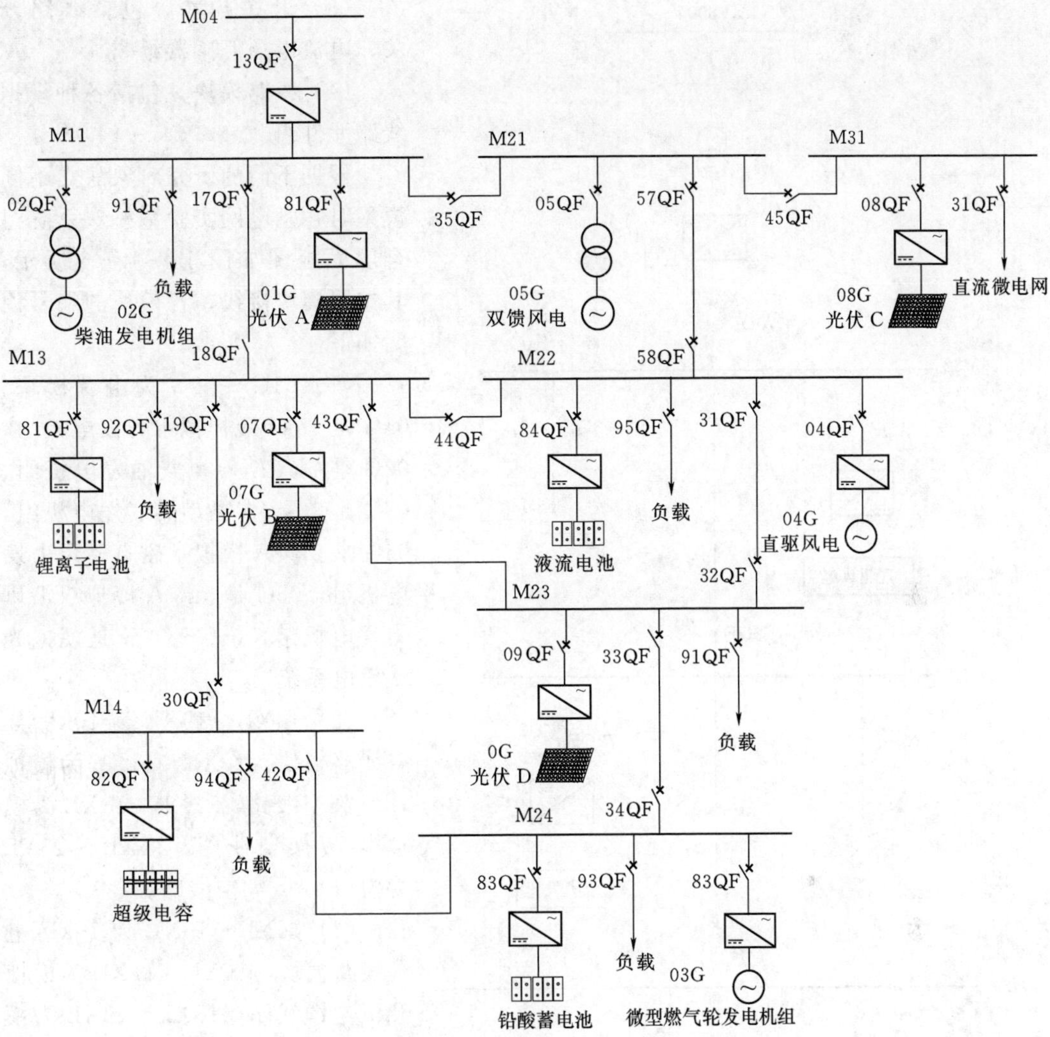

图 13－4－4　微电网（配电网）动模系统典型接线图

保护等研究。

直流微电网部分作为整个微电网的一部分，包括电源、储能和直流负载，通过双向逆变器与交流总线连接。750V 直流微电网的微电源来自太阳能模拟器、直驱风电系统、微型燃气发电机组等。直流微电网储能有铅酸蓄电池、超级电容器等，通过联接各种储能装置，可以实现不同的储能应用。另外，再根据需要配置部分直流电子负荷。

（六）基本模块及编号说明

根据整体规划、分步实施的原则，对实验室进行开放性、实时性、可持续发展性设计，模拟设备采用模块化结构，整个平台体现灵活性、便捷性和模块化的架构特点，各个模块之间可以任意组合，每个单元均有测控装置，模块组如下：

（1）电源模块，包括发电机（各种微电源）、变压器和并网开关组。

（2）负荷模块，包括负荷开关、变压器和负荷组。

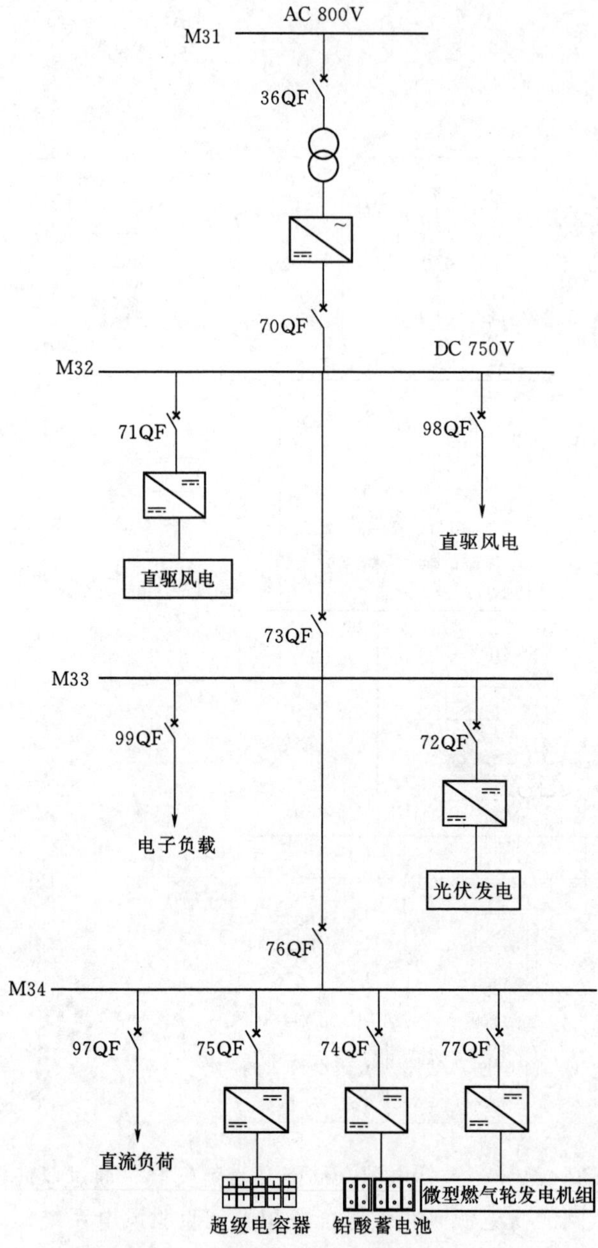

图 13-4-5　直流微电网典型接线图

(3) 开关模块，包括线路开关、电流电压互感器组。

(4) 线路模块，包括各种模拟线路元件组。

根据不同的研究对象建立不同模型时，微电网实验室一次系统组合屏面板图如图 13-4-6 所示，其按照模块接线，各模块的编号说明如下：

(1) 01G～09G 为电源模块。01G 是 15kVA 模拟水力发电机组，02G 是 5kVA 模拟柴油发电机组，03G 是 10kVA 微型燃气发电机组，04G 是 5kVA 模拟永磁直驱风力发电机组，05G 是 5kVA 模拟双馈风力发电机组，06G～09G 是模拟光伏发电系统。

(2) 10XL～15XL 为 10kV 架空线路模块。10XL～11XL 为模拟 1km 架空线路，12XL～13XL 为模拟 2km 架空线路，14XL～15XL 为模拟 4km 架空线路。

(3) 16XL～19XL 为 10kV 电缆线路模块。16XL～17XL 为模拟 6km 电缆线路，18XL～19XL 为模拟 8km 电缆线路。

(4) 28XL～29XL 为 10kV 电缆线路模块。28XL～29XL 为模拟 2km 电缆线路。

(5) 20XL～27XL 为 220kV 架空线路模块。20XL 为模拟 15km 线路，21XL～23XL 为模拟 30km 线路，24XL～26XL 为模拟 45km 线路，27XL 为模拟 60km 线路。

(6) 30QF～39QF 为开关测量模块。1 台三相开关加上三相电流、电压互感器以及测控系统，构成 1 个三相开关模块，该模块共 10 套。

(7) 41QF～450F 为开关模块。仅 1 台三相开关，没有互感器等测量设备，作为联络开关用，共 5 套。

(8) 51QF～58QF 为分相开关模块。4 台单相开关加上三相电流、电压互感器以及测

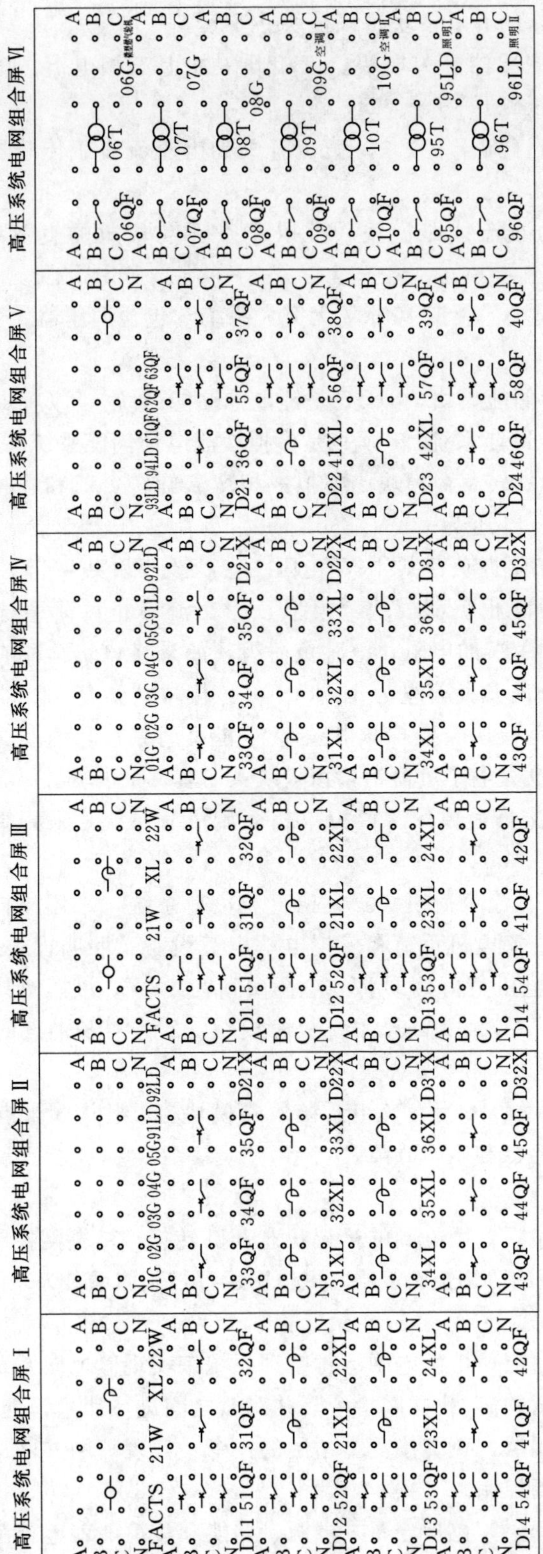

高压系统电网组合屏 Ⅰ

高压系统电网组合屏 Ⅱ

高压系统电网组合屏 Ⅲ

高压系统电网组合屏 Ⅳ

高压系统电网组合屏 Ⅴ

高压系统电网组合屏 Ⅵ

图 13-4-6 微电网实验室一次系统组合屏面板图

控系统，构成 1 个分相操作的开关模块，该模块共 8 套。

(9) 61QF～63QF 为变压器开关模块。三相开关加上三相电流、电压互感器，分别是变压器高压、中压、低压侧开关。

(10) 70QF～77QF 为直流开关模块。直流开关加上直流霍尔传感器，分别用于直流微电网联接，该模块共 8 套。

(11) 78XL～79XL 为直流线路模块。模拟 2 条不同长短的直流线路，78XL 模拟 1km，79XL 模拟 2km。

(12) 80W 为无穷大模块。模拟 100kV 无穷大系统，包含调压器、变压器以及开关测量系统。

(13) 81QF～84QF 为储能模块。81QF 是锂电池储能系统，82QF 是超级电容器储能系统，83QF 是铅酸蓄电池储能系统，84QF 是模拟液流电池储能系统。

(14) 90QF～93QF 为旋转负荷模块。模拟三相交流旋转负荷和三相交流静止负荷系统，包含容量为 7.5kVA、电压为 800V/380V 三相负荷变压器 1 台，模拟电机负荷为 3kVA 测功机组 1 套，模拟阻性负荷共 4kW 电阻 1 套，该模块共 4 套。

(15) 94QF～95QF 为静止负荷模块。模拟三相交流静止负荷系统，直接采用电压 800V 供电，负荷容量为 6kVA 的电阻、电感负荷组，如果将该负荷用在发电机机端或者变压器中压侧（400V），此时负荷容量为 1.5kVA，该模块共 2 套。

(16) 96QF 为静止负荷模块。模拟三相交流静止负荷系统，直接采用电压 800V 供电，负荷容量为 6kVA 的电力电子负荷组，该模块共 1 套。

(17) 97QF 为单相交流负荷模块。模拟单相交流负荷系统，采用感性负荷模拟，负荷容量为 4kVA。

(18) 98QF～99QF 为直流负荷模块。模拟直流负荷系统，采用模拟地铁、电车、电动汽车、矿山牵引机车的直流电机负荷和模拟电解电镀设备、照明设备等直流电阻负荷，负荷总容量为 5kW，其中电机负荷为 1kW，电阻负荷为 4kW，该模块共 2 套。

(19) D11～D14、D21～D24 为高压系统故障模块。2 组共 8 个点的模拟高压线路故障系统，可模拟 A、B、C、N 任意组合故障。

(20) D31～D34、D41～D44 为发变组系统故障模块。2 组共 8 个点的模拟发变组故障系统，可模拟各种故障组合和匝间故障。

（七）微电网运行控制

微电网运行控制主要包括：微电网的运行状态及其转换：微电网控制模式及控制策略的切换以及微电网内各层面的协调控制策略。微电网运行控制体系分为三层，如图 13-4-7 所示。

(1) 最上面一层为主站层，由微电网运行管理系统来实现微电网系统的运行控制和能量管理策略，接受配网调度的离网/并网指令，并对微电网进行能量管理。

(2) 第二层为协调控制层，负责接受主站层的指令，实现离网并网运行，并对就地控制层的本地控制器进行协调控制。

(3) 第三层为就地控制层，包括分布式电源、储能和负荷的就地控制器，负责本地控制器范围内的就地控制。

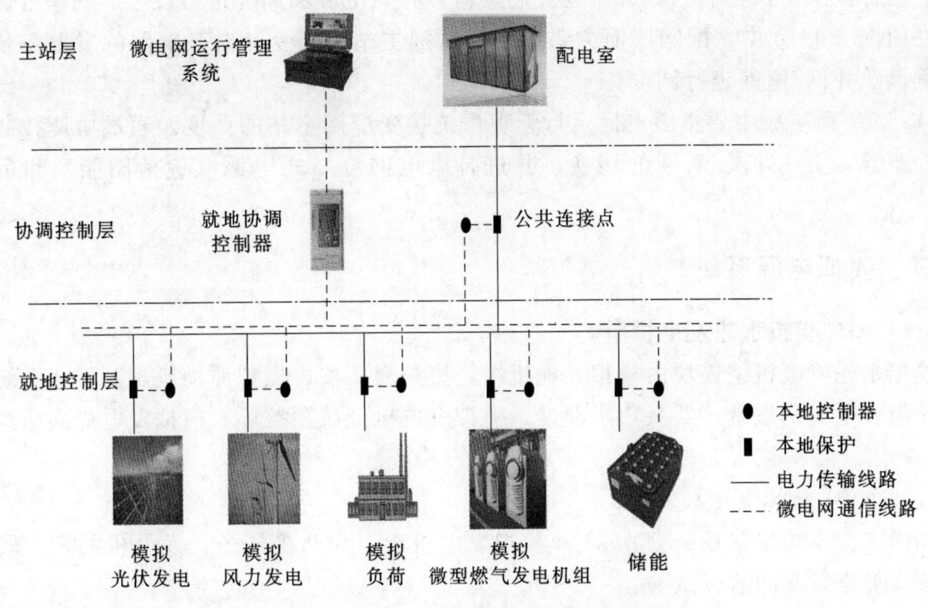

图 13-4-7　微电网三层控制架构

就地协调控制器视微电网整体为配网中的一个可调度单元，接受来自主站的调度指令，根据相应的运行工况（并网、孤岛或切换）选择相应的算法（对等、主从），灵活安排微源及储能的出力，下发指令给微源级本地控制器，微源本地控制器接受协调控制器的指令，调节各自微源的运行模式（PQ、Vf）及出力大小。

微电网控制策略如图 13-4-8 所示。

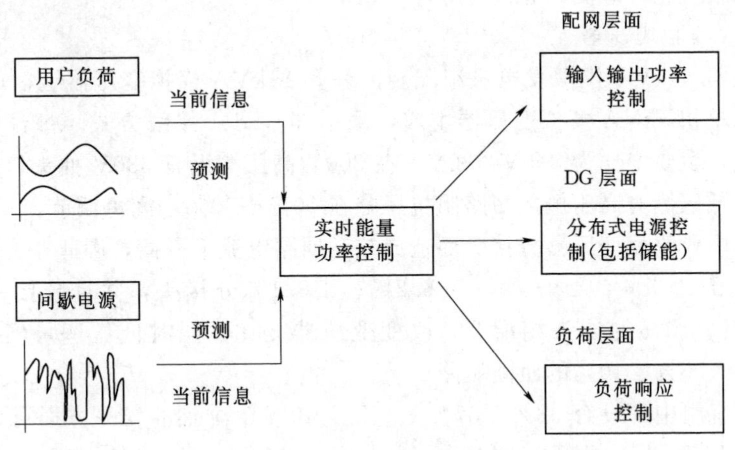

图 13-4-8　微电网控制策略示意图

根据微电网特征，实验室配置不同特性的分布式电源、不同特性的储能以及可设置不同特性的电子负荷，同时与规划中的配电实验室建立了多个微电网/分布式电源的接口。微电网实验室的微电网运行管理系统可以接受上层配网调度的指令，通过微电网运行控制子系统，下达控制策略和控制指令给微电网协调控制器，实现对微电网的输入/输出功率规划、运行模式切换控制。微源本地控制器对分布式电源和储能进行发电、功率控制。

在图 13-4-8 中，配网层面主要指接受配网主站的指令，对微电网的发电容量、发电计划以及并网/离网进行调度。

DG 和负荷层面主要指微电网运行管理系统接受配网主站的调度，通过协调控制器和本地控制器，实现并网/离网的转换，并进行微电网分布式电源（包括储能）和负荷的控制。

三、模拟电源系统

（一）01G 模拟水轮发电机组

模拟水轮发电机组模块由模拟发电机组、模拟变压器、模拟原动机及其调速系统仿真屏、模拟发电机励磁调节器及负阻器屏、模拟发电机低压测控屏、模拟发电机高压测控屏组成。

1. 15kVA 模拟发电机组

动模实验室拟定建设一套 15kVA 模拟发电机组，为凸极转子，发电机的定、转子均有抽头，可进行匝间故障试验。

模拟同步电机需要专门设计，采用了加大导线截面、降低电流密度、定子采用深槽等方法降低定子绕组电阻；采用减小电机气隙、降低磁通密度等方法，提高电枢反应电抗；阻尼绕组采用粗铜条降低其电阻等方法。基本要求如下：

（1）模拟机组容量 15kVA，额定电压 380V，4 极 2Y 接法，1500r/min，$\cos\varphi=0.8$。

（2）配同轴直流电动机 1 台作为原动机，其额定容量为 30kW，电压为直流 220V。

（3）配同轴交流励磁机 1 台，使其运行在任何负荷情况下空载曲线不饱和。

（4）配同轴飞轮片和测功角光盘。

2. 15kVA 模拟变压器

拟定建设与 15kVA 模拟发电机组配套的一套 15kVA 模拟变压器组，15kVA 模拟变压器采用三台单相 5kVA 模拟变压器组成，采用 Y0，d11 接线方式，每台单相变压器采用两绕组形成，主要变比为 800V/380V，在 800V 高压绕组有 380V 抽头，可以作为自耦变压器使用，低压侧对高压侧的短路阻抗压降在 10%～30%之间可调节。

由于实验中要改变变压器分接头而造成差动回路电流不平衡，因此在变压器高压侧绕组出线端设有±12.5%、±9.4%、±6.2%、±3.1%分接头，并且分接头可与低压侧 1%、3%、6%、10%的抽头相配合，改变变压器变比，同时低压侧可实现 1%、2%、3%、5%、6%、8%、10%的匝间短路。

在高压侧绕组中部设有 33%、37%、38%、40% 4 个抽斗，一方面可以作为自耦变压器接 380V 负荷；另一方面可以进行 1%、2%、3%、4%、5%、7%共 6 个匝间短路实验。

3. 模拟原动机及其调速系统仿真屏

电力系统的原动机系统包括汽轮机、水轮机和动力部分。显然，在动态模拟实验室里对锅炉、汽轮机、水轮机或水力部分进行物理模拟是不合适的。一般来说是采用数学—电气混合模拟的方法。

原动机系统的模拟一般包括原动机特性的模拟、调速器的模拟和动力特性的模拟。

原动机特性的模拟主要是机组转矩—转速静特性的模拟，一般来说汽轮发电机组和水轮发电机组的转矩—转速静特性在额定转速附近都近似为45°直线，如图13-4-9所示，可描述为

$$dM_T^* = -d\omega^* \tag{13-4-1}$$

式中　M_T^*——原动机转矩的标幺值；

ω^*——原动机角速度的标幺值。

实验室内拖动模拟发电机用的是一般的直流电动机，为了取得要求的转矩—转速特性，可以采用图13-4-10的拖动方式。模拟发电机GS由模拟原动机用的直流电动机M拖动，直流电动机M由三相桥式晶闸管整流电路供电。

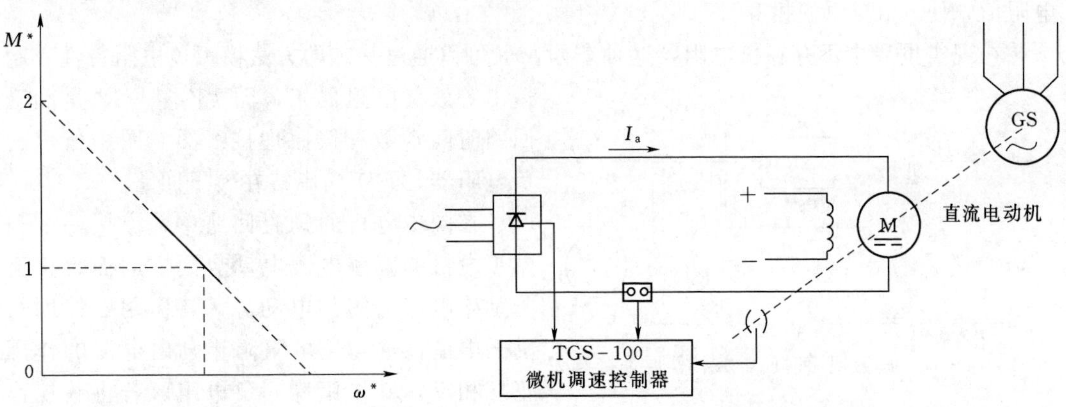

图13-4-9　原动机转矩—转速特性图　　图13-4-10　模拟原动机拖动系统原理接线图

为了获得转矩—转速的45°特性，从测速发电机引来的转速负反馈信号与给定值比较，又从交流侧引来电流反馈信号与电流调节器的给定信号进行比较，经过移相触发单元控制晶闸管导通角。当控制给定量增加时，整流输出电压上升；反之，整流输出电压减小。原动机特性仿真系统如图13-4-11所示。

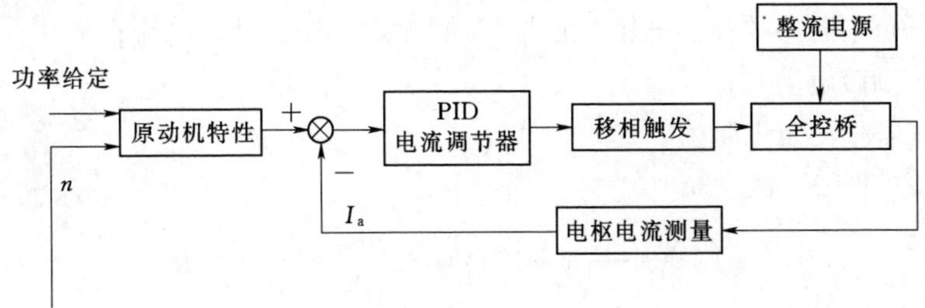

图13-4-11　原动机特性仿真系统

动态模拟实验用的调速器和动力部分特性的模拟，以往大都采用运算放大器等电子装置或电子模拟计算机来实现，但其模拟方案简化，且参数调整困难，不能精确地模拟原型系统的特性，现在多采用数字计算机来仿真。原动机及调速系统仿真器由微机调速控制器、原动机和调速器特性仿真软件共同构成，可以实现汽轮机特性或水轮机特性及其调速

器特性的模拟，主要仿真环节有：汽轮机蒸汽容积惯性、原动机特性以及汽轮机机械液压或调速器等环节；水轮机的水锤效应、原动机特性及水轮机机械液压调速器等环节。其各种参数均可连续可调，并可与上层监控系统相接。

4. 模拟发电机励磁调节器及负阻器屏

同步发电机的励磁系统对电力系统的正常运行和过渡过程将产生重要的影响，励磁系统模拟是电力系统动态模拟的重要组成部分。励磁系统模拟应包括如下内容：

(1) 模拟发电机转子励磁回路时间常数，定子绕组开路的转子励磁回路的时间常数 T_{d0} 与原型的相等。

模拟发电机转子励磁回路的时间常数 T_{d0} 一般都比原型的数值小，为使电机过渡过程与原型相似，应较精确地模拟 T_{d0} 值。通常在励磁回路串加负电阻器，以减小励磁回路总电阻值，使 T_{d0} 与原型相等。

在现实世界中不存在负电阻器这种东西，但可以通过一定的方法模拟负电阻特性，制造出等效负电阻器来，图 13-4-12 是励磁回路时间常数补偿原理接线图。图中所示的负电阻器，它正向串接在转子回路。

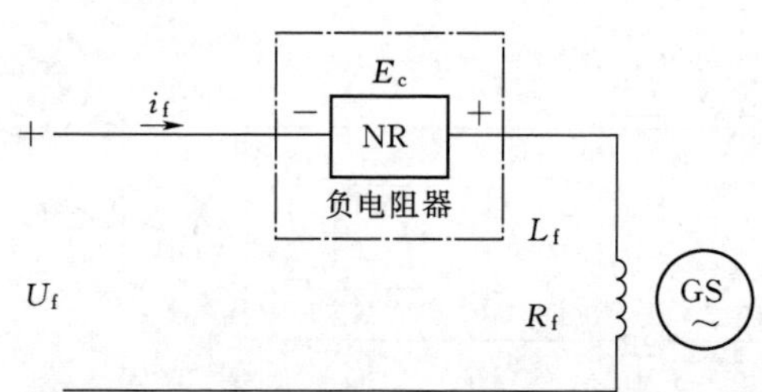

图 13-4-12 励磁回路时间常数补偿原理接线图

在同步电机的励磁回路中，串接一个与同步电机的励磁电源电动势同方向而且正比于励磁电流的附加电动势，其作用必然助长励磁电流，这与正电阻阻止励磁电流的作用正好相反，其作用等同负电阻。若将其视作励磁绕组的一部分，则可认为励磁绕组的直流等效电阻得到减小，即此附加电动势起到负电阻的等效作用。

模拟同步电机励磁回路的暂态方程为

$$U_f+E_c=L_f\frac{di_f}{dt}+i_fR_f \tag{13-4-2}$$

其中

$$E_c=i_fR_c$$

式中 E_c——负电阻器的补偿电压，它与 U_f 同相，正比于励磁电流；

U_f——励磁电动势；

R_c——补偿的负电阻值。

由式（13-4-2）得

$$U_f=L_f\frac{di_f}{dt}+i_fR_f-i_fR_c=L_f\frac{di_f}{dt}+i_f(R_f-R_c) \tag{13-4-3}$$

由此可得到励磁回路的等效时间常数 T_{d0} 为

$$T_{d0}=\frac{L_f}{R_f-R_c} \tag{13-4-4}$$

由式（13-4-4）可知，通过调整 R_c 的大小，可以使模拟同步电机的转子时间常数与原型同步电机相同。

(2) 励磁方式和调节规律应与原型相同，对应元件应有相似的参数和特性。

同步发电机的励磁方式是多种多样的，其特性及对电机暂态过程的影响也很不一样，模拟励磁系统应与原型有相同的励磁方式，组成的各主要元件应具有相似的静态和动态特性。

为了满足电力系统动态模拟实验室的特殊需要，微机励磁调节器的励磁方式应可选择，分为：微机他励、微机自并励、励磁机自励、励磁机他励和外接励磁机五种。微机励磁调节器的控制方式可选择：恒 U_G、恒 I_f、恒 α（适用于他励）、外接 D_C（数字控制量）、外接 U_C（模拟电压控制量）和外接 PSS；设有定子过电压保护（过压跳磁场开关 FMK）和励磁电流反时限延时过励限制，最大励磁电流瞬时限制等安全保护措施；微机励磁调节器控制参数可在线修改、在线固化、灵活方便，最大限度地满足教学科研灵活多变的需要。

（二）02G 模拟柴油发电机组

模拟柴油发电机组模块由模拟发电机组、模拟变压器、模拟原动机及其调速系统仿真屏、模拟发电机励磁调节器及负阻器屏、模拟发电机测控屏组成，其中模拟发电机组、模拟变压器参数如下。

1. 模拟发电机组

动模实验室拟定建设一套 5kVA 模拟发电机组，为隐极转子。

模拟同步电机需要专门设计，采用了加大导线截面、降低电流密度、定子采用深槽等方法降低定子绕组电阻；采用减小电机气隙、降低磁通密度等方法提高电枢反应电抗；阻尼绕组采用粗铜条降低其电阻等方法，基本参数如下：

（1）模拟机组容量 5kVA，额定电压 380V，4 极 2Y 接法，1500r/min，$\cos\varphi=0.8$。

（2）配同轴直流电动机 1 台作为原动机，其额定容量为 10kW，电压为直流 220V。

（3）配同轴交流励磁机 1 台，使其运行在任何负荷情况下空载曲线不饱和。

（4）配同轴飞轮片和测功角光盘。

2. 模拟变压器

拟定建设与 5kVA 模拟发电机组配套的一套 6kVA 模拟变压器组，6kVA 模拟变压器采用三台单相 2kVA 模拟变压器组成，采用 Y0，d11 接线方式，每台单相变压器采用两绕组形成，主要变比为 800V/380V，低压侧对高压侧的短路阻抗压降在 10%～30%之间可调节。

（三）03G 微型燃气发电机组

微型燃气发电机组采用实际的 10kW 发电机组，由微型燃气轮机、高速交流发电机、高效回流换热器、电力变换控制器、微型燃气发电机测控屏组成。在可控微源中，微型燃气轮机发电能同时供应冷热电负荷，具有排放少、效率高及燃料适应性好等优点，已成为冷热电联供微电网中最有发展前景的分布式电源，以天然气、甲烷、柴油、汽油等为燃料。单轴结构微型燃气轮机中燃气涡轮与发电机同轴，因此发电机转速比较高，需要采用电力电子器件对高频交流进行整流逆变；分轴结构微型燃气轮机中动力涡轮与燃气涡轮采用不同转轴，通过变速齿轮与发电机相连，因为降低了发电机转速，所以可以直接并网运行。由于单轴结构微型燃气轮机具有系统效率高、结构紧凑、可靠性高的优点，得到了国内外的高度重视，动模实验室拟采用单轴微型燃气轮机。

1. 微型燃气轮机

这种非常小型的高速燃气轮机采用了简单径向设计原理，和大型工业用燃气轮机复杂的轴向设计相比较，更简单可靠；与往复式内燃机相比较，排放更低，振动更小，结构更紧凑，维修成本更低。微型燃气轮机的主要性能为单级径向透平、单级径向压缩机、低排放环型燃烧器、压比 4∶1 和空气轴承（或双润滑油系统轴承）。

微型燃气轮机与蒸汽轮机有诸多不同之处，最显著的区别是：

（1）没有负荷的情况下，微型燃气轮机为了维持正常运行而需要的燃料量和额定燃料量之比较高，一般取 23%的额定燃料量作为微型燃气轮机的基荷，因此微型燃气轮机要尽量避免运行于低负荷状态，以提高效益。

（2）对于大型汽轮机，转速控制系统通过改变蒸汽流量来保持转速恒定，而微型燃气轮机通过改变燃料量控制转速。透平入口温度过高直接影响透平的安全性及系统的寿命，因此透平入口温度控制也是一个很重要的控制部分，正常运行时，通过改变燃料量来控制透平入口温度不超过其最大设计值 T_{max}。总的来说，速度控制在部分负荷的时候起主要作用，温度控制则限制微型燃气轮机排气温度，而加速度控制则是为了防止转子超出容许的范围。

2. 高速交流发电机

高速交流发电机和微型燃气轮机处于同一根轴上，由于它体积非常小，可以装进燃机机械装置内，从而组成一个结构更加紧凑的高转速透平交流发电机。这种装置不需要减速箱，交流发电机同时可作为启动电动机，进一步减小发电机组体积。

3. 高效回流换热器

高效低成本耐用的热交换器用来增加微型燃气轮机的效率，使其可以达到与往复式发电机组竞争的程度，其功能是先预热燃烧室需要使用的空气，减少燃料消耗量、回流换热器采用不锈钢制成外壳，寿命较长，效率可以达到 90%，微型燃气轮机效率则可以从 18%提高到 30%。

4. 电力变换控制器

交流发电机输出的高频电能频率为 1000～3000Hz，必须转换成 50Hz 的工频交流电能。通过由微型处理机控制的电力电子变换装置进行输出电压和频率的转换，可提供不同特性和质量的电能。电力电子变换装置能够根据负荷的变化调节转速，同时可以根据外部电网负荷的变化改变运行状态，或作为独立电源运行。

（四）04G 模拟永磁直驱风力发电系统

实验室拟采用一套模拟 5kVA 直驱机组，模拟发电机组采用 5kVA 永磁发电机和 5kW 直流电动机来模拟，其控制由风力机及调速控制屏和模拟直驱风力发电全功率变换控制屏组成，由永磁同步发电机和背靠背双 SPWM 全功率变换控制装置组成。

1. 模拟风力机及调速控制屏

由直流电动机和风力机仿真控制器组成，可以实现风速、风力机特性的模拟。

风速模型有：①实测的风速数据或由实测数据拟合出的多项式公式；②标准 4 分量风速模型。

风力机模型为带限幅的贝兹表达式。驱动功率为 12kW。转速范围为 1000～1800r/min。

2. 模拟直驱风力发电全功率变换控制屏

由永磁同步发电机和背靠背双 SPWM 全功率变换控制装置组成。全功率变换控制装置由电机侧 SPWM 变换器和电网侧 SPWM 变换器构成，两个变换器采用背景背结构，可以满足有功功率双向传递、网侧无功功率正负独立可调的要求。

（1）电机侧 SPWM 变换器。频率范围为 25～60Hz。容量为 15kVA。具有最大功率自动追踪功能。

（2）电网侧 SPWM 逆变器。频率跟踪电网频率，范围为 45～55Hz。容量为 15kVA。

（五）05G 模拟双馈风力发电系统

实验室拟采用一套模拟 5kVA 双馈机组，模拟发电机组采用普通 5kVA 绕线式电动机和 5kW 直流电动机来模拟，其控制由风力机及调速控制屏和双馈风机励磁控制屏组成，变压器采用普通 7.5kVA 升压变压器，采用 Y0，d11 接线方式，将发电机机端 300V 升到 380V 模拟高压系统。

1. 模拟风力机及调速控制屏

由直流电动机和风力机仿真控制器组成，可以实现风速、风力机特性的模拟。

风速模型有：①实测的风速数据或由实测数据拟合出的多项式公式；②标准 4 分量风速模型。

风力机模型为带限幅的贝兹表达式。驱动功率为 12kW。转速范围为 1000～1800r/min。

2. 模拟双馈风力机励磁控制屏

由绕线式异步电动机和双馈发电机励磁仿真控制器组成。其励磁方式可以选择自并励和他励两种形式，自并励电源取自双馈发电机机端，他励电源取自实验室市电。

转子侧逆变器和电网侧逆变器均采用由 IGBT 组成的三相 PWM 换流器，可以满足有功功率双向传递、无功功率正负独立可调的要求。

转子侧逆变器频率范围为 15～－10Hz。容量为 6kVA。

电网侧逆变器频率跟踪电网频率，范围为 45～55Hz。容量为 6kVA。

具有最大功率自动追踪功能。

（六）06G～09G 模拟光伏发电系统

光伏发电主要分为离网型和并网型光伏发电系统两种类型，其中并网型光伏发电是光伏发电发展的趋势，光伏阵列通过变流器直接与电网相连，产生的电能直接送回电网。

动模实验室拟配置 4 套容量为 7.5kW 的太阳能模拟器。模拟光电（PV）动态太阳能辐射，包含从晴天到多云等各种天候状态，以及特定时间间隔内的温度特性，并分析特定 PV 光电板在这些状况的电流/电压（IV）特性，也可以从现有的不同光伏特性曲线中实现发电输出。

四、模拟储能与无穷大系统

（一）储能系统

在电力系统中，储能系统具有重要作用，储能系统在电力充足时将电力储存起来，在电力供应不足时回馈电网，保证电网负载均衡，同时，储能系统可改善电能质量、削峰填谷、提高供电可靠性。

蓄电池储能是目前微电网中应用最广泛、最有前途的储能方式之一。蓄电池储能可以解决系统高峰负荷时的电能需求，也可用蓄电池储能来协助无功补偿装置，有利于抑制电压波动和闪变。然而蓄电池的充电电压不能太高，要求充电器具有稳压和限压功能；蓄电池的充电电流不能过大，要求充电器具有稳流和限流功能，所以它的充电回路也比较复杂；另外充电时间长，充放电次数仅数百次，因此限制了使用寿命，维修费用高；如果过度充电或短路容易爆炸，不如其他储能方式安全；由于在蓄电池中使用了铅等有害金属，所以其还会造成环境污染。蓄电池的效率一般为60%～80%，取决于使用的周期和电化学性质。

常用的蓄电池有铅酸蓄电池、镉镍蓄电池、铁镍蓄电池、金属氧化物蓄电池、锌银蓄电池、锌镍蓄电池、氢镍蓄电池、锂离子蓄电池、液流电池、钠硫电池等，种类繁多，各种电池都有各自的优势，并且不断有新型储能电池涌现出来。

1. 铅酸蓄电池

铅酸蓄电池的正负电极为二氧化铅和铅，以硫酸为电解质。铅酸蓄电池能在浮充和深循环状态下工作，目前在可再生能源系统中应用广泛，其成本低廉，原材料丰富，制造技术成熟，能够实现大规模生产，销售渠道广。铅酸蓄电池的不足之处是：占空间比较大，效率受周围温度的影响比较大，含有铅等具有一定危险性的有毒物质，限制了铅酸蓄电池的使用。

2. 磷酸铁锂动力电池

磷酸铁锂动力电池是用磷酸铁锂（$LiFePO_4$）材料做电池正极的锂离子电池，是锂离子电池家族的新成员。磷酸铁锂电池具有以下特点：效率高；高温性能良好；即使电池内部或外部受伤害，电池不燃烧、不爆炸、安全性好；循环寿命长；可快速充电；成本低，性价比优于铅酸蓄电池；无环境污染。

3. 全钒氧化还原液流电池

全钒氧化还原液流电池（Vanadium Redox Battery，VRB）的化学能存储于不同价态的钒离子中，电解质溶液为钒离子硫酸电解液，电解液通过泵从两个独立的塑料存储罐中流入两个半电池组单元，采用一个质子交换膜作为电池组的隔膜，电解质溶液平行流过电极表面并发生电化学反应，通过双电极板收集和传导电流。这个反应过程可以逆反进行，对电池进行充电、放电和再充电。

VRB的优点主要：电池自放电很小；充放电转化效率高；充放电承受能力强，可多次深度充放电，特别适用于需要快速充电和大电流放电的场合；清洁安全无污染，是一种理想的绿色电池，符合现代环境保护理念。VRB可广泛应用于太阳能、风能发电系统的储能，但是，由于价格原因，在微电网中的大规模运用还有待时日。

系统拟采用电池模拟装置来模拟液流电池特性。电池模拟装置是一种专门用于模拟电池原型真实外特性及荷电状态的装置，具有成本低、安全可靠、参数变更灵活等特点。模拟液流电池装置还可以模拟超级电容器、光伏电池、燃料电池、各类一次电池等各种直流两端器件的外特性。

该电池模拟装置基于新型拓扑，可以有效地克服以往模拟式以及当今部分数字式电池

模拟器的不足，具有模拟多种新型电池外特性的功能。该电池模拟器具有以下几个特点：

（1）模拟对象多样化，可以对不同种类蓄电池的外特性进行模拟。

（2）模拟器的功率系列化，能够满足各种功率蓄电池的研究需求。

（3）电压输出范围大，可以灵活模拟蓄电池的串联数。

（4）既可模拟蓄电池的放电，也可模拟蓄电池的充电；还可以模拟蓄电池的荷电状态。

（5）模拟精度高，参数更改灵活，使用简便。

该电池模拟器采用三相电压型PWM变换器（VSC）作为电池模拟器的主电路，能够按电池的外特性自动快速精确地输出所需电压，可以达到理想的模拟效果。电池模拟装置结构如图13-4-13所示。

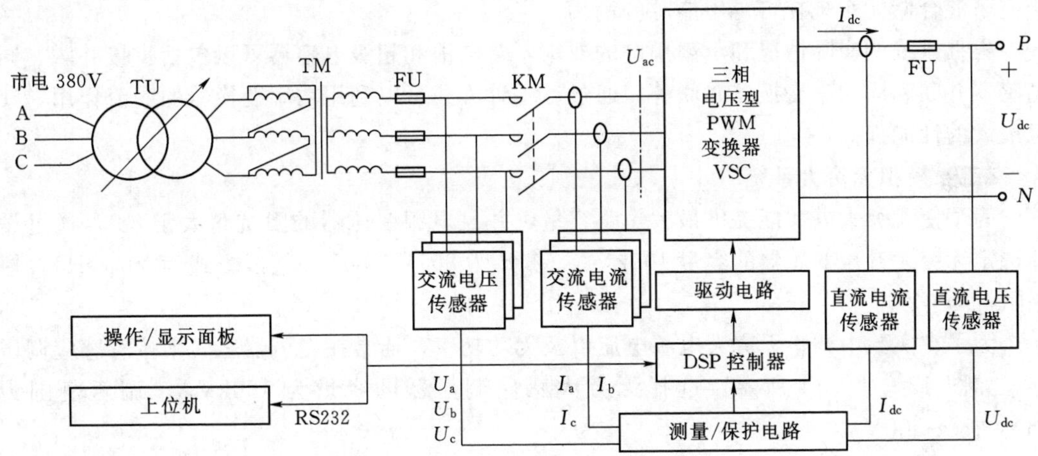

图13-4-13　电池模拟装置结构示意图

该电池模拟器能够很好地模拟多种蓄电池的充放电外特性曲线和SOC荷电状态，模拟精度0.4%，可以用于各种科学实验。

4. 超级电容器储能

超级电容器是由特殊材料制作的多孔介质，与普通电容器相比，它具有更高的介电常数、更大的耐压能力和更大的存储容量，又保持了传统电容器释放能量快的特点，逐渐在储能领域中被接受。根据储能原理的不同，可以把超级电容器分为双电层电容器和电化学电容器。

超级电容器作为一种新兴的储能元件，它与其他储能方式相比有很多的优势。超级电容器与蓄电池相比具有功率密度大、充放电循环寿命长、充放电效率高、充放电速率快、高低温性能好、能量储存寿命长等特点；与飞轮储能和超导储能相比，它在工作过程中没有运动部件，维护工作极少，相应的可靠性非常高。这样的特点使得它在微电网应用中有一定优势。在边远的缺电地区，太阳能和风能是最方便的能源，作为这两种电能的储能系统，蓄电池有使用寿命短、有污染的弱点，超导储能和飞轮储能成本太高，超级电容器成为较为理想的储能装置。目前，超级电容器已经不断应用于诸如高山气象台、边防哨所等的电源供应场合。

从蓄电池和超级电容器的特点来看，两者在技术性能上有很强的互补性。蓄电池的能量密度大，但功率密度小，充放电效率低，循环寿命短，对充放电过程敏感，大功率充放电和频繁充放电的适应性不强。而超级电容器则相反，其功率密度大、充放电效率高、循环寿命长、非常适应于大功率充放电和循环充放电的场合，但能量密度与蓄电池相比偏低，还不适宜于大规模的电力储能。

如果将超级电容器与蓄电池混合使用，使蓄电池能量密度大和超级电容器功率密度大、循环寿命长等特点相结合，无疑会大大提高储能装置的性能。

超级电容器与蓄电池并联，可以提高混合储能装置的功率输出能力，降低内部损耗，增加放电时间；可以减少蓄电池的充放电循环次数，延长使用寿命；还可以缩小储能装置的体积，改善供电系统的可靠性和经济性。国外在这方面作了一些理论研究和模型测试，研究了混合储能系统在可再生能源的利用。

根据系统的实际情况和负载用电的要求，蓄电池和超级电容器可以包括直接并联、同电感器并联和同功率变换器并联等，通过后一种方式可以利用功率变换器的变流作用，获得最大的性能提高，

（二）模拟无穷大系统

为了使无穷大电源能提供最大短路容量，并且电源变压器的阻抗角大于88°，通过设计选定无穷大升压变压器的容量100kVA，变比为800V/380V，接线方式为Y0，d11，短路阻抗为6%。

为了在实验中调整无穷大电源电压以及无功功率，通常在变压器之间串接有感应调压器，如图13-4-14所示。选择无穷大感应调压器的容量为100kVA，调压范围为380V/(0～500V)。

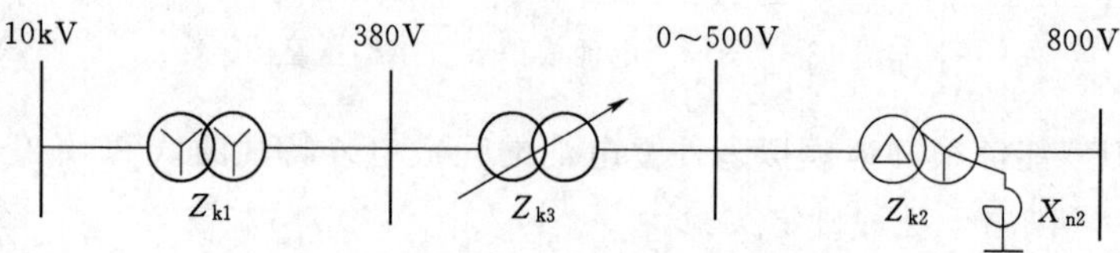

图13-4-14　无穷大电源的接线方式

模拟要求单相短路时的零序电流3倍值小于三相短路电流值，即 $I_1^{(3)} > 3I_0$，故要求升压变压器中性点串接零序电抗，以限制零序电流。

五、模拟负荷与联络变压器

（一）模拟负荷变压器及负荷机组

负荷是微电网中的一个重要组成部分，但不同类型负荷具有不同特性，为了能够和实验室很好的结合，减少电能的消耗，实验室采用实际负荷与模拟负荷相结合的方式，并可根据实验要求进行灵活配置。

模拟负荷简单地可以分为旋转电机负荷、静止RLC线性负载、交流电子负载三类。旋转电机负荷一般采用异步电动机带直流发电机或者测功机，静止RLC线性负载可模拟不同的电阻负荷、电感负荷、电容负荷及不同的组合，交流电子负载可以模拟恒流、恒功

率、冲击、非线性等负荷特性。

为了模拟不同性质负荷和微电网的功率平衡等要求，微电网实验室拟定建设十套不同类型负荷，具体规划如下：

(1) 90LD～93LD 共 4 组电机负荷，拟采用 7.5kVA 模拟负荷降压变压器，将 800V 高压母线电压降压到 380V 负荷母线上，然后带 3kVA 旋转负荷、可分组的 4kW 电阻负荷等。

(2) 94LD～95LD 共 2 组静止负荷，不采用降压变压器，直接用 800V 高压带 6kVA 电阻、电感等静止负荷。

(3) 96LD 共 1 组交流电子负荷，不采用降压变压器，直接用 800V 高压带 6kVA 交流电子负载，模拟不同性质负荷。

(4) 97LD 为 1 组单相交流负荷，在直流微电网中，接在负荷变换器上，总容量为 4kVA。

(5) 98LD～99LD 共 2 组直流负荷，直接用 750V 直流电压带 4kW 负荷。

(二) 模拟联络变压器

15kVA 联络变压器采用三台单相 5kVA 模拟变压器组成，每台单相变压器采用三绕组形式，并在各绕组上均有抽头，变压器主要变比为 800V/380V/800V。变压器的短路阻抗压降在 10%～30%之间可调节，Y0,y,d11 接线方式。

采用 Y0,y 接线方式，可以联络 110kV 与 0.4kV 系统；采用 Y0,d11 接线方式，也可以联络 220kV 和 10kV 系统；还可以采用第三绕组接负荷方式。另外该联络变压器可以做三绕组、两绕组或自耦变压器保护实验，需要进行匝间故障，故各绕组均要有抽头。

(三) 模拟接地电抗器

为了有利于动模实验研究，微电网系统考虑中性点直接接地、中性点不接地、中性点经消弧线圈接地三种情况。

对于中性点直接接地情况，只需合上中性点接地开关即可，系统的设计可以参照常用的低压配电系统接地设计（如 TT 系统、TN－C 系统、TN－S 系统或 TN－C－S 系统等）。

对于中性点不接地情况，打开中性点接地开关及隔离开关，微电网系统成为不接地系统，当出现线路单相接地时，接地点流过容性电流，线电压保持不变，相电压上升到正常单相电压的$\sqrt{3}$倍，容易引起设备的绝缘击穿，因此在设备的选型过程中，应充分考虑设备的绝缘耐压水平。

对于中性点经消弧线圈接地情况，通过在中性点串接消弧线圈和阻尼电阻。当出现线路单相接地时，中性点流过容性电流，通过有载开关调节投入中性点的电抗，实现对容性电流的补偿。

系统在联络变压器中性点设计一个经过消弧线圈接地的接地电抗器，接地电抗器的投入是通过组合屏的接线方式改变，联络变压器中性点可以选择不接地方式、直接接地方式、经消弧线圈接地方式。接地电抗器采用带大气隙的铁芯电抗器结构，其容量 2kVA，电抗值 400Ω，阻抗角大于 86°，耐压大于 3000V，要求线性度好、结构合理、接线方便、无噪声。为了模拟不同的接地系统，接地电抗器设计有 21 个抽头，在 200～400Ω 中间，每 10Ω 左右有一个抽头。

六、模拟交直流输电线路

实际的输电线路是具有分布参数的电路，具有串联的电阻、电感及并联的电容，三相输电线路之间都具有互感和互电容。在动态模拟实验室中，输电线路模型一般不要求空间电磁场相似，只要求线路上某些点的电压与电流随时间变化的过程相似，因此可以采用等效链型电路，以分段集中参数模型来模拟分布参数模型。

（一）模拟交流 10kV 输电线路

实际中交流 10kV 系统是不接地系统，系统需模拟 10kV 电缆输电线路 6 条和 10kV 架空输电线路 6 条，模拟架空线路的相间电容可以忽略不计，模拟电缆线路的相间电容经计算也可以忽略，对模型没有影响，为了便于进行接地选线等试验，模拟电缆线路还是考虑电容器的模拟。

交流 10kV 线路规划了模拟电缆线路共 6 回、架空线路共 6 条，全长 46km，具体如下：

（1）10XL～11XL 模拟架空线路，每回线路 1km，由 1 个 π 单元组成。

（2）12XL～13XL 模拟架空线路，每回线路 2km，由 2 个 π 单元组成。

（3）14XL～15XL 模拟架空线路，每回线路 4km，由 4 个 π 单元组成。

（4）16XL～17XL 模拟电缆线路，每回线路 6km，由 3 个 π 单元组成。

（5）18XL～19XL 模拟电缆线路，每回线路 8km，由 4 个 π 单元组成。

（6）28XL～29XL 模拟电缆线路，每回线路 1km，由 2 个 π 单元组成。

（二）模拟交流 220kV（110kV）输电线路

交流 220kV 线路模型是采用带电容的 π 型电路模型，交流 110kV 线路模型是不带电容的电路模型，应采用 220kV 线路模型兼顾 110kV 线路模型，因为电容器增加了投切开关。

按“电力系统继电保护产品动模试验”行业标准，应采用双回路，拟定采用每回 150km 建立模型，可组成 150km 的双回线模型，也可组成 300km 的单回线模型。

系统共规划了 20XL～27XL 共 8 条输电线路，线路全长 300km，具体如下：

（1）20XL 模拟交流 15km 输电线路，由 1 个 π 单元组成。

（2）21XL～23XL 模拟 30km 线路，每回由 2 个 π 单元组成，每个 π 单元模拟 15km 线路。

（3）24XL～26XL 模拟 45km 线路，每回由 3 个 π 单元组成，每个 π 单元模拟 15km 线路。

（4）27XL 模拟 60km 线路，每回由 4 个 π 单元组成，每个 π 单元模拟 15km 线路。

（三）模拟直流 750V 输电线路

系统需模拟 750V 直流输电线路 2 条，具体如下：

（1）78XL 模拟直流线路，每回线路 1km，由 1 个 π 单元组成。

（2）79XL 模拟直流线路，每回线路 2km，由 2 个 π 单元组成，每个 π 单元模拟 1km 直流线路。

（四）强迫零序电流分配器

模型系统中的零序回路是专门设计的，与原型系统的形式不一样，但特性一致，因在双回路输电系统或者环形网络中发生不对称故障时，零序电流会从相邻线路分流，即故障线路三相所产生的零序电流与零线上产生的电流不一致，这使环形网络的零序与原型系统不一致，故模拟时应在环形网络中增加强迫零序电流分配器，使线路三相所产生的零序电流与零线上产生的电流一致。

在非试验线路的装设强迫零序电流分配器，该分配器也是采用单元式，即在高压组网屏上任意组合，共设计 2 套。

（五）联络电抗器

考验两个系统之间的连接，采用联络电抗器等效联络变压器，及增加一组联络电抗器，也可将此电抗器作为无穷大电源的限流电抗器，

（六）线路电抗器柜

设置 6 条模拟 10kV 架空线路，共 14π 单元；6 条模拟 10kV 电缆线路，共 16π 单元；8 条模拟 220kV 架空线路，共 20π 单元；2 条模拟直流线路，1 组限流电抗器，2 组强迫零序分配器。

由于场地限制，线路架靠窗和墙放置，共设计木质线路柜 30 面，其中 15 面线路柜放置 20π 的 220kV 线路电抗器和 1 组限流电抗器，另 15 面线路柜放置 30π 的 10kV 线路电抗器、2 组直流线路和 2 组强迫零序分配器，考虑运输，每面木制带玻璃梭门的线路柜柜长 800mm、宽 600mm、高 2260mm。

七、主控制室

整个主控制室分为运行操作区、试验测量区、信号投影区、被试设备区四个功能区。

操作台、监控台摆放应面向窗户，投影幕墙设在玻璃窗的上半段，被试品面向大门。操作台主体长 4.42m、宽 0.8m、高 1.25m，操作台加上边沿长 5.22m。操作台不宜太高，不利于坐着操作和看投影。

在动模控制室设计有微机监控系统和工业监视系统，整个系统具有远方集中控制功能，能实现电力系统的“五遥”功能，即遥控、遥信、遥测、遥调、遥视等常规功能，同时具备进行各种试验的特殊功能。

（一）试验操作台规模

系统严格按照 GB/T 26864—2011《电力系统继电保护产品动模试验》、DL 755—2001《电力系统安全稳定导则》以及相关标准等行业要求进行设计、制造，并考虑到动模试验要求灵活方便的特性，按远期规划一次到位。

（1）按 2 台模拟同步发电机的规模设计，其中 1 台 15kVA 模拟水轮发电机组，1 台 5kVA 模拟柴油发电机组，每台机组均设计有保护测控一体化装置，具有过流、过压保护功能，通过以太网可进行上次微机检测。

（2）按 7 套新能源规模设计，包含 1 套 10kVA 微燃机组、2 套 5kVA 模拟双馈和直驱风电机组、4 套太阳能电站，每套新能源的高压接入点设计有保护测控一体化装置，并同样具有保护功能和通信功能。

（3）按4套储能规模设计，1套为超级电容器储能设备、2套为蓄电池储能设备、1套模拟液流电池储能设备。

（4）同期系统按照4个同期点来考虑，采用微机型自动准同期装置方式。

（5）按一组无穷大电源规模设计，无穷大电源容量按100kVA考虑，并配有100kVA感应调压器；模拟无穷大的高压接入点设计有保护测控一体化装置，也同样具有保护功能和通信功能。

（6）规划10组负荷：7组三相交流负荷、2组直流负荷、1组单相交流负荷。7组三相交流负荷中，4组含负荷变压器，3组为直接800V负荷。

（7）配备24组线路开关，具体配备情况如下：

1）51QF～58QF共8组四相交流开关，均具有分相操作功能，带电磁式模拟电流、电压互感器测量。

2）30QF～39QF共10组交流开关不分相操作，带电磁式模拟电流、电压互感器测量。

3）41QF～45QF共5组交流开关不分相操作，不带测量，作隔离开关用。

4）70QF～77QF共8组直流开关。

（8）设计有1台联络变压器，在其三侧设计有保护测控一体化装置，高、中、低压三侧测量线均引入到端子。

（9）预留2个轻型直流输电的交流接入开关。

（10）预留1个FACTS设备的交流接入开关。

（11）预留一系列测试孔，为新型设备做准备。

（12）考虑有2套高压系统故障屏，每套故障系统有4个故障点可供选择，便于进行转换性放障。

（13）考虑有2套发变组故障屏，即1号发电机变压器组故障系统和联络变压器故障系统。

（14）设计有远方动力电源操作、2台无穷大电源操作、操作电源和直流电源操作，并预留1路备用，共6路。

（15）提供1路紧急停机按钮，用于紧急情况下切除无穷大、发电机等动力电源。

系统留有接口，可以接入自动化设备、保护装置等，也可接入计量仪表，如双向电能计量装置及标准装置、可再生能源并网相位测量装置及标准装置、电能质量参数记录分析仪、电力波形存储记录仪、并网装置功率分析仪等。

（二）故障试验系统与录波分析系统

故障试验系统含合闸角程序控制器和模拟高压系统故障、发变组故障系统的短路控制回路，采用96路模拟量故障录波仪预敷设测量电缆至试验操作台，可灵活接入其他需要试验监测的开关回路和电流、电压测量。

（1）录波器记录应能记录96路模拟量（48路5A交流电流，32路180V交流电压，8路直流电压，8路直流电流）和32路事件量。多通道的同步性要好，开关量输入主要支持无源接点，满足电力工业发变组故障录波仪行业标准。

（2）录波器的最高采样率不小于10kHz，应有多种采样速率可选择。在5kHz采样率

下持续录波时间不小于 10min，1kHz 频率下可以连续录波时间不小于 60min。

(3) 启动录波方式有：手动启动，开关量变位，模拟量的上限启动、下限启动、突变启动。对于开关量变位启录波方式，开关变位 2ms 能识别变位并启动录波。

(4) 开关量时间分辨率应能达到 0.1ms。

(5) 模拟通道测量精确，电流回路在额定值时误差不大于 0.5%，在 5 倍额定电流及以上时误差不大于 1%。电压回路在额定值时误差不大于 0.5%，在 1.5 倍以上额定电压误差不大于 1%。在测量模块范围内保持线性。模拟通道零漂可自动校准至额定值的 0.05%以内。

(6) 具有 10M/100M 自适应以太网接口，可以快速向后台机传输录波数据。

(7) 可以测量计算交流量的基波频率、序量、谐波含量（有效值）等。

(8) 自定义曲线计算，可由现有模拟量波形，计算并生成一个新的波形，例如：根据电流电压曲线计算出有功、无功功率的瞬时值或有效值曲线。

(9) 有录波回放功能，用户可以观看波形随时间的变化，以及波形的衍生量，如阻抗、序量、差流等随时间变化的轨迹。

(10) 能把采集的波形信息保存为符合 COMTRADE 格式的录波文件，并可以分析其他录波器采集的符合 COMTRADE 格式的波形。

第五节　配电网真型实验系统

一、真型实验系统的目地

(一) 研究配电网接地故障引发的危险、敏感问题

(1) 人身安全、断线接地接触电压伤人、跨步电压伤人，见表 13-5-1。

表 13-5-1　　对已被公开报道的 10kV 断线伤亡事故的不完全统计

年份	地　点	后　果
2005	广州从化	3 名路人当场死亡
2010	广州从化	2 名路人当场死亡
2010	湖南韶阳地区隆回县	4 人乘摩托车经过时被电击致死
2012	安徽合肥市区	2 人死亡
2014	海南儋州	1 名路人死亡
2016	广西桂平蒙圩镇林村	1 死 1 伤
2016	广东省廉江市	1 名路人当场死亡
2016	安徽阜阳阜南县张寨村	2 死 1 伤
2016	贵州凯里炉山镇紫荆村	3 人当场死亡

(2) 电气火灾：造成群众财产损失、电网设备损毁。包括断线接地故障引燃房屋、汽

车等，电缆“放炮”导致电缆井火灾，站内“火烧连营”。

（3）降低供电可靠性：影响供电服务质量、投诉压力大。

1）是配网故障停电的主要因素之一：①接地故障占配网故障总量的70%～80%；②易发展为短路故障，造成较大面积停电。

2）现场人工选线、排查故障效率低，停电时间长：①人工选线时间10min以上；②非故障线路用户也受影响；③故障查找时间长，易引发投诉。

（二）接地故障的相关技术

1. 站内——多种中性点接地方式和接地选线技术

（1）中性点接地种类。

1）消弧线圈接地。

2）低电阻接地。

3）中电阻接地。

4）消弧线圈与低电阻动态接地。

5）电力电子柔性接地。

（2）站内选线技术。

1）稳态量法，包括有功功率法、零序导纳法、谐波电流法等。

2）暂态量法，包括首半波法、参数识别法、暂态零序电流比较法、行波特征法等。

3）信号注入法，包括特征信号注入法、中电阻法、残流增量法等。

2. 站外——实现接地故障定位、指示、隔离的技术及产品

（1）故障指示器，分为暂态特征型就地式、外施信号型就地式、暂态特征型远传式、暂态录波型远传式、外施信号型远传式等。

（2）用户智能分界开关，分为断路器型和负荷开关型。

（3）智能配电终端，包括FTU、DTU、TTU等。

（4）一二次成套、配合设备，包括柱上开关和环网柜。

（三）配电网真型试验系统建立的必要性

（1）现场接地故障处理效果不佳。导致现场接地故障处理不理想原因如下：

1）故障工况复杂。接地介质，接地点过渡电阻、系统电容电流水平、接地持续时间、故障初相角情况均影响特征量。

2）现场负荷干扰因素较多。真实电网上可能存在着电压波动、暂降等，非线性负载导致的谐波污染、不平衡负荷投切导致的零序信号干扰等。

3）装置原理、工艺可能存在局限。装置采样率、零序电流合成精度、电子互感器、故障指示器的电场强度测量等问题。

（2）真型测试能在现场应用前及时发现产品问题，提升现场应用效果。很多产品并没经过测试验证，通过现场应用发现问题的效率较低（发生概率及工况有限），无法记录和还原故障，不利于及时发现缺陷和产品完善。

通过建立实验场重现真实故障场景，可实现对产品性能的高效、全面、准确的测试。

（3）现场应用发现问题的效率较低。

1）在现场可能要等很长时间才能遇到一次故障。

2）现场装置经历的故障场景和工况有限，难以全面考察其性能。

3）现场故障数据记录不全面，不利于问题分析。

（4）真型试验系统的优势如下：①重现高阻、弧光等现场故障；②避免模型、参数带来的影响；③灵活设置各类故障工况；④试验数据完整记录方便分析；⑤不造成停电损失；⑥能够反映系统干扰的影响。

二、智能配电网真型试验系统案例

（一）河南电力科学研究院"漯河真型试验系统"

试验系统主要包括变电所子系统、线路子系统、故障试验及处理子系统等。

变电所子系统主要由3150kVA降压变压器、2500kVA调压器、3150kVA升压变压器、中性点工作方式模拟单元、高压开关柜、母线及线路出线测控柜与二次保护屏等组成。

线路子系统具备6条出线，包含3条真实线路与3条模拟线路。2条真实架空线末端通过开关可进行互联；1条真实电缆线路末端通过开关可与1条真实架空线首端进行互联，提供混合线路模拟环境；3条集中参数模拟线路，通过设置对地电容实现系统模拟10～150A电容电流水平的配电网系统，其中，有2条线带有负荷台区，具备负荷模拟能力；1条线具备断线模拟能力，1条线具备在末端产生特定压降的模拟试验能力。

故障模拟子系统具备2个故障发生地点，能够发生单相接地故障与断线故障，具备同相单点多次频繁接地故障与异名相接地故障的触发能力，能够模拟各种接地故障类型，如弧光接地、经电阻接地、金属性接地、断线接地等。接地路面可为土地、沙地、水泥地等。

漯河真型试验系统承担配电网实证技术研究、设备检测与评价、成果孵化与推广、科学研究、人才培养、培训教学等任务，是国内首个在实际电网环境中模拟真实10kV配电网的真值模拟试验网。

（1）试验系统定位，包括：

1）新技术与新设备的研发、检测验证与应用评价基地。

2）国际新设备、新标准引进与转化推广基地。

（2）试验系统工作，包括：

1）设备入网检测。把关设备质量、提高设备可靠性。

2）新技术、新设备验证与测试。发现问题、明确适用范围，推动行业技术进步、提高实用化水平。

3）新技术研究、提出解决方案。

（二）真型实证环境构建

（1）网架、一次设备最大限度地与现场保持一致。

1）具有多分段多联络、环网、辐射等多种典型配网网架结构，能够实现多种中性点接地方式。

2）除部分线路采用集中参数模拟外，其他一次设备均为现场使用的真实设备。

（2）故障点设置力求重现现场故障场景。

1）单相接地故障，包括弧光接地、间歇性放电、经电阻接地、金属性接地、断线接地、瞬时性接地、永久性接地。

2）断线故障，包括断线电源侧接地、负荷侧接地，断线接地路面可为土地、沙地、水泥地、沥青地、砖铺路面等。

（3）考虑多种运行环境及影响因素，考核设备抗干扰能力。包括电机负荷、谐波发生器、不对称参数模拟多因子环境箱（温度、湿度、污秽、场尘、振动、降雨、覆冰、凝露等环境）。

（4）批量化测试、全过程记录、自动化分析。全场布置高清录像、高速录波装置，实现试验现象、数据的全程记录；具备故障指示器、配电终端等设备的插拔式测试装置；试验后台能够同步记录和分析试验结果，具备批量测试能力。

（三）主动干预型消弧装置试验

小电流接地系统中，主动干预型消弧装置在故障发生时，通过在母线处将故障相主动接地，转移故障点电流、降低故障点电压，实现故障点熄弧，从而解决消弧线圈在永久性故障下无法可靠熄弧而导致的电缆燃烧等问题，其基本原理如图 13－5－1 所示。

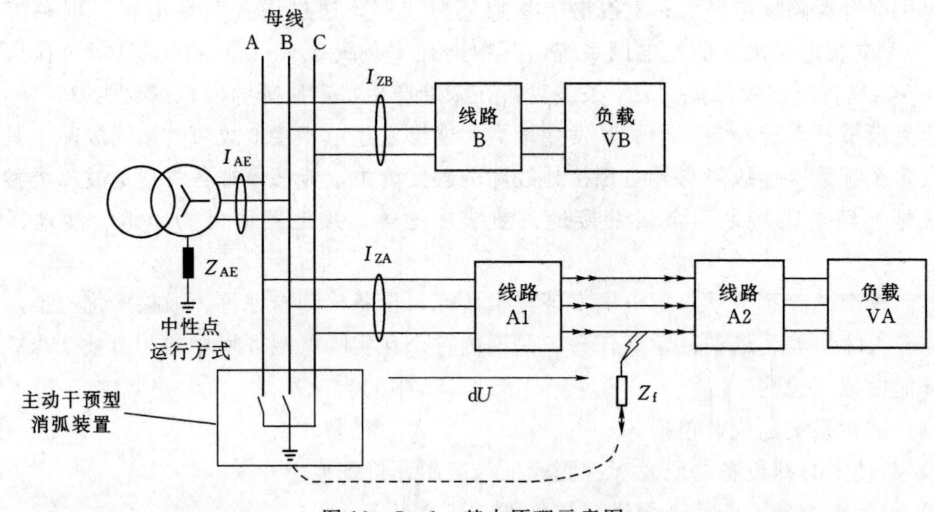

图 13－5－1　基本原理示意图

为全面评价设备的技术性能水平及其适用范围，国网公司运检部安排 10kV 配电网真型实验场开展“主动干预型消弧装置”测试工作。

目前，已完成装置性能对比测试、第一批入网专业检测，正在开展第二批入网专业检测工作。共开展了 12 家产品，包含 10 项性能测试工况的 30 个测试项目。其中，10 项性能测试工况包括电缆弧光接地故障、电阻接地故障、瞬时性弧光接地故障、断线接地故障、金属性接地故障、同名相频繁接地故障、高阻死区接地故障、低阻死区接地故障、冲击负荷试验和母线单相接地故障试验。

测试对装置的改进起到良好的推进作用，见表 13－5－2。通过入网专业检测，装置技术性能与功能结构得到大幅提升。也有部分厂家第一次部分项目没通过，但经过改进，通过了全部测试项目，保证了入网设备可靠性。

表 13-5-2　　　　测试对装置的推进情况

<table>
<tr><th>原装置情况</th><th>现有装置情况</th><th>提升性能说明</th></tr>
<tr><td>单级断路器结构</td><td>两级断路器结构</td><td rowspan="6">(1) 更高的可靠性。
(2) 更快的动作速度。
(3) 更完善的保护措施。
(4) 更全面的故障分析能力。
(5) 更强的环境适应能力。
(6) 更完整的程序处理逻辑</td></tr>
<tr><td>动作时间数百毫秒至秒级</td><td>动作时间 200 毫秒以内</td></tr>
<tr><td>永久性故障判断至再次合闸时间达秒级</td><td>永久性故障判断至再次合闸时间 500ms 内</td></tr>
<tr><td>采用一次消谐或二次消谐保护 TV 熔断器</td><td>无过渡措施时必须采用一次消谐设备</td></tr>
<tr><td>无故障录波功能</td><td>含有故障录波功能</td></tr>
<tr><td>……</td><td>……</td></tr>
</table>

(四) 新技术、新产品验证

试验系统对国内、外 30 多个厂家的产品进行了技术验证、性能测试与对比分析工作，为国网公司相关决策提供了参考依据，为设备厂家产品完善提供了良好的平台，推动了接地故障处理技术的发展，见表 13-5-3。

表 13-5-3　　　　试验系统进行的测试情况

序号	测 试 名 称	委 托 单 位
1	架空线路单相接地故障检测技术功能验证测试	国网公司运检三处
2	不同中性点接地方式下单相接地故障处理装置应用效果测试	南方电网公司
3	小电流接地系统单相接地故障选线装置测试	河南省电力公司
4	配电网单相接地故障定位性能测试装置验证试验	陕西电力科学研究院
5	新型故障指示器单相接地故障应用效果测试	河南省电力公司
6	10kV 全电流补偿装置	瑞典 Swedish Nuetral 公司
7	"相不对称法"单相接地故障检测装置测试	瑞典赫兹曼公司
8	……	……

1. 开展产品新工艺测试，为标准修订提供支撑

现场故障暂态过程的自振频率分布在 0.3～3kHz。目前故障指示器 4kHz 的采样率仍有提高的空间和必要性，测试为故障指示器相关标准的修订提供了参考依据。

在对故障指示器的测试中，被测设备采用了 4kHz、8kHz 和 12.8kHz 三种不同的采样率，测试结果表明，提高采样率对故障指示器检测能力提升是有益的。

(1) 开展产品极限性能测试，为掌握产品性能提供依据。大多数设备厂家希望在名种极端工况下进行验证，以掌握并提升其产品的最大能力。例如某故障指示器厂家在第一次测试时对高阻接地故障的测试效果不佳，经过几个月的改进后，再次测试已经能够有效检

测过渡电阻 5000Ω 的接地故障。

（2）开展多种产品的配合测试，为各类设备协同解决接地故障问题探索新路径。

1）主动消弧装置和外施信号型故障指示器的工作逻辑冲突。

2）主动消弧装置先判断是否永久故障，再让外施信号型故障指示器进行故障定位，定位完成后，再由主动干预型消弧装置进行故障转移处理。

2. 开展样机测试，为产品缺陷分析、参数设置提供依据

某站内选线装置采用零序电压突变量启动，但在消弧线圈系统中的高阻接地故障工况测试时失效。

经分析，是由于高阻时零序电压上升速度缓慢，且其用于计算突变量的采样点间隔设置太小，导致计算得到的突变量不明显，装置无法启动，重新设置后，问题解决。

（五）新技术研究验证

在开展测试的同时，试验系统在配电网接地故障处理与触电保护领域开展了诸多研究，重点开展了人身触电伤害机理及安全约束指标、配电网接地高阻故障诊断、全补偿技术等研究，以期解决接地故障诊断与快速处理的难题，满足人身安全防护要求，见表 13-5-4。

表 13-5-4　　试验系统开展的新技术研究情况

序号	技 术 名 称
1	配电网人身伤害触电机理及触电场景建模技术研究
2	以提升人身安全为目标的配电网单相故障处理技术约束指标及综合评价方法研究
3	配电网单相断线故障及高阻接地故障诊断方法研究
4	配电网弧光高阻单相接地故障快速检测与预警技术研究
5	配电网接地故障电流全补偿技术研究
6	智能配电网故障诊断与自组织控制技术
7	基于配电终端录波数据分析的配电网接地故障研判技术研究

1. 配电网接地故障电流全补偿技术研究与测试

全补偿技术是在消弧线圈补偿的基础上，利用电力电子换流器从中性点向系统中注入反向的阻性电流和谐波电流，实现对故障残流的完全补偿，控制故障点残压至安全范围，消除人身触电风险，系统可长期运行，不需跳闸停电。

两种全补偿装置包括电流型及电压型，分别以接地电流、故障相电压为控制目标，同时补偿残流中的无功分量、有功分量和谐波分量，提高熄弧效果。电流型、电压型补偿优缺点见表 13-5-5。

2017 年，利用真型试验系统对电压型全补偿装置的样机进行了测试，测试结果表明，该装置能够有效抑制故障点残余电压和电流，实现故障点的可靠熄弧。

电压型全补偿装置能够把传统消弧问题转化为故障点电压控制问题，通过注入电流柔性控制故障相电压，使故障点电压等于零或低于熄弧电弧重燃电压，达到消弧目的。

表 13-5-5　　电流型、电压型补偿优缺点

补偿方式	主要优缺点
电流型	主动抑制弧光接地故障，消弧效果好。 (1) 需要对故障残流精确测量，注入电流精确补偿接地故障残流。 (2) 控制复杂。 (3) 非故障相电压升高可能发展成为相间故障
电压型	能够实现故障相接地电流为零，理论故障消弧率达 100%。 (1) 参数测量简单且精度高。 (2) 控制简单且鲁棒性强（降低故障相电压不为零）。 (3) 有效降低接地故障发展为相间故障的风险

电压型全补偿装置的优点包括：零序电压测量控制简单灵活、可与消弧线圈配合运行、高阻故障识别能力强、不存在系统过电压问题等。电压型全补偿装置如图 13-5-2 所示。

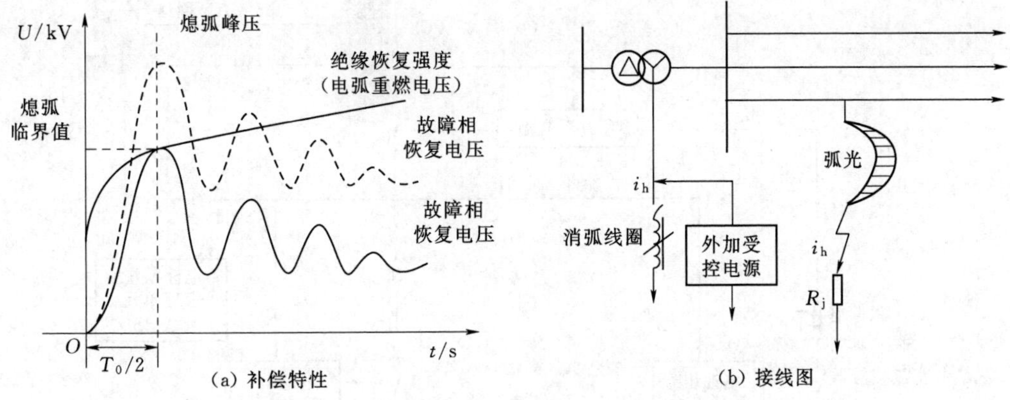

图 13-5-2　电压型全补偿装置

2. 配电网接地故障处理及触电防护

致力于研究与解决中、低压配电网接地故障处理与人身触电保护领域的技术难题，提高配电网接地故障处理技术与装置的实用化水平，如图 13-5-3 所示。

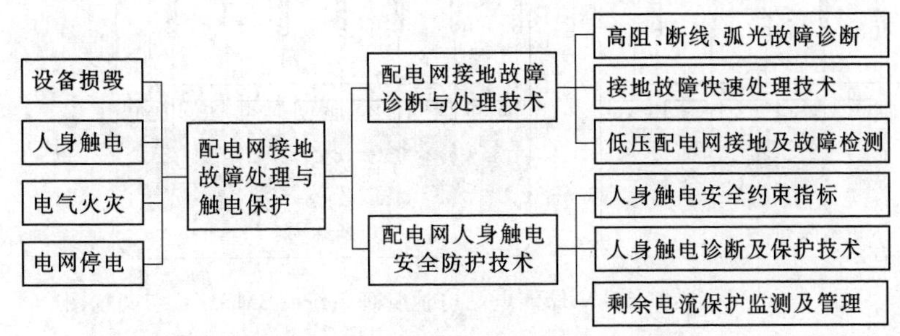

图 13-5-3　接地故障处理及触电防护

第六节　储能电站系统测试

一、项目电气系统简介

某某变 10kV 储能项目，站房内规划储能功率为 6MW，储能电量为 24MW·h，远景规划储能功率为 12MW，最终储能电量为 48MW·h。储能电池拟选用铅酸蓄电池，拟通过一回 3×300mm² 铜芯 10kV 线路接入 110kV 金陵变 10kV Ⅰ段母线；储能部分由 21 个电池阵列组成，每个电池阵列由 6 个 8 层 5 列双排蓄电池支架组成。电池阵列每层 60 个蓄电池共 8 层，每层 60 个蓄电池串联后为一组，串联后正负极在汇流箱方向，每个电池阵列共 8 组，每 14 组接入汇流柜汇流成 2 簇后接入一台 500kW 储能双向变流器，如图 13-6-1所示。

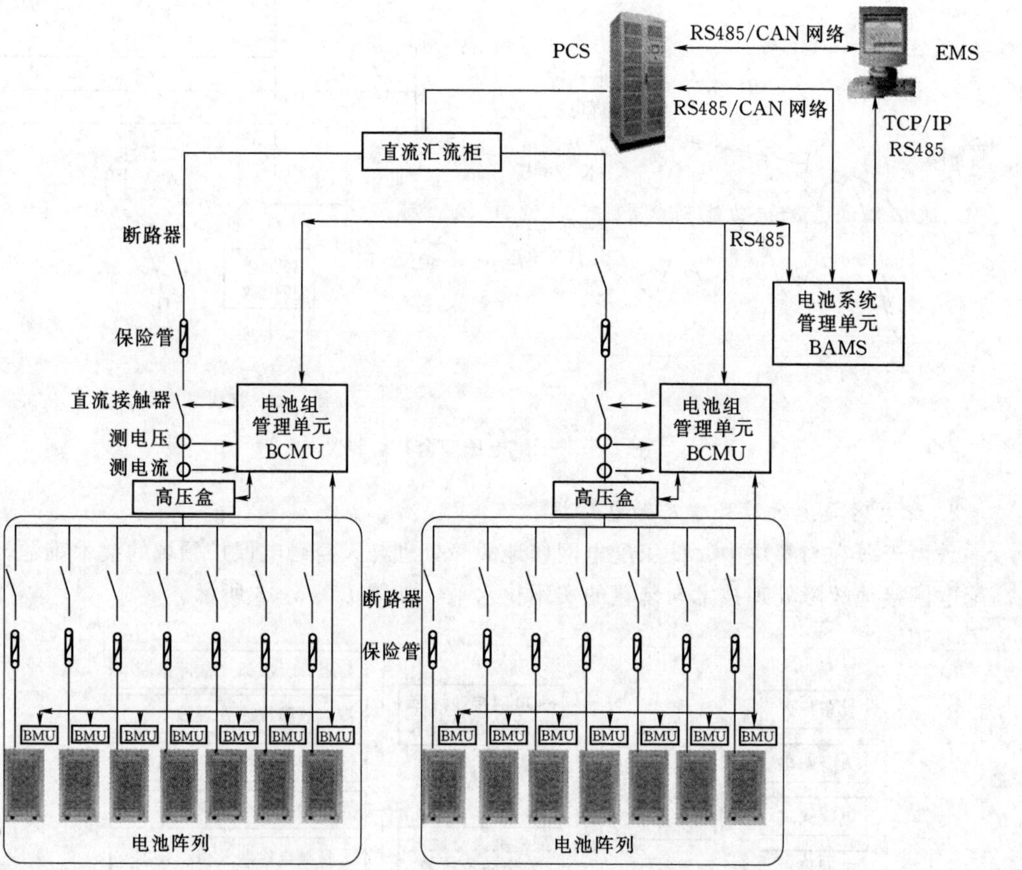

图 13-6-1　某某 10kV 储能电站电池管理系统（BMS）系统架构图

工程由 3 个储能单元+1 个集控单元构成，每个储能单元由 1 台升压变、4 台 500kW 储能变流器（PCS）、8MW·h 铅酸蓄电池（8 簇）、BMS、直流汇流柜、交流汇流柜组

成。每 2 簇电池接入 1 台 500kW PCS。4 台 PCS 交流侧汇流后接入 2500kVA 升压变压器，变压器为双圈变，高压侧 10kV，低压侧 360V。每 3 个储能单元的 10kV 变压器的高压侧汇流至 10kV 开关室，通过 10kV 电缆线路分别接入 10kV Ⅰ段母线。

二、测试条件

（一）电池单体检测条件

（1）蓄电池型式试验报告。

（2）说明书。

（3）蓄电池性能参数表。

（4）抽检样品已运到实验室。

（二）BMS 检测条件

（1）BMS 电气设计图纸（外部电气接线图）。

（2）产品说明书（技术说明书、操作说明书）。

（3）出厂试验报告、BMS 型式试验报告等。

（4）业主方与供货商签订的《BMS 采购技术协议》。

（5）抽检样品已运到实验室。

（6）BMS 测试时间段内供应商应派专业的 BMS 工程师到测试单位实验室协助测试。

（三）储能电站并网检测条件

1. 通信测试、保护功能测试条件

（1）站房储能系统的相关设备安装工作、交接试验、调试基本结束，设备均已经带电，且符合质量标准和设计要求。

（2）BMS 检测完毕并合格；PCS、储能站房内灯光照明、空调、试验电源、已具备可投入使用。

2. 其他并网测试项目测试条件

（1）储能电站全站调试完成，且储能电站稳定运行不少于 3 个充放电周期。

（2）在并网测试前确保储能电站的储能系统保护、进线保护、主变压器、BMS、PCS 保护正常，定值参数可根据试验要求作适当调整。

（3）测试现场消防设施具备使用条件或具有有效的临时消防设施，测试现场通道畅通。

（4）供货商、业主、调试单位、施工单位相关技术人员均已经到场。

（5）当地调度允许储能电站并网测试，并且相关事宜沟通完毕允许测试。

3. 其他条件

（1）储能站受电部分保护及自动装置定值已按调度下达的定值整定，受电临时定值已整定，并经整组试验验证能可靠动作。

（2）各开关整组操作试验已经完成，且验收合格。

（3）系统试验前应保证通信、联络系统的畅通。

（4）所有临时接地措施解除。

（5）通信联络：调试两端与调度的通信和两端间的直接联络电话畅通，且主控和现场有通信手段。

三、测试内容

（1）铅酸蓄电池抽检项目，见表13-6-1。

表13-6-1　　铅酸蓄电池抽检项目

检测对象	序号	检测项目	检测形式及样品数量	检测地点	时　间
电池单体	1	外观检验	随机抽检，8个	实验室	（1）测试结论在所有测试完成后5个工作日内出具。 （2）测试报告正式文件在所有测试完成后1～3个月出具。 （3）本次测试单个电站测试完成所有项目约40天，第45天左右出具测试结论
	2	极性检验			
	3	初始充放电性能试验	随机抽检，8个		
	4	高温充放电性能试验	项目现场随机抽检，1号、2号、3号		
	5	低温充放电性能试验			
	6	高温能量保持试验	随机抽检，4号、5号、6号		
	7	过充电试验	随机抽检，7号		
	8	热失控敏感性试验	随机抽检，8号		
	9	10h率容量①	随机抽检，1号		
	10	低温容量①	随机抽检，2号		
	11	120h率容量①	随机抽检，9号、10号、11号、12号		
	12	容量一致性①	随机抽检，9号、10号、11号、12号		

注　1. 依据GB/T 36280—2018《电力储能用铅炭电池》。

2. 检测时间为估算结果，具体时间根据样品数量和技术规格参数确定。

3. 随机抽检进行安全试验后的样品不能继续正常使用，供货范围内需考虑抽检样品数量。

①　依据GB/T 22473—2008《储能用铅酸蓄电池》。

（2）BMS抽检项目，见表13-6-2。

表13-6-2　　BMS抽检项目表

检验对象	序号	检验项目	检验形式及样品数量	检测地点	检验时间
BMS	1	电流测量精度	随机抽检两套BMS，每套BMS内应抽检设备有：从控模块（BMU）4块、（BCMU）主控模块2块、电池簇管理单元（BAMS）1块	实验室	（1）BMS测试时间大约需要16个工作日。 （2）测试报告结论在测试完成后5个工作日内出具。 （3）测试报告正式文件在所有测试完成后1～3个月出具
	2	电压测量精度			
	3	温度测量精度			
	4	SOC估算精度			
	5	故障诊断功能			
	6	保护功能			
	7	均衡功能			
	8	绝缘耐压试验			
	9	耐湿热性能试验			
	10	静电放电抗扰度试验			
	11	电快速瞬变脉冲群抗扰度试验			
	12	浪涌（冲击）辐射抗扰度试验			
	13	工频磁场抗扰度试验			
	14	震荡波抗扰度试验			

注　1. 检验依据：GB/T 34131—2017《电化学储能电站用锂离子电池管理系统技术规范》、GB/T 2423.4—2008《电工电子产品环境试验 第2部分：试验方法　试验Db：交变湿热（12h+12h循环）》、GB/T 17626.2—2018《电磁兼容 试验和测量技术　静电放电抗扰度试验》等标准。

2. 检验时间为估算结果，具体检验时间根据样品数量及规格参数确定。

3. 随机抽检后的样品不能继续正常使用，供货范围内需考虑抽检样品数量。

（3）并网测试见表 13-6-3。

表 13-6-3　　并　网　测　试

<table>
<tr><th>试验对象</th><th>序号</th><th colspan="2">测　试　项　目</th><th>检测地点</th><th>检测时间</th></tr>
<tr><td rowspan="26">储能电站（全站）</td><td rowspan="3">1</td><td rowspan="3">电网适应性测试</td><td>频率适应性测试</td><td rowspan="26">项目现场</td><td rowspan="26">（1）并网测试时间大约需要 23 个工作日。
（2）测试报告结论在测试完成后 5 个工作日内出具。
（3）测试报告正式文件在所有测试完成后 1～3 个月出具</td></tr>
<tr><td>电压适应性测试</td></tr>
<tr><td>电能质量适应性测试</td></tr>
<tr><td rowspan="3">2</td><td rowspan="3">功率控制测试</td><td>有功功率调节能力测试</td></tr>
<tr><td>无功功率调节能力测试</td></tr>
<tr><td>功率因数调节能力测试</td></tr>
<tr><td>3</td><td colspan="2">过载能力测试</td></tr>
<tr><td rowspan="2">4</td><td rowspan="2">低电压穿越测试</td><td>空载测试</td></tr>
<tr><td>负载测试</td></tr>
<tr><td rowspan="2">5</td><td rowspan="2">高电压穿越测试</td><td>空载测试</td></tr>
<tr><td>负载测试</td></tr>
<tr><td rowspan="3">6</td><td rowspan="3">电能质量测试</td><td>三相电压不平衡测试</td></tr>
<tr><td>谐波测试</td></tr>
<tr><td>直流分量测试</td></tr>
<tr><td rowspan="2">7</td><td rowspan="2">保护功能测试</td><td>涉网保护功能测试（核验）</td></tr>
<tr><td>非计划孤岛保护功能测试</td></tr>
<tr><td rowspan="2">8</td><td rowspan="2">充放电响应时间测试</td><td>充电响应时间测试</td></tr>
<tr><td>放电响应时间测试</td></tr>
<tr><td rowspan="2">9</td><td rowspan="2">充放电调节时间测试</td><td>充电调节时间测试</td></tr>
<tr><td>放电调节时间测试</td></tr>
<tr><td rowspan="2">10</td><td rowspan="2">充放电转换时间测试</td><td>充电到放电转换时间测试</td></tr>
<tr><td>放电到充电转换时间测试</td></tr>
<tr><td>11</td><td colspan="2">额定能量测试</td></tr>
<tr><td>12</td><td colspan="2">额定功率能量转换效率测试</td></tr>
<tr><td rowspan="2">13</td><td rowspan="2">通信测试</td><td>通信基本测试</td></tr>
<tr><td>状态与参数测试</td></tr>
</table>

注　测试依据：GB/T 36547—2018《电化学储能系统接入电网技术规定》、GB/T 36548—2018《电化学储能系统接入电网测试规范》。

四、储能电站测试工作内容

测试工作内容包含 10kV 6MW/(24MW·h) 储能电站项目的并网测试、蓄电池单体测试与蓄电池管理系统测试。测试工作内容如下：

（1）参加测试联络会。

（2）负责编制测试方案和措施。

（3）负责测试的操作规范。

（4）负责全部测试工作。

（5）负责填报储能电站质量验评表。

（6）负责编写测试报告和测试工作总结。

（7）负责完成所有与入网相关的测试。

（8）负责对测试不合格的单体或系统告知业主，并提供整改建议。

（9）测试仪器、仪表、材料工具准备，需要运送到储能电站测试的设备运送到现场。

五、并网检测方法

（一）测试设备要求

（1）测试仪器仪表应按国家有关计量检定规程或有关标准经检定或计量合格，并在有效期内。

（2）测试仪器仪表精度应达到0.2级。

（3）模拟电网装置。

1）与变流器连接侧的电压谐波应小于GB/T 14549—1993《电能质量　公用电网谐波》中谐波容许值的50%。

2）与电网连接侧的电流谐波应小于GB/T 14549—1993《电能质量　公用电网谐波》中谐波容许值的50%。

3）在测试过程中，电网的稳态电压变化幅度不得超过正常电压的1%。

4）电压偏差应小于标称电压的1%。

5）频率偏差应小于0.01Hz。

6）三相电压不平衡度应小于1%，相位偏差应小于3°。

7）中性点不接地的电网，中性点位移电压应小于相电压的1%。

8）额定功率应大于储能系统的额定功率。

9）具有在一个周波内进行±0.1%额定频率的调节能力。

10）具有在一个周波内进行±1%额定电压的调节能力。

（二）检测接线图

考虑到整个储能电站由多个储能系统组成，整站的容量比较大，因此采取抽选用10kV母线连接的任意一个储能单元，测试车接在储能10kV母线中压箱出线开关与进线开关之间，两开关之间的原装设电缆应拆除。具体开关位置如图13-6-2所示。

（三）检测方案

1. 电网适应性测试

（1）频率适应性测试。

1）合格标准。

a. 频率范围在$f<49.5$Hz时，PCS不应处于充电状态。

b. 频率范围在49.5Hz$\leqslant f\leqslant$50.2Hz时，PCS正常运行。

c. 频率范围在$f>50.2$Hz时，PCS不应处于放电状态。

2）测试方法及流程。

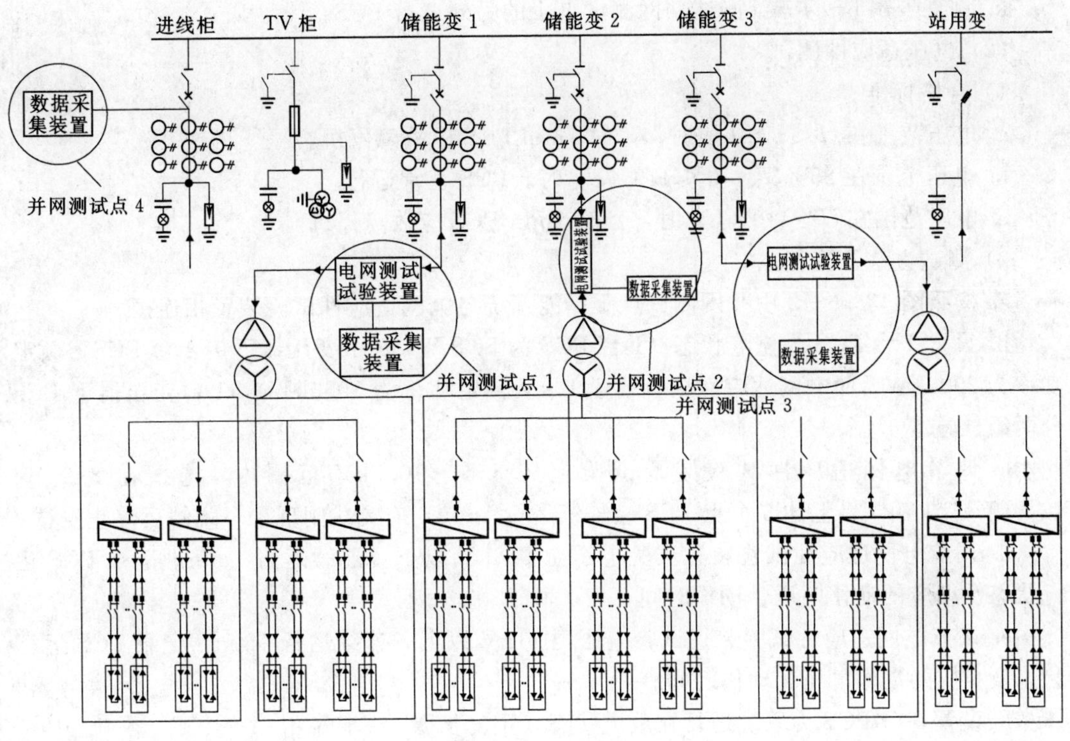

图 13-6-2 测试点示意图

a. 按照图 13-6-2 中并网测试点 1 储能系统与电网适应性试验装置相连接。

b. 设置 1 台 PCS 为充电状态（此处 1 台 PCS 为 500kW，1 个变压器下接 4 台 PCS，额定功率为 2000kW，而电网适应性试验装置 10kV 额定功率为 1000kW），1 台变压器下 PCS 分两组试验。

c. 调节电网适应性试验装置频率至 49.52～50.18Hz 范围内，选择频率在 49.52Hz、50.18Hz、50.10Hz。在上述 3 个点 PCS 应连续运行 1min，应无跳闸现象，跳闸后重复测试一次。

d. 设置 1 台 PCS 为放电状态，重复上一步步骤。

e. 设置 1 台 PCS 为系统运行在充电状态，调节电网适应性试验装置频率至 48.02～49.48Hz、50.22～50.48Hz 范围内选择 48.10Hz、49.40Hz、50.30Hz、50.45Hz 4 个点，每个点必须运行至少 4s；分别记录 PCS 运行状态及相应动作频率、动作时间。

f. 设置 1 台 PCS 为系统运行在放电状态，重复上一步步骤。

g. 设置 1 台 PCS 为系统运行在充电状态，调节电网适应性试验装置频率至 50.52Hz，连续运行至少 4s；分别记录 PCS 运行状态及相应动作频率、动作时间。

h. 设置 1 台 PCS 为系统运行在放电状态，重复上一步步骤。

i. 设置 1 台 PCS 为系统运行在充电状态，调节电网适应性试验装置频率至 47.98Hz，连续运行至少 4s；分别记录 PCS 运行状态及相应动作频率、动作时间。

j. 设置 1 台 PCS 为系统运行在放电状态，重复上一步步骤。

k. 重复步骤 b～步骤 j 测试并网测试点 1 的另外 3 台 PCS。

（2）电压适应性测试。

1）合格标准。

a. 电压范围在 $U<85\%U_N$ 时，延时 1min PCS 应故障停机。

b. 电压范围在 $85\%U_N \leqslant U \leqslant 110\%U_N$ 时，PCS 正常运行。

c. 电压范围在 $U>110\%U_N$ 时，延时 1min PCS 应故障停机。

2）测试方法及流程。

a. 按照图 13-6-2 中并网测试点 1 储能系统与电网适应性试验装置相连接。

b. 设置 1 台 PCS 为充电状态（1 台 PCS 为 500kW，1 个变压器下接 4 台 PCS，额定功率为 2000kW，而电网适应性试验装置 10kV 额定功率为 1000kW），1 台变压器下 PCS 分两组试验。

c. 调节电网适应性试验装置试验电压 8.6～10.9kV 范围内，选择在 8.6kV、10.9kV、10.0kV，上述 3 个点 PCS 应连续运行 1min，应无跳闸现象，跳闸后停止测试。

d. 调节电网适应性试验装置试验电压至 8.5kV 以下，连续运行 1min，记录 PCS 运行状态及相应的动作电压、动作时间。

e. 调节电网适应性试验装置试验电压至 11kV 以上，连续运行 1min，记录 PCS 运行状态及相应的动作电压、动作时间。

f. 设置一台 PCS 为系统运行在放电状态，重复步骤 c～步骤 e。

g. 重复步骤 b～步骤 f 测试并网测试点 1 的另外 3 台 PCS。

（3）电能质量适应性测试。

1）合格标准。交流侧的谐波值、三相电压不平衡度、间谐波值分别至 GB/T 14549—1993《电能质量　公用电网谐波》、GB/T 15543—2008《电能质量　三相电压不平衡》和 GB/T 24337—2009《电能质量　公用电网间谐波》中要求的最大限值，连续运行至少 1min，PCS 设备不应停机。

2）测试方法。

a. 按照图 13-6-2 中并网测试点 1 储能系统与电网适应性试验装置相连接。

b. 设置储能系统 1 台（PCS）运行在充电状态。

c. 调节模拟电网装置交流侧的谐波值、三相电压不平衡度、间谐波值分别至 GB/T 14549—1993《电能质量　公用电网谐波》、GB/T 15543—2008《电能质量　三相电压不平衡》和 GB/T 24337—2009《电能质量　公用电网间谐波》中要求的最大限值，连续运行至少 1min，记录储能系统运行状态及相应动作时间。

d. 设置储能系统运行在放电状态重复上一步步骤。

e. 重复步骤 b～步骤 d 测试并网测试点 1 的另外 3 台 PCS。

f. 同理，按并网测试 1 的测试方法进行并网点 2、并网点 3 的测试。

2. 功率控制测试

（1）合格标准。储能变流器输出大于其额定功率的 20%时，功率控制精度应不超过 5%。

（2）有功功率调节能力测试。

1）升功率测试。按照图 13-6-2 中并网测试点 4 安装数据采集装置，对储能整体储能电站进行检测，并记录。测试步骤如下：

a. 在储能电站 EMS 设置储能电站总有功功率为 0。

b. 按图 13-6-3 所示，逐级调节有功功率设定值至 $-0.25P_N$、$0.25P_N$、$-0.5P_N$、$0.5P_N$、$-0.75P_N$、$0.75P_N$、$-P_N$、P_N，各个功率点保持至少 30s，在储能系统并网点测量时序功率；以每 0.2s 有功功率平均值为一点，记录实测曲线。

c. 以每次有功功率变化后的第二个 15s 计算 15s 有功功率平均值。

d. 计算步骤 b 的各点有功功率的控制精度、响应时间和调节时间。

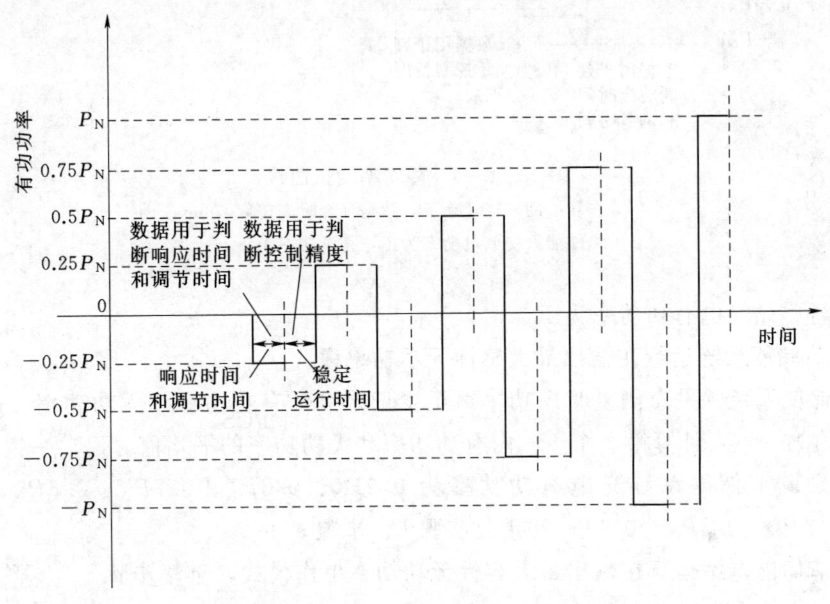

图 13-6-3　升功率测试曲线

注　1. 在相同的采样速率下，数据计算时间窗取 200ms。
　　2. 储能系统放电功率为正，充电功率为负。

2）降功率测试。按照图 13-6-2 中并网测试点 4 安装数据采集装置，对储能整体储能电站进行检测，并记录。测试步骤如下：

a. 在储能电站 EMS 设置储能电站总有功功率为 P_N。

b. 按图 13-6-4 所示，逐级调节有功功率设定值至 $-P_N$、$0.75P_N$、$-0.75P_N$、$0.5P_N$、$-0.5P_N$、$0.25P_N$、$-0.25P_N$、0，各个功率点保持至少 30s，在储能系统并网点测量时序功率；以每 0.2s 有功功率平均值为一点，记录实测曲线。

c. 以每次有功功率变化后的第二个 15s 计算 15s 有功功率平均值。

d. 计算步骤 b 的各点有功功率的控制精度、响应时间和调节时间。

（3）无功功率调节能力测试。

1）充电模式测试。按照图 13-6-2 中并网测试点 4 安装数据采集装置，对储能整体储能电站进行检测，并记录。测试步骤如下：

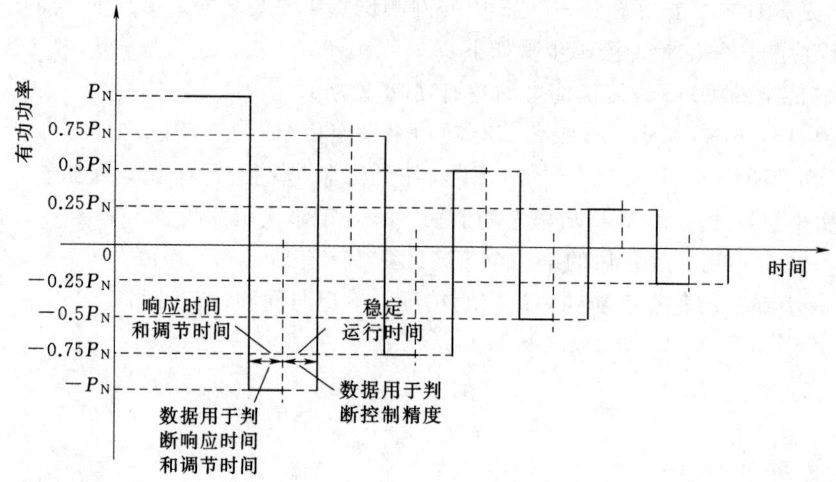

图 13-6-4　降功率测试曲线

注　1. 在相同的采样速率下，数据计算时间窗取 200ms。
2. 储能系统放电功率为正，充电功率为负。

a. 设置整站充电有功功率为 P_N。

b. 调节储能系统运行在输出最大感性无功功率模式。

c. 在储能系统并网点测量时序功率，至少记录 30s 有功功率和无功功率，以每 0.2s 功率平均值为一点，计算第 2 个 15s 内有功功率和无功功率的平均值。

d. 分别调节储能系统充电有功功率为 $0.9P_N$、$0.8P_N$、$0.7P_N$、$0.6P_N$、$0.5P_N$、$0.4P_N$、$0.3P_N$、$0.2P_N$、$0.1P_N$ 和重复步骤 b、步骤 c。

e. 调节储能电站运行在输出最大容性无功功率工作模式，重复步骤 c、步骤 d。

注意：①无功功率正值表示感性无功功率，无功功率负值表示容性无功功率；②有功功率处于 $\pm 2\% P_N$ 时，即认为有功功率调节到 0。

2）放电模式测试。与充电模式测试相同。

（4）功率因数调节能力测试。按照图 13-6-2 中并网测试点 4 安装数据采集装置，所有参数调至正常工作条件，进行功率因数调节能力测试，对储能整体储能电站进行检测，并记录。

1）将储能系统放电有功功率分别调至 $0.25P_N$、$0.5P_N$、$0.75P_N$、P_N4 个点。

2）调节储能系统功率因数从超前 0.95 开始，连续调节至滞后 0.95，调节幅度不大于 0.01，测量并记录储能系统实际输出的功率因数。

3）将储能系统充电有功功率分别调至 $0.25P_N$、$0.5P_N$、$0.75P_N$、P_N4 个点。

4）调节储能系统功率因数从超前 0.95 开始，连续调节至滞后 0.95，调节幅度不大于 0.01，测量并记录储能系统实际输出的功率因数。

3. 过载能力测试

（1）合格标准。储能电站具备过负荷能力，要求充电状态下 $1.1P_N$ 连续运行 10min，$1.2P_N$ 连续运行 1min；放电状态下 $1.11P_N$ 连续运行 10min，$1.21P_N$ 连续运行 1min。

(2) 测试方法。按照图 13-6-2 中并网测试点 4 安装数据采集装置，PCS、BMS、配电系统继电保护参数调整到满足过负荷试验状态，其他参数调至正常工作条件，待调度认可后方可试验时进行试验。

1) 测试注意事项如下：

a. 变流器 PCS1～12 号的控制模式为储能电站监控系统的远程控制状态。

b. 试验前储能系统 SOC 范围在 40%～70%，以保证试验过程正常进行。

c. 试验时，若设备告警或异常，可暂停试验。

d. 依次检查变流器 PCS1～12 号和电池堆 1～12 号，确认设备无异常告警。

2) 储能系统过载能力测试步骤如下：

a. 将储能电站所有 PCS 启动至待机状态，在 EMS 上设置储能系统充电有功功率设定值至 $1.1P_N$，连续运行 10min，在并网测试点 4 处测量时序功率，以每 0.2s 有功功率平均值为一点，记录实测曲线。

b. 将储能电站所有 PCS 启动至待机状态，在 EMS 上设置储能系统充电有功功率设定值 $1.2P_N$，连续运行 1min，在并网测试点 4 处测量时序功率，以每 0.2s 有功功率平均值为一点，记录实测曲线。

c. 将储能电站所有 PCS 启动至待机状态，在 EMS 上设置储能系统放电有功功率设定值至 $1.11P_N$，连续运行 10min，在并网测试点 4 处测量时序功率，以每 0.2s 有功功率平均值为一点，记录实测曲线。

d. 将储能电站所有 PCS 启动至待机状态，在 EMS 上设置储能系统放电有功功率设定值至 $1.21P_N$，连续运行 1min，在并网测试点 4 处测量时序功率，以每 0.2s 有功功率平均值为一点，记录实测曲线。

过载有功功率测试曲线如图 13-6-5 所示。

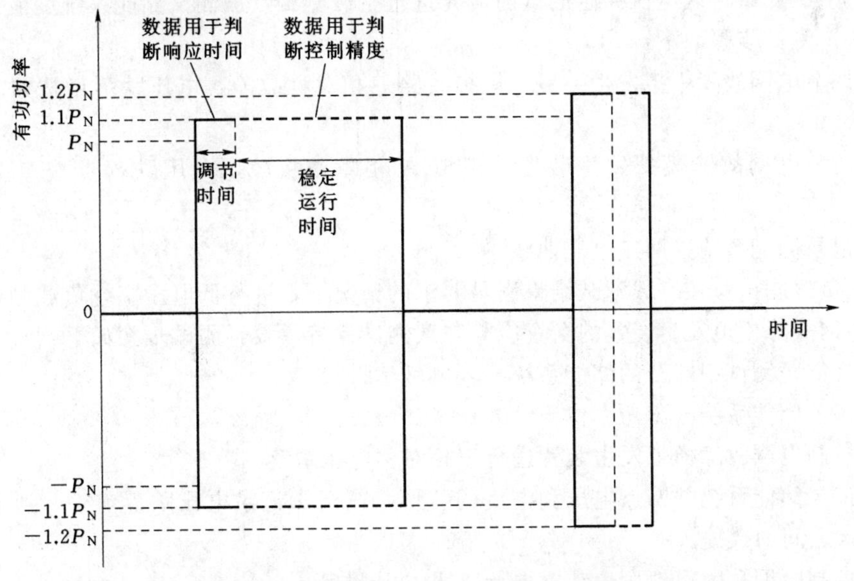

图 13-6-5　过载有功功率测试曲线

4. 低电压穿越测试方案

（1）合格标准。当电力系统事故或扰动引起并网点电压跌落时，在一定的电压跌落范围和时间间隔内，电池储能系统能够保证不脱网连续运行。符合图 13-6-6 所示低电压穿越曲线。

（2）测试前准备。

1）进行低电压穿越测试前，储能系统应工作在与实际投入运行时一致的控制模式下。按照图 13-6-2 连接储能系统、电网故障模拟发生装置、数据采集装置以及其他相关设备。

2）检测应至少选取 5 个跌落点，并在 $0\%U_N \leqslant U \leqslant 5\%U_N$、$20\%U_N \leqslant U \leqslant 25\%U_N$、$25\%U_N < U \leqslant 50\%U_N$、$50\%U_N < U \leqslant 75\%U_N$、$75\%U_N < U \leqslant 85\%U_N$ 5 个区间内均有分布，并按照图 13-6-6 选取跌落时间。

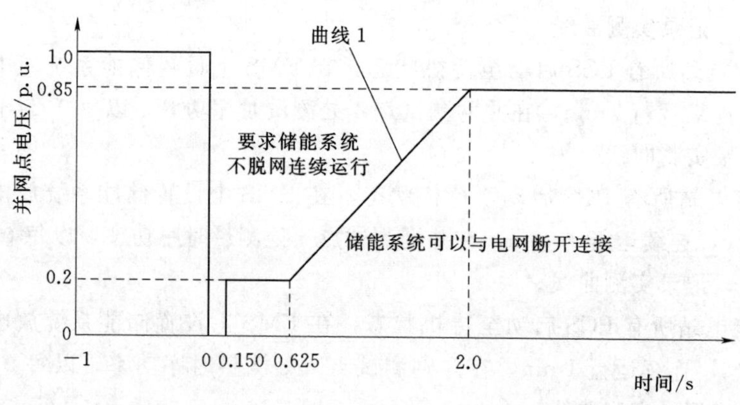

图 13-6-6　低电压穿越曲线

（3）空载测试。低电压穿越测试前应先进行空载测试，被测试储能系统变流器应处于断开状态。测试步骤如下：

1）调节电网故障模拟发生装置，模拟线路三相对称故障，电压跌落点按照上述要求进行选取。

2）调节电网故障模拟发生装置，模拟 A 相短路故障，电压跌落点按照上述要求选取。

3）记录储能系统并网点电压曲线。

（4）负载测试。在空载测试结果满足要求的情况下，进行低电压穿越负载测试，负载测试时电网故障模拟发生装置的配置应与空载测试保持一致，测试步骤如下：

1）将空载测试中断开的储能系统接入电网运行。

2）调节储能系统输出功率位于 $(0.1 \sim 0.3)P_N$。

3）控制电网故障模拟发生装置进行三相对称电压跌落。

4）记录储能系统并网点电压和电流的波形，应至少记录电压跌落前 10s 到电压恢复正常后 6s 之间的数据。

5）控制电网故障模拟发生装置进行 A 相电压跌落。

6）记录储能系统并网点电压和电流的波形，应至少记录电压跌落前 10s 到电压恢复

正常后6s之间的数据。

7）调节储能系统输出功率至额定功率 P_N，重复步骤3)～步骤7)。

8）调节储能系统为充电模式，重复步骤2)～步骤8)。

5. 高电压穿越测试方案

(1）合格标准：符合图13-6-7所示的高电压穿越曲线。

(2）测试前准备。

1）进行高电压穿越测试前，储能系统应工作在与实际投入运行时一致的控制模式下。按照图13-6-2连接储能系统、电网故障模拟发生装置、数据采集装置以及其他相关设备。

2）高电压穿越测试应至少选取2个点，并在 $110\%U_N<U<120\%U_N$、$120\%U_N<U<130\%U_N$ 两个区间内均有分布，并按照图13-6-7中高电压穿越曲线要求选取抬升时间。

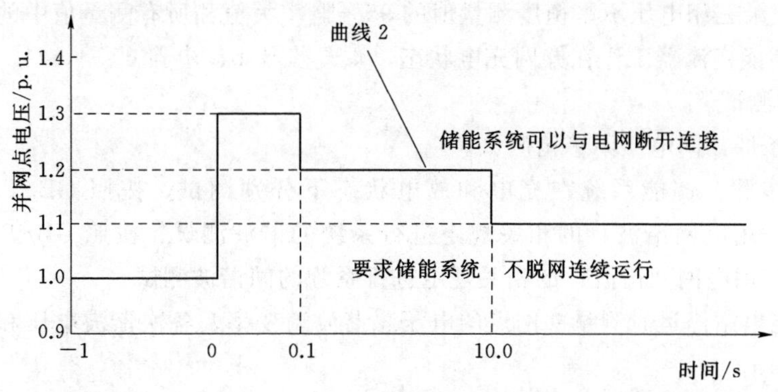

图13-6-7　高电压穿越曲线

(3）空载测试。高电压穿越测试前应先进行空载测试，被测试储能系统变流器应处于断开状态。测试步骤如下：

1）调节电网故障模拟发生装置，模拟线路三相电压抬升，电压抬升按照上述要求选取。

2）记录储能系统并网点电压曲线。

(4）负载测试。在空载测试结果满足要求的情况下，进行高电压穿越负载测试，负载测试时电网故障模拟发生装置的配置应与空载测试保持一致，测试步骤如下：

1）将空载测试中断开的储能系统接入电网运行。

2）调节储能系统输出功率位于（0.1～0.3)P_N。

3）控制电网故障模拟发生装置进行三相对称电压抬升。

4）记录储能系统并网点电压和电流的波形，应至少记录电压抬升前10s到电压恢复正常后6s之间的数据。

5）调节储能系统输入功率至额定功率 P_N，重复步骤3)～步骤4)。

6. 电能质量测试

合格标准：符合GB/T 36558—2018《电力系统电化学储能系统通用技术条件》和技术文件要求。

（1）三相电压不平衡测试。

1）测试条件。

a. 电能质量测试仪器安装到位。

b. 并网后，储能系统运行正常无异常报警。

c. 试验前储能系统 SOC 范围在 40%～70%，以保证试验过程正常进行。

2）测试步骤。储能系统在充电和放点状态下分别测试，并按照 GB/T 15543—2008《电能质量　三相电压不平衡》的相关规定进行系统的三相电压不平衡测试。

a. 设置储能电站工作在并网放电状态。

b. 从储能电站持续正常运行的最小功率开始，以 10%的储能电站额定功率为一个区间，每个区间内连续测量 10min，从区间开始利用 GB/T 34133—2017《储能变流器检测技术规程》按每 3s 时段计算方均根值，共计算 200 个 3s 时段方均根值。

c. 分别记录三相电压不平衡度测量值的 95%概率大值和所有测量值中的最大值。

d. 设置储能变流器工作在并网充电状态，重复步骤 b、步骤 c。

（2）谐波测试。

1）测试条件：同电压不平衡测试。

2）测试步骤。储能系统在充电和放电状态下分别测试，按照 GB/T 14549—1993《电能质量　公用电网谐波》的相关规定进行系统的谐波测试，按照 GB/T 24337—2009《电能质量　公用电网间谐波》的相关规定进行系统的间谐波测试。

a. 在储能电站停运时测量并网点的电压总谐波畸变率、各次谐波电压和间谐波电压，测试周期为 24h。

b. 设置储能电站工作于放电工况。

c. 设置储能电站功率从 0 至额定功率，以 10%的额定功率为区间，每个功率区间、每相应至少采集储能电站并网点 5 个 10min 时间序列瞬时电压和瞬时电流值的测量值，功率测试结果为 10min 平均值。

d. 设置储能电站为充电工况，重复步骤 c。

e. 对于每个 10min 数据集按照 GB/T 17626.7—2017《电磁兼容　试验和测量技术　供电系统及所连设备谐波、间谐波的测量和测量仪器导则》标准计算谐波电流和间谐波电压。

f. 给出储能电站引起的谐波电流、电流总谐波畸变率和间谐波电压的最大值。

（3）直流分量测试。

1）储能系统在放电状态下的直流分量测试，步骤如下：

a. 按照图 13-6-2 中并网测试点 4 安装数据采集装置，对储能整体储能电站进行检测，且功率因数调为 1，并记录。

b. 调节储能系统输出电流至额定电流的 33%，保持 1min。

c. 测量储能系统输出端各相电压、电流有效值和电流的直流分量（频率小于 1Hz 即为直流），在同样的采样速率和时间窗下测试 5min。

d. 当各相电压有效值的平均值与额定电压的误差小于 5%，且各相电流有效值的平均值与测试电流设定值的偏差小于 5%时，采用各测量点的绝对值计算各相电流直流分量幅值的平均值。

e. 调节储能系统输出电流分别至额定输出电流的 66%和 100%，保持 1min，重复步骤 c～步骤 d。

2）储能系统在充电状态下的直流分量测试，步骤如下：

a. 按照图 13-6-2 中并网测试点 4 安装数据采集装置，对储能整体储能电站进行检测，且功率因数调为 1。

b. 调节储能系统输入电流至额定电流的 33%，保持 1min。

c. 测量储能系统输入端各相电压、电流有效值和电流的直流分量（频率小于 1Hz 即为直流），在同样的采样速率和时间窗下测试 5min。

d. 当各相电压有效值的平均值与额定电压的误差小于 5%，且各相电流有效值的平均值与测试电流设定值的偏差小于 5%时，采用各测量点的绝对值计算各相电流直流分量幅值的平均值。

e. 调节储能系统输出电流分别至额定输出电流的 66%和 100%，保持 1min，重复步骤 c～步骤 d。

7. 保护功能测试

（1）涉网保护功能测试（复核）。并网测试单位负责复核调试单位、厂家、试验单位的试验报告相关的保护功能及定值是否满足储能电站安全运行要求。

（2）计划孤岛保护功能测试。合格标准：符合 GB/T 36558—2018《电力系统电化学储能系统通用技术条件》和技术文件要求。

测试储能系统的非计划孤岛保护特性，测试回路如图 13-6-8 所示，测试步骤如下：

a. 按照图 13-6-2 中并网测试点 1 储能系统与并网防孤岛试验装相连接。

b. 设置储能系统防孤岛保护定值，调节储能系统放电功率至额定功率。

c. 设定并网防孤岛试验电压为储能系统的标称电压，频率为储能系统额定频率，调节负荷品质因数 $Q=1.0\pm0.05$。

d. 闭合开关 S1、S2、S3，直至储能系统达到步骤 b 的规定值。

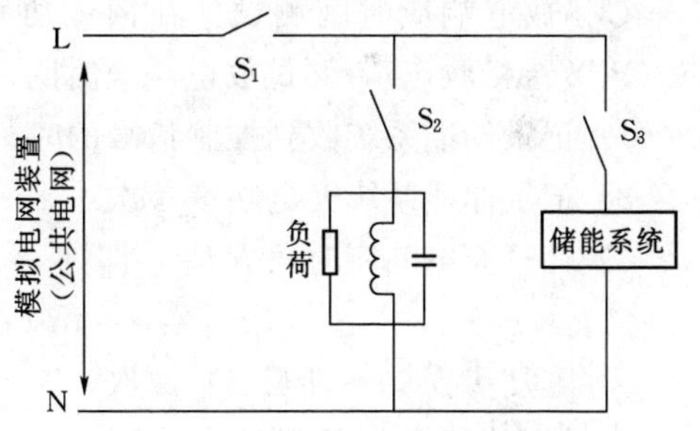

图 13-6-8　非计划孤岛保护测试

e. 调节负荷至通过开关 S3 的各相基波电流小于储能系统各相稳态额定电流的 2%。

f. 断开 S3，记录从断开 S3 至储能系统停止向负荷供电的时间间隔，即断开时间。

g. 在初始平衡负荷的 95%～105%范围内，调节无功负荷按 1%递增（或调节储能系统无功功率按 1%递增），若储能系统断开时间增加，则需要额外增加 1%无功负荷（或无功功率），直至断开时间不再增加。

h. 在初始平衡负荷的 95%或 105%时，断开时间仍增加，则需要额外减少或增加 1%无功负荷（无功功率），直至断开时间不再增加。

i. 测试结果中，3 个最长断开时间的测试点应做 2 次附加重复测试，3 个最长断开时间出现不连续的 1%负荷增加值时，则 3 个最长断开时间之间的所有测试点都应做 2 次附加重复测试。

j. 调节储能系统输出功率分别至额定功率的66%、33%，分别重复步骤c～步骤i。

8. 充放电响应时间测试

合格标准：符合GB/T 36558—2018《电力系统电化学储能系统通用技术条件》和技术文件要求。

(1) 测试条件。

1) 按照图13-6-2中并网测试点4安装数据采集装置，所有参数调至正常工作条件，并记录。

2) 变流器PCS1～12号的控制模式为储能电站监控系统的远程控制状态。

3) 试验前储能系统SOC范围在40%～70%，以保证试验过程正常进行。

4) 试验时，若设备告警或异常，可暂停试验。

5) 依次检查变流器PCS1～12号和电池堆1～12号，确认设备无异常告警。

6) 检查测量仪测量点接线，以及测量信号正确。

(2) 充电响应时间测试。在额定功率充放电条件下，将储能系统调整至热备用状态（PCS待机状态），测试充电响应时间。测试步骤如下：

1) 记录储能系统收到控制信号的时刻，记为t_{c1}。

2) 记录储能系统充电功率首次达到90%额定功率的时刻，记为t_{c2}。

3) 计算充电响应时间RT_c，即

$$RT_c = t_{c2} - t_{c1} \tag{13-6-1}$$

4) 重复步骤1)～步骤3)两次，充电响应时间取3次测试结果的最大值。

(3) 放电响应时间测试。在额定功率充放电条件下，将储能系统调整至热备用状态（PCS待机状态），测试放电响应时间。测试步骤如下：

1) 记录储能系统收到控制信号的时刻，记为t_{D1}。

2) 记录储能系统充电功率首次达到90%额定功率的时刻，记为t_{D2}。

3) 计算充电响应时间RT_D，即

$$RT_D = t_{D2} - t_{D1} \tag{13-6-2}$$

4) 重复步骤1)～步骤3)两次，充电响应时间取3次测试结果的最大值。

9. 充放电调节时间测试

合格标准：符合GB/T 36558—2018《电力系统电化学储能系统通用技术条件》和技术文件要求。

(1) 测试条件。同充放电响应时间测试。

(2) 充电调节时间测试。在额定功率充放电条件下，将储能系统调整至热备用状态（PCS待机），测试充电响应时间。测试步骤如下：

1) 记录储能系统收到控制信号的时刻，记为t_{c3}。

2) 记录储能系统充电功率的偏差维持在额定功率的±2%以内的起始时刻，记为t_{c4}。

3) 计算充电响应时间AT_c，即

$$AT_c = t_{c4} - t_{c3} \tag{13-6-3}$$

4) 重复步骤1)～步骤3)两次，充电响应时间取3次测试结果的最大值。

(3) 放电调节时间测试。在额定功率充放电条件下，将储能系统调整至热备用状态，测试放电响应时间。测试步骤如下：

1) 记录储能系统收到控制信号的时刻，记为 t_{D3}。

2) 记录储能系统充电功率的偏差维持在额定功率的±2%以内的起始时刻，记为 t_{D4}。

3) 计算充电响应时间 AT_D，即

$$AT_D = t_{D4} - t_{D3} \tag{13-6-4}$$

4) 重复步骤 1)～步骤 3) 两次，充电响应时间取 3 次测试结果的最大值。

10. 充放电转换时间测试

合格标准：符合 GB/T 36558—2018《电力系统电化学储能系统通用技术条件》和技术文件要求。

(1) 测试条件。同充放电响应时间测试。

(2) 充电到放电转换时间测试。在额定功率充放电条件下，将储能系统调整至热备用状态（待机），进行充电到放电转换时间。测试步骤如下：

1) 设置储能系统以额定功率充电，向储能系统发送以额定功率放电指令，记录从 90%额定功率充电到 90%额定功率放电的时间 t_i。

2) 重复步骤 1) 两次，充电到放电转换时间取 3 次测试结果的最大值。

(3) 放电到充电转换时间测试。在额定功率充放电条件下，将储能系统调整至热备用状态（待机），进行放电到充电转换时间，测试步骤如下：

1) 设置储能系统以额定功率放电，向储能系统发送以额定功率充电指令，记录从 90%额定功率放电到 90%额定功率充电的时间 t_2。

2) 重复步骤 1) 两次，放电到充电转换时间取 3 次测试结果的最大值。

11. 额定能量测试

合格标准：符合 GB/T 36558—2018《电力系统电化学储能系统通用技术条件》和技术文件要求。

(1) 测试条件。同充放电响应时间测试。

(2) 测试步骤。在稳定运行状态下，储能系统在额定功率充放电条件下，测试储能系统的充放电能量和放电能量。测试步骤如下：

1) 以额定功率放电至放电终止条件时停止放电。

2) 以额定功率充电至充电终止条件时停止充电，记录本次充电过程中储能系统充电的能量 E_C 和辅助能耗 W_C。

3) 以额定功率放电至放电终止条件时停止放电，记录本次放电过程中储能系统放电的能量 E_D 和辅助能耗 W_D。

4) 重复步骤 2)～步骤 3) 两次，记录每次充放电能量和辅助能耗。

5) 计算储能系统的额定充电能量 E_C 和额定放电能量 E_D，即

$$E_C = \frac{E_{C1} + W_{C1} + E_{C2} + W_{C2} + E_{C3} + W_{C3}}{3} \tag{13-6-5}$$

$$E_D = \frac{E_{D1} + W_{D1} + E_{D2} + W_{D2} + E_{D3} + W_{D3}}{3} \tag{13-6-6}$$

式中　E_{Cn}——第 n 次循环的充电能量，W·h；

E_{Dn}——第 n 次循环的放电能量，W·h；

W_{Cn}——第 n 次循环充电过程的辅助能耗，W·h；

W_{Dn}——第 n 次循环放电过程的辅助能耗，W·h。

对于辅助能耗由自身供应的储能系统，$W_{Dn}=0$ 和 $W_{Cn}=0$。放电终止条件和充电终止条件宜用电压、电流和温度等参数，但测试中终止条件应唯一且与实际使用时保持一致。

12. 额定功率能量转换效率测试

合格标准：符合 GB/T 36558—2018《电力系统电化学储能系统通用技术条件》和技术文件要求。

（1）测试条件。同充放电响应时间测试。

（2）测试步骤。在稳定运行状态下，储能系统在额定功率充放电条件下，测试储能系统的额定功率能量转换效率。测试步骤如下：

1）以额定功率放电至放电终止条件时停止放电。

2）以额定功率充电至充电终止条件时停止充电，记录本次充电过程中储能系统充电的能量 E_C 和辅助能耗 W_C。

3）以额定功率放电至放电终止条件时停止放电，记录本次放电过程中储能系统放电的能量 E_D 和辅助能耗 W_D。

4）重复步骤 2)～步骤 3）两次，记录每次充放电能量和辅助能耗。

5）计算能量转换效率，即

$$\eta=\frac{1}{3}\left(\frac{E_{D1}-W_{D1}}{E_{C1}+W_{C1}}+\frac{E_{D2}-W_{D2}}{E_{C2}+W_{C2}}+\frac{E_{D3}-W_{D3}}{E_{C3}+W_{C3}}\right)\times 100\% \tag{13-6-7}$$

式中　η——能量转换效率；

E_{Cn}——第 n 次循环的充电能量，W·h；

E_{Dn}——第 n 次循环的放电能量，W·h；

W_{Cn}——第 n 次循环充电过程的辅助能耗，W·h；

W_{Dn}——第 n 次循环放电过程的辅助能耗，W·h。

13. 通信测试

合格标准：符合 GB/T 36558—2018《电力系统电化学储能系统通用技术条件》和技术文件要求。

（1）通信基本测试。通过 10(6)kV 及以上电压等级接入电网的储能系统，在并网状态下按照 GB/T 13729—2019《远动终端设备》的相关规定执行或国网公司调度要求。

（2）状态与参数测试（只做核验不调试）。储能系统和电网调度机构或用户之间测试的状态与参数至少应包括：

1）电气模拟量核验。并网点的频率、电压、注入电网电流、注入有功功率和无功功率、功率因素、电能质量数据等。

2）电能量及荷电状态核验。可充/可放电量、充电电量、放电电量、荷电状态等。

3）状态量核验。并网点开断设备状态、充放电状态、故障信息、远动终端状态、通信状态、AGC 状态等。

4）控制量核验。储能电站运行策略控制、储能站应急相应控制等其他调度控制信息。

5）其他信息。并网调度协议要求的其他信息。

六、主要测试仪器

主要测试仪器见表13-6-4。

表13-6-4　主要测试仪器

序号	仪器或设备名称	型号规格	数量	性能参数	准确等级
1	电池单体充放电测试系统		2	5V/200A，8通道/台，可并联	电压、电流、功率准确度0.1%FS
2	电池单体过充放电测试系统		1	200A	电压、电流、功率准确度0.1%FS
3	电池单体环境模拟试验箱		1	340L，温度准确度±1℃	温度准确度±1℃
4	安规综合分析仪		1	绝缘电阻0.05～50000MΩ，交流耐压0～5kV，直流耐压0～6kV	电压准确度0.5%FS 绝缘电阻分辨率0.01K
5	电能质量分析仪	8通道	1	频率：10～150Hz，带宽：2MHz，输入电压范围：0～1400V	功率精度：0.02%；采样速率5Mbit/s，8通道
6	高电压穿越移动试验装置	35kV兼容10kV	1	3MW	满足测试要求
7	低电压穿越移动试验装置	35kV兼容10kV	1	3MW	满足测试要求
8	电网适应性试验装置	35kV兼容10kV	1	3MW输出频率44.5～65.5Hz；输出电流范围：0～100A	满足测试要求
9	并网防孤岛试验装	35kV兼容10kV	1	2MW	满足测试要求
10	万用表	FULK	2	高精度数字万用表	满足测试要求
11	功率分析仪	PA	1	功率精度0.02%，带宽1MHz	功率精度0.02%
12	内阻测试仪		1	满足测试要求	满足测试要求

第十四章　微电网工程案例

第一节　长沙储能电站建设

一、储能电站建设必要性

1. 电网现状

以湖南电网为例：

(1) 峰谷差大，2018年，最大峰谷差率为58%。

(2) 调峰能力不足，低谷弃电问题严重，长沙高峰期电力供电不足。

(3) 长株潭负荷中心电网重载，出现“卡脖子”问题。

(4) 祁韶特高压直流入湘，受端电网快速响应能力不足。

2. 储能行业的发展

(1) 电池产业产能过剩，大规模应用已实现初步产业化，同时电池成本也快速下降，如图14-1-1所示。

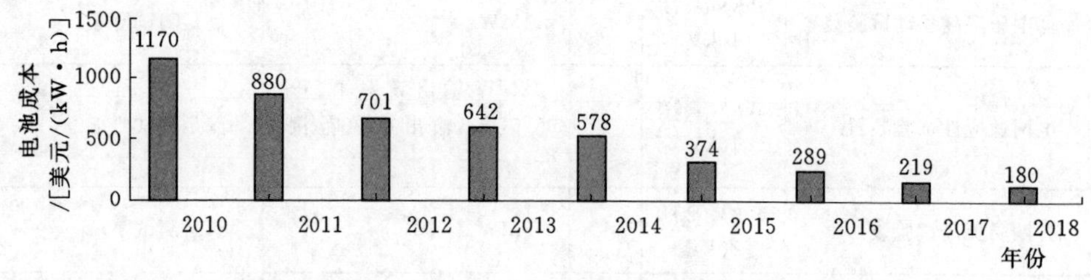

图14-1-1　电池成本下降曲线

(2) 工程建设简单、短期快速实施。

(3) 削峰填谷、调频、暂态电压调整、等辅助服务。

(4) 提升电网运行稳定性和灵活性，促进新能源消纳。

图14-1-2给出了削峰填谷情况。

二、长沙储能站建设原则

(一) 储能电站容量配置

(1) 供电受限，尖峰负荷，电力缺口。

(2) 应用场景设计，调频、系统调峰等。

(3) 投资资本，以及运营收入和成本匹配。

(4) 示范性，积累运行管理经验及前瞻性研究，规模适中较为合适。

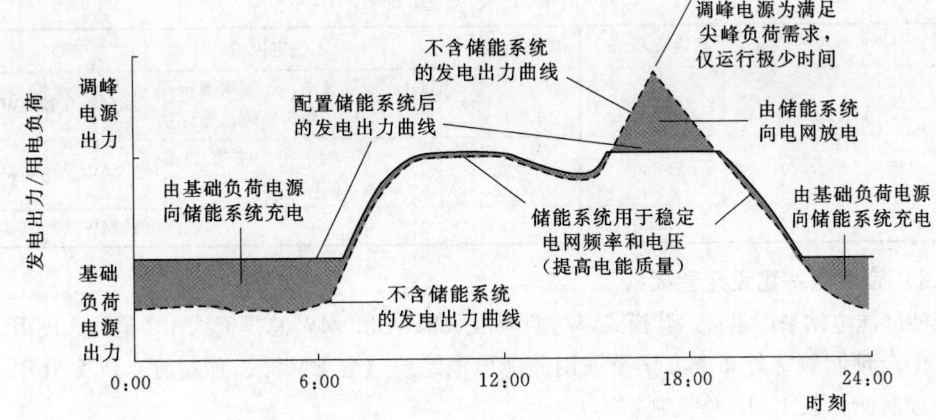

图 14-1-2　储能站削峰填谷

根据系统需求，拟采用两种容量的方案，两种方案容量设置见表 14-1-1。

表 14-1-1　　两种方案比较

方案	方案一	方案二
平抑负荷峰值	1.8%	3%
容量	120MW/(240MW·h)	200MW/(400MW·h)
成本	8.4亿元	14亿元

（二）电池的选择

表 14-1-2 给出了几种电池的特性。

表 14-1-2　　几种电池特性

电池类型	循环寿命	安全性	可规模化	经济性	能效
普通铅酸蓄电池	★★	★★★★	★★★★	★★★	★★
超级电容器	★★★★	★★★	★★	★★	★★★★
锂离子电池	★★★	★★	★★	★★	★★★★
全钒液流电池	★★★★	★★★	★★★★	★★	★★★
钠硫电池	★★★	★	★★★	★★★	★★

从安全性、响应速度、循环寿命、利用效率、集成可行性以及投资等因素综合考虑，优先选用磷酸铁锂电池，它是能量型、长循环寿命、宽温（−20～55℃）、适用于动力的储能方式。

（三）储能电站选址

（1）变电站重载、过载，卡脖力。

（2）有闲置空地域，且面积不小于 1000mm^2。

（3）可实施性，施工阻力小。

（4）示范作用，具有明显社会性。

表 14-1-3 给出了几个储能站选址情况。

表 14－1－3　　储能站选址情况

序号	站址	电压等级/kV	场内面积/m^2	最大负载率/%	不确定因素	电站容量
1	芙蓉	220	2600	95	地段繁华，储能电池运行安全性及噪声影响需要评估	26MW/(52MW·h)
2	榔梨	220	5700	90	上方约 8m 处有较多 220kV 线路	24MW/(48MW·h)
3	延农	220	2800	95	—	10MW/(20MW·h)

（四）储能电站建设运营模式

长沙储能电站采用租赁运营模式，一期项目 60MW/120MW 总投资约 4.2 亿元人民币。

其中全预制舱室外布置方案是采用储能电池系统（含 BMS）、预制舱、PCS 升压一体化设备预制舱以及 EMS 总控制室。

全室内布置方式具有以下优势：

(1) 抑制噪声外扩，免遭风雨侵袭，工作环境更优、状态更佳、效率更高。

(2) 毫秒级电源响应系统，快速精确、出力及时，可确保电网安全运行。

(3) 国内储能电站单体容量最大，26MW/(52MW·h)。

运营模式如图 14－1－3 所示。

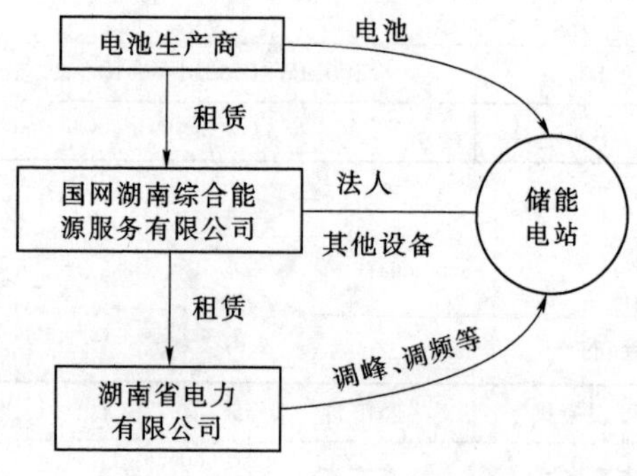

图 14－1－3　储能电站运营模式

（五）调度控制方案

(1) 省调 D5000 系统中开发储能电站控制模块，调度数据网连接储能电站 EMS，EMS 控制储能电站充放电。

(2) 大数据挖掘，生成计划运行曲线。

(3) 智能协同，总充放电指令分解，实现不同储能电站的智能协同调度。

(4) 自动巡航，发送指令。

（六）安全性方案

(1) 电芯安全，高温下稳定性好。

(2) 系统集成通风设计、温度保护策略、防短路措施、自我故障诊断、消防系统等多重保障。

(3) 采用七氟丙烷自动灭火系统，能够实现火灾探测、自动控制以及气体灭火功能。

（七）小节

储能电站像一个超大容量的“充电宝”，在用电低谷时当作用电负荷充满电力，在用电高峰时当作发电电源释放电力。同时，大规模电能存储和快速释放功能，能够填补电网常规控制方法的盲区，实现电能灵活调节和精确控制。

该储能电站采用“两充两放”的模式参与到电网运行中。每天充电两次，同时分别在一天的两个用户高峰中将电能全部释放，实现源、网、荷、储系统功能。

三、储能站系统

1. 储能各系统描述

储能管理系统主要有电池管理系统（BMS）、变流器（PCS）、站端监控系统（EMS）

等系统构成。

BMS 对储能电池电压、温度等信号进行在线监测，并将监测数据提供给 PCS、EMS，实施闭环控制。

PCS 是储能系统的核心设备，接受 EMS 控制指令，指挥 BMS 控制储能电池充放电功率，实现储能电站与电网间的双向能量传递。

EMS 可实现实时监控、功率控制、调度指令接受等功能。通过采集电池组、储能单元的实时数据，实现储能系统的实时监测和控制。

2. 智能辅助控制系统

智能辅助控制系统，主要由图像监视及安全警卫子系统、火灾自动报警及消防子系统、环境监测子系统三部分组成。其中，电池舱和 PCS 升压舱采用带红外测温功能的高清摄像头，以实时掌握环境温度及设备温度状态。

智能辅助控制系统通过实时接收各终端装置上传的各种模拟量、开关量及视频图像信号，分类存储并分析、计算、判断、统计各类信息，实现图像监视及安全警卫、火灾报警、消防、照明、采暖通风、环境监测等系统的智能联动控制，如图 14-1-4 所示。

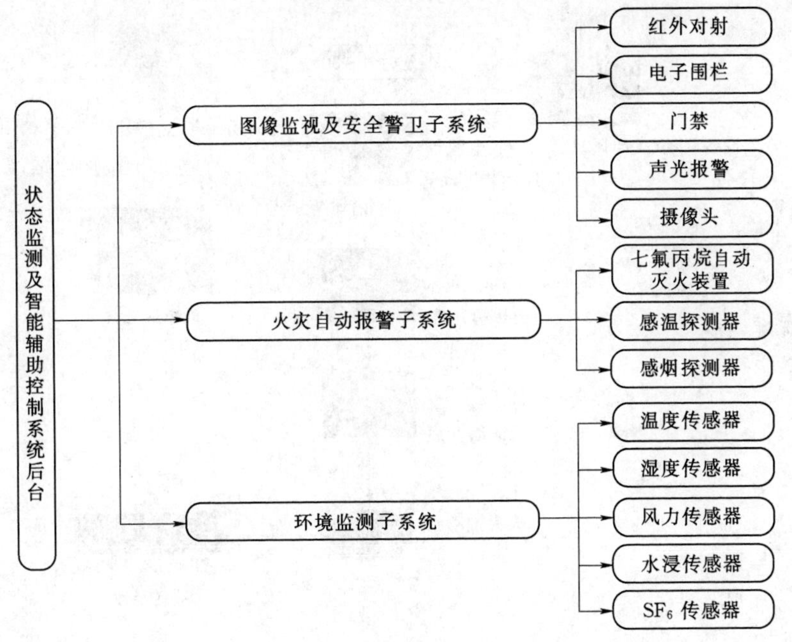

图 14-1-4　智能辅助控制系统

3. SVG 动态无功补偿装置

本工程采用 2 套 ±4Mvar SVG 无功补偿成套装置，分别接至 10kV Ⅰ、Ⅱ段母线。SVG 动态无功补偿装置是以 IGBT 为核心的无功补偿系统，能够快速连续地提供容性或感性无功功率，具有提高电网稳定性、抑制谐波、平衡三相电网、降低损耗等作用。

4. 电池舱消防系统

电池舱采用七氟丙烷气体自动灭火系统和火灾自动报警系统。七氟丙烷是一种以化学灭火为主、兼有物理灭火作用的洁净气体化学灭火剂，无色、无味、不导电、不污染，具有良好的清洁性、绝缘性和经济性，广泛应用在机房、精密仪器室、变配电室等重要场所。

当防护区发生火情时，感温、感烟探测器发出火灾告警信号。通过火灾自动报警装置的逻辑分析后，发出灭火指令，启动容器阀，释放灭火剂；电磁型阀驱动器上设有手动按钮，紧急情况下可进行机械应急手动操作灭火。

消防系统如图 14-1-5 所示。

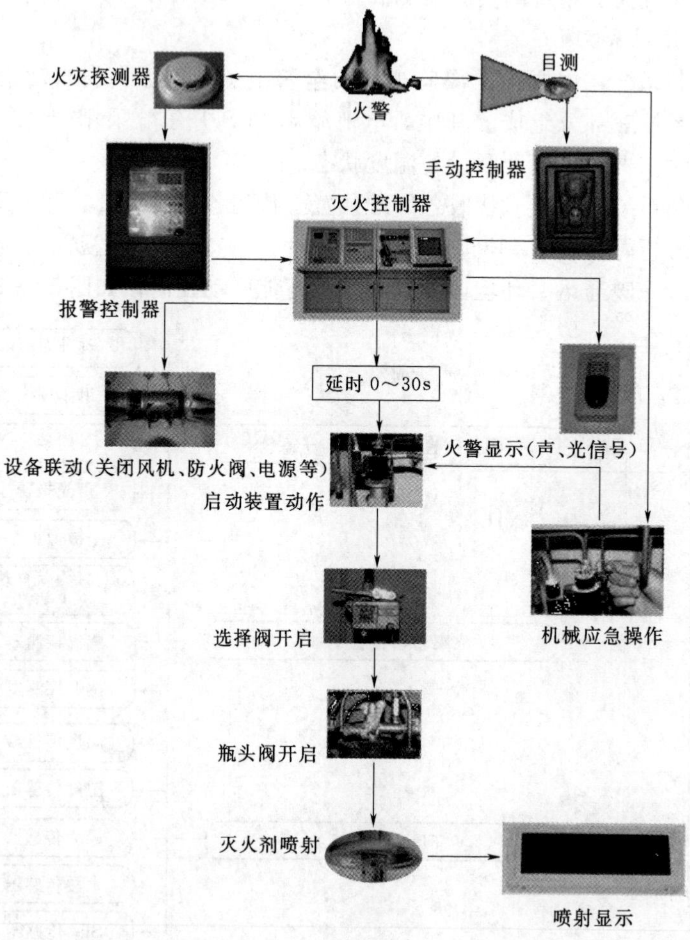

图 14-1-5　消防系统工作过程

5. 智能网荷互动终端

储能电站智能网荷互动终端通过调度数据网光纤通道，上行与毫秒级精准切负荷主站、营销控制快速响应主站通信，下行与站端监控系统（EMS）通信，通过对 PCS 的精准控制，实现“负荷”向“电源”的毫秒级转变，如图 14-1-6 所示。

6. 子系统主接线

子系统主接线如图 14-1-7 所示。

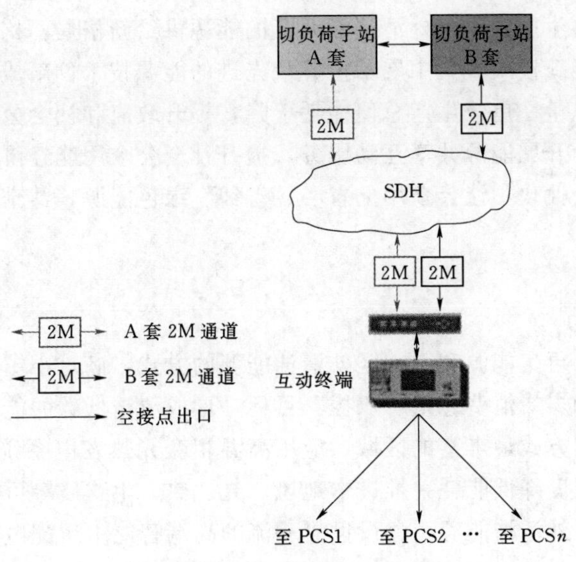

图 14-1-6　智能网荷互动

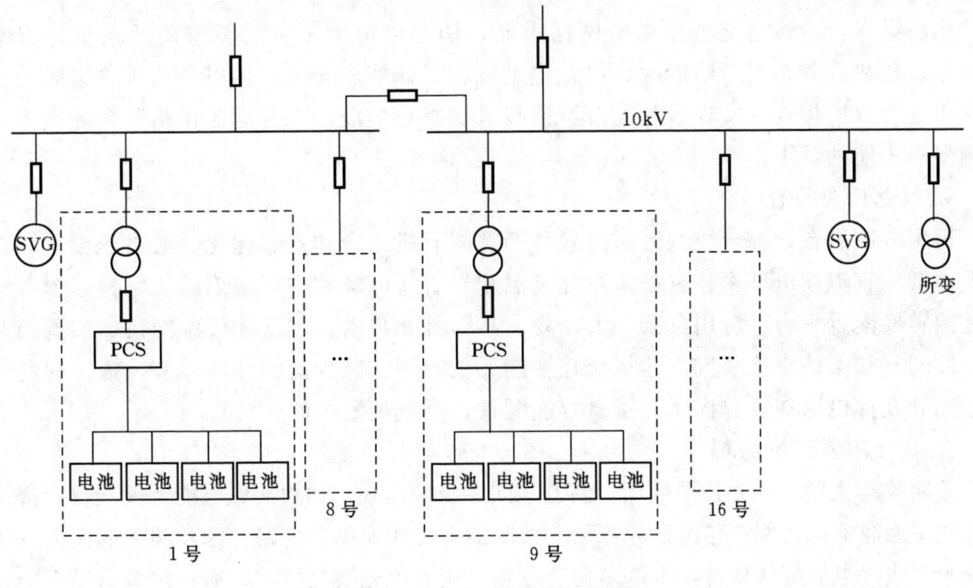

图 14-1-7　子系统主接线

第二节　同里新能源小镇示范项目

一、建设理念

针对苏州一次能源资源匮乏、分布式能源规模小、点散面广的特点，在同里构建“以清洁为方向、以电为中心、以电网为平台、以电能替代为重点”，多种能源协同互补的现代能源体系，引导社会形成广泛的低碳共识，探索形成能源变革发展的“绿色同里样板”。

示范“本地可再生能源＋区外清洁能源”的能源供给新格局，构建能源消费侧“再电气化”绿色低碳用能新模式，集中展示世界最先进的能源技术创新成果，推动煤炭消费总量、二氧化碳排放总量、单位生产总值能耗下降，提升政府和社会公众感知度，引领现代城市能源发展方向，开展能源共享互动服务，提升社会公众用能经济性、便捷性，使能源利用更加人性化、个性化，让公众用上省心、省钱、绿色能源，共享能源发展新成果。

二、建设思路

1. 以清洁为方向

通过消纳本地可再生能源和引入区外清洁能源的方式，满足小镇用能需求，助力政府完成能源消费总量和煤炭消费总量“双控”目标，形成清洁低碳的能源供给模式。建设世界首个清洁能源利用方式最丰富的区域，应用高温相变光热发电系统、“被动式”绿色节能建筑群等，最大限度降低能耗，推进本地风、光、热、生物质等可再生能源全消纳，引入电力、天然气等区外清洁能源，建设世界一流的高端智能中压配电网络，不断扩大区外清洁电力引进力度，与本地清洁能源形成协调互补。

2. 以电为中心

运用世界首台首套交直流微电网路由器，构建以电为中心的新型能源系统。将本地风、光、地热等分布式清洁能源，以及电动汽车、储能、交直流用电负荷等，以电能为中心介质进行双向传输，实现各种能源灵活接入和综合集成，充分满足供给侧多能输入、消费侧多样用能的需求。

3. 以电网为平台

运用电网平台，综合协调区域内各种能源间有机组合和集成优化。通过建设世界首个大规模低压直流配电环网、首条实用化高温超导直流电缆和空气压缩储能，构建覆盖小镇的能源转换配置平台。应用“云、大、物、移”等新技术，创新建设源网荷储协调控制系统、配网三端柔性直流装置，建设泛在智能无线专网，减少能源转换环节，提升智能化水平，充分发挥电网在资源优化配置、智能配置、高效配置中的优势。

4. 以电能替代为重点

按照政府主导、电力公司推动、多方共同参与的模式，加快实施电能替代项目，提高电能占终端能源消费比例。建设世界首条“太阳能＋无线充电”公路、国际领先的无人驾驶电动观光专线等电能替代项目，推进多功能自发自用绿色充换电站，在消费终端引导电能逐步替代化石能源。探索能源市场运营模式，建立综合能源服务互动平台，构建电、水、气、热多表联合智能采集系统，提高公共服务综合运营效率，提升能源共享服务品质。

三、规划指标体系

智能电网规划指标体系见表 14-2-1。

四、新技术、新方案

（一）交直流微电网路由器

微电网路由器由四端口电力电子变压器及智能运行控制系统组成，其中四端口电力电

表 14-2-1　**智能电网规划指标体系**

指标大类	名　称	计　算　方　法	指标值	
			2020年	远景
清洁低碳	区域清洁能源消费占比	本区域内清洁能源消费与地区能源消费总量之比	70%	100%
	分布式能源发电占比	分布式能源发电装机容量与全社会总装机容量之比	30%	50%
	可再生能源发电消纳率	已消纳可再生能源发电与可再生能源发电总数之比	100%	100%
	单位能源温室气体排放量	每吨标准煤温室气体排放量	200g/(kW·h)	180g/(kW·h)
	电能占终端能源消费比例	年度社会总用电量与地区能源消费总量之比	40%	50%
	储能占比	年度储能容量与地区能源消费总量之比	15%	16%
	区域电网与供电主网年交换电量之比		20%	15%
安全高效	供电可靠性		99.9999%	99.9999%
	电动汽车充电桩配置率	充电桩数量与车位之比	15%	20%
	综合能源利用效率		70%	90%
	设备平均利用效率	年供电量折算为负荷与配变容量之比	35%	45%
	配电变压器容载比		35%	45%
	配电线路平均负载率		40%	50%
	直流负荷容量占比		40%	50%
	主网毫秒级可控负荷占比	主网毫秒级可控负荷功率总数与地区电网最大负荷之比	3%	7%
	需求响应容量占比	区域内参与需求响应容量与地区电网最大负荷之比	5%	10%
	配网端源网荷互动覆盖率		80%	100%
	区域源网荷储互动平台用户参与率		80%	100%
市场共享	用电业务互联网可办理率		100%	100%
	区域能源服务中心用户覆盖率		100%	100%
	电动汽车服务平台用户覆盖率		100%	100%
	"多表合一"采集覆盖率		100%	100%

子变压器连接多个交直流微电网，在完成传统变压器变压、隔离、能量传输功能外，同时兼具潮流控制和电能质量调节的功能；其所配置的智能运行控制系统通过实时收集各连接微电网电能信息数据，统筹分析、综合决策，有效分配各网络间能量流动，实现微电网间的能量互通互联、互补利用，最大程度吸收和消纳可再生能源。

微电网路由器包括10kV和380V两个交流端口，两个±375V和±750V直流端口，实现交直流分布式可再生能源、电动汽车储能、交直流用电负荷等即插即用，其拓扑结构如图14-2-1所示。

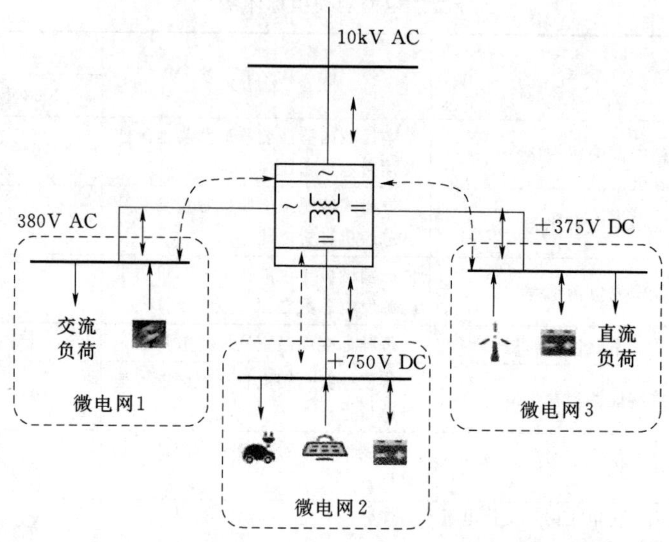

图 14-2-1 微网路由器拓扑结构

(1) 微电网路由器可实现多个微电网互联和调控，将解决分布式能源灵活接入、高效利用、就地平衡的难题。

(2) 多流向能量主动控制及功率调配管理技术，将实现区域间能量互通互联，可打造交直流能源互联网络。

(3) 未来通过多台微电网路由器将实现多个微电网群更大范围的互联互通，从而形成一个信息和能量高度开放共享、互联互通和自由交换的分布式能源交直流互联系统。

(4) 将彻底打破分布式可再生能源并网的瓶颈，将对国内外交直流混合分布式能源的发展起到重要的示范和引领作用。

(二) 丰富的供能体系

同里新能源小镇可再生能源种类丰富，最大限度挖掘风能、太阳能、生物质能等可再生资源禀赋，利用清洁能源实现电、冷、热负荷的综合全面供给，结合储能技术和微电网控制技术，打造多能互补、综合利用的可再生能源供应门类最丰富的供能区域，形成“清洁为方向、电为中心、电网为平台、电能替代为重点”的供能体系，如图 14-2-2 所示。

建设清洁能源利用示范区，结合能源多样性、差异性、互补性优势，将解决传输过程能量损耗问题，促进能源就地消纳，实现不同时间、空间尺度上的区域能源高效、经济、清洁利用；探索主要利用建设本地分布式资源和用能需求管理，将解决未来区域用能需求的能源发展新模式。

(三) 高温相变光热发电系统

高温相变光热发电系统由碟式光热发电机组和储热系统组成，碟式光热发电系统利用碟形镜面收集太阳能，加热工质，提供蒸汽驱动汽轮发电机发电，剩余热量可储存于采用高温相变材料的储热系统中，在无光照情况下仍能带动汽轮发电。

碟式光热发电机组相比较现有的太阳能利用方式（包括光伏发电、塔式或槽式光热发电），具备能量转化效率更高、水资源消耗少、占地面积更小、设备安装与布置更加灵活

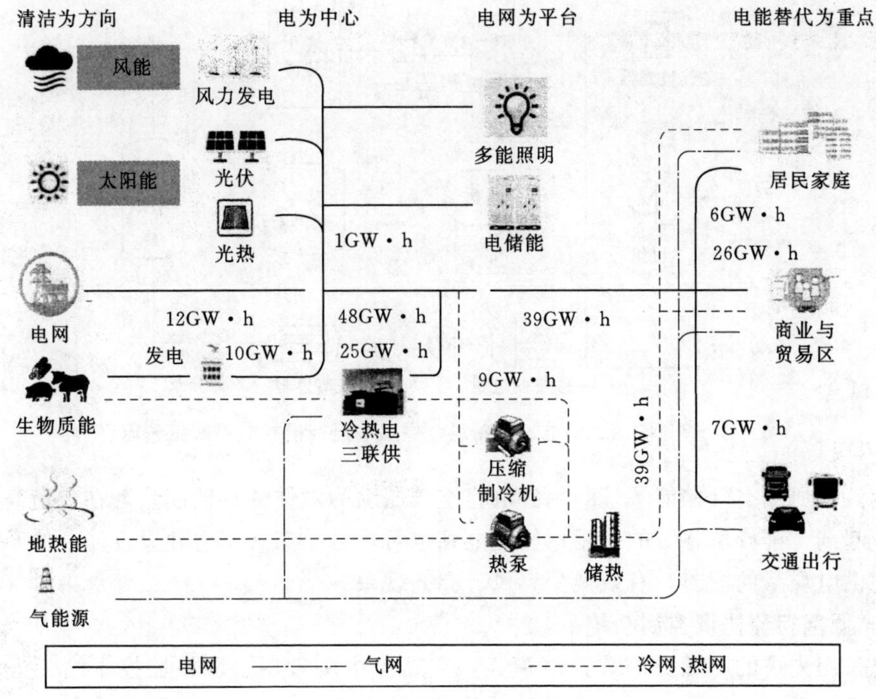

图 14-2-2　供能体系理念展示图

等优势。另外储热系统采用国际领先的高温相变材料（如熔融盐、储热混凝土或相变合金等）作为高温工质，具有相变温度高、储热容量大、储热密度高，且相变过程中不生成液体或气体等优点，是节能环保的最佳绿色载体。

高温相变光热发电系统包括 2 台 25kW 碟式光热发电机组，1 套 50kW×6h 储热系统，占地 1500m²，规划建于启动区同里湖畔，接入低压交流 380V 电网，另外储热系统作为热源，可根据电力负荷需求灵活存储与释放实现削峰填谷，改善光热电站输出的连续性和稳定性，并提高能源综合利用率。

（四）压缩空气储能综合利用系统

压缩空气储能综合利用系统引进国际领先的深冷液化压缩空气技术，搭建液化、蓄热、蓄冷、发电等子系统，夜间储能、白天释能，储能、供能模式交替运行，对外提供电、暖、冷、热水、洁净空气综合能源服务。

压缩空气储能综合利用系统采用深冷空气液化压缩技术，以液态气体形式存储电能，可有效减少气体存储空间，打破传统压缩空气储能电站建设依托矿穴建设的限制条件，电站选址更为灵活。电站厂区面积 2000m²，厂区内建设压缩机室、膨胀机房、液化系统、储热系统、储冷系统、洁净空气系统、加热系统及附属建筑群。储能电站可利用峰谷电价差运行产生经济效益，夜晚压缩机运行工作，实现气体液化存储能量，白天压缩机停止工作，膨胀发电机运行，系统对外供电、供暖、供冷、供热水、供洁净空气、压缩空气储能综合利用系统与同里新能源小镇电网（其中膨胀发电机接入 10kV 配网）、热网、冷网相连，将为小镇日常生产生活提供各类能量供应，系统工艺流程如图 14-2-3 所示。

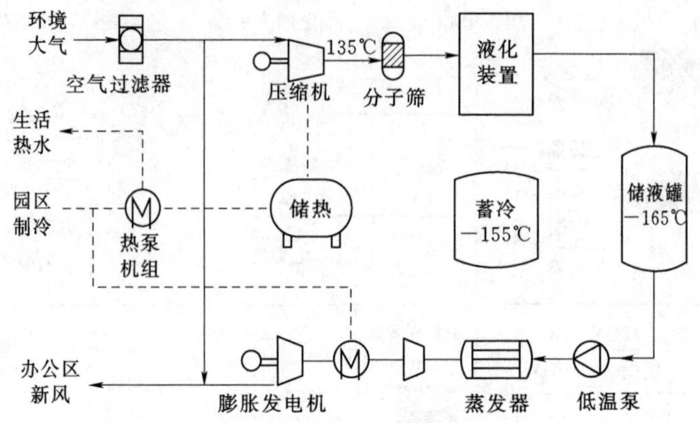

图 14-2-3　供冷、供电、供新风、供热水运行模式时系统工艺流程

深冷液化压缩空气储能系统利用谷电将空气压缩为液体并存储能量，在负荷高峰时释放能量，起到“削峰填谷”的作用；储能电站也可配合分布式发电建设发储一体系统，在改善电源供电质量的同时，有效减少弃风、弃光现象。

(五) 源网荷储协调控制系统

系统采用先进的广域分布式控制模式，主站集中决策层、网格监控子站、分布控制层、控制设备执行的架构。集中决策层主要负责综合能源系统的全局优化，区域分布控制层负责对各个区域进行分散自治控制。集中决策主站和网格监控子站实现实时信息交互和业务互动，采用统一的支撑平台建设。网格监控子站通过全光纤通信网络与网格内变电站、开闭所、用户能量综合体等运行信息采集，实现网格内综合能源网运行监控、故障自愈及运行优化。用户能量综合体协调分布式能源、冷热电三联供、负荷侧虚拟同步机、储能装置等源网荷储设备的自治运行，同时响应网格监控子站的调度指令。源网荷储协调优化控制系统架构如图 14-2-4 所示。

基于多元可控负荷的规模化虚拟同步机技术，构建可信负荷终端设备，主动参与电网调压、调频。建设集分布式能源、冷热电三联供、交直流配电网络、负荷侧虚拟同步机、储能装置等设备为一体的综合能源源网荷储协调优化控制系统。

(六) 配网三端柔性直流系统

柔性直流输电技术是一种以电压源换流器、自关断器件和脉宽调制技术为基础的新型输电技术，三端柔性直流装置利用该技术与现有交流网络充分融合，构建交直流混合配电网。柔直装置各输入端连接交流电源，通过换流器完成交直流变换，形成闭环运行模式。

三端柔性直流装置的建立，将解决配电网络系统设备利用率低、可靠性不足等问题，实现供备用电源的无缝切换，减少开关投切时间。含柔性直流装置的主动配电网，可通过调节换流器出口电压的幅值和系统电压之间的功角差，独立控制输出有功功率和无功功率，实现潮流的灵活控制、区域间功率的相互支援以及更大范围内资源的优化配置等。

三端柔性直流接口如图 14-2-5 所示。

连接九里变两回 10kV 出线和屯浦变一回 10kV 线路，实现三个电源的合环运行。连接后以九里变新出两回 10kV 线路作为主要供电线路，从屯浦变新出一回 10kV 线路作为

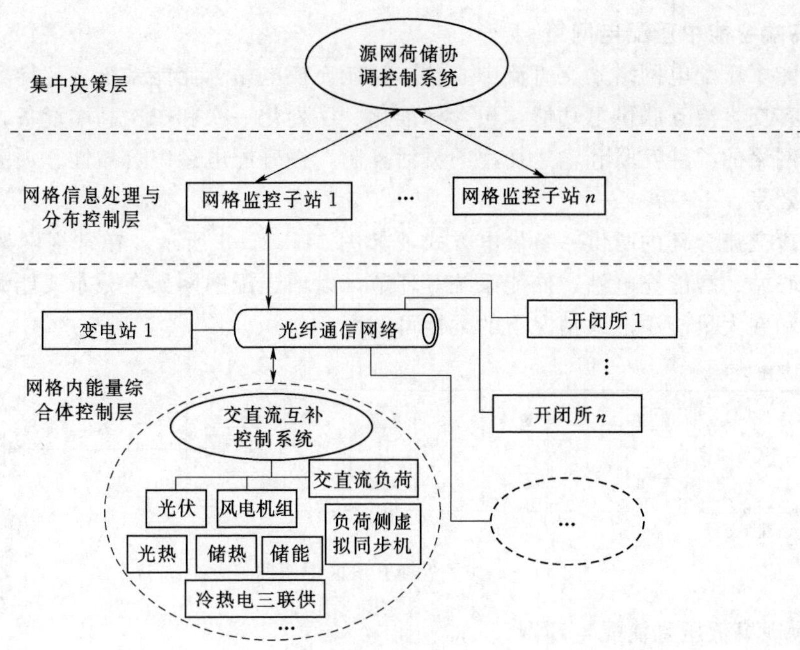

图 14-2-4　源网荷储协调优化控制系统架构

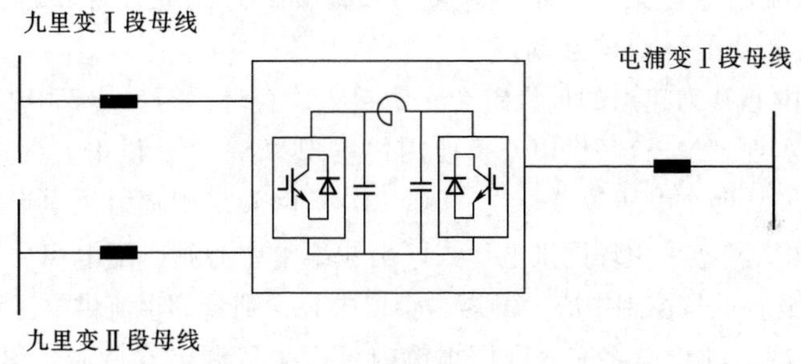

图 14-2-5　三端柔性直流接口示意图

备用线路，在任何一个电源发生故障时，均能够实现无缝切换，提升不同电源与线路之间的负荷专供能力，大大提升区域供电可靠性，使之满足“$N-1$”校验要求。

（七）实用化的高温超导直流电缆

高温超导系统主要由调压整流变压器和可控硅整流器、高温超导直流电缆、低温制冷系统、液氮回流管、回流铝母排等部分组成。高温超导直流电缆由电缆芯、低温容器、冷却系统、终端四个部分组成，无需绝缘油包裹。高温超导直流电缆运行过程中，利用直流电阻率在一定的低温下突然消失的零电阻效应，实现电能低压大容量无损传输，满足城市不断增长的电力需求。其中：高温超导直流电缆的载流密度可达常规铜材料的200倍；在同体积、同重量的条件下，超导电缆输送容量为常规电缆的3～5倍，可实现电力系统低压大电流高密度输电。

在10kV配电网上建设世界首条实用化约450m中低压高温超导电缆，电缆系统不设置中间接头。考虑超导电缆的经济、文化综合效益，将高温超导电缆敷设于电缆沟中，上面铺设玻璃盖板，在输电的同时，起到示范作用。

（八）高端智能中压配电网络

高端智能中压配电网络集交直流中心站、智能充换电站、储能系统、超导等先进技术为一体，具有交直流互联供电功能，包含标准化、序列化一次和二次高端设备，构成主网架实现配电网络的柔性互联和输送功率的灵活控制，提升配电系统可靠性、灵活性、电能质量与运行效率。

将采用含交流合环的两供一备供电方式，如图 14-2-6 所示。在常规网架中增加规划交直流中心站、智能充电站、储能系统等环节，以增强配网网架在分布式能源波动情况下的坚强度和在大量能源汇入情况下的柔性可调度。

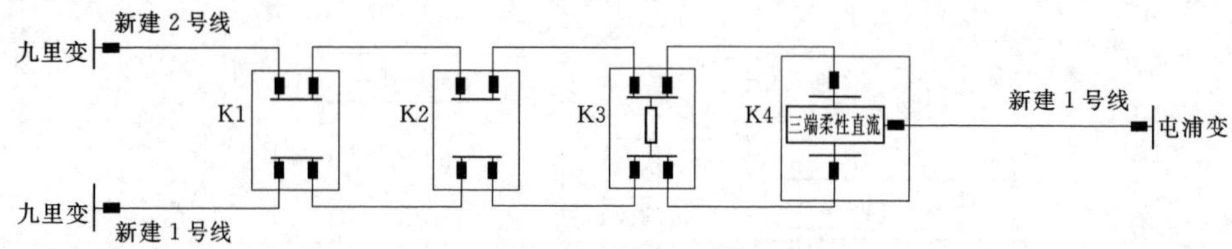

图 14-2-6　近期开发区中压网架

（九）大规模低压直流配电环网

低压直流配电环网是采用直流配电系统运行控制与保护、灵活直流电压变换、直流变压隔离、用户侧直流用电等关键技术，直接为负荷提供直流电并合环运行的配电网络，支持新能源、储能接入及能量双向互动。

搭建以交直流中心站为起点的世界首个多源接入、合环运行、±750V 直流配电网，直流配电网络全部用户实现“$N-1$”供电，重要用户实现“$N-2$”供电。设置 10kV、AC380V、DC±375V、DC±750V 四个电压等级母线。DC±375V 网架采用辐射供电形式，为控制与展示中心供电；DC±750V 网架采用环网供电形式，出线组由中心站、配电房分别出 2 回馈线构成双环网接线，延伸至展示与控制中心、酒店、会议中心、别墅等直流供电区域。

（1）直流配电网络的建设将充分利用小镇内可再生资源，支持光伏等直流分布式电源、储能的灵活接入，形成以直流配电网为核心的区域综合能源网络，提高能源供给效率。

（2）采用直流配电网络对建设区内直流电负荷供电，将减少交直流转换环节，降低电能损耗，充分展示直流供电优势。

（3）缓解交流配电系统面临的线路损耗大、电压波动、电网谐波等一系列电能质量问题。

（十）多功能自发自用绿色充换电站

多功能自发自用绿色充换电站由光伏发电系统和分布式储能系统组成。其中，光伏发电系统利用光伏发电供给能源，并对分布式储能系统进行充电，形成自发自用、余电上网的模式；分布式储能系统包含退役动力电池、换电电池和双向 PCS 等，不仅满足电动汽车运营需求，还能将换电电池作为备用，与回收利用的退役电池，形成梯级利用的分布式储能电站。通过分布式储能管理云平台，优化储能系统运行策略，在满足电池充电需求的同时，参与电力系统实时调度和电力市场交易，提供电量平衡、调峰调频和紧急备用等服务，发挥“一站多用”的先进性和创新性。

绿色充换电站为电动汽车提供多样化充换电服务，还将实现光伏就地消纳，为本地配网系统提供电压和无功支撑。同时，通过智慧能量管理技术及动力电池全生命周期健康评

估技术，将充分发挥全生命周期内电池使用价值，降低动力电池全生命周期使用成本。

充换电站站内配备1个换电工位，为电动汽车提供全自动一步式换电服务；10个有线充电车位及2个无线充电车位，配置10台40kW一体式直流充电机及2套无线充电模块；配套建设综合楼一座，包括配电房、监控室、换电工位室等；充电车位区配置遮雨棚。综合楼屋顶采用光伏瓦，墙体外表面铺设薄膜光伏或晶硅光伏形成光伏幕墙；遮雨棚顶铺设光伏板；利用站内空地建设预制舱式储能系统40kW/(80kW·h)。配电房内建设10kV/0.4kV干式变压器及交流400V配电装置，从K1开闭所10kVⅠ母引出一回10kV线路作为备用电源。光伏及储能均接至配电房内交流400V母线。

（十一）综合能源互动平台

综合能源服务平台以水、电、气、热、冷多表采集为依托，通过通信网络，建立以电网为核心的友好、互动、可接入的能源服务互动平台，其中包括用能计费、能耗监测、环境监控等模块，并运用互联网服务思维和“云大物移”等先进技术，为用户提供更完善的服务，改善综合能源互动平台，将打造线上线下友好、互动的能源服务体系，解决用户能源消费费时、费心、费力的问题，为各类用户提供更贴心、更个性、更智慧的服务，将实现多系统数据实时上传，信息融合，为用户提供资费信息实时查询、在线缴纳功能，推动能源消费数字化、个性化、快捷化、专业化。

综合能源互动平台将带来以下效应：

（1）一站式线上线下能源服务互动平台建成后将全面在线采集用能数据，使其用户覆盖率达到100%。

（2）逐步建立社会用能大数据库，利用数据挖掘技术，将为地方政府准确掌握社会经济发展情况、制定产业发展规划、优化产业结构、拟定民生政策提供依据。

（3）创新经营管理模式和商业运营合作模式，不断拓展综合能源服务类型、范围，为区域内用户提供全面的综合能源服务，包含客户电力设施代维、抢修，能源业务咨询办理等基础服务，以及客户能源优化管理、能效管理、节能方案和电能替代改造、电力需求响应、能源托管等增值服务，使得服务覆盖率达到100%，可办理率达到100%。

第三节　分布式可再生能源发电集群并网系统

一、主要创新点

（1）提出分布式能源-负荷时空特性协调的集群划分及源网荷协同多尺度动态规划方法，开发首套分布式发电集群规划设计软件。

（2）突破基于宽禁带器件变流器优化设计和自适应并网控制技术，研制首台即插即用高功率密度、高效率变流器及智能测控保护装置。

（3）突破群内自治-群间协同-输配协调的分布式发电集群控制技术，开发首套区域性分布式发电群控群调系统。

（4）突破多集群复杂配电网的动态全过程数字仿真和电力-信息数模混合实时仿真测试技术，开发首套集群实时仿真测试平台。

二、社会经济效益

(1) 突破分布式可再生能源发电集群并网关键技术，实现核心技术国际引领。

(2) 建成规模世界第一的百兆瓦级分布式发电集群并网示范工程，实现可再生能源发电100%消纳。

(3) 推动基于宽禁带器件的逆变器、变流器等装备技术升级换代，提升产品技术创新能力和竞争力，促进产业化发展，带动上百亿产值。

(4) 规范大规模分布式可再生能源发电有序接入电网，提高并网灵活性和可控性，提升高效消纳能力，支撑我国能源结构清洁化转型和能源消费革命。

(5) 推动智能电网技术创新，提升我国智能电网技术的国际引领地位。

依托以上技术创新建立了几种模式的示范工程，代表了主流方向，推广应用价值巨大。

1. 金寨模式——区域分散型可再生能源发电集群集成并网

(1) 国家光伏扶贫示范县，主要是农户屋顶，村镇集中，小型电站模式。

(2) 2020年安徽光伏发电规模5.7GW，总装机容量371MW（光伏335MW+生物质36MW），渗透率310%。

2. 海宁模式——区域集中型可再生能源发电集群集成并网

(1) 全国光伏发电密度最大地区，主要是工业园区，集中电站模式。

(2) 2020年浙江光伏发电规模8GW，总装机容量203MW，渗透率216%。

3. 光伏扶贫——户/村分散型+集中电站型

(1) 2020年16省扶贫光伏规模15GW。

(2) 金寨成为光伏扶贫经典模式。

4. 工程情况

两种模式的特点及需求见表14-3-1。

表14-3-1　两种模式的特点及需求

项目	金　寨	海　宁
突出特点	分散接入，全额上网，低压“裸接”	区域密集，自发自用，分散控制
主要问题	协调困难，供用失衡，缺乏保护	缺乏调度，谐波污染，场地受限
未来需求	有序接入，高效消纳，并网可控	并网调控，治理谐波，功率密度

5. 协调控制

图14-3-1给出了两种模式的输配协调控制方式。

三、研究内容

1. 高渗透率分布式可再生能源发电集群并网优化规划设计技术

提出了分布式能源资源/负荷时空特性相协调的集群划分方法与典型应用模式，突破源网荷多维多尺度动态协同规划，实现分布式能源有序接入。

(1) 分布式发电集群分类方法及多元电能质量治理装置优化配置方案研究。

(2) 综合成本效益评估方法与电网综合评估指标体系研究。

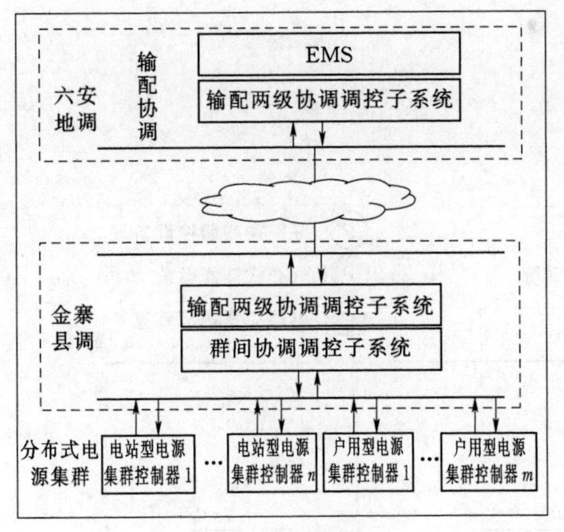

(a) 金寨模式

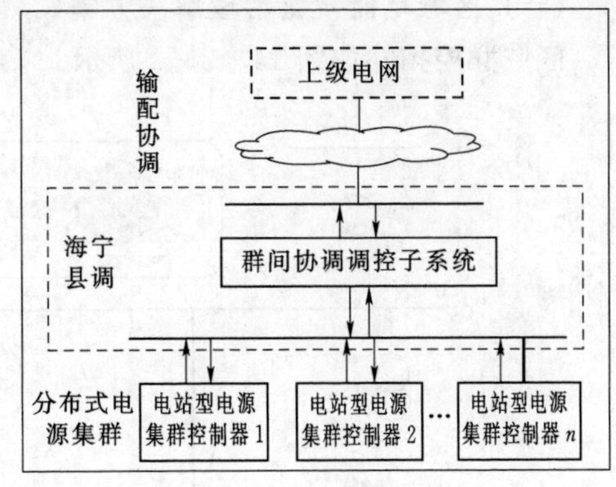

(b) 海宁模式

图 14-3-1　两种模式的输配协调控制

(3) 分式式可再生能源发电集群规划设计系统开发。

2. 即插即用的高功率密度分布式电源高效变换与测控保护技术

提出综合虚拟同步和输出阻抗重塑的灵活并网控制方法，突破基于宽禁带半导体器件的紧凑化设计技术，研制即插即用高功率密度高效率并网装置，实现分布式能源灵活并网与高效控制。

(1) 并网设备关键技术研究。

(2) 5kW 光伏储能一体机研制。

(3) 30kW/100kW/500kW 并网逆变调控一体机研制。

(4) 50kW/150kW/500kW 模块化储能双向变流器研制。

(5) 即插即用的智能测控保护装置、反孤岛保护装置研制。

3. 区域性高渗透率分布式发电集群灵活并网群控群调技术

提出群内自治、群间协同、输配协调的集群控制方法，开发国内外首套源网荷储相协调的区域性分布式发电群控群调系统，解决分布式电源可控性差、易脱网和消纳困难的问题。

(1) 分布式发电集群动态划分技术研究。

(2) 分布式发电集群自治控制技术研究。

(3) 集群群间/输配网有功无功优化控制样机研发。

(4) 分布式发电集群群控群调技术研究及平台开发。

4. 分布式可再生能源发电集群实时仿真和测试技术

攻克多集群复杂配电网的动态全过程数字仿真和电力信息数模混合实时仿真测试技术，开发首套集群实时仿真测试平台，解决集群规划设计、运行控制策略验证和一二次设备硬件在环仿真测试难题。

(1) 集群多时间尺度等值建模方法研究。

(2) 多集群复杂配电网动态全过程数字仿真系统开发。

(3) 集群电力-信息数模混合实时仿真测试平台开发。

四、示范工程考核指标

(一) 区域电能质量治理解决方案

区域群控拓扑如图 14-3-2 所示。

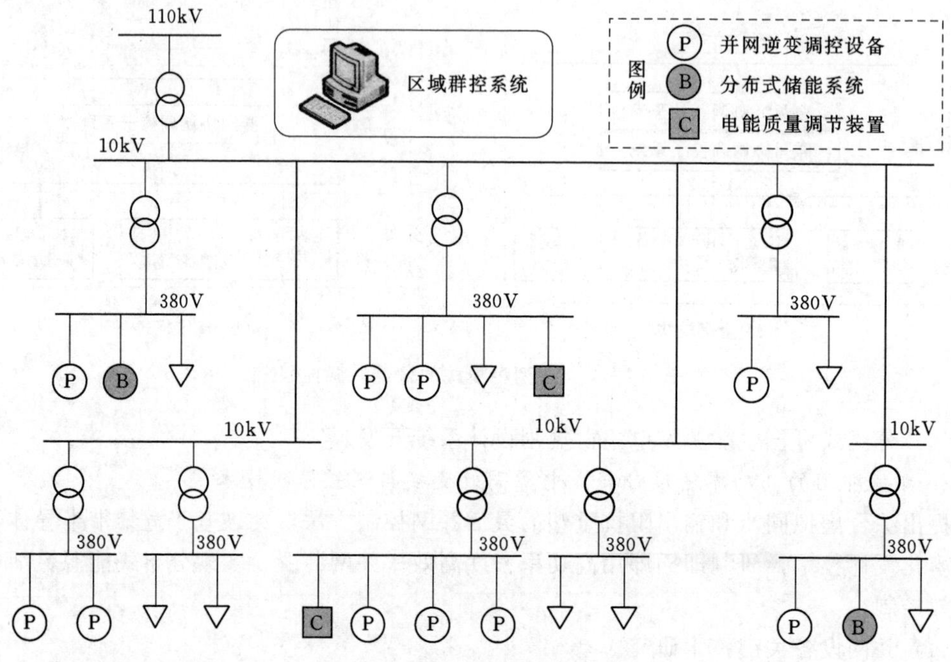

图 14-3-2 区域群控拓扑图

1. 并网逆变控制

(1) 措施：自同步并网，虚拟阻抗调节。

(2) 优势：本地无功支撑、谐波谐振抑制。

2. 电能质量治理装置配置

(1) 措施：主动电能质量治理。

(2) 优势：主动、快速、动态补偿。

3. 分布式储能配置

(1) 措施：平抑功率波动、自主参与调压。

(2) 优势：能量优化配置，潮流优化。

4. 区域集群控制

(1) 措施：网源协同优化。

(2) 优势：区域统一治理。

保障电能质合格，实现所有并网点 $THD_1<5\%$。

(二) 区域快速反孤岛保护解决方案

区域快速反孤岛保护原理如图 14-3-3 所示。

1. 本地快速孤岛检测技术

(1) 措施：依据品质因数确定截止角度。

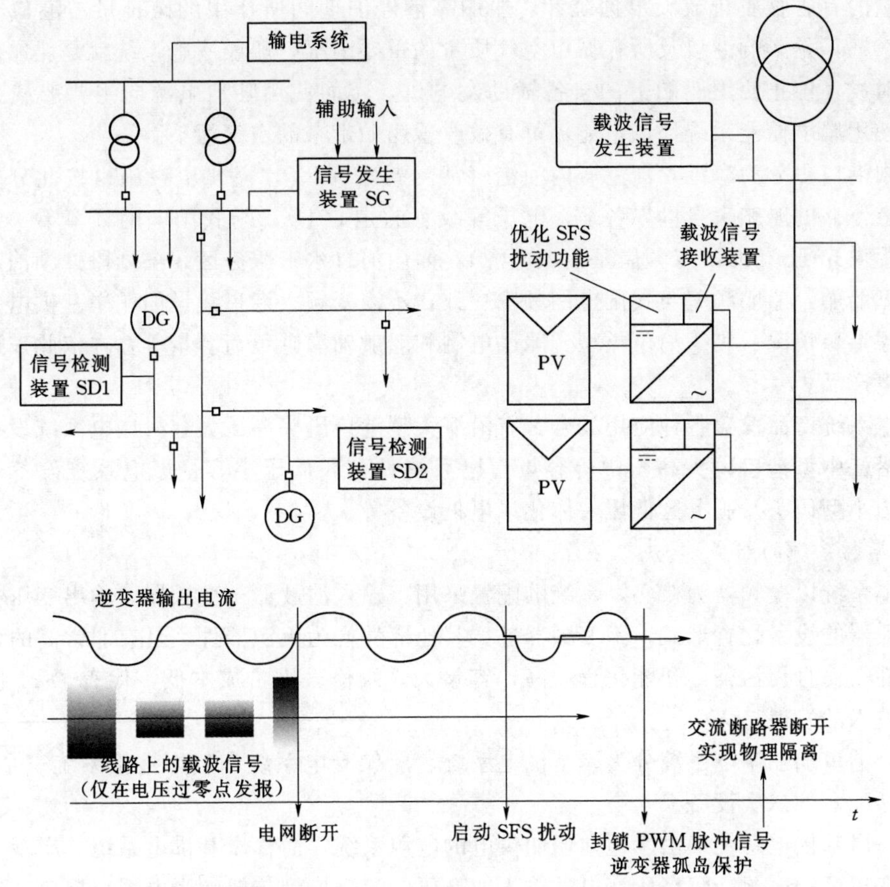

图 14-3-3　区域快速反孤岛保护原理

(2) 优势：减少检测盲区，动作时间快。

2. 远程反孤岛保护技术

(1) 措施：基于电力载波通信技术。

(2) 优势：无检测盲区、不影响电能质量。

3. 联合反孤岛保护技术

(1) 措施：电网保护和孤岛检测联合/交替机制。

(2) 优势：无检测盲区，可靠、快速。

实现反孤岛保护动作时间小于 1s。

第四节　岸　电　系　统

一、概述

1. 岸电系统的一般应用场景

船舶停靠港口作业期间，需要开动船上的辅助发电机发电以提供必要的动力，由此会产生大量的有害物质排放。根据统计，船舶靠港停泊期间所产生的碳排量占港口总量的40%～70%，是影响港口及所在城市空气质量的重要因素。船舶岸电系统就是船舶停靠在码头的时候，停止使用船舶上的自备辅助发电机，转而使用陆地电源向主要船载系统供电。若使用岸电储能系统提供电能，可有效改善船舶带来的空气污染。

国内港口可分为海港、江港、内河港（河、湖），配套岸基供电设施也按此分类。海港和江港停靠的船舶来自世界各地，电压等级有的是60Hz，与我国电网频率不一致，需变频（提供50Hz/60Hz双频岸基供电电源）；而内河（水上服务区、渠划段、湖泊）船舶都是小型船舶，船舶频率与我国电网频率一致，不需变频。港口建设船舶岸基供电系统应充分考虑港口情况、码头泊位类型、船舶电制和船舶辅靠港负荷容量等，并依此来选择合适的岸电产品。

岸电系统产品覆盖各种应用场合，有沿海大型港口码头高压大容量岸电系统设备；有沿海、沿江中型港口码头高压中等容量岸电系统设备和低压小容量岸电系统设备；有内河、湖泊小型码头及服务区低压一体化岸电桩设备等。

2. 岸电系统的组成

岸电系统以变频器为核心，系统的配置采用：输入滤波器＋变频器＋输出变压器＋正弦波滤波器的设备配置形式。除变频器外，其他部件均为无源器件，具有非常高的可靠性和稳定性，而且无污染，智能化程度高，容量大，维修、维护成本低，代表了21世纪岸用电源技术的发展趋势。

整个港口船舶岸电系统分为岸基供电系统、船舶受电系统和船岸连接系统三个部分，其中包括配套的二次设备。

（1）岸基供电系统：由岸边向船舶供电的电源系统，简称岸基供电系统。岸基供电系统通过变压变频电源，将高压变电站输入的高压电源变换到与船舶受电系统接口一致的电源，并输送到码头船舶的接入点。岸基供电电源装置置于码头变电站中，主要设备包括10kV电缆、岸电电源进线智能开关柜、计量柜、岸电电源（变频电源、低压一体化岸电桩）、岸电电源出线智能开关柜、计费系统。

（2）船舶受电系统：船舶采用岸电电源供电时，所需要具备的接受设备和控制系统，简称船舶受电系统（AMPS），主要设备包括进线屏、船载变压器、同步屏、配电屏、船载接电板。

（3）船岸连接系统：连接岸上供电电源和船舶受电设备之间的电缆和设备，满足电缆的快速连接和存储的要求。主要设备包括电缆卷筒、连接电缆、接插头、接电箱、岸基电缆盒、船基电缆盒、电缆管理系统。

二、典型应用案例

（一）低压一体化岸电桩

1. 应用场景

内河水上服务区。

2. 典型设计方案

低压一体化岸电桩主要安装于停泊散货船一类的小型港口码头，针对内河、湖停靠的

1000t 级以内的小型船舶进行供电，船舶电制为 380V/50Hz，该类船舶的用电负荷特点是相对容量较小、冲击负荷较大。

供电方式是：将码头电网 10kV、50Hz 高压电源经变压器转换为 380V 三相低压电源，经低压一体化岸电桩（图 14-4-1）接入船上供受电设备使用。

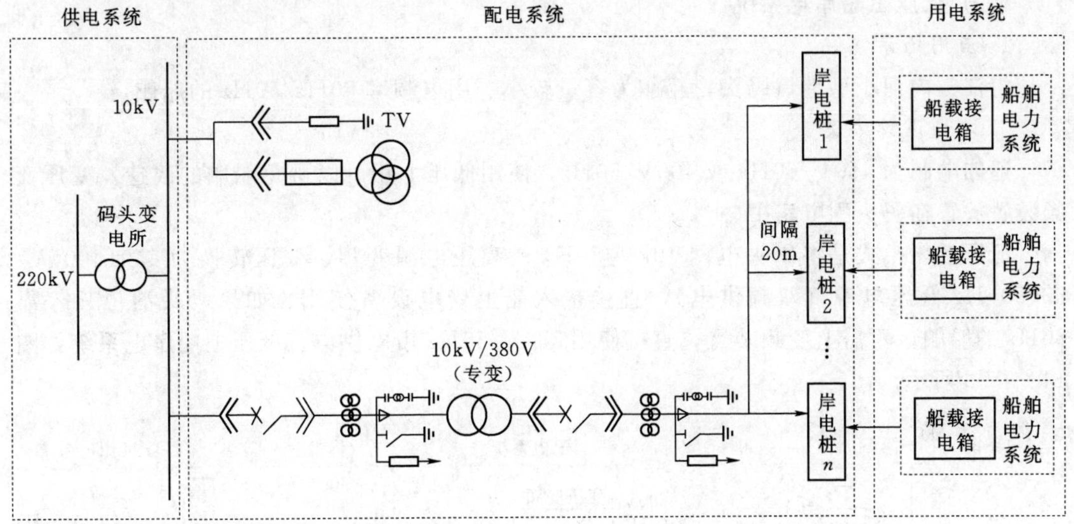

图 14-4-1　低压一体化岸电桩

3. 典型配置表

岸电桩系统主要设备见表 14-4-1。

表 14-4-1　岸电桩系统主要设备

产品分类	主要设备	产品分类	主要设备
低压一体化岸电桩系统	岸电总控系统	低压一体化岸电桩系统	计量计费系统
	380V 低压电缆		上船连接电缆（含插头）
	低压配电柜		船载连接设备
	低压一体化岸电桩		

4. 投资估算

某水上服务区包含 12 个低压一体化岸电桩供电设施，可满足 24 艘内河运输船舶同时供电的需求，根据调研统计和船舶通勤量预估，按 58%靠泊率预估。服务区用电电价约为 0.867 元/(kW·h)。船舶靠泊年用电量按如下条件计算，根据季节变化，春、秋两季船舶平均用电负荷约 1kW；夏季、冬季因空调使用，按 3kW 用电容量计算，船舶用电平均负荷 1.82kW、辅机燃油消耗率约为 0.192kg/(kW·h)，辅机柴油机发电效率约为 50%。每个泊位日平均靠泊接电时间 10h。

（1）消耗柴油＝24×0.58×10×365×1.82×0.192/50%＝35.5（t/年）。

（2）折标准煤＝35.5×1.4571＝51.73（t/年）。

（3）接用岸电后，船舶年耗电量约为＝1.82×1×10×24×0.58×365＝9.25（万 kW·h），

岸电服务费按 1.5 元/(kW·h) 计算，合计 13.88 万元。

(4) 减排二氧化碳=35.5×3.1605（柴油的二氧化碳排放系数）=112.2（t/年）。

(5) 消耗燃油费用=35.5×6300（0 号柴油每 t 价格）=22.37（万元）。

(6) 与使用柴油相比，接用岸电年将节省资金=22.37−13.88=8.49（万元）。

(二) 低压上船岸电系统

1. 应用场景

沿江、内河小型港口码头，船舶为容量较小、用电频率 60Hz/50Hz 的船舶。

2. 典型设计方案

船舶电制为 450V/60Hz 或 400V/50Hz，使用低压上船可以避免船舶的改造。变压变频装置放置在码头配电房中。

低压上船模式是将码头电网 10kV/50Hz 的高压电源变频、变压转换为 450(400)V/60(50)Hz 低压电源（双频供电），直接接入船上受电设备使用。如果码头泊位只停靠 50Hz 的船舶，不需上变频装置，直接使用 380V/50Hz 市电供电。低压上船岸电系统如图 14-4-2 所示。

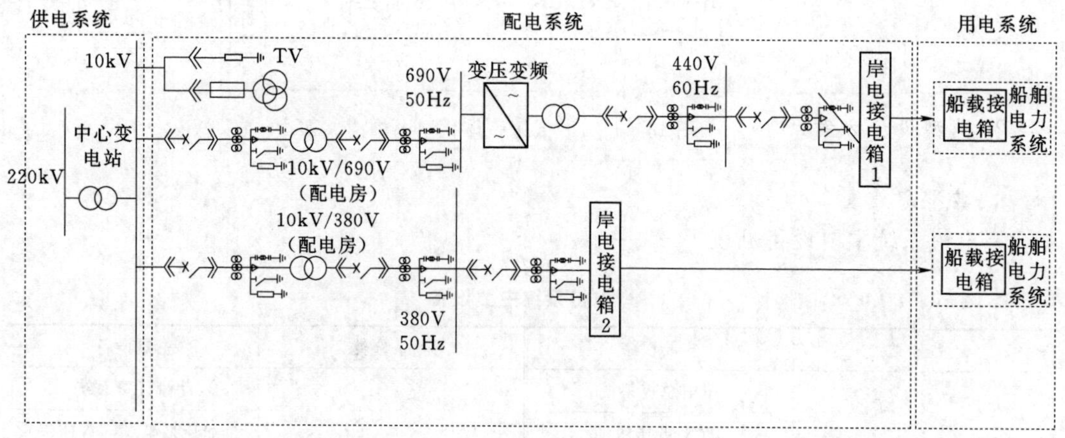

图 14-4-2 低压上船岸电系统

3. 典型配置表

低压上船岸电设备见表 14-4-2。

表 14-4-2 低压上船岸电设备

产品分类	主要设备	产品分类	主要设备
低压上船岸电系统典型配置	岸电总控系统	低压上船岸电系统典型配置	出线开关柜
	10kV 电缆		岸基插座箱
	进线开关柜		计量计费系统
	计量柜		电缆管理系统
	无功补偿柜/有源滤波柜		船基插座箱
	变频电源		船载受电设备

4. 投资估算

针对港区现有泊位数及停靠船舶种类情况，拟采用“2＋1 岸基供电”方案，即其中两个泊位提供 380V/50Hz/300kVA 岸电，剩余一个泊位提供 440V/60Hz/300kVA 岸电。

某港三个试点泊位每年靠泊杂散货船达 250 多艘次，根据估算，杂散货船平均靠泊时间为 48h，船舶靠港期间平均用电负荷为 200kW，辅机燃油消耗率约为 0.192kg/(kW·h)，辅机柴油发电机效率约 50％，用电电价约为 0.867 元/(kW·h)。

(1) 消耗柴油＝250×48×200×0.192/50％＝921.6 (t/年)。

(2) 折标准煤＝921.6×1.4571＝1342.8 (t/年)。

(3) 接用岸电后，船舶平均停泊一次需要用电＝200×48＝0.96 (万 kW·h)，则年耗电量＝0.96×250＝240 (万 kW·h)，岸电服务费按 1.5 元/(kW·h) 计算，合计 360 万元。

(4) 减排二氧化碳＝921.6×3.1605＝2912.7 (t/年)。

(5) 消耗燃油费用＝921.6×6300＝580.6 (万元)。

(6) 与使用柴油相比，接用岸电年将节省资金＝580.6－360＝220.6 (万元)。

(三) 高压上船岸电系统

1. 应用场景

沿海大型港口码头，靠港船舶吨级较大，为用电频率 60Hz、高压上船的停靠船舶。

2. 典型设计方案

高压上船可以减少电缆根数（一船只需一根或两根电缆)。变压变频装置放置在码头配电房中。

高压上船模式是将码头电网 10kV(6kV)/50Hz 高压电源通过变压变频装置，转换为 6.6(6)kV/60(50)Hz 的高压电源，接入船载电源系统供船上设备使用。

高压上船岸电系统如图 14-4-3 所示。

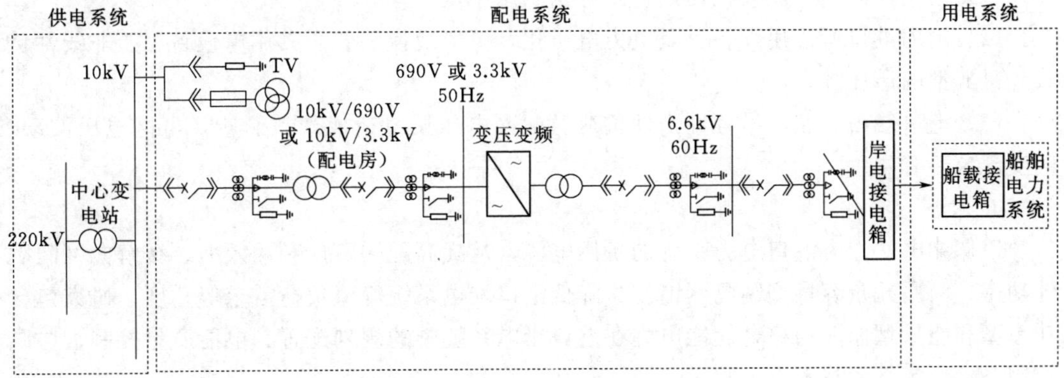

图 14-4-3　高压上船岸电系统

3. 典型配置表

高压上船岸电主要设备见表 14-4-3。

4. 投资估算

某港港口高压岸电给客滚轮供电。港口码头陆区布置高压变频配电房，将陆区变电所

表 14-4-3 高压上船岸电主要设备

产品分类	主要设备	产品分类	主要设备
高压上船岸电系统典型配置	岸电总控系统	高压上船岸电系统典型配置	出线开关柜
	10kV 电缆		岸基插座箱
	进线开关柜		计量计费系统
	计量柜		电缆管理系统
	无功补偿柜/有源滤波柜		船基插座箱
	变频电源		船载受电设备

6kV/50Hz 的高压电转换为 6.6kV/60(50)Hz 双频输出，高压变频配电房的输出连接到码头前沿的高压接线箱给过往船只供电。客滚船在港口停靠 1.5 万 t 客滚轮 1 艘，一周靠泊 2 次，每次 1 天，24h 燃油量包括 1t 轻油（6270 元/t）、4t 重油（5280 元/t）。

（1）消耗轻油＝52×2×1×1＝104（t/年）。

（2）消耗重油＝52×2×1×4＝416（t/年）。

（3）折标准煤＝104×1.4286＋416×1.4286＝742.9（t/年）。

（4）接用岸电后，客滚轮年用电量＝100（万 kW·h），按 1.8 元/(kW·h) 计算，合计 180 万元。

（5）减排二氧化碳＝742.9×2.493＝1852（t/年）。

（6）消耗燃油费用＝104×6270＋416×5280＝284.9（万元）。

（7）与使用油相比，接用岸电年将节省资金＝284.9－180＝104.9（万元）。

三、岸电发展瓶颈及出路

1. 岸电发展瓶颈

（1）高负荷时间占比较低，港口配电网利用率低。

（2）国内港口所使用设备大量电力电子化，电能变换装置及其用电设备属于非线性负载，是典型的谐波源。

（3）港口航吊、龙门吊等冲击性负荷对配网电压质量造成严重影响，电网电压波动/闪变现象时有发生。

2. 对策

以储能电站作为港口电力系统的备用电源，从提高配网资产利用效率、缓解电网间歇性功率、利用冗余容量抑制电网谐波、降低港口配电系统峰值负荷需求等角度，研究包含功率型和能量型储能的综合储能电站在港口岸电系统中的规划配置、电能质量控制、协同控制与优化运行等技术。

（1）储能在岸电系统中规划配置技术研究。包括岸电系统典型架构研究、储能优化选址研究、储能优化配置研究、储能优化配置软件开发等。

（2）储能在岸电系统中电能质量控制技术研究。包括谐波抑制和无功功率补偿技术研究、电压波动/闪变抑制技术研究、储能电能质量治理动态性能研究、储能并网测试技术研究。

(3) 储能与岸电系统协同控制与优化运行控制技术研究。

示范建设5MW以上储能电站，工作效率不低于90%，响应时间不高于200ms，满足总量10MW以上以及单个泊位3MW以上岸电接入需求，在岸电满负荷运行的情况下，留有足够裕量，满足多种随机性电源和负荷的接入需求。

第五节　虚拟同步机技术

一、问题提出

1. 同步发电机对电力系统稳定的支撑作用

在电网频率变化时，同步发电机通过惯性响应和一次调频实现对电力系统频率的动/静态支撑。在频率发生变化的初始阶段，同步发电机主要利用自身惯性响应自发地抑制电网频率变化，实现动态支撑；当频率偏差超过调频死区后，一次调频动作，通过调节原动机出力，实现对电网频率的静态支撑。

同步发电机频率调节如图14-5-1所示，相关参数见表14-5-1。

2. 电网消纳大规模新能源面临的挑战

截至2016年年底，全国风电、光伏发电装机容量分别达到1.49亿kW、7742万kW，均居世界第一，新能源装机容量占全国总量的13.7%。

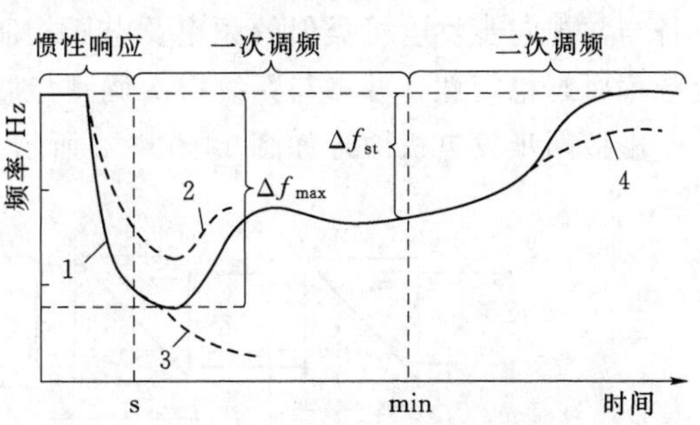

图14-5-1　同步发电机频率调节

与火电等同步发电机相比，风电、光伏等新能源发电不具备惯性调频、自主调压、阻尼功率振荡的能力，故障应对能力差，大规模接入电网后，将影响电网的功角、电压和频率稳定性，见表14-5-2。

表14-5-1　同步发电机频率调节参数

调频行为	时间尺度	调节指标
惯性响应	0～10s	抑制频率变化率，将最大频差控制在允许范围
一次调频	10s～3min	调速器动作，通过有差调节将频率控制在允许范围
二次调频	3min以上	AGC动作，实现频率无差调节

表14-5-2　光伏、风力发电的调节能力

特性	火电等同步发电机	光伏、风力发电
调频特性	可参与一次调频	无法参与一次调频
调压特性	可自动调节无功输出，支撑系统电压	无法自动调节无功输出
阻尼特性	汽轮机惯性时间常数1～3s 水轮机惯性时间常数5～7s	无惯性

二、虚拟同步发电机（VSG）

风电、光伏通过虚拟同步发电机接入电网，一是能够主动参与一次调频、调压，提供一定的有功和无功支撑；二是能够提供惯性阻尼，有效抑制频率振荡。虚拟同步发电机可使新能源具备与火电接近的外特性，对电力系统三大稳定起到支撑作用，是解决新能源发电“先天不足”问题的有效手段。

虚拟同步机与火电等同步发电机特性对比见表 14-5-3。

表 14-5-3　　虚拟同步发电机与火电等同步发电机特性对比表

特　性	火电等同步发电机	虚拟同步发电机
阻尼特性	汽轮机惯性时间常数 1～3s 水轮机惯性时间常数 5～7s	惯性时间常数可设置
调频特性	可参与一次调频	可参与一次调频
调压特性	可自动调节无功输出，支撑系统电压	可自动调节无功输出，支撑系统电压

1. 虚拟同步发电机

以现有各类电力电子变换器及储能环节为基础，通过引入控制策略，使其从外特性上具备与常规同步发电机类似的频率及电压控制特性。为系统提供惯性/阻尼，增强电力系统频率暂态稳定性，并参与系统一次调频与调压。

虚拟同步发电机原理如图 14-5-2 所示。

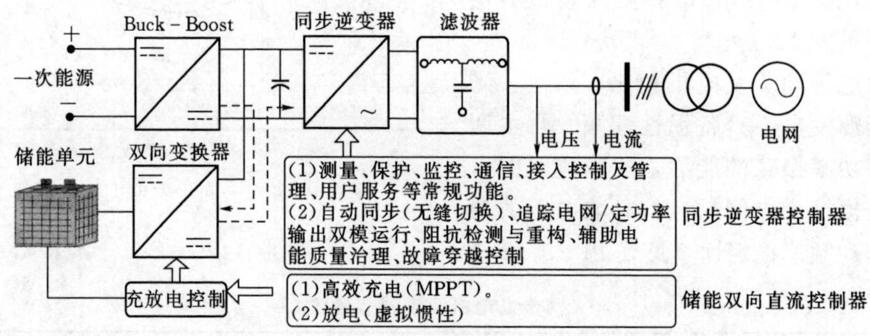

图 14-5-2　虚拟同步发电机原理

2. 虚拟同步发电机分类

依据应用场景的不同，虚拟同步发电机可分为新能源发电虚拟同步发电机与负荷虚拟同步发电机。

（1）新能源发电虚拟同步发电机包括风电虚拟同步发电机、光伏虚拟同步发电机和集中式虚拟同步发电机。

（2）负荷虚拟同步发电机包括采用虚拟同步发电机技术的各类用电设备，例如含整流器的电动汽车充电桩、变频设备、电子产品等。

3. 虚拟同步发电机工作原理

基于电力电子变换器与储能环节，在控制上引入同步机转子运动与机电暂态方程，可等效为功角和幅值均可控的电压源：通过改变电压功角 δ 调节有功功率输出，改变内电势幅值 E 调节无功功率输出。

图 14-5-3 给出了虚拟同步发电机控制框图。

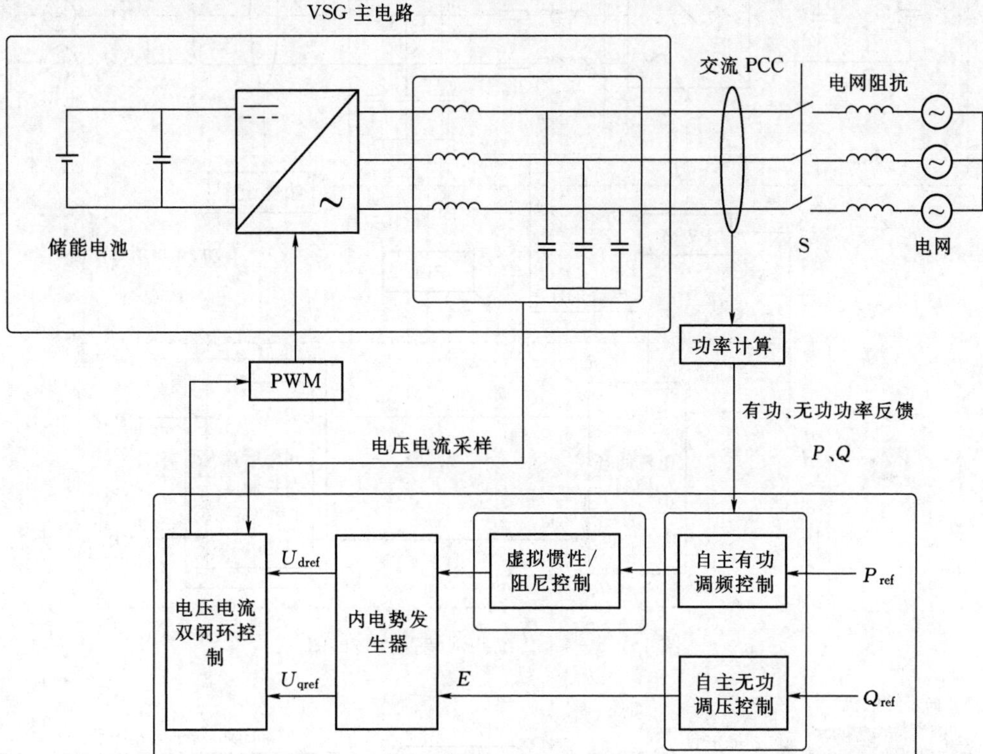

图 14-5-3 虚拟同步发电机控制框图

4. 传统并网装置工作

通过锁相环（PLL）为并网电流提供相位基准，本质上可等效为频率跟随电网快速变化的电流源。在电网发生频率突增或突降时，由于没有惯性，不能主动提供惯性响应功率实现对电网频率的支撑，如图 14-5-4 所示。

5. 新能源虚拟同步发电机关键技术

包括虚拟惯性/阻尼控制、自主有功调频控制、自主无功调压控制及试验技术等。

三、虚拟同步发电机惯性/阻尼控制

在系统频率快速升高/下降时，虚拟同步发电机能控制储能单元存储/释放能量的速度，发挥与同步发电机转子存储/释放动能等效的作用，抑制电力系统频率突变、阻尼功率振荡。

两种发电机控制比较如图 14-5-5 所示。

四、有功调频控制

虚拟同步发电机参照同步发电机调速器设计自主有功调频控制器，根据参考频率与自

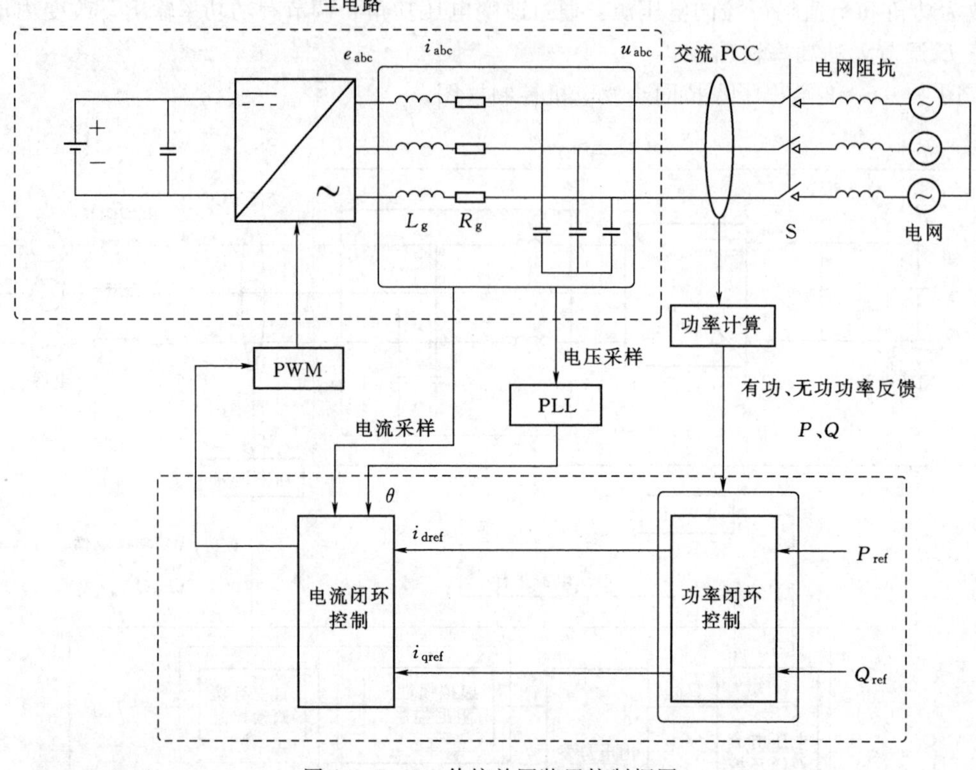

图 14-5-4　传统并网装置控制框图

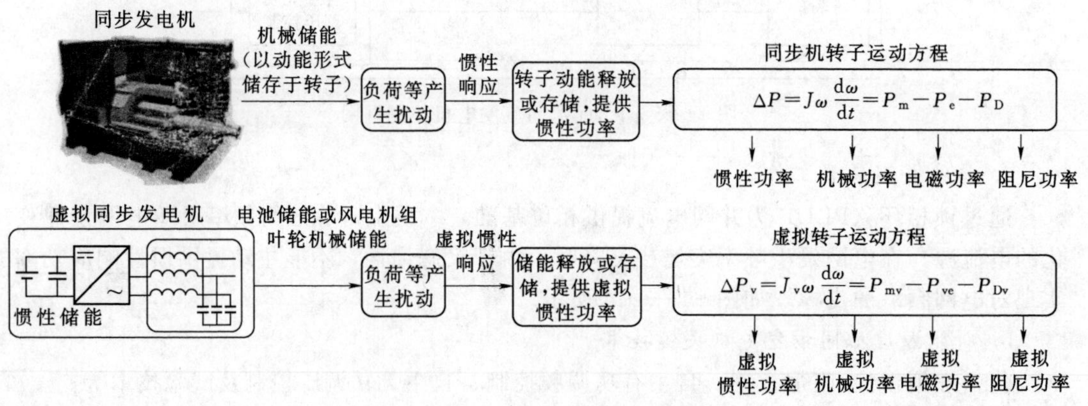

图 14-5-5　两种发电机控制比较

身频率的偏差，通过调节储能电池能量的释放/存储，从而实现与同步发电机相似的静态调频特性，其控制如图 14-5-6 所示。

五、无功调压控制

虚拟同步发电机参照同步发电机励磁调节器设计无功/电压调节器，根据参考电压与电网电压幅值偏差、参考无功指令与实际无功偏差，由电压调节器与无功调节器计算内电势幅值指令，从而实现对系统的电压调节和无功支撑，其控制如图 14-5-7 所示。

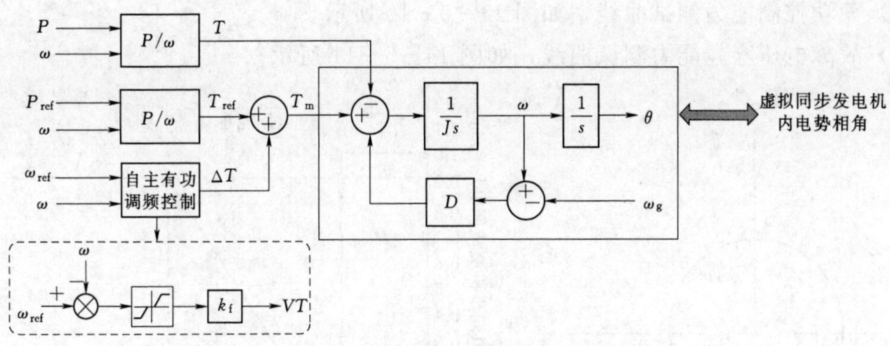

图 14-5-6 虚拟同步发电机有功调频控制

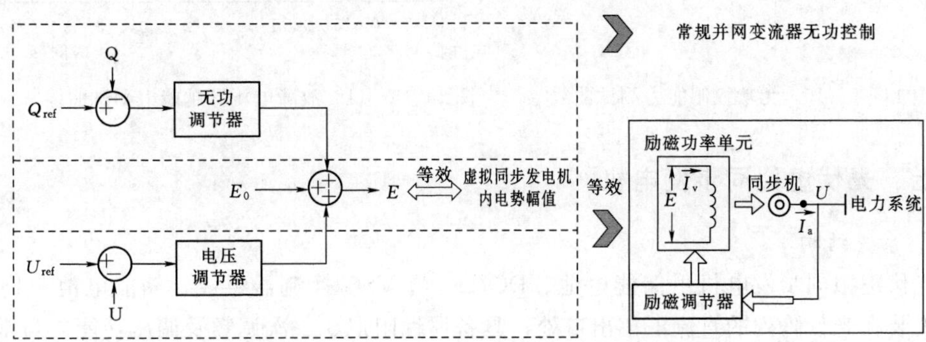

图 14-5-7 虚拟同步发电机无功调压控制

六、试验技术

系统研究虚拟同步发电机惯性、一次调频、无功调压与故障穿越试验方法，构建测试平台，为虚拟同步发电机技术标准制定与完善提供支撑。

(1) 惯性响应测试曲线，如图 14-5-8 所示。

(2) 一次调频测试曲线，如图 14-5-9 所示。

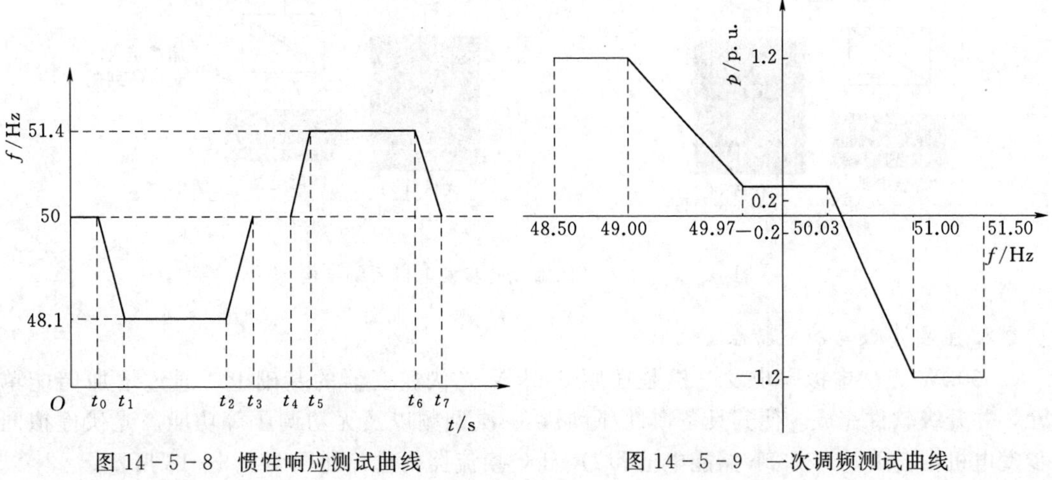

图 14-5-8 惯性响应测试曲线　　　图 14-5-9 一次调频测试曲线

(3) 无功控制能力测试曲线，如图 14－5－10 所示。

(4) 故障电压穿越能力测试曲线，如图 14－5－11 所示。

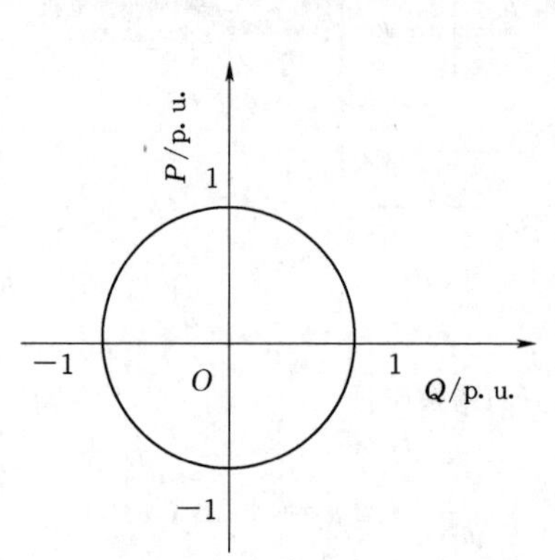

图 14－5－10　无功控制能力测试曲线

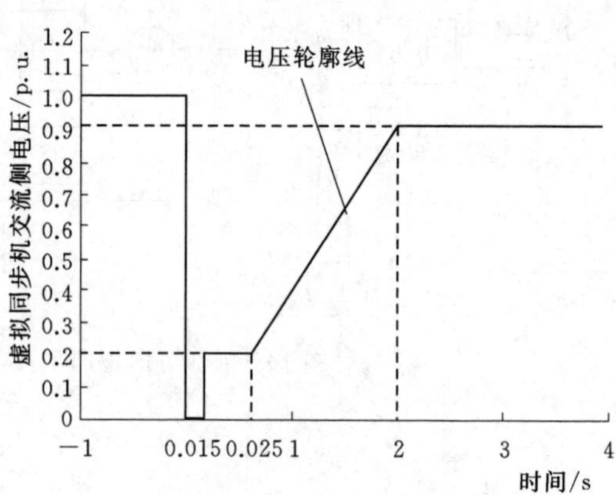

图 14－5－11　故障电压穿越能力测试曲线

七、光伏虚拟同步发电机

1. 系统结构

光伏虚拟同步发电机由储能电池、DC/DC 与 VSG 换流器组成，储能电池＋DC/DC 装置安装在光伏阵列的直流汇集出口处，具备惯性阻尼、一次调频及调压功能。与常规光伏逆变器相比，需要将传统逆变器升级为虚拟同步逆变器，并增加电池储能单元，如图 14－5－12 所示。

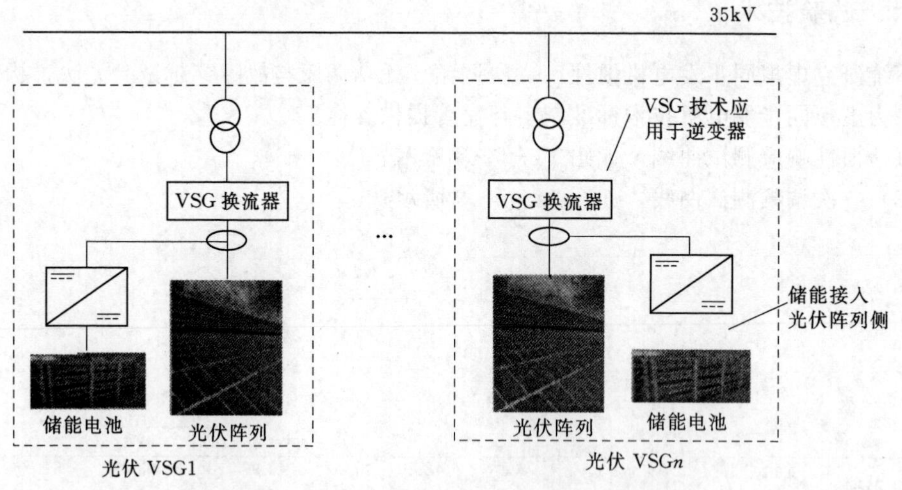

图 14－5－12　光伏虚拟同步发电机系统结构

2. 主要参数与功能特点

500kW 光伏虚拟同步发电机是在原 500kW 光伏逆变器的基础上，通过增加储能单元，并升级软件完成。使其具备惯性/阻尼，一次调频以及无功调压等功能。光伏虚拟同步发电机由 50kW×0.33h 储能电池和 DC/DC 换流器构成，如图 14－5－13 所示。

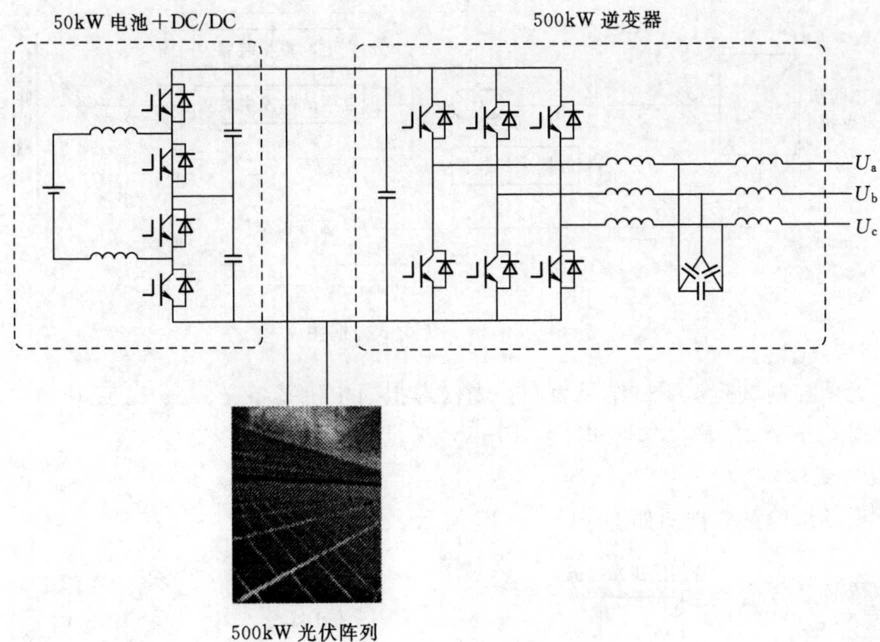

图 14－5－13　光伏虚拟同步发电机结构

光伏虚拟同步发电机主要参数见表 14－5－4。

表 14－5－4　　光伏虚拟同步发电机参数

项　目	技术参数	项　目	技术参数
额定功率	500kW	惯性时间常数	4～12s 可调
电池容量	50kW×0.33h	一次调频系数	5～20 可调
并网电压	AC270V±10%	无功容量	－0.33～0.33p.u.

光伏虚拟同步发电机功能特点如下：

（1）虚拟惯性/阻尼，提升频率暂态稳定性。

（2）一次调频，提升频率静态稳定性。

（3）无功调压，提升电压幅值稳定性。

（4）SOC 自维护。

（5）MPPT 与光伏虚拟同步发电机功能解耦。

3. 型式试验

按照《单元式光伏虚拟同步发电机技术要求和试验方法（报批稿）》完成 500kW 光伏虚拟同步发电机型式试验。

（1）型式试验框图如图 14－5－14 所示。

（2）频率调节试验。测试结果表明：光伏虚拟同步发电机具备惯性和一次调频能力。在系统频率变化时，惯性响应输出与频率变化率成正比的有功功率，实现对系统频率的暂态支撑；一次调频响应输出与频率偏差值成正比的有功功率，实现对系统频率的静态支撑。

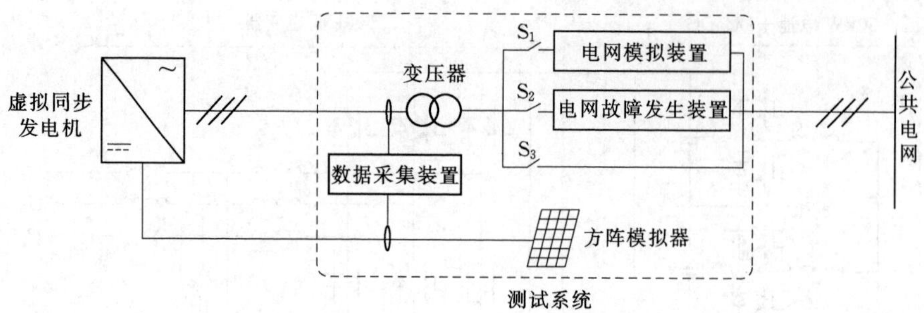

图 14-5-14 型式试验框图

(3) 无功控制试验。测试结果表明：光伏虚拟同步机具备±33%P_N 无功容量。无功功率控制误差小于 2%P_N，响应时间 310ms，满足标准要求。

4. 现场试验

(1) 现场试验系统框图如图 14-5-15 所示。

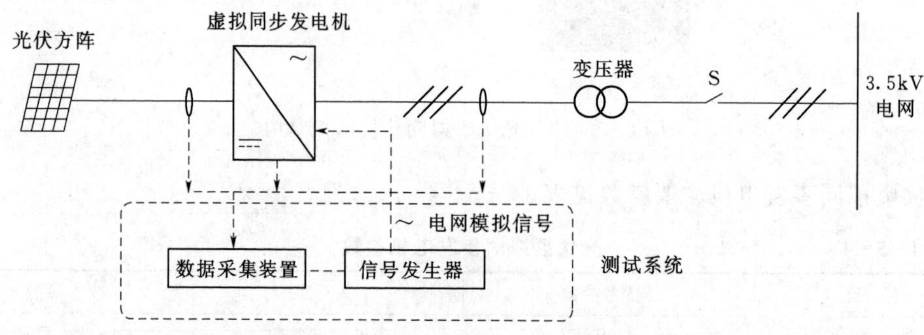

图 14-5-15 现场试验系统框图

(2) 频率调节试验。现场测试结果表明：光伏虚拟同步发电机惯性和一次调频响应功率输出误差小于 2%P_N，惯性响应时间 352ms，一次调频响应时间 504ms，均满足标准要求。

(3) 无功电压调节试验。现场测试结果表明：光伏虚拟同步发电机具备自主无功调压能力。并网点电压变化时，光伏虚拟同步发电机输出与电压偏差值成正比的无功功率，实现对并网点电压的静态支撑。

(4) 负荷扰动下的频率支撑试验。光伏虚拟同步发电机接入常规同步发电机系统，当负荷投切时，虚拟同步发电机同时输出正比于 Δf、df/dt 的功率抑制频率波动。减负荷时，系统频率波动幅度由+2Hz 降低到+1Hz；增负荷时，系统频率波动幅度由-1.5Hz 降低到-0.7Hz。

光伏虚拟同步发电机接入离网系统如图 14-5-16 所示。

八、风电虚拟同步发电机

1. 惯性特性

不预留备用容量，风电机组基于其风轮及发电机传动链固有的转动惯量，通过风电机

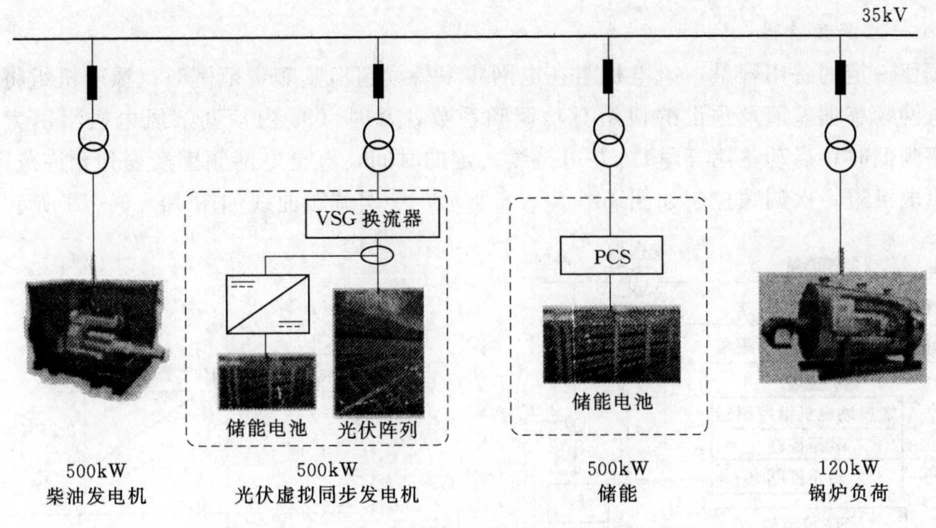

图 14-5-16 光伏虚拟同步发电机接入离网系统

组主控系统控制的作用，在电网频率波动时，风电机组可根据电网频率的变化率，自动快速（0.5s 内）调节输出功率（$\pm 10P_N$），并持续数秒（10～15s）的时间，以抑制电网频率的快速变化，如图 14-5-17 所示。

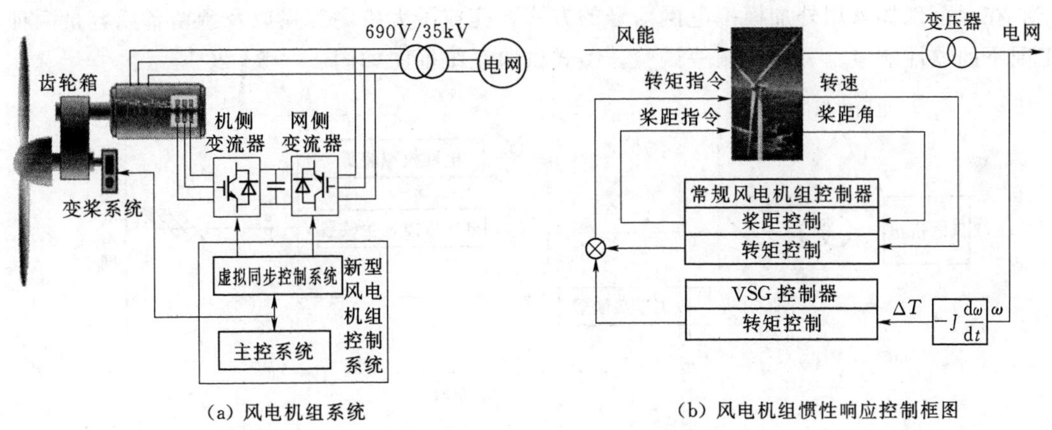

图 14-5-17 风电机组及其惯性响应

2. 功率恢复特性

（1）额定风速以下时，电网频率下降，风电机组脱离原 MPPT 运行模式，增加输出一定的惯性支撑功率，以致机组转速及机械功率下降；惯性功率支撑结束后，机组需要重新工作在 MPPT 模式，其功率恢复曲线，可以根据系统的要求，选择不同的控制策略，可以调节功率下降的深度和恢复时间。

（2）额定风速以上时，风电机组工作在恒功率运行模式，电网频率下降，机组通过减小桨距角，增加输出一定的、可持续的惯性支撑功率，此时机组转速不变；惯性功率支撑结束后，机组需要重新工作在恒功率模式。从其功率恢复曲线上来看，可视为不产生功率下降的波动。

3. 一次调频特性

预留一定的备用容量，风电机组在电网频率持续超出其额定范围时，风电机组将自动根据电网频率偏差值及预设的机组有功调频系数，及时（3s 内）调节风电机组出力（电网频率降低时，启动备用容量），并可持续一定的时间，直至电网频率恢复到允许范围内。

风电机组一次调频控制如图 14-5-18 所示，一次调频曲线如图 14-5-19 所示。

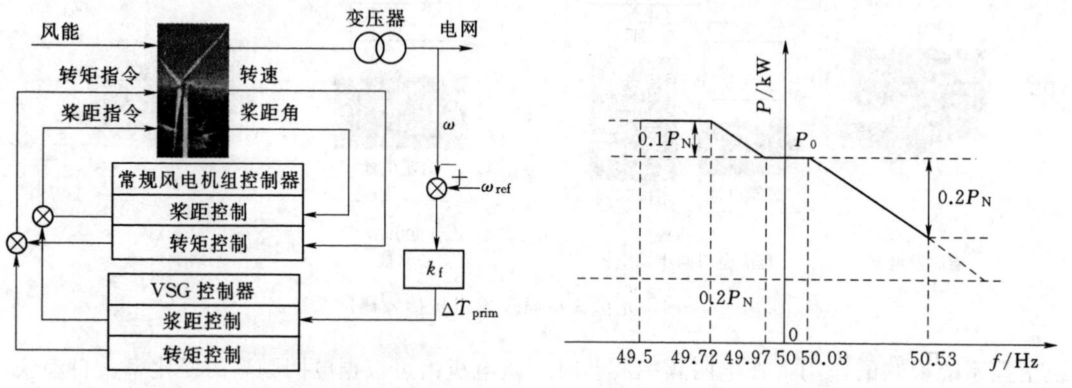

图 14-5-18　一次调频控制框图　　　图 14-5-19　风电机组一次调频曲线图

4. 现场试验

在示范现场采用外加模拟电网信号的方式，完成了无备用容量以及预留备用容量两种工况下的惯性响应、一次调频等试验。型式试验系统框图如图 14-5-20 所示。

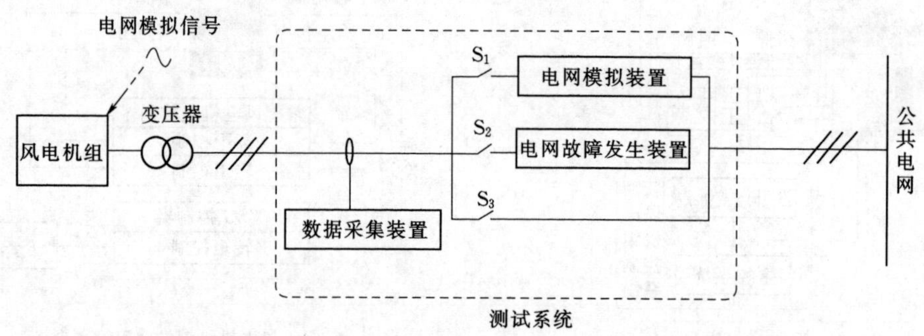

图 14-5-20　型式试验系统框图

（1）惯性响应试验。在无备用容量的工况下，系统频率变化时，风电虚拟同步发电机输出与频率变化率成正比的功率，实现对并网点频率暂态支撑。

（2）一次调频试验。在无备用容量的工况下，系统频率变化时，风电虚拟同步发电机输出与频率偏差值成正比的功率，实现对系统频率静态支撑。

九、集中式虚拟同步发电机

1. 容量配置

风电场或光伏电站，还可采用集中式虚拟同步发电机，使场站整体具备类似同步发电机的外特性。所需储能系统功率为 $P_{\text{prim}}=10\%P_{\text{N}}$。

(1) 不同转速不等率下对应一次调频输出功率为

$$P_{\text{prim}}=\frac{1}{\sigma}\frac{\Delta f}{f_{\text{N}}}P_{\text{N}}$$

(2) 按负荷变动幅度要求，一次调频输出功率限值为

$$P_{\text{prim}}\geqslant kP_{\text{N}}$$

(3) 按负荷变动幅度 $k=10\%$、转速不等率 $\sigma=5\%$，频率调节深度为

$$\Delta f=\pm 0.25\text{Hz}$$

2. 系统接入方案

集中式虚拟同步发电机，由储能系统与同步换流器组成，配置于新能源场站集中并网点，针对场站并网点控制，使整站具备虚拟同步发电机的特性，系统接入方案如图 14-5-21 所示。

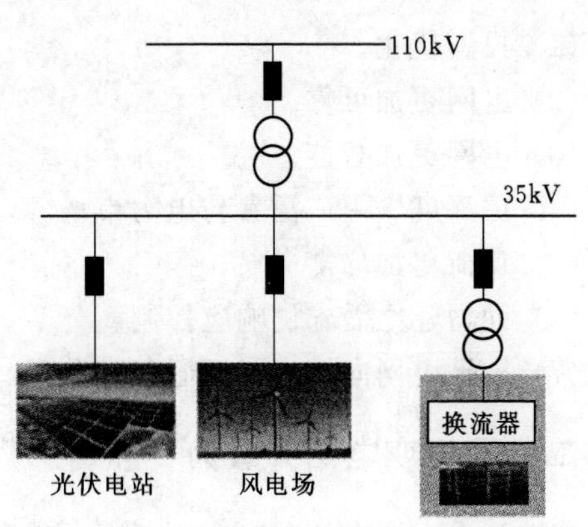

图 14-5-21 集中式虚拟同步发电机系统接入方案

十、几种虚拟同步发电机调频指标

各类试验和实际运行的结果表明：风电、光伏、电站式虚拟同步发电机，均具备调频、调压、阻尼等主动支撑能力，主要技术指标见表 14-5-5。

表 14-5-5 几种同步发电机调频指标

调频性能指标	一次调频启动时间/s	一次调频响应时间/s	一次调频调节时间/s	一次调频支撑幅值/%
常规火电机组	3	12	60	6～10
风电虚拟同步发电机	＜1	＜8	＜12	11.5
光伏虚拟同步发电机	＜0.2	＜5	＜10	10
电站式虚拟同步发电机	＜0.05	＜1	＜2	10

第六节 “多站融合”变电站建设

一、“多站融合”建设供电多重价值体现

加快进行“多站融合”建设，积极统筹变电站、储能站、数据中心、电动汽车充电站等多方面的优势资源，促进能源供给、配送、服务等多方融合，实现社会、用户、电网等多方共赢。

1. 社会价值

(1) 土地综合利用。

(2) 综合能效提高。

2. 用户价值

(1) 更加优惠的综合能源价格。

(2) 更加可靠的电力保障。

(3) 更高品质的电能质量。

(4) 消费绿色能源。

(5) 一站式综合能源服务。

3. 电网价值

(1) 投资优化。

(2) 电网更加可靠。

(3) 电网更加智能。

(4) 更深度、更广泛参与电力市场。

(5) 负荷更加均衡。

(6) 助力建立需求侧响应控制。

(7) 推动电网向综合能源服务商转型。

二、常规变电站升级为“多合一”能源站

变电站是电网枢纽节点，创新变电站和能源站建设模式，重点实现变电站、储能站、数据中心、电动汽车充电站、光伏新能源集成融合与友好互动，实现能源流、数据流、业务流合一，提升电网综合效率效益，满足城市建设对能源、环境的综合要求。

依照不同类型变电站的特点，采用不同方式建设储能站和数据中心，并根据实际情况融入微电网、充电桩、5G基站等设施。

1. “三站合一”模式

如图14-6-1所示，给出了变电站、充放电（储能）站数据中心各部分关系。

2. 多合一能源站建设方式

(1) 新建变电站：资源最大化利用、经济效益最大化。

1) 采用模块化、集约化设计，节省变电站土地资源，实现资源最大化利用。

2) 新建储能站、光伏、充电站、数据中心和直流微电网等。

(2) 改造变电站：提高供电可靠性和设备利用率。

1) 储能配置尽量降低主变负载率，提高供电可靠性和设备利用率。

2) 新建储能站、光伏、充电站、数据中心和直流微电网等。

(3) 常规变电站：增量资源利用和优化。

1) 储能站、数据中心、通信基站、充电站和站内直流微电网按需配置。

2) 新建储能站、光伏、充电站、数据中心和直流微电网等。

三、数据中心的建设

预制模块化数据中心是一种先进的模块化、预制化数据中心基础设施解决方案，用于承载现代IT和TA设备并为之提供高效、省电、可靠的动环系统。集成了交、直流电源

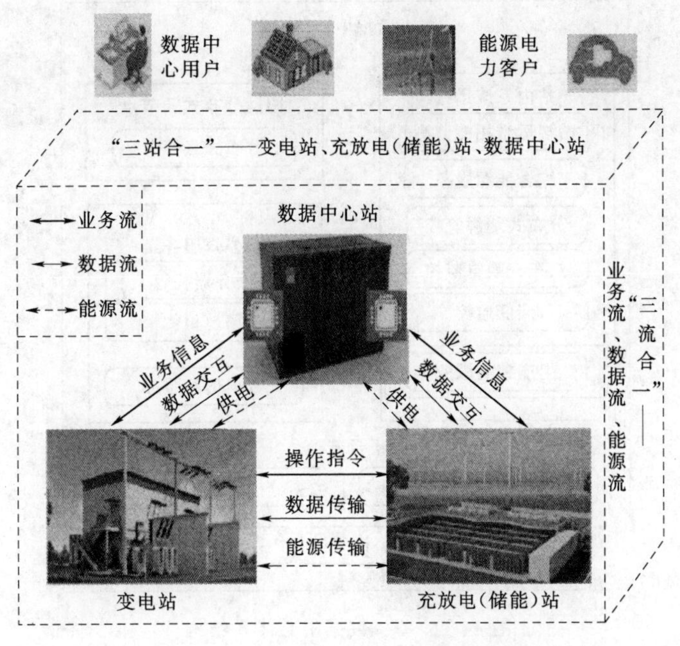

图 14-6-1 “三站合一”系统框图

系统，风冷温控系统，先进的行级制冷和密闭冷热通道结构，全自动消防系统以及智能管理系统，成为一种优越的传统楼宇数据中心替代方案。

典型布置如图 14-6-2 所示。

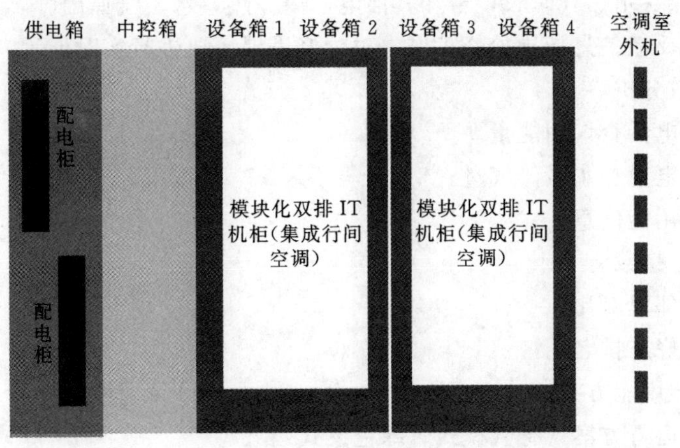

图 14-6-2 数据中心典型布置

建设电力“云”服务工程，能够突破现有客户服务方式对外口径、搭建电力资源与全社会公用事业服务资源融合桥梁，充分满足“互联网+”背景下客户多样化、个性化的工作需求。其体系结构如图 14-6-3 所示。

以数据中心“数据挖掘”功能为例，可以完成阶梯用能指导。

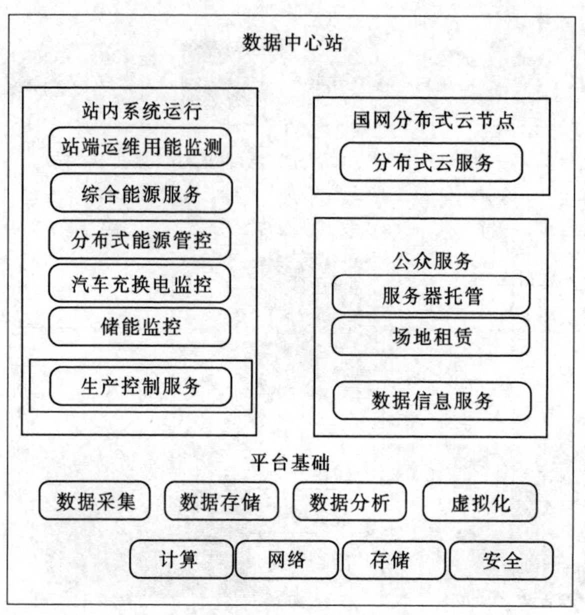

图 14-6-3　数据中心体系结构

(1) 提供阶梯用能量及费用的监测、查询、提醒功能，并对能源使用异常情况进行预警。

(2) 能源断供服务。

1) 及时向受到计划停电、冷、热、水、气影响的用户推送停电、冷、热、水、气时间和停电、冷、热、水、气时长，告知其停电、冷、热、水、气原因。

2) 利用用户反馈信息指导抢修工作，对抢修进展情况进行实时展示。

(3) 家庭能效分析。

1) 分项、分电器查询用能量。

2) 查询剩余电量、水量、气量。

3) 查询历史用能信息。

(4) 用能绿色指数。

1) 家庭能耗邻里对比。

2) 家庭能耗好友排名。

(5) 家用电器用能方案。

1) 给出家电运行方案（省钱模式、绿色模式）。

2) 对受控家电生成运行时间。

(6) 电动汽车充电建议服务。借助手机、车载终端等，将充电站所在区域的负荷情况折算成用户的时间成本，最后根据总时间（充电时间加行驶时间）最短的原则，给出合适的充电站并将行驶路径反馈给用户。

(7) 有序充电管理。针对形成协议、可进行充电需求响应的用户，对同时充电的电动汽车进行负荷调控，实现有序充电管理，保障电网安全。

四、储能供电系统

储能供电系统由资源共享的电化学储能系统构成。储能系统框图如图 14-6-4 所示。

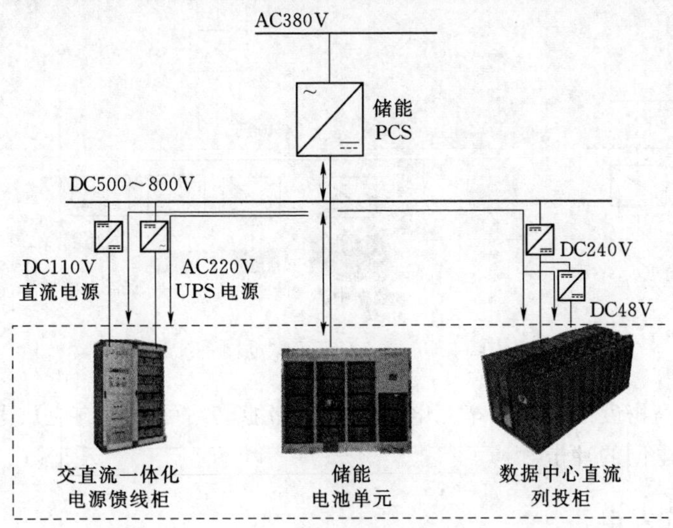

图 14-6-4 储能系统框图

新建站案例：预装式储能系统，规模为 4MW/(9.92MW·h)。配置分 4 个独立的 1MW/(2.476MW·h) 储能单元，分别接入两段新建 400V 母线，其中两个单元用于独立储能，另外两个单元用于储能共享。

按照日均两个充放电循环，用于储能共享的储能系统（满足数据中心及站用直流电源应急备用的前提下）60%放电深度，独立储能单元 80%放电深度，80%充放电效率，峰谷价差 0.6 元/(kW·h)（高峰期供充电桩或数据中心）测算，储能系统每年峰谷价差收益约为 243 万元。

该系统实现了以下功能：

（1）基于储能构建多合一站内交直流微电网，保障数据中心可靠供电。构建多合一站内交直流微电网，统筹多合一站其他能源和负载，以直流微电网 400V 馈线作为数据中心的主供电源，以储能电站、变电站交流馈线作为备用电源，一供两备确保数据中心的可靠供电。同时接入变电站光伏、直流充电桩，促进多站融合。微电网控制系统接受配网调度指令，中央控制器负责协调微电网可靠供电。

交直流微电网系统如图 14-6-5 所示。

（2）储能参与电网削峰填谷，优化电网电压频率。在高电压等级变电站处构建集成变电站、大规模储能及数据中心的三合一站，能够充分发挥大规模储能对电网的削峰填谷以及对电压频率的优化调节作用；数据中心可为变电站数据存储提供充足空间，并为储能电站的运行控制提供算力保障。

（3）储能为大规模电动汽车充电提供保障。在变电站附近建设大规模电动汽车充电场站，并配置储能电站作为充电站的后备电源，保证电动汽车充电站的可靠供电。当充电站

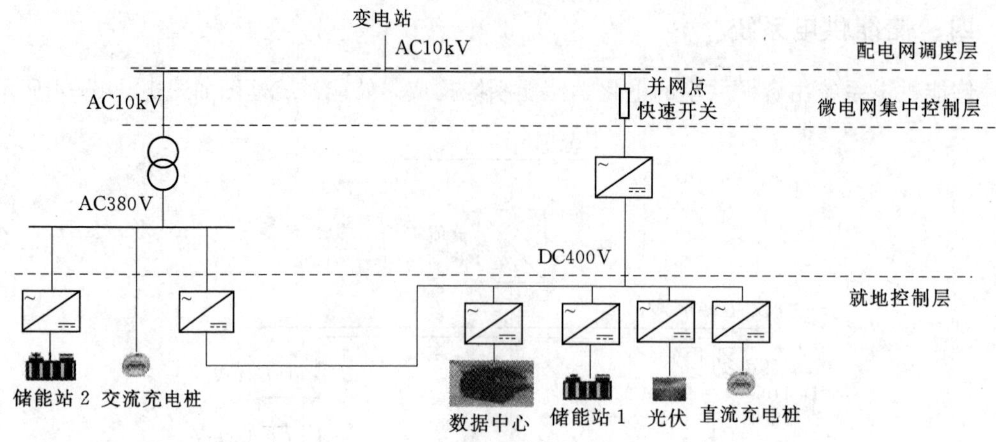

图 14-6-5 交直流微电网系统

内产生大规模、高密度的电动汽车充电负荷时，储能电站可快速响应放电，可有效避免/缓解尖峰负荷对电网的冲击。

五、分布式发电

1. 光伏发电系统建设

屋顶可以安装光伏组件 250kW。

光伏发电年均发电量 25 万 kW·h，220kV 变电站站用电按照日均平均功率 100kW 测算，年耗电量约 87.6 万 kW·h，光伏发电可以满足全年约 1/3 变电站站用电需求，见表 14-6-1。

表 14-6-1 光伏发电系统建设

序号	项　目	单位	数值
1	年平均利用小时数（考虑效率、衰减）	H	1000
2	装机容量	MW	0.25
3	年上网电量	MW·h	250
4	总投资	万元	120
5	销售收入总额（不含增值税）	万元	437.5
6	发电利润总额	万元	317.5
7	综合电价	元/(kW·h)	0.7
8	项目投资回收期（所得税前）	年	7
9	项目全寿命周期年均利润	万元	12.7
10	投资财务内部收益率	%	14.2

2. 空气源热泵

选择 2 台 30P 空气源热泵机组及蓄冷蓄热设备，具备为变电站及周边场所提供供冷供热能源托管服务，满足约 1000m^2 面积的制冷制热需求，可以对外提供供冷供热服务。空

气源热泵工作原理如图 14－6－6 所示。

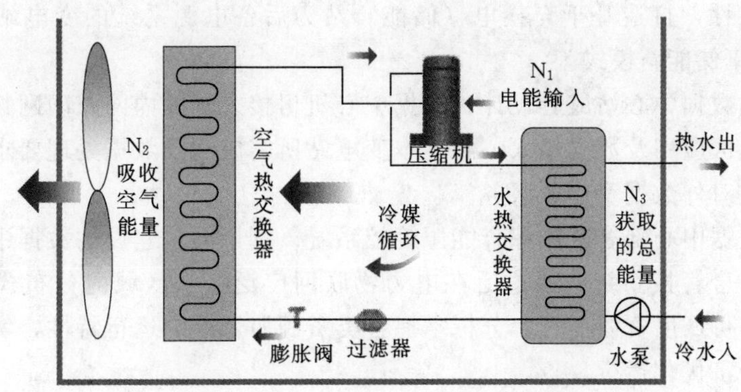

图 14－6－6 空气源热泵工作原理

利用中央空调、辐射地暖、四季热水提供供冷供热服务。

六、智能营业厅建设

建设智能营业厅，提供自助式交费及业务办理服务，实现营业厅与用电客户之间全天候的互动交互，增强综合服务能力。

建设完成的智能供电营业厅的软硬件系统，将为用电客户营造一个智能化、互动化、人性化、24 小时全天候、全方位节能环保型的新型用电服务营业厅。

智能营业厅是面向公众及企业的电力服务平台，同时可以提供区域能源管控的展示空间，是平台型企业建设的重要内容。

七、区域能源管控系统

区域能源管控系统，用于区域范围内分布式能源系统、充电系统、储能系统、空气源热泵系统等的能源监测、协调优化控制、用能能效分析评估及设备运维，降低用能成本、提高用能效率，是平台型企业建设不可或缺的内容。

八、“多站合一”技术总结

(1) 实现变电站表皮及多维空间资源的高效利用。充分利用变电站多维空间及表皮资源，通过建设光伏、风电等分布式发电系统、地源热泵等冷热联供系统构建变电站建筑多能联供体系、降低城市变电站能耗，建设充电站、储能系统，提供便捷的充电及电力辅助服务。

(2) 基于预装式理念构建变电站分布式能源接入。基于预制思想，推行“标准化设计、工厂化预制、集成式建设”的理念，将电气一次接入所需的开关柜以及二次信息接入控制保护屏柜，部署于预装式集装箱内部，分布式能源电气一二次接入系统划分为一次设备间和二次设备间两个舱室，以功能需求为导向，解决电力建设工期短、占地紧张等问题。

(3) 三站合一同享储能电池系统。基于变电站、数据中心站对供电可靠性的高要求，配置的大容量却低利用率的蓄电池后备电源系统，结合充换电（储能）站的储能系统在物理流上的资源共性，打造基于充换电（储能）站为后备电源系统的变电站、数据中心站“三站合一”共享储能新模式。

（4）预装式数据中心站成套设计。数据中心机房接入国网内网及国网物联网，实现生产大区或管理大区应用及数据接入，满足本变电站所需应用及数据处理要求；未来也可接入互联网，提供对外数据及业务服务。

（5）依托数据中心部署区域综合能源管控系统。利用同步建设的数据中心软硬件资源部署区域能源综合管控系统，通过泛在电力物联网广泛接入区域内分布式发电、储能系统、柔性负荷等可调度资源信息，分析掌握各类资源协调控制运行特性，实现区域源网荷储协调控制及经济优化运行。

（6）依托数据中心提供公众数据信息云服务。建设电力云服务工程，能够突破现有客户服务方式对外口径，搭建电力资源与全社会公用事业服务资源融合桥梁，充分满足“互联网＋”背景下客户多样化、个性化的工作需求。

（7）“多站融合”运营模式。多合一能源站建成后，可为附近区域提供多种业务及服务，包含：综合能源服务与合同能源管理、电力辅助服务、充电服务、电力现货和碳交易、高品质电能质量服务、高可靠性供电服务等。

1）综合能源服务与合同能源管理。通过冷热电三联供满足高峰负荷用电、利用排放余热制冷，通过冰蓄冷在谷、平时制冰，峰、平时供冷。

2）电力辅助服务。充分利用综合能源站的储能、分布式电源和需求侧管理能力，参与调峰、黑启动等服务补偿，作为独立辅助服务提供者参与交易并获取收益。

3）充电服务。综合常规充电、快充、慢充等方式，提供电动汽车租赁及储能服务，打造新型共享经济。

4）电力现货和碳交易。通过分布式光伏促进非化石能源消纳、减少碳排放，通过冷热电联供提高综合能效，通过储能调节，相应配额可进入碳交易市场进行交易，获取减碳运营收益。

5）高品质电能质量服务。安装储能和无功补偿等装置，为敏感用户提供无功补偿、谐波补偿、电压暂降抑制等服务，获取高品质电能质量增值服务收益。

6）高可靠性供电服务。对重要用户和对供电可靠性有较高要求的用户，在大电网故障时能确保可靠的电力供应，获取高可靠性电价收益。

第十五章　智能配电网运行维护

第一节　配电自动化系统运行管理

一、基于全生命周期管理的配电自动化运行管理

基于全生命周期管理的配电自动化运行管理如图 15-1-1 所示，其核心观点如下：

(1) 配电自动化运行管理应建立从规划、设计、建设、测试、运行、维护的全生命周期管理理念。

(2) 随着配电网规模的不断扩大，在制度、标准、执行等方面缺乏依据，配网设备的检修管理存在一定的问题。需要使用培训和设备维护管理，备有相当严格的制度，明确规定对配电自动化系统进行日常检修、定期检修、临时检修、巡视和数据检查的工作内容、实施人员和实施频率。

(3) 配电自动化测试系统应具备便利性、完整性、适应性和先进性。

(4) 对配电自动化相关从业人员进行技术培训，是配电自动化能否实用化的关键因素之一。

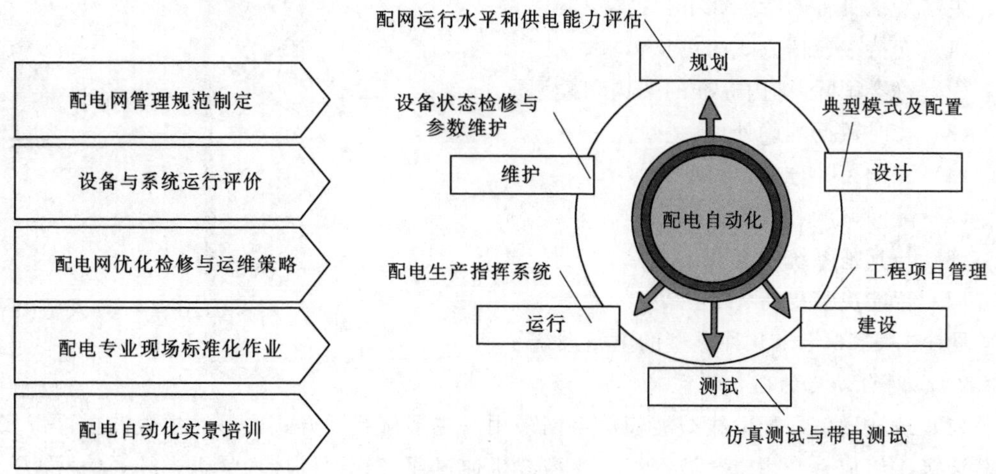

图 15-1-1　基于全生命周期管理的配电自动化运行管理

二、配电自动化规划阶段

本阶段主要针对当前现状，分析配电网运行水平和供电能力评估，在此基础上进行规划，配电网结构如图 15-1-2 所示。

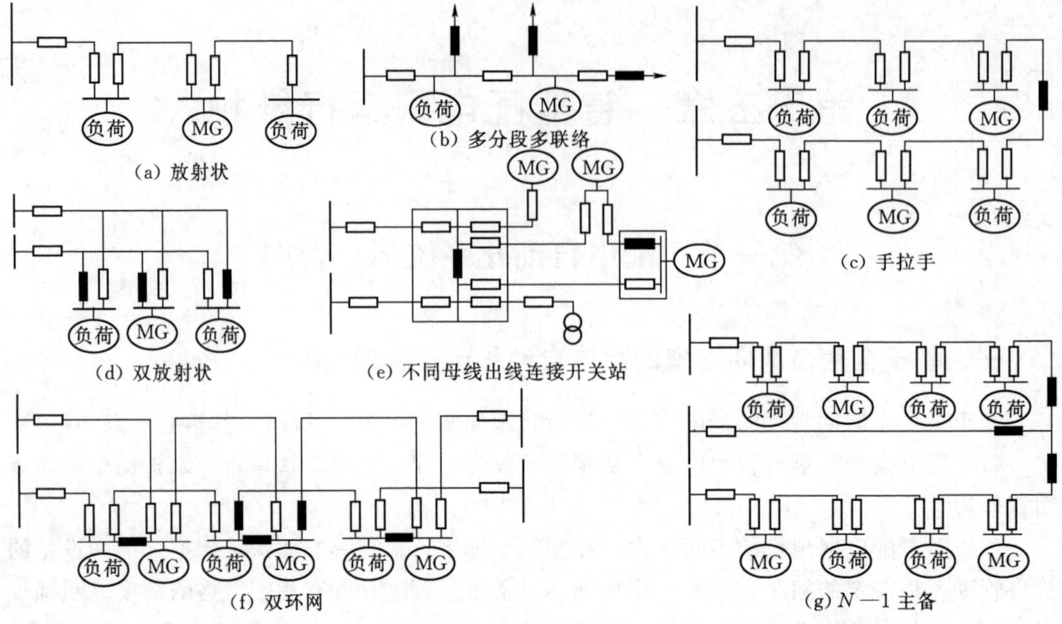

图 15-1-2　配网结构

三、配电自动化设计阶段

1. 配电自动化主站模式

主站系统具备的特征如下：

(1) 支持多通信方式的信息传输。

(2) 符合国际/国内标准的架构和模型。

(3) 实时数据准确处理。

(4) 配网拓扑分析。

(5) 配网调度和故障处理。

(6) 与其他系统的互联。

(7) 智能决策支持。

图 15-1-3 给出几种类型的主站系统。

2. 配网自动化的通信模式

(1) 载波通信。配电线载波通信组网采用一主多从组网方式，一台主载波机可带多台从载波机，组成一个逻辑载波网络，主载波机通过通信管理机接入骨干光纤通信网。

(2) 无线公网。采用无线公网方式时，每个配电终端均应配置 GPRS/CDMA/3G 的无线通信模块，配电终端即可以接入运营商建造的无线公网，在主站端，移动公司通过移动专线将汇总的配电终端的数据信息经路由器和防火墙接入主站系统。

(3) 无线专网。采用无线专网方式时，一般将无线基站建设在变电站中，负责接入附近的配电终端信息，为每个配电终端配置相应的无线通信模块，负责和基站通信。变电站中通信管理机将无线基站的信息接入，进行协议转换，再接入到骨干光纤通信网中。

智能型

(1)在集成型的基础上扩展对于分布式能源、微电网以及储能装置的接入功能,实现自愈控制以及智能用电的互动。
(2)需要实现智能决策,处于摸索阶段。
(3)适用于配电自动化具备一定规模和水准的城市。

集成型

(1)在监控型的基础上,通过信息总线或数据平台实现系统互连,丰富应用功能,支持配调生产的闭环管理。
(2)由于对信息化标准的理解缺乏,处于推广阶段。
(3)适用于规模较大、一次网架复杂且供电企业信息化基础好的大中型城市。

监控型

(1)增加基于主站控制的馈线自动化功能,具备完整的 SCADA 功能和 FA 功能。
(2)技术成熟,已经得到广泛应用。
(3)适用于多电源、多联络、多分段的城市配电自动化建设。

监测型

(1)具备 SCADA 的监视功能和 FA 的故障定位功能,对通信要求低。
(2)结构简单,主要完成两遥功能,自动化程度低,建设成本低。
(3)适用于通信条件差,采用简易型馈线自动化方式的城市。

图 15-1-3　几种不同类型的主站系统

(4) 光纤专网。

1) EPON。配电子站和配电终端的通信采用以太网无源光网络 EPON 技术组网，EPON 网络由 OLT、ODN 和 ONU 设备组成。

2) 工业以太网。配电子站和配电终端的通信采用工业以太网自愈环通信时，工业以太网从站设备和配电终端通过以太网接口连接，工业以太网主站设备配置在变电站内，负责收集光纤自愈环上所有站点数据。

3. 配电自动化馈线自动化模式

(1) 简易型馈线自动化。

1) 不需要通信系统和主站而独立工作，结构简单，成本低，易于实施。

2) 适用于农村单辐射配电线路和城市中无通信条件区域的配电线路。

(2) 集中型馈线自动化。

1) 结构比较简单，以监测为主、具备简单的控制功能，对通信系统要求主从通信方式，实用性强。

2) 适用于中等规模配电网且已设立或准备设立配网调度机构的供电企业。

(3) 分布式馈线自动化。

1) 不需要主站而独立工作，只需要局部信息，对于配电线路的变更有更好的适用性。

2) 适用于对供电可靠性有特殊需求，具备对等通信条件的区域。

4. 配电自动化的建设

随着配电网规模的不断扩大，在制度、标准、执行等方面明确规定，对配电自动化系统建设进行合理安排和监管。

(1) 配电室设备改造。

(2) 开关站设备改造。

(3) 环网柜和箱式变。

（4）变电站通信建设。

（5）开关站通信建设。

（6）环网柜和箱式变。

5. 配电自动化测试

建立智能配电自动化仿真系统测试平台对馈线自动化逻辑正确性与可靠性的验证。

（1）用典型测试用例库测试馈线自动化逻辑正确性。

（2）用现场网络与配置测试待安装馈线自动化装置与系统的正确性。

6. 配电自动化运行管理

（1）对配电自动化系统各种故障处理结果进行有效监管。

（2）对正在投运的配电自动化系统在线路或设备变更后的及时测试，保证运行在正确的状态。

7. 配电自动化维护

随着配电网规模的不断扩大，在制度、标准、执行等方面缺乏依据，配电设备的检修管理存在一定的问题。需要使用培训和设备维护管理，备有相当严格的制度，明确规定对配电自动化系统进行日常检修、定期检修、临时检修、巡视和数据检查的工作内容、实施人员和实施频率。

8. 配电自动化的运维测试

（1）配电自动化系统的定值及相关系统参数的维护管理。

（2）故障处理能力各种试验管理。

第二节　配电工作票

一、配电工作票的种类和使用范围

配电“两票”包括工作票和操作票两种，如图 15-2-1 所示。

- 配电“两票”
  - 工作票
    - 现场勘查记录
    - 配电第一种工作票
    - 配电第二种工作票
    - 配电带电作业票
    - 配电低压工作票
    - 配电故障紧急抢修单
    - 配电工作任务单
    - 配电作业派工单
  - 操作票
    - 综合操作指令票
    - 逐项操作指令票
    - 倒闸操作票
    - 口头操作指令记录

图 15-2-1　配电工作票的种类

其中配电工作票包括：

（1）现场勘查单。

1）施工作业。

2）带电及复杂作业。

3）没有把握的作业。

（2）配电第一种工作票。高压需要停电或做安全措施者。

（3）配电第二种工作票。高压设备附近不需要高压停电及做安全措施者。

（4）配电带电作业票。

1）使用绝缘斗臂车进行带电作业。

2）使用绝缘杆处理异物。

（5）配电低压工作票。适用所有低压工作。

（6）配电故障抢修单。需短时恢复供电，且连续进行的抢修作业。

（7）配电工作任务单。配合配电第一种工作票分组时使用。

（8）配电作业派工单。无登高、无触电、无改动接线等风险较低的作业。

工作票及使用范围如图 15-2-2 所示。

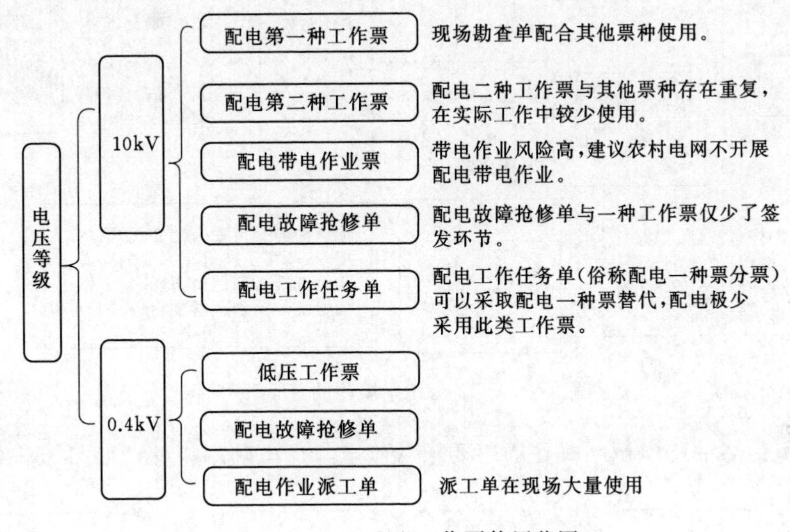

图 15-2-2　配电工作票使用范围

二、配电工作票填写流程与操作要求

配电工作票填写流程如图 15-2-3 所示。

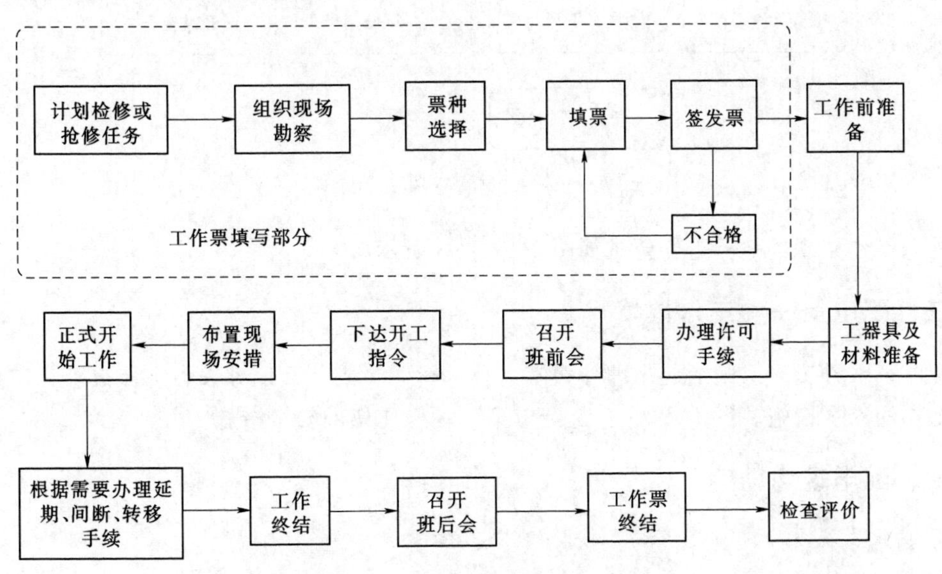

图 15-2-3　配电工作票填写流程

从流程图来看，主要分为图 15-2-4 的 7 个环节。

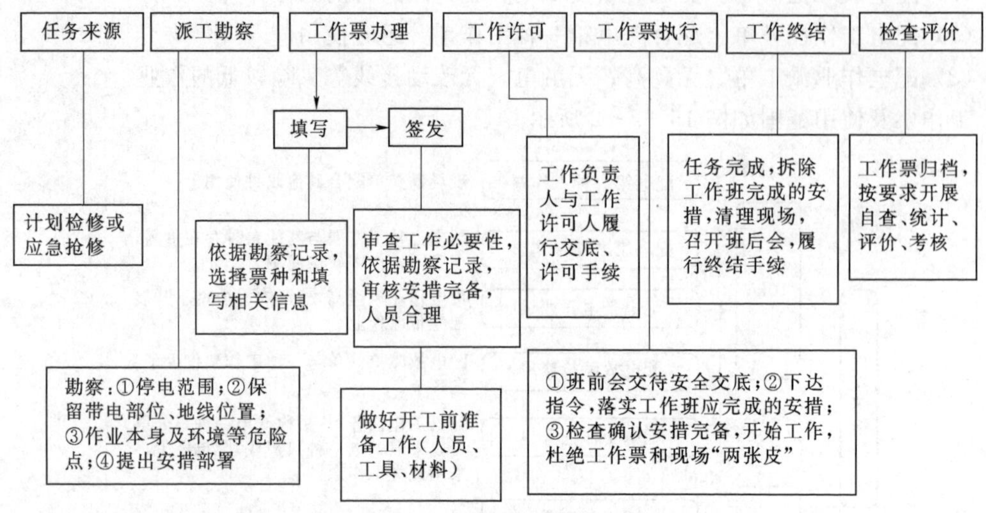

图 15-2-4 工作票填写的 7 个环节

主要配电设备的配电倒闸操作顺序要求（停电与送电顺序相反）如图 15-2-5 所示。

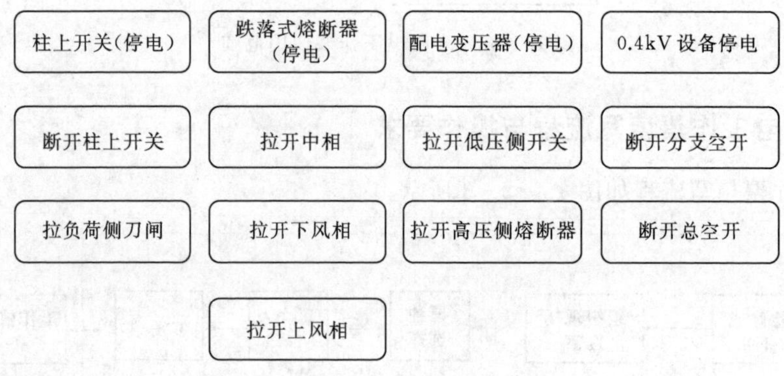

图 15-2-5 配电设备操作顺序

配电操作票现场执行重要要求如图 15-2-6 所示。

三、配电第一种工作票填写

配电第一种工作票归纳起来即什么人、什么时间、到什么地方去、干什么事，需要采取什么样的安全措施。图 15-2-7 是配电第一种操作票的安全措施。

四、配电现场勘察

1. 勘察主体

(1) 工作负责人、签发人。

(2) 设备运维单位。

(3) 抢修单位。

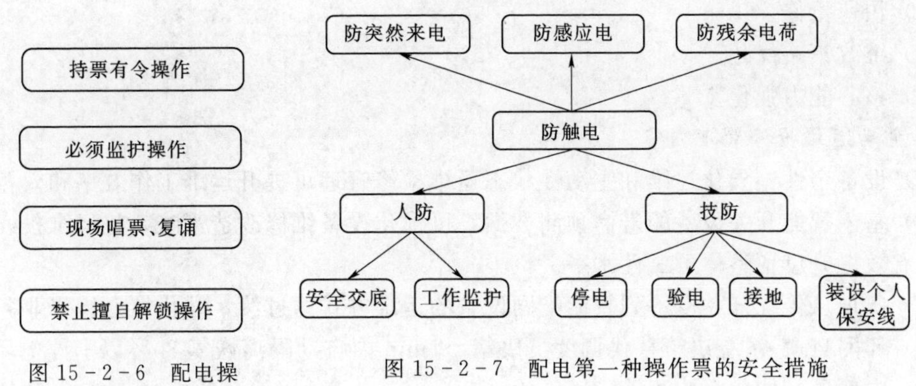

图 15-2-6　配电操作票执行

图 15-2-7　配电第一种操作票的安全措施

2. 勘察内容

(1) 停电范围。

(2) 带电部位。

(3) 作业条件、环境危险点。

3. 勘察的重点

现场勘察是正确办理工作票的依据，特别强调防触电、防高坠、防倒杆等。

第三节　配电设备精益运维

一、配电网系统设备精益运维的迫切性

在配电网规模体量越来越大和供电服务质量要求日益提高的双重背景下，配网故障抢修管理正面临巨大挑战，是运维人员的痛点。

(1) 电力用户对电力依赖程度高，有多层次的服务要求。2016 年户均停电 283min，需要降低到 A+(A) 区域的不高于 5(26) min。

(2) 供电企业需要在用户感知到停电前，主动开展故障抢修。

(3) 客户需要实现基于设备健康状态的全寿命运维闭环管理。

(4) 运维管理移动化、数字化、实用化。

据统计，在电气运维人员严重不足情况下，配电资产却逐年增加：电气运维人员平均下降 5.7%，过去三年配电资产数量年均增长 8.9%，平均每人维护的开关站数量上升 30%。

二、基于智能化全覆盖的主动性状态运维抢修管理

1. 主动运维的功能

(1) 故障主动预警。

(2) 故障自动研判。

(3) 故障快速恢复。

（4）快速抢修。

（5）维改策略优化。

（6）核心能力强化。

2. 主动运维抢修管理内容

（1）设备个性差异化运维和主动性状态运维检修管理可提升运维工作效率和效益。

（2）基于智能开关设备的寿命预测数据，可优化设备维修改造策略，使运维投入更加合理，有效提升设备整体可靠性水平。

（3）实现从传统开关设备到智能配网设备的运维方式的过渡，强化核心检修业务。

（4）环网自愈-系统决策替代调度员决策，1min内自动隔离恢复80%以上停电用户。

（5）中低压一体化全监测。

三、全生命周期运维闭环管理

配电设备全生命周期包括配网规划设计阶段、设备选型入网阶段、工程建设阶段、运维检修阶段、退役处理阶段。

全生命周期运维管理内容如下：

（1）在设备选型入网环节，从全寿命经济运维理念角度出发，进一步严格优化设备入网管控要求，完善源头管控程序。

（2）依托RFID等物联网技术和运维辅助系统，建立设备唯一身份证编码及其健康数据档案库，将设备运维过程信息服务于设备全寿命管理。

（3）智能开关设备助力供电企业降低运维OPEX成本。

（4）坚强可靠配电设备助力供电企业延长设备平均在网运行年限，薄摊年均CAPEX。

（5）OPEX＋CAPEX综合成本降低，支撑设备入网环节的选优。

（6）模块化设计持续提升设备质量和优化检修策略的良性闭环，深挖设备服役潜能，进一步延长设备安全运行年限。

（7）全生命周期可回收，有标识、可分解、可回收，符合环保要求。

四、基于移动终端实用化的运维过程信息化管理

（1）实现现场作业信息化、智能化、移动化、无纸化。

（2）基于移动互联实现内外网数据直接交换，减少基层人员数据重复录入负担，提高基层员工效率，同时提升数据准确性与及时性。

（3）通过应用地理信息定位、指纹认证、人脸识别等技术手段，实现了对一线人员定人、定时、定点三位一体的管理。

（4）采用AR技术，实现电力设备深度巡检，构建配电物联网数据可视化，与现场运维场景紧密结合，落实精益化运维。

第四节　配电网健康指数评价

配电设备量大面广，个体重要性和价值相对较低，配电网目前采用的单体设备健康评

价的思路和方法有待改进。配电网是实时动态系统，健康受外界环境和自身需求不断变化影响。因此，如何研究量大面广的配电设备和复杂多变的配电网络健康状态是现代电网发展提出的新问题。由中国电力科学研究院主导的“现代配电网健康指数理论与工程实现体系研究及示范应用”项目从基础理论、应用方法、数据平台和示范应用 4 个方面取得了一系列成果，为科学化、精益化、系统化的现代配电网资产管理提供了先进的技术手段和实用工具。

一、配电网健康指数

1. 健康指数

健康指数是对健康状态的量化，是衡量和表征被研究对象健康状态的一个数值，可基于对象的关键特征量经过复杂的逻辑和数学运算获得。可以安全、可靠、经济、绿色 4 个维度来描述配网健康指数，开放互动将在用户侧响应比较成熟时作为第 5 个维度。

2. 配电网健康等级划分

配电网健康指数量化了配电网健康状态，不同的数值对应不同的状态。根据目前的研究和现场应用情况，将配电网健康指数的取值范围确定为 (0，5]，对应为健康、亚健康、一般缺陷、严重缺陷和危急缺陷 5 个等级，分值越大，健康状态越好。

3. 配电网健康指数计算

健康指数计算主要包括两部分：一是输入数据，即表征健康状态的关键特征量；二是健康指数计算方法与模型。具体如图 15－4－1 所示。

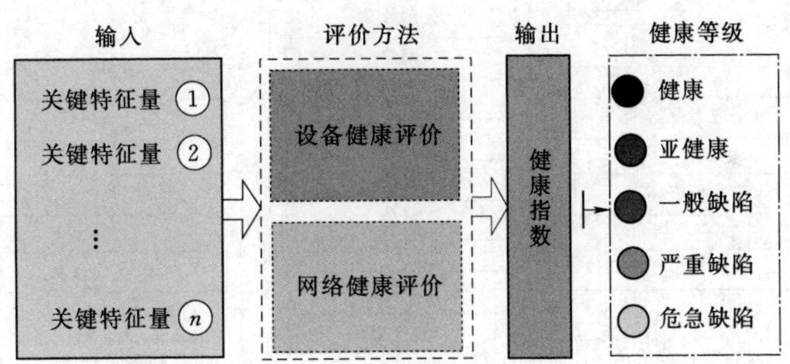

图 15－4－1　配电设备与网络健康指数评价过程

二、配电网健康评价

(1) 采用配电思维和大道至简、科学实用的原则，通过参考现有导则规程，结合故障原因统计分析、国内外文献调研和一线专家的实际经验，采用科学、可行、全面、简洁及开放性的准则，分别提出了描述配电设备与配电网络健康指数的关键特征量。根据不同部门、不同专业现有的 100 多个影响配电网络健康指数的因素和评价指标，将大量底层数据映射至 9 项关键特征量，再进而映射到 4 个评价维度中，其具体计算公式详见表15－4－1。

(2) 在设备层采用自下而上、切除病灶的西医理论，针对个体设备的差异化特征和健康老化趋势，采用融合模糊集理论、证据理论和层次分析法的个体设备健康指数模型，其计算流程如图 15－4－2 所示。对同类同源的群体设备，采用基于分组 Logistic 回归的健

表 15-4-1　　配电网健康评价

评价维度	所属类别	关键特征量	含义	计算公式
安全	负荷转供能力	负荷转供率 T_S	成功转供的负荷占受影响的总负荷的比例	$T_S=P_S/(P_S+P_{lost})=P_S/P$
可靠	电能质量	电压合格率 γ	在典型负荷运行工况下，系统节点电压在允许偏差范围内的节点数占比	$\gamma=(1-n/N)\times100\%$
		谐波合格率 χ	系统节点电压总谐波畸变率在允许偏差范围内的节点数占比	$\chi=(1-m/M)\times100\%$
	供电可靠性	故障恢复时间 Δt	系统状态从故障到恢复至故障前状态的时间	$\Delta t=\Delta t_1+\Delta t_2+\Delta t_3$
		负荷相对损失率 μ_s	评价周期内，系统损失的电量占总电量的比例	$\mu_s=W_{lost}/(P_\Sigma\cdot\Delta t)$
经济	运行经济性	网络损耗 C_{S1}	当前潮流下的有功损耗占总负荷的比例	$C_{S1}=\Delta P_S/P_\Sigma$
		网络运行效率 ζ_s	主要配电设备(线路和配变)的平均负载率	$\zeta_s=(\bar{\lambda}_T+\bar{\lambda}_L)/2$
		运维费用占比 C_{S2}	评价周期内，网络运维总费用占总售电收入的比例	$C_{S2}=C_M/(W_S P)$
绿色	分布式能源渗透率	分布式能源渗透率 η_s	分布式能源消纳容量占总负荷量的比例	$\eta_s=P_G/P_\Sigma$

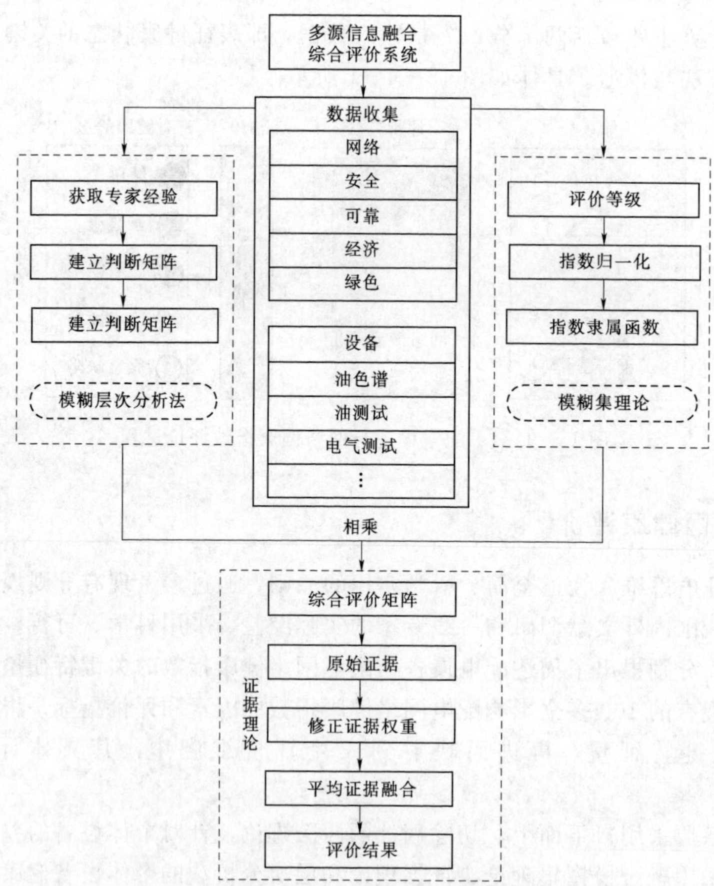

图 15-4-2　融合模糊集理论、层次分析法和证据理论的配电设备和网络健康指数计算方法流程图

康指数评价模型；对配电网络，则借鉴中医经络理念，建立融合模糊层次分析法和证据理论的配电网络健康指数模型，提出自上而下的配电网络健康指数评价体系。此外，内嵌专业知识和经验的引导学习方法，通过知识函数，可将相关专业知识经验采用一定的数学表征方式融入学习目标中，从而有效应对工程实际中样本空间存在的高维稀疏性技术难题，为配电网健康状态评估提供了一种新的思路。

三、实例分析

分别将南京和北京试点区某 110kV 变电站供电范围内的配电网作为研究对象，计算其健康指数并分析自然因素对架空线路健康状态的影响。根据前文提到的方法，南京某 110kV 变电站在评价周期内的健康指数为 3.61，为亚健康状态；北京某 110kV 变电站在评价周期内的健康指数为 2.84，为一般缺陷状态，如图 15-4-3 和图 15-4-4 所示。从计算结果可知，南京和北京试点区主要区别在负荷转供率和负荷相对损失率这两个关键特征量，这是因为南京某 110kV 变电站试点区配电网结构连接紧密，线路分段和联络水平合理，所以负荷转供路径充足，负荷转供率较高。在其他指标都差不多的情况下，南京某 110kV 变电站供电范围内的配电网总体健康水平较好。

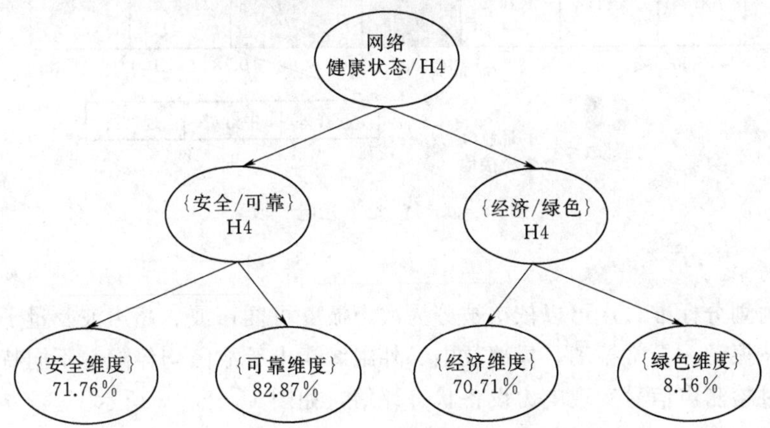

图 15-4-3　南京某 110kV 变电站健康指数计算结果

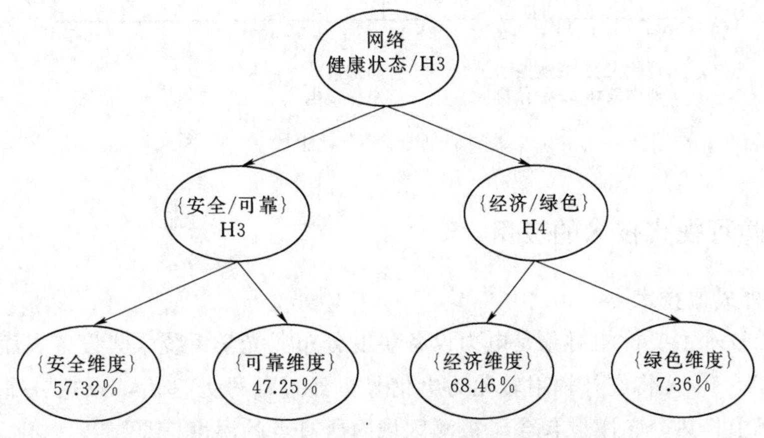

图 15-4-4　北京某 110kV 变电站健康指数计算结果

第五节 电力设备故障可视化

一、简述

基于光学、声学、电学传感检测，并结合图像处理技术和人工智能技术，以实现电力设备状态的可视化和电力运维中的视觉拓展。

1. 光学/光电手段

以波长为划分标准，光可以依次被分为γ射线、X射线、紫外光、可见光、红外光和微波。电力设备的典型故障过程中将产生特定波长的光信号，通过检测光信号实现电力设备状态评估，如图15-5-1所示。

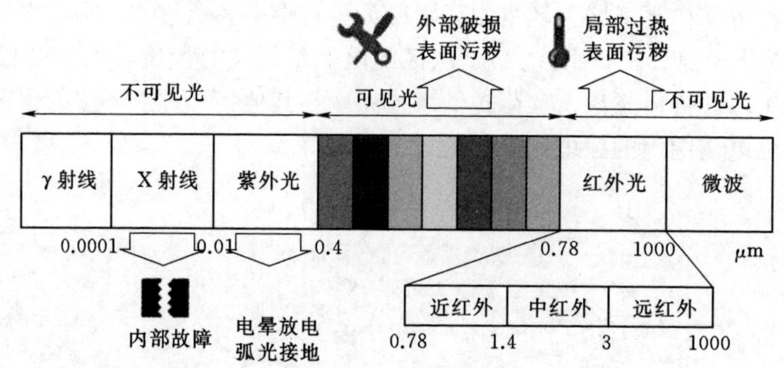

图 15-5-1 光学光电手段

2. 声学手段

以频率为划分标准，声可以依次被分为次声波、可闻声波、超声波及量子声波。而电力设备的谐波振动、异常振动、局部放电、外绝缘爬电等故障均伴随着不同特征波段的声发射，可通过检测声信号实现电力设备状态评估，如图15-5-2所示。

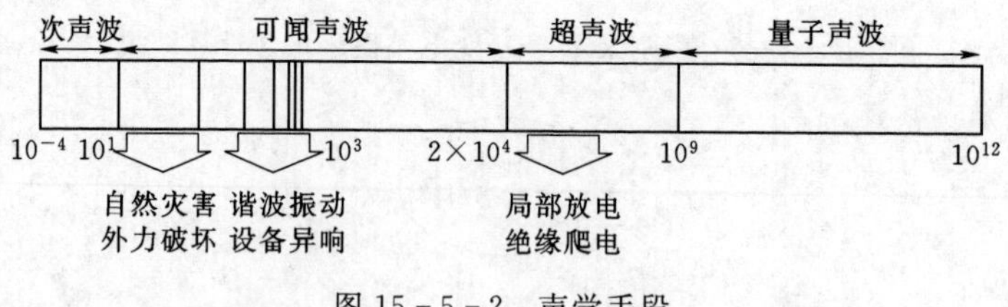

图 15-5-2 声学手段

二、故障可视化技术的应用

(一) 红外成像技术

红外成像技术主要检测对象是电力设备温度分布。光学系统采集设备表面发射的热辐射聚焦于FPA。FPA将红外辐射转化为电信号，经过信号处理后，以热分布图像的形式显示在显示屏上，热分布图像包含了被测区域内所有点的温度信息。

1. 技术特点

红外成像技术的特点见表15-5-1。

表15-5-1　红外成像技术的特点

特点	描　述
快速响应	红外传感器响应速度可达毫秒级
测量范围广	可测量绝对零度（-273℃）以上任意温度
非接触测量	对原始温度场不产生影响且不改变设备工作状态
抗干扰能力强	红外热成像仪工作在3～5μm和7.5～13μm波段，不受变电站电磁环境干扰
测量结果直观	温度分布直观显示为热图像

2. 适用故障类型

(1) 电流致热。这类故障主要是由于接触不良和绝缘老化引起的，主要表现在载流装置中。

(2) 电压致热。这类故障是由电压效应引起的，在高压下混入杂质的电绝缘介质会消耗电能发热。

(3) 铁芯损耗致热。这类故障是由铁芯的磁滞和涡流引起的，当励磁回路施加工作电压时，会产生能量损失和热量。

(4) 其他类型故障。包括零值绝缘子、SF_6气体泄漏等。

3. 适用一次设备

红外成像技术适用一次设备见表15-5-2。

表15-5-2　红外成像适用一次设备

设备名称	检　测　部　位
高压开关柜	连接器、电缆伞裙、柱形绝缘子、穿透套管、隔离开关等
变压器	箱体、连接件、油枕、输油管、高压套管、高压连接器等
避雷器	避雷器阀片电阻等
电抗器	电抗器箱体、套管等

(二) 可见光成像技术

可见光图像是人类最直观的图像。一般可见光图像高频成分较多，低频成分较少，色彩、色调、亮度丰富，边缘纹理信息丰富。目前可见光成像技术的研究主要集中在外部绝缘破损以及设备表面污秽程度检测方面。

在可见光下很难探测到电、热、磁等特性。因此，在大多数情况下，可见光成像技术与其他光学可视化技术一起作为信息融合的辅助手段。

适用于架空线巡检、光伏系统检测绝缘子污秽程度检测等。

(三) 紫外成像技术

日盲区紫外成像技术是检测外绝缘电晕放电最有效的方法之一。在电晕放电过程中，放电区域会辐射出包括紫外波长在内的大范围电磁波。近年来，紫外探测技术在设备外绝缘检测、线路状态检测、解体分析方面发挥越来越重要的作用。

1. 技术特点

紫外成像技术的特点见表 15-5-3。

表 15-5-3　　紫外成像技术的特点

特点	描　述
快速响应	紫外成像仪能实现实时响应
远距离测量	测距距离可达到 100m 以上
灵敏度高	紫外成像技术具有较高的灵敏度，能够及时发现设备的潜在缺陷和隐患
检测结果直观	可以直观地从紫外图像中确定放电位置和放电程度

2. 适用故障类型

适用于结构性破损或安装错误，设备表面积污检测。

3. 影响因素

紫外成像影响因素见表 15-5-4。

表 15-5-4　　紫外成像影响因素

影响因素	影　响　结　果
环境温度	湿度的影响是复杂的。一方面，随着湿度的增加，设备表面的起晕场强度和绝缘能力会降低，因此放电次数也会增加；另一方面，由于空气对紫外辐射的吸收系数随着湿度的增加而增加，因此，紫外成像仪接收到的紫外辐射传播会减小
海拔	高海拔地区起晕电压较低，即在相同电压、相同增益下，低海拔地区探测到的光斑面积大于高海拔地区
气压与温度	这两个因素的影响主要集中在符合气体放电理论的放电过程上
检测距离	距离对检测精度的影响显著，检测到的紫外信号随检测距离的增加呈指数衰减。因此，在达到安全距离后，检测距离应尽可能短

（四）X 射线成像技术

X 射线具有极强的穿透性，因此可以实现对电力设备内部结构性故障的透视性监测。在电力设备中，X 射线在不同介质中传播时衰减不均匀，因此当强度均匀的 X 射线通过电力设备时会因为不同基材的缺陷部件和辐射衰减特性导致到达检测器的 X 射线强度不再均匀，生成具有电力设备内部结构信息的数字化图像。

值得注意的是，X 射线是一种具有很高能量的射线，对电力设备的绝缘会造成一定的破坏，因此 X 射线是否适用于电力设备在线监测依然存在争议。

（五）声成像技术

可闻声成像和超声成像技术为电力系统谐波振动、异响、局部放电、绝缘爬电等故障的可视化检测提供新的技术手段，具有应用灵活性强、覆盖对象丰富、成本相对较低等优点。

（六）几种技术的比较

几种技术的比较见表 15-5-5。

表 15-5-5　　几种技术比较

检测技术	红外热成像技术	可见光成像技术	紫外成像技术	X 射线成像技术	声成像技术
适用对象	外绝缘 设备本体 电缆	线路 外绝缘 设备状态	线路 外绝缘	设备内部 机械结构	设备异响 局部放电 绝缘爬电
故障时期	早期	后期	早期	后期	早期
检测距离	近	近	>100m	很近	>20m
故障定位	精准定位	精准定位	精准定位	精准定位	大致定位
故障类型	致热性故障	浅表性损伤	局部场强集中	机械性故障	机械/绝缘故障

三、智能图像处理及分析

(一) 预处理

预处理是图像处理与分析技术的基础，原始图像总是受到不同程度的干扰，如噪声、几何变形、色彩失调等，因此有必要对原始图像进行预处理。

1. 图像灰度化

图像灰度化是指将彩色图像转换为灰度图像的过程。灰度图像只包含亮度信息。每个灰度图像是一个 M×N×1 的数组，每个点分为 256 个层次，“0”表示最暗的区域，“1”表示最亮的区域。

2. 几何校正

由于图像采集过程中的干扰，原始图像上检测对象的几何位置、形状、大小、尺寸、方位等特征与检测对象实际特征的不一致称为几何变形，消除几何变形的过程就称为几何校正。

几何校正主要分为位置变换和形状变换。位置变换主要包括平移、镜像、旋转、插值等，形状变换主要包括缩小放大错切变换、几何畸变校正等。

3. 噪声去除

均值滤波、中值滤波和自适应滤波作为降噪的基本方法得到了广泛的应用，在此基础上出现了许多先进的算法。小波变换、过完备稀疏表示理论、卷积神经网络等智能算法的应用，大大提高了图像去噪的精度和速度。

(二) 目标提取

目标提取是指从图像中将感兴趣的目标与背景分割开来，并对目标进行识别和特征提取的操作。目标提取主要包括图像分割和目标识别。

1. 图像分割

图像分割是将图像分割成几个具有独特特征的特定兴趣区域并提出兴趣目标的技术和过程。从数学角度看，图像分割是将数字图像分割成互不相交的区域的过程。现有的图像分割方法可以分为基于边缘的分割、基于像素分类的分割和基于区域相似性的分割。

2. 图像识别

特征提取是图像识别的前提，由于不同的电气设备具有不同的故障特征，为了对具有热故障的电气设备做出清晰地诊断，必须要对图像中的电气设备进行识别。一般来说，形状特征是电气设备特征识别的最佳方法。

BP神经网络是一种经过误差反向传播算法训练的多层前馈网络，在图像识别领域有着成熟的应用。此外，基于深度学习的卷积神经网络（CNN）也是一种重要的识别方法。在此基础上，提出了更先进的卷积神经网络算法，如R-CNN、Fast R-CNN、Faster R-CNN等。

（三）故障诊断

由于从图像中提取的数据类型不同，不同的检测技术得到的图像的故障诊断方法也不同。对于红外图像，温度解析矩阵和器件类型是研究的重点。对于可见光图像和X射线图像，需重点关注纹理特征；对于紫外图像，主要关注光子数和器件类型。

一般来说，基于阈值的故障诊断应用最为广泛，此外，模糊诊断、指纹诊断、基于人工神经网络的诊断、专家系统也应用于故障诊断。目前，红外热成像技术和紫外成像技术故障诊断方法已经比较成熟。但是对于可见光成像技术和X射线成像技术，仍然缺乏可以广泛推广的诊断标准。

红外热成像技术应用见表15-5-6。

表15-5-6　红外热成像技术应用

故障类型	相对温差		
	正常	警告	紧急
SF_6断路器	20%	80%	95%
真空断路器	20%	80%	95%
充油套管	20%	80%	95%
高压配电板	35%	80%	95%
开关	35%	80%	95%

紫外成像技术应用见表15-5-7。

表15-5-7　紫外成像技术应用

放电类型	放电形状和大小	放电程度
外绝缘沿面放电	局部放电小于5000光子/s，闪络距离小于1/3外绝缘距离	一般
	局部放电超过5000光子/s或闪络距离超过1/3外绝缘距离	严重
	局部放电超过5000光子/s，闪络距离超过1/3外绝缘距离	危险
金属带电位置	放电小于5000光子/s	一般
	放电5000～10000光子/s	严重

（四）图像信息融合

1. 外红成像技术

电力系统中发热设备很多，通过红外检测装置得到的红外成像结果，往往无法准确从红外图像中识别出放电。

2. 超高频技术（UHF）

通过超高频传感器实现超高频技术内绝缘检测时，检测结果容易受到现场电磁干扰的影响。

3. 紫外成像技术

通过紫外检测装置进行紫外定位成像时，障碍物遮挡会影响定位效果。

4. 超声技术

超声信号衰减较快，容易受到现场噪声干扰的影响。

5. 综合分析系统

几种技术融合构成综合分析系统，如图 15-5-3 所示。

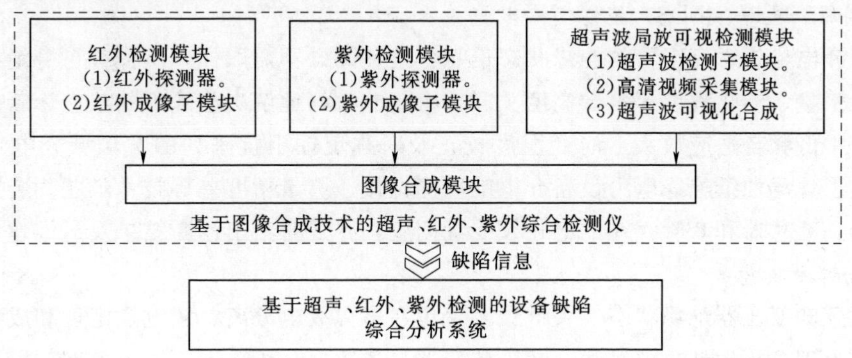

图 15-5-3　综合分析系统

第六节　关键电力设备的状态感知

一、变压器状态感知

1. 变压器设备各类状态参量

(1) 局部放电。

(2) 油中气体。

(3) 油中水分。

(4) 套管性能。

(5) 铁芯接地电流。

(6) 电压/电流。

(7) 绕组热点温度。

(8) OLTC。

(9) 油温及环境温度。

(10) 冷却器状态。

(11) 绕组变形。

2. 运维管理新转变

以变压器的各类状态参量为对象，采集多种传感信息，是状态感知的基础。变压器的运维管理理念发生巨大转变，从“以例行停电试验、事后诊断处理为主”变为“以设备内部状态自我感知、状态智能诊断、趋势自动跟踪、异常提前报警”的主动预警模式，其特点如下：

(1) 传感不少：在线、离线检测技术较为丰富。

（2）感知不足：各个参量无法相互印证，缺乏关联分析能力、数据整合困难。

（3）传感技术仍有很大发展空间，如哪些参量更为可靠有效及其变化规律等。

（4）数据整合与自动预警模型：从元数据到数据链的整合传输、预警机制的自学习更新均有很多研究和应用需求。

3. 频域介电谱（FDS）绝缘材料状态感知

频域介电谱中含有丰富的绝缘状态信息，这种测试不需取样，不损害自身绝缘，同时与绝缘含水量、老化程度等参数高度关联，有望非常好地解决绝缘纸的状态诊断的难题。

基于中低频自适应放大、时变温度校正及对称反馈阻抗阵列的宽频域介电响应测试仪，解决了现场油纸绝缘电力设备介电响应测试慢、测量精度差等技术难题。装置可以确诊变压器、互感器和套管存在的老化及受潮问题，并及时给出诊断结果及运维建议。

4. 局部放电感知

可以感知变压器绝缘状态。关键技术聚焦在多源放电分离、放电点定位和成熟好用的现场数据处理分析软件。超高频、超声传感器具备数据分析单元，嵌入模型数据库亦是发展趋势。

5. 绕组变形感知

变压器绕组状态、应力与形变特性是感知其抗短路能力和突发应力的基础。噪声与振动传感和扫频阻抗法测量是判断绕组状态的主流技术。数据挖掘和深度学习在绕组参数辨识、绕组动稳定性评估方向有很大潜力。

振动声学感知关键问题如下：

（1）绕组与铁芯振动噪声产生机理。

（2）绕组振动传播及声学辐射特性。

（3）变压器振动声学数据挖掘与深度学习。

6. 变压器套管状态感知

变压器套管综合在线监测系统通过对变压器套管油中溶解的氢气、油压、油温、介损、电容量、局放综合测量的实时感知，实现对少油设备的绝缘状态评估。

7. 变压器损耗状态感知

采用电网供电、无线通信和GPS同步手段，实现变压器带电空载损耗和负载损耗测量，解决了现场测量需要大容量电源的需求，取得良好效果。

8. 状态主动预警与评价

根据变压器当前和未来状态等级变化情况，以及故障和缺陷的轻重缓急程度快速、主动发出预警信息，并给出合理的针对性反事故措施。

基于变压器状态的电网实时风险分析及控制优化管理系统架构如图15－6－1所示。

（1）建立分层预警体系。

（2）针对关键参量开展主动预警学习。

（3）通过状态知识求得变压器可能状态。

（4）随着案例库扩充实现自我优化。

（5）形成主动预警和反事故措施。

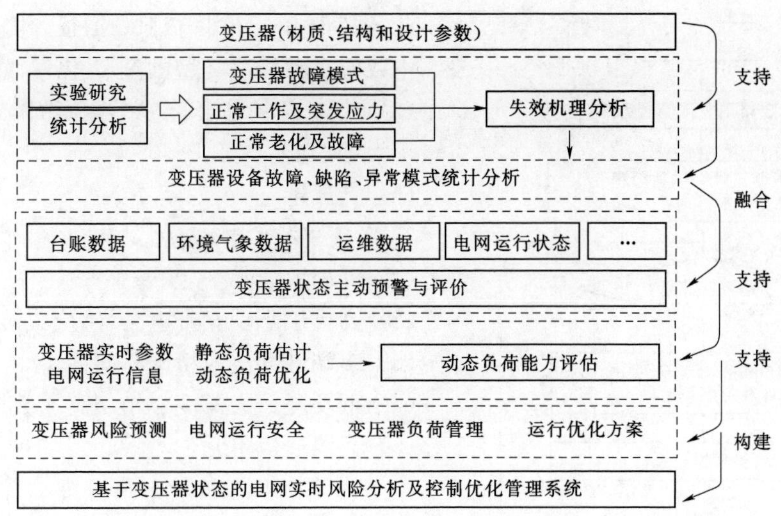

图 15-6-1　基于变压器状态的电网实时风险分析及控制优化管理系统

二、开关设备状态感知

1. 开关设备机械状态

通过融合分合闸线圈电流信号、振动信号和行程信号，采用无监督的模糊聚类算法，分析各机械信号特征参量集合与不同故障的相关性，可以感知开关设备机械状态。

2. 开关设备的电寿命

(1) 关键技术。

1) 弧触头单独接触行程获取方法。

2) 燃弧能量与弧触头单独接触行程的降指数关系。

(2) 基于弧触头单独接触行程的开关设备电寿命预测流程如图 15-6-2 所示。

三、GIS 局部放电感知

提出一种 GIS 局部放电特高频-光学联合检测方法，形成复合传感技术。

(1) 光信号：荧光光纤$\xrightarrow{\text{光纤连接器}}$传输光纤⟶光电倍增管。

(2) 光电转换：光信号⟶光电倍增管$\xrightarrow{\pm 5\text{V 直流电源}}$电信号⟶检测系统。

(3) UHF：特高频信号⟶放大滤波⟶检测系统。

将光纤安全植入设备内部，使光纤检测 GIS 局部放电可应用于现场。

四、输电线路状态感知

(一) 电缆局部放电感知

1. 现状

故障频发、检测效率低、疲于“救火式”抢修。

2. 传感器技术

(1) 高灵敏度：不大于 5pC/mV。

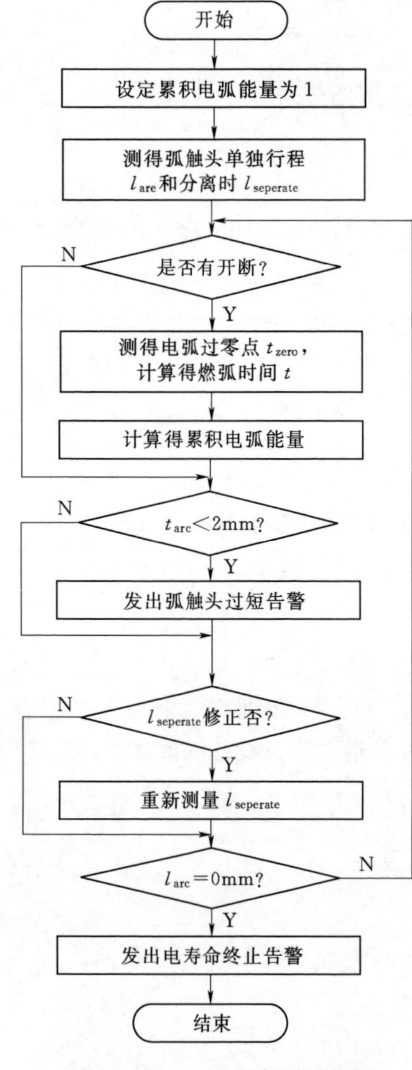

图 15－6－2　电寿命预测流程

（2）超带宽：不小于 100MHz，实现沿面、电晕、空穴等多种缺陷类型的全覆盖。

（3）小型化：体积不大于 8cm×8cm×8cm，重量不大于 50g。

（4）低成本。

3. 广域分布式系统

（1）漏磁取能。

（2）高灵敏小型宽带电容/感应式传感器。

（3）多端脉冲注入精确时间同步。

（4）低功耗、大深度、小型高速数据采集。

（5）无线通信单元。

4. 多节点数据数据融合技术

（1）大动态范围、高速数据采集。

（2）基于"乒乓"机制的多节点同步技术：脉冲频率不低于 10kHz，上升沿不大于 5ns，同步时间误差不大于 20ns。

5. 边缘计算

（1）局部放电脉冲参数快速提取算法。

（2）基于无线网络的多端数据融合方法。

6. 云端应用

（1）危险性评估。

（2）运维策略。

（二）配电电缆走廊小型巡检

1. 现状

配电电缆走廊存量大且空间狭小，缺乏有效巡检方法。

人工巡检耗时耗力，效率低下，盲区多。

2. 解决方案

（1）小型巡检机器人可持续产生升力，从配网电缆走廊上端通过。

（2）考虑配网电缆走廊空间，进行小型巡检机器人尺寸优化和防碰撞设计。

（3）通过所搭载的视觉、温度等传感器收集相关数据，克服目前巡检盲点。

配电电缆走廊的巡检如图 15－6－3 所示。

3. 基于双目视觉及深度学习的无人机巡检

五、柔性直流系统关键元件状态感知

1. 金属化膜电容器

具有自愈特性，基于控制变量实时计算状态特征参量，实现状态感知。

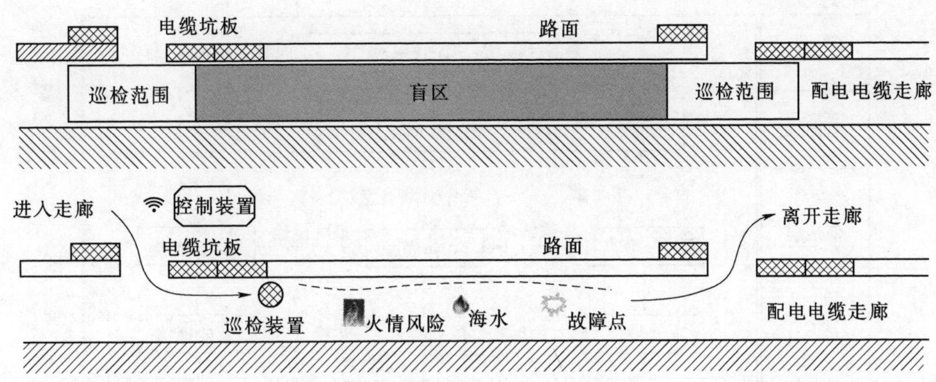

图 15－6－3　配电电缆走廊的巡检

2. 压接型高压 IGBT 器件

压接型高压 IGBT，利用功率循环试验提取劣化特征量。基于结温与功率的迭代关系实时获取 IGBT 结温，解决状态感知的关键问题。

3. 桥臂电抗器状态感知

桥臂电抗器承受多频电应力作用。利用高频电磁波折反射、轴向振动特性分布进行匝间绝缘故障定位和状态感知，利用多频损耗信息进行桥臂电抗器绝缘状态整体感知。

六、变电站站域局部放电感知

站域局部放电巡检系统由双锥形无线、采集系统、操作界面等构成。

根据概率定位和波达方向估计的站域空间多源放电缺陷定位技术，建立基于“克拉美罗”下界分析的定位性能评价模型，构成可移动变电站域多源放电检测与定位系统，实现站域空间多源放电的快速定位。

七、电力设备声学成像

通过分析异响产生机理，研究声音传播机理，实现异响感知和定位。典型案例有：传感阵列＋移动及手持终端，实现 GIS 异响声学成像、变压器异响声学成像，电抗器异响频谱及松动处声学成像。

八、配电网绝缘状态监测的无线智能感知系统

1. 系统架构

基于 LPWA（LoRa）技术的无线传感器网络框架如图 15－6－4 所示。

2. 特点

（1）通过 TEV 传感器耦合局放产生的局部放电信号。

（2）通过 LoRa 通信，实现超远传输距离（5km）和超低功耗，电池使用寿命可达 3 年。

（3）采用“边缘计算”，局部状态评估及故障预警应用程序植入传感器终端。

（4）大规模配电柜、电缆的局部放电分布式监测。

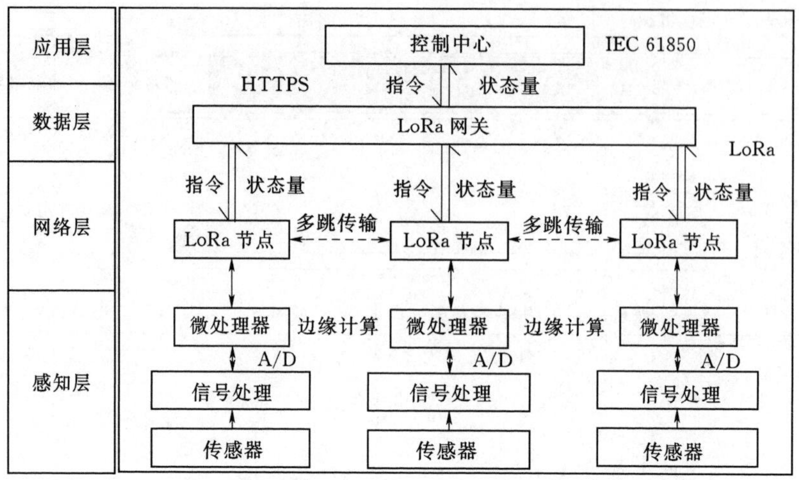

图 15-6-4　基于 LPWA（LoRa）技术的无线传感器网络框架

(5) 传感器中 ARM 芯片和 LoRa 模块采用 SOE 设计，在启动模式、空闲模式、休眠模式之间自动切换。

(6) 基于 SVM 的 PD 模式识别。

3. 风险等级划分及状态预警策略

风险等级划分及状态预警策略见表 15-6-1。

表 15-6-1　　风险等级划分及状态预警策略表

局放强度 P/dB	风险等级	状态预警策略
$P\leqslant 25$	正常	常规监控
$25<P\leqslant 40$	注意	缩短监控间隔
$40<P\leqslant 55$	警告	缩短监控间隔并上传数据到 LoRa 网关
$P>55$	危险	上传数据到 LoRa 网关并开启实时监控模式

九、基于泛在电力物联网的智能配电房系统

1. 建设目标

针对配电房存在的监控孤岛、运维经济性差、精益化管理缺失等问题，提出建设目标。

(1) 利用“云、大、物、移、智”等前沿技术，打造可视、可测、可控的智能配电房。

(2) 延长设备使用寿命，减少故障率。

(3) 实现远程智能化巡检，提高运维水平。

(4) 实现运行设备台账的物联网标签管理。

(5) 满足综合管理和扩展业务扩展的需求。

2. 系统架构

区域的配电房运维系统包括感知层、通信层、平台层、应用层，系统架构如图 15-6-5 所示。

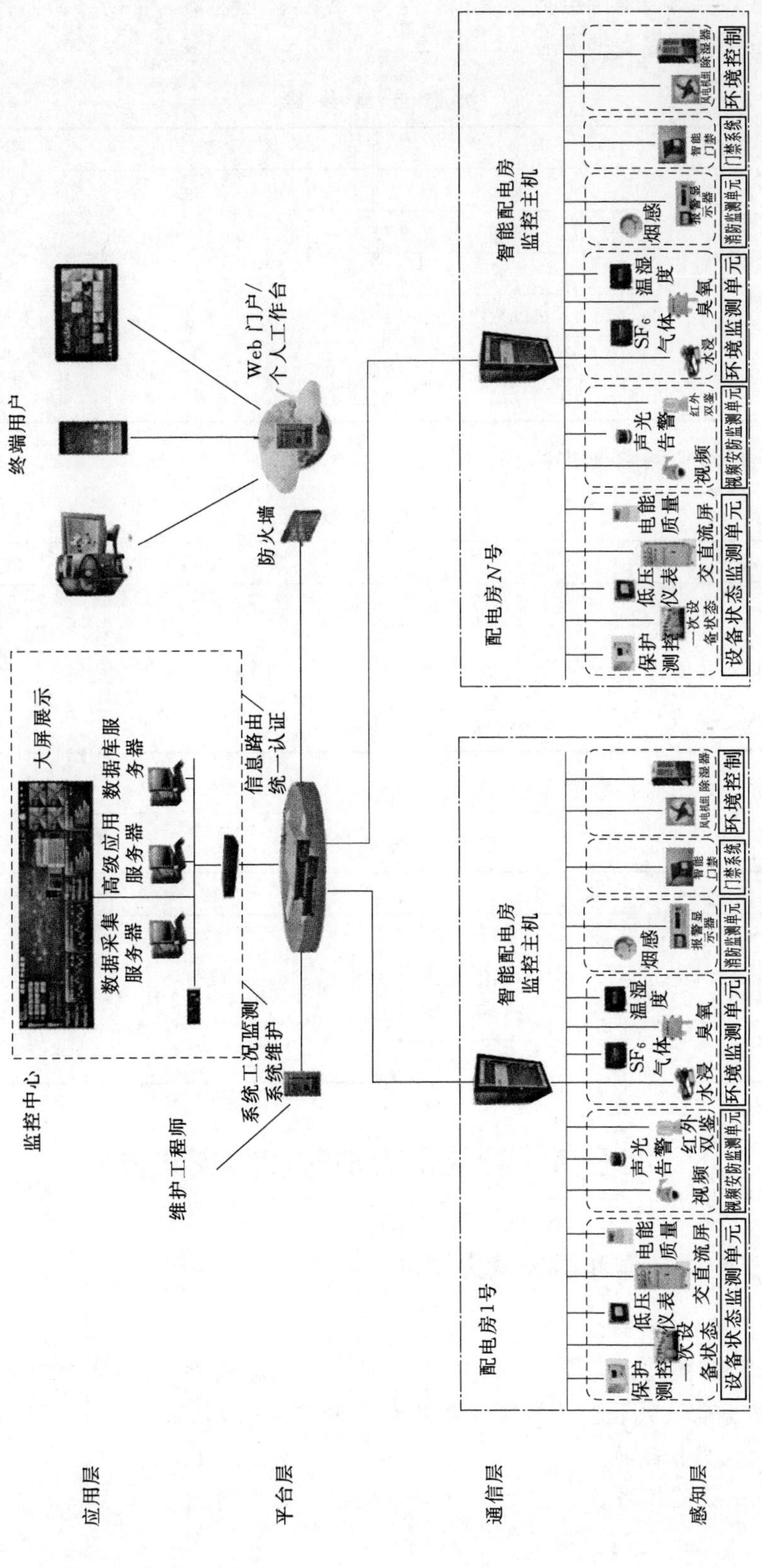

图 15－6－5　智能配电房系统

其中，感知层与通信层包括设备状态监测、综合环境监测、消防安防监控系统。

（1）设备状态监测数据见表15-6-2。

表15-6-2　状态监测数据

类　型	因　素	类　型	因　素
状态量	温度	电气量	电流
	湿度		电压
	局放		频率
	机械特性		有功、无功
	开关状态		电能质量
	气压		

（2）综合环境监测数据见表15-6-3。

表15-6-3　环境监测数据

类　型	因　素	类　型	因　素
监测	温度	控制	灯光控制系统
	湿度		环境调控系统
	水浸		驱鼠控制
	有害气体		噪声调控

（3）消防、安防监控数据见表15-6-4。

表15-6-4　消防安防监控数据

类　型	因　素	类　型	因　素
安防	门禁	消防	烟雾
	附属设施门控		
	视频		气体灭火系统
	入侵		

第七节　智能电力消防和防灾减灾

一、智能电力消防和防灾减灾需求

1. 站室环境在线监测报警系统

包括站室视频监控（远程）、站室安防（防人、物非法进入）、站室环境实时在线监测（温度、湿度等）、水位监测报警（火灾）、门禁等。

2. 电气火灾监控防护

（1）电气火灾监控系统。包括电气设备绝缘、温升等火灾起因关键点监测（预防火灾）。

（2）消防电源监控系统。包括消防电源监测报警（火灾、减灾）系统。

3. 凝露综合治理

用堵、疏方式控制设备内部凝露形成机理，通过封装提升电气连接部位防凝露能力。配电网一、二次融合技术可以很好地解决凝露问题。

4. 电弧光监测保护系统

按功能包括弧光保护、电弧监测、电弧保护；按应用对象包括成套开关设备弧光监测和保护（预防火灾）、低压线路电弧监测和保护（预防火灾）。

二、智能电力消防和防灾减灾方案

包括监控室、配电端、末端箱，如图 15－7－1 所示。以施耐德系统为例，系统通过监测剩余电流、异常温升、故障电弧、过电流、过电压、异常局放等参数实现检测、处理。

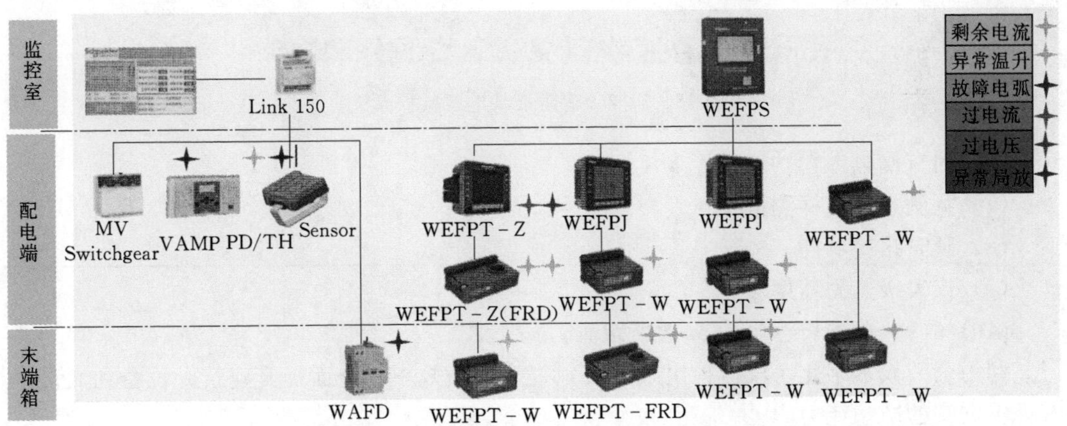

图 15－7－1　智能电力消防和防减灾方案

三、消防设备电源监控系统

消防设备电源监控系统如图 15－7－2 所示。

四、智能电力消防和防灾减灾价值

1. 全面防护，防患未“燃”

通过完备的电气火灾隐患解决方案，对变电站等设备实时在线监控，真正实现防患未“燃”。

2. 提供智能可靠的解决方案

（1）全天候 24h 不间断监测电气火灾隐患。

（2）内置多种接口，开放 TCP 协议，灵活组网。

（3）CAN 非主从网络架构，快速响应。

（4）总线冲突仲裁技术，报警信息分优先等级。

（5）全数字量信号传输。

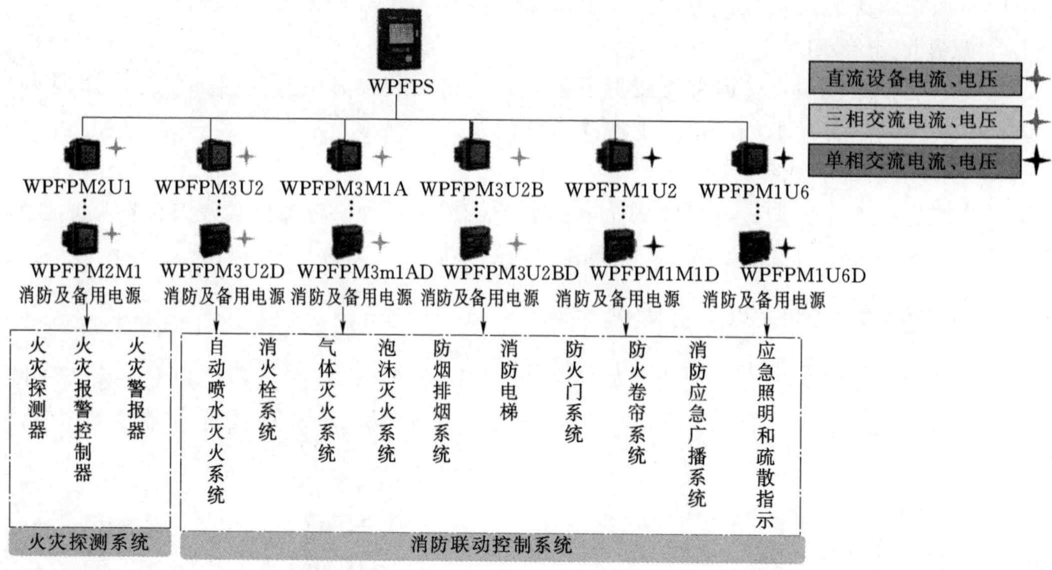

图 15-7-2　消防设备电源监控系统

(6) 固有漏电补偿功能。

(7) 宽剩余电流探测范围。

(8) 延时报警功能。

(9) 仪表级监测精度。

(10) CAN 总线长达 3000m 通信距离。

利用全天候数字化手段监控电气火灾，提升人员效率，全面提升建筑、设备和人员电气火灾灾害的防护能力。

第十六章　智能配电网其他相关技术

第一节　泛在电力物联网

一、现代电力系统迫切需要泛在电力物联网

1. 电网规模巨大

（1）省级电力公司属特大型供电企业。

（2）电网调度和设备运维压力巨大。

（3）发生电网事故概率较大。

（4）事故造成的影响较大。

2. 大用户数量众多（以江苏省为例）

（1）工业用户超过 24 万户。

（2）35kV 及以上用户电站接近 300 座。

（3）用户变电站运维人员素质不可控。

（4）设备归用户管辖，维护保障不到位。

（5）电压等级高，发生事故容易累及主网架。

3. 新技术应用广泛

（1）较高的电网自动化程度。

（2）UPFC、源网荷友好互动系统等标杆工程。

（3）主动式配电网、能源综合服务等示范工程。

（4）数据采集量大，但利用率低。

（5）数据壁垒仍然存在，不同部门之间互通性不足。

在传统电网领域，泛在电力物联网的应用场景总体上可分为控制和采集两大类。其中，控制类包含能分布式配电自动化、用电负荷需求侧响应、分布式能源调控等；采集类主要包括高级计量、智能电网大视频应用。未来在泛在电力物联网应用场景下，控制领域将从当前的星形集中连接模式向点到点分布式连接切换，主站系统将逐步下沉，出现更多的本地就近控制和边缘计算，见表 16-1-1。

表 16-1-1　泛在电力物联网在传统电网的应用

类务类型	典型应用场景	传　统　模　式
控制类	（1）智能分布式配电自动化。 （2）用电负荷需求侧响应。 （3）分布式能源	（1）连接模式：子站/主站模式，主站集中，星形连接为主。 （2）时延要求：秒级

续表

类务类型	典型应用场景	传　统　模　式
采集类	（1）高级计量。 （2）智能电网大视频应用（包括变电站巡检机器人、输电线路无人机巡检、配电房视频综合监控、移动式现场施工作业管控、应急现场自组网综合应用等）	（1）采集频次：月、天、小时级。 （2）采集内容：基础数据、图像为主，单终端码率为100kbit/s级。 （3）采集范围：电力一次设备，配网计量一般采用集抄方式，连接数量每平方千米百个

在新兴领域，泛在电力物联网将在统一感知、实物ID应用、精准主动抢修、虚拟电厂、智慧能源服务一站式办理、大数据应用等领域，为电网企业和新兴业务主体赋能。以综合能源服务平台为例，对于可以应用入口将能效服务共享平台、省级客户侧用能服务平台、新能源大数据平台、车联网、光伏云网、智慧能源控制等系统，发挥规模化集聚效应。对外则可为各类新兴业务主体统一提供并网、监控、计量、计费、交易运维等平台化共享服务。

二、泛在电力物联网概念

泛在电力物联网就是就是围绕电力系统各环节，充分应用移动互联、人工智能等现代信息技术、先进通信技术，实现电力系统各环节万物互联、人机交互，具有状态全面感知、信息高效处理、应用便捷灵活等特征的智慧服务系统，包含感知层、网络层、平台层、应用层四层结构。通过广泛应用大数据、云计算、物联网、移动互联、人工智能、区块链、边缘计算等信息技术和智能技术，汇集各方面资源，为规划建设、生产运行、经营管理、综合服务、新业务新模式发展、企业生态环境构建等各方面，提供充足有效的信息和数据支撑。

泛在电力物联网是电力行业中任何时间、任何地点、任何人、任何物之间的信息连接和交互。通过建设泛在电力物联网，将真正打造出能源互联网产业生态圈，发展综合能源服务、互联网金融、大数据运营、大数据征信、光伏云网、三站合一、线上供应链金融、虚拟电厂、基于区块链的新型能源服务、智能制造、“国网芯”和结合5G的通信、杆塔等资源商业化运营等新兴业务。

国网公司从能源互联网到“三型两网”企业之间关系如图16-1-1所示。

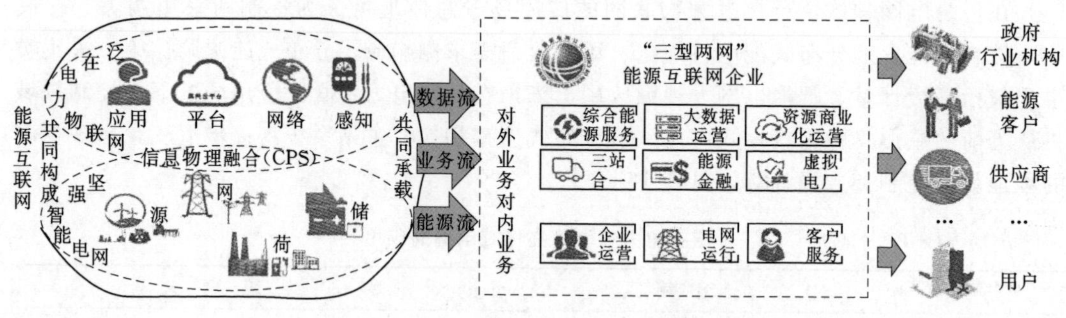

图16-1-1　从能源互联网到“三型两网”

承载数据流是国网公司对于“泛在电力物联网”的功能定位。“要充分应用移动互联、

AI以及先进通信技术，实现电力系统各个环节万物互联、人机交互，打造状态全面感知、信息高效处理、应用便捷灵活的泛在电力物联网，为电网安全经济运行、提高经营绩效、改善服务质量，以及培育发展战略性新兴产业，提供强有力的数据资源支撑。”

通过全息感知、泛在连接、开放共享、融合创新，将在2024年全面建成泛在电力物联网。

三、泛在电力物联网的架构

泛在电力物联网基于现代信息技术，包括11个重点方向。从架构上来看，泛在电力物联网包含感知层、网络层、平台层、应用层4层结构。从技术视角看，通过应用层承载对内业务、对外业务7个方向的建设内容，通过感知层、网络层和平台层承载数据共享、基础支撑2个方向的建设内容，技术攻关和安全防护2个方向的建设内容贯穿各层次，如图16-1-2所示。

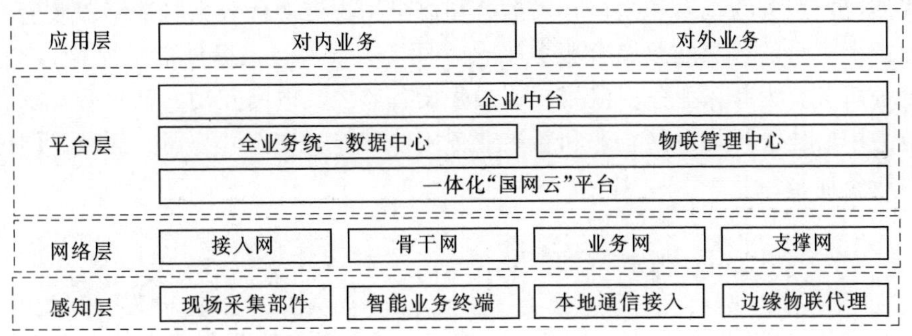

图16-1-2　泛在电力物联网层次分析

四、泛在电力物联网建设内容

1. 提升客户服务水平

以客户为中心，开展泛在电力物联网营销服务系统建设，优化客户服务、计量计费等供电服务业务，实现数据全面共享、业务全程在线，提升客户参与度和满意度，改善服务质量，促进综合能源等新兴业务发展。推广“网上国网”应用，触通业扩、光伏、电动汽车等业务，统一服务入口，实现客户一次注册、全渠道应用、政企数据联动、信息实时公开。

2. 提升企业经营效益

实施多维精益管理体系变革，统一数据标准，贯通业财链路，推动源端业务管理变革，实现员工开支、设备运维、客户服务等价值精益管理，挖掘外部应用场景，开展价值贡献评价，实现互利共赢。围绕资产全寿命核心价值链，全面推广实物ID，实现资产规划设计、采购、建设、运行等全环节、上下游信息贯通；建设现代（智慧）供应链，实现供应商和产品多维精准评价、物资供需全业务链线上运作，提升设备采购质量、供应时效和智慧运营能力。

3. 提升电网安全经济运行水平

围绕营配调贯通业务主线，应用电网统一信息模型，实现“站-线-变-户”关系实时准确，提升电表数据共享即时性，构建“电网一张图”，重点实现输变电、配用电设备广泛互联、信息深度采集，提升故障就地处理、精准主动抢修、三相不平衡治理、营配稽查和区域能源自治水平。立足交直流大电网一体化安全运行需要，引入互联网思维，建设“物理分布、逻辑统一”的新一代调度自动化系统，全面提升调度控制技术支撑水平。打造“规划、建设、运行”三态联动的“网上电网”，实现电网规划全业务线上作业；开展基建全过程综合数字化管理平台建设，推进数字化移交，提升基建数字化管理水平。

4. 促进新能源的消纳

全面深度感知源、网、荷、储设备运行、状态和环境信息，用市场办法引导用户参与调蜂调频，重点通过虚拟电厂和多能互补提高分布式新能源的友好并网水平和电网可调控容量占比；采用优化调度实现跨区域送受端协调控制，基于电力市场实现集中式新能源省间交易和分布式新能源省内交易，缓解弃风弃光，促进清洁能源消纳。

5. 打造智慧能源综合服务平台

以优质电网服务为基石和入口，发挥公司海量用户资源优势，打造涵盖政府、终端客户、产业链上下游的智慧能源综合服务平台（图 16－1－3），提供信息对接、供需匹配、交易撮合等服务，为新兴业务引流用户；加强设备监控、电网互动、账户管理、客户服务等共性能力中心建设，为电网企业和新兴业务主体赋能，支撑“公司、区域、园区”三级智慧能源服务体系。

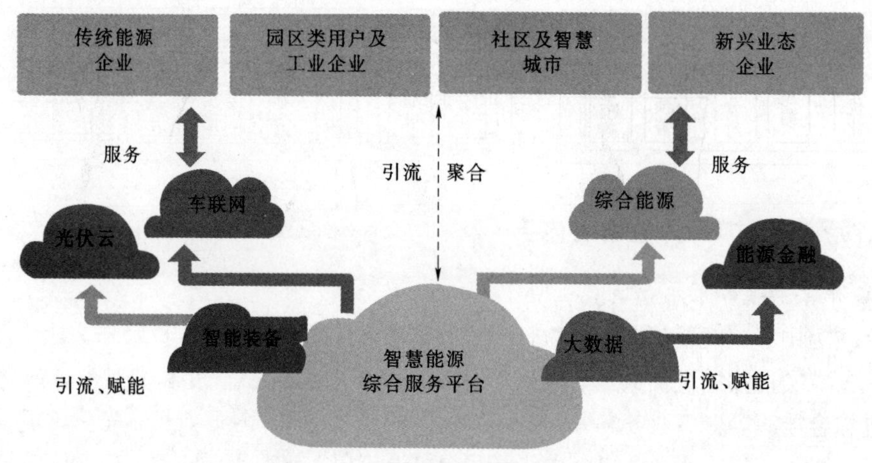

图 16－1－3　智慧能源综合服务平台

6. 培育发展新兴业务

充分发挥公司电网基础设施、客户、数据、品牌等独特优势资源，大力培育和发展综合能源服务、互联网金融、大数据运营、大数据征信、光伏云网、三站合一、线上供应链金融、虚拟电厂、基于区块链的新型能源服务、智能制造、“国网芯”和结合 5G 的通信、杆塔等资源商业化运营等新兴业务，实现新兴业务“百花齐放”，成为公司新的主要利润增长点。

典型场景是新能源大数据服务。

（1）以服务新能源产业发展为目标，发挥公司独特资源优势，构建新能源大数据服务平台，开展新能源大数据运营服务新业务。

（2）通过汇集发电侧、电网侧、用用侧相关的设备运行、环境资源、气象气候、负荷能耗等各类数据，面向发电企业、综合能源服务商等提供设备集中监控、设备健康管理、能效诊断等多样化服务。

7. 构建能源生态体系

构建全产业链共同遵循，支撑设计、数据、服务互联互通的标准体系，与国内外知名企业、高校、科研机构等建立常态合作机制，整合上下游产业链、重构外部生态，拉动产业聚合成长，打造能源互联网产业生态圈。建设好国家双创示范基地，形成新兴产业孵化运营机制，服务中小微企业，积极培育新业务、新业态、新模式。

8. 打造数据共享服务

基于全业务统一数据中心和数据模型，全面开展数据接入转换和整合贯通，统一数据标准，打破专业壁垒，建立健全公司数据管理体系，如图 16-1-4 所示。打造数据中台，统一数据调用和服务接口标准，实现数据应用服务化。建设企业级主数据管理体系，支撑多维精益管理体系变革等重点工作。开展客户画像等大数据应用，开发数字产品，提供分析服务，推动数据运营。

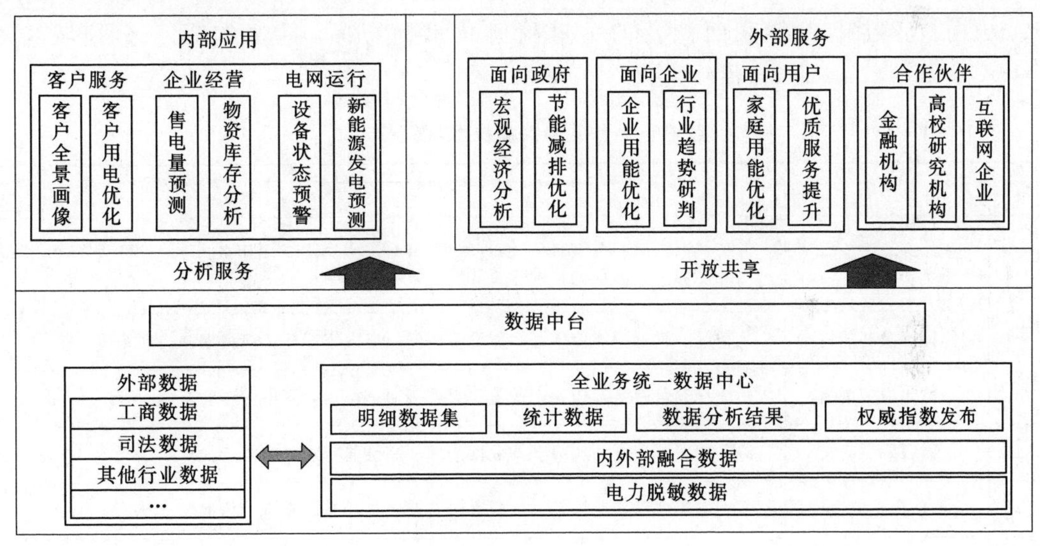

图 16-1-4　数据管理体系

9. 夯实基础支撑能力

如图 16-1-5 所示，在感知层，重点是统一终端标准，推动跨专业数据同源采集，实现配电侧、用电侧采集监控深度覆盖，提升终端智能化和边缘计算水平；在网络层，重点是推进电力无线专网和终端通信建设，增强带宽，实现深度全覆盖，满足新兴业务发展需要；在平台层，重点是实现超大规模终端统一物联管理，深化全业务统一数据中心建设，推广“国网云”平台建设和应用，提升数据高效处理和云物协同能力；在应用层，重点是全面支撑核心业务智慧化运营，全面服务能源互联网生态，促进管理提升和业务转型。

10. 技术攻关和核心产品

泛在电力物联网平台的核心技术与产品涉及 6 个领域。国网泛在电力物联网建设内容

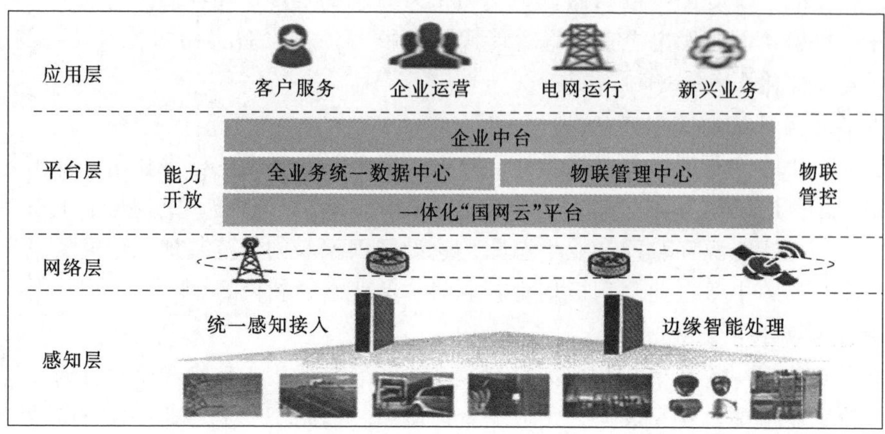

图 16-1-5　基础支撑能力

包括对内业务、对外业务、数据共享、基础支撑、技术攻关和安全防护 6 个方面和 11 个重点方向。泛在电力物联网涉及的关键核心技术与产品，主要包括 6 个领域，见表16-1-2。

表 16-1-2　泛在电力物联网关键技术/核心产品

序号	领　域	关键技术/核心产品
1	智能芯片	低功耗嵌入式 CPU 内核，嵌入式 AI 多级互联异构多核片上系统（SoC）架构，电力高速无线本地通信芯片等
2	智能传感及智能终端	高精度、微型智能传感器，能源路由器、终端智能化，多模多制式现场通信等
3	一体化通信网络	一体化通信网络架构，广覆盖、大连接通信接入，网络资源动态调配等
4	物联网平台	海量物联管理，开放共享及数据治理，高性能智能分析等
5	网络信息安全	端到端物联网安全体系，物联终端安全，移动互联安全，数据安全等
6	人工智能	电力人工智能算法与模型，多源大数据治理与跨领域智能分析，高性能计算等

11. 全场景安全防护

开展可信互联、安全互动、智能防御相关技术的研究及应用，为各类物联网业务做好全环节安全服务保障，如图 16-1-6 所示。

（1）可信互联：规范泛在电力物联网的终端安全策略管控原则，构建基于密码基础设施的快速灵活、互认的身份认证机制。

（2）安全互动：落实分类授权和数据防泄漏措施强化 App 防护、应用审计和安全交互技术，实现"物-物""人-物""人-人"安全互动。

（3）智能防御上：实现对物联网安全态势的动态感知、预警信息的自动分发、安全威胁的智能分析、响应措施的联动处置。

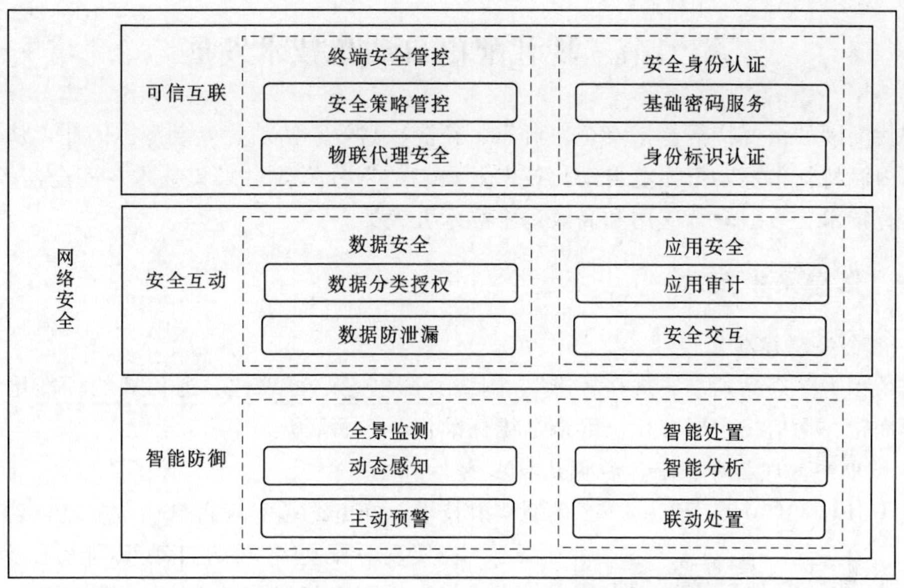

图 16－1－6　全场景安全防护

五、发展泛在电力物联网的意义

电力市场化改革和能源体制改革继续深入推进，国网公司面临着三大挑战为：电网形态变化、企业经营瓶颈和社会经济形态发展变化。

建设泛在电力物联网可以实现：

(1) 转变盈利模式，发挥规模优势，拓展增值业务。

(2) 主导客户资源，连接上、下游产业，打造新生态圈。

(3) 清洁能源接入设备智能管理、电网高效运维。

未来建设“三型两网”的关键环节如图 16－1－7 所示。

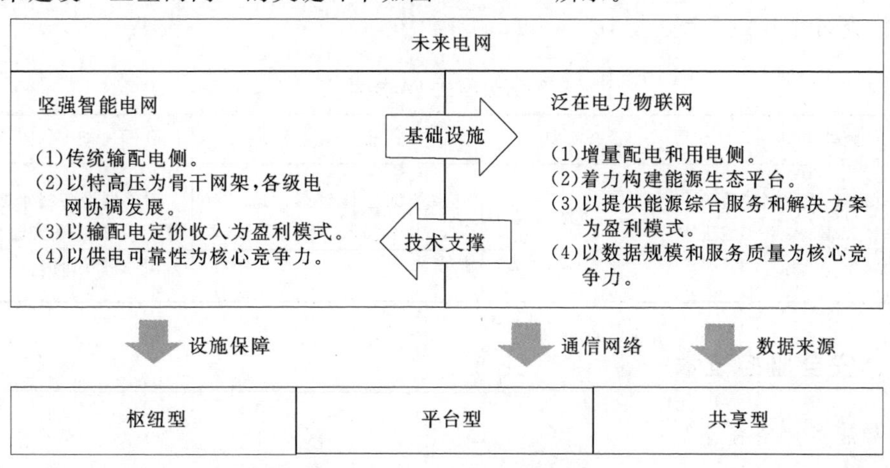

图 16－1－7　“三型两网”关键环节

第二节　现代配电自动化技术发展

现代配网的重要特征包括安全、可靠、经济、高效、清洁、互动等。因此，从现代配电网的内涵特征出发，把配电自动化技术发展趋势划分为信息采集技术、安全监控技术、优化运行技术、数据融合应用和高效运维技术五大类。

一、信息采集技术

1. 配电终端标准化

其精粹为“产品独立、规格标准”。围绕着配电终端可靠性、通信规约标准化、电源技术标准化、通信技术标准化、终端运维标准化等方面展开。

2. 配电终端即插即用及远程调试技术

基于 IEC 61850 与 IEC 61968 模型映射技术，配电终端实现自描述，配电自动化主站实现对配电终端的自动识别及互操作等，实现配电终端即插即用，减少配电自动化终端安装调试过程中的大量工作。

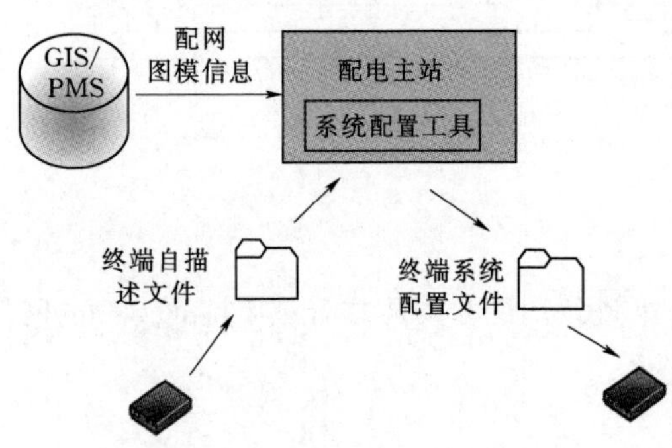

图 16-2-1　配电终端远程调试

配电终端远程调试如图 16-2-1 所示，配电终端主动注册，将终端自描述文件送至配电主站，通过系统配置工具，实现配电终端模型交互及映射。

配电终端与配电主站之间的传动试验工作量很大，试验周期长，不利于配电自动化系统的大规模建设和推广应用。基于移动作业的配电终端远程调试，提高了配电终端联调的工作效率。

3. 智能分布式 FA 技术

智能分布式 FA 技术见表 16-2-1。

表 16-2-1　智能分布式 FA 技术

国内外应用	适合网架	优　点	缺　点
东京、荷兰、澳大利亚及我国的上海，天津、青岛等地进行了试点应用。	架空、电缆、混合网架	系统独立性较强，运行可靠，故障处理成功率高、恢复速度快	对终端设备技术要求相对复杂，对通信质量要求高，必须为对等通信。

二、安全监控技术

1. 智能多主题告警

包括调度告警、运检告警、自动化告警，完成了单一事件推理、关联事件推理、事故追忆分析和辅助决策分析。

2. 高可靠故障处理

馈线自动化系统通过信号容错技术、扩充柔性判据、单相接地/断线、大面积停电处理、含分布式电源控制、集中/分布协调等达到高可靠性。

三、优化运行技术

1. 源网荷协调优化

从时间尺度上看包括：

(1) 长期（季度）调度。迎峰度夏、迎峰度冬、上级检修计划。

(2) 中期（月周）调度。停电计划、节假日运行。

(3) 短期（天数）调度。停电申请、保电申请、多时段运行。

(4) 超短（日时）调度。调度操作、监视控制、风险预警。

(5) 实时（分秒）调度。故障处理、突发事件、应急处理、事故预案处理。

从业务需求看，涉及：

(1) 最大负荷峰值、负荷峰谷差、设备重载率、停电时户数。

(2) 运行经济性、电压合格率、设备利用率、供电可靠性。

2. 基于典型网架结构的模式化故障处理技术

针对不同典型网架结构，给出模式化故障处理预案，当故障发生时，可快速实现故障处理及非故障区域恢复，提高配电网运营效率。

四、数据融合应用

1. 营配调一体化建模及分析

营配调一体化建模及分析案例如图 16-2-2 所示。

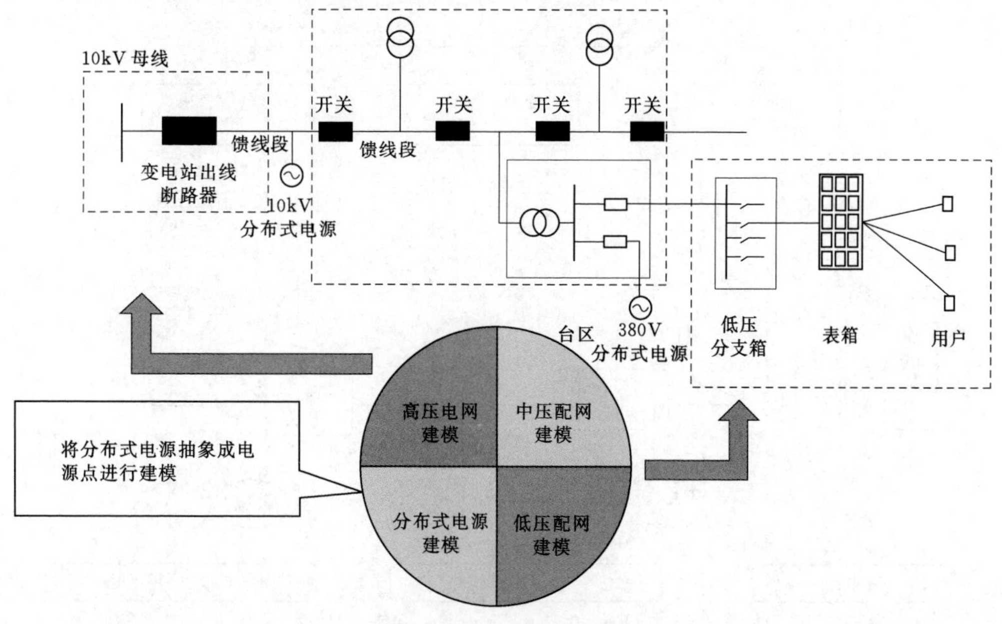

图 16-2-2　营配调一体化建模及分析案例

基于一体化模型，建立全网拓扑关系，真实反映了输电、配电网的连接关系。通过协同网络拓扑分析，可确保全网设备带电、停电接地等状态的一致性，如图 16－2－3 所示。

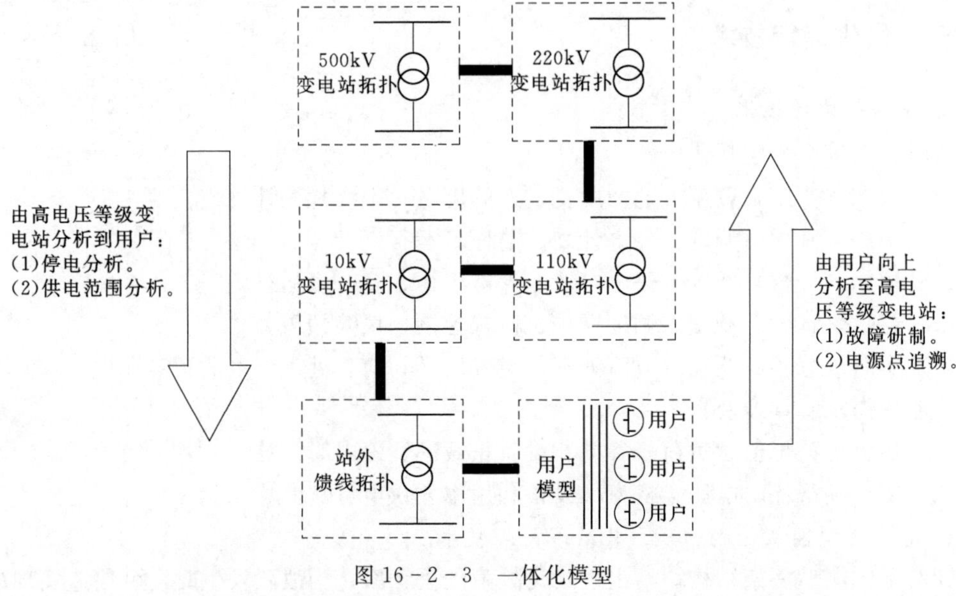

图 16－2－3　一体化模型

2. 基于用采数据的配电网调控应用

基于用采数据的配电网调控应用涵盖了变电站、中压线路和用户专变、公用变等，如图 16－2－4 所示。

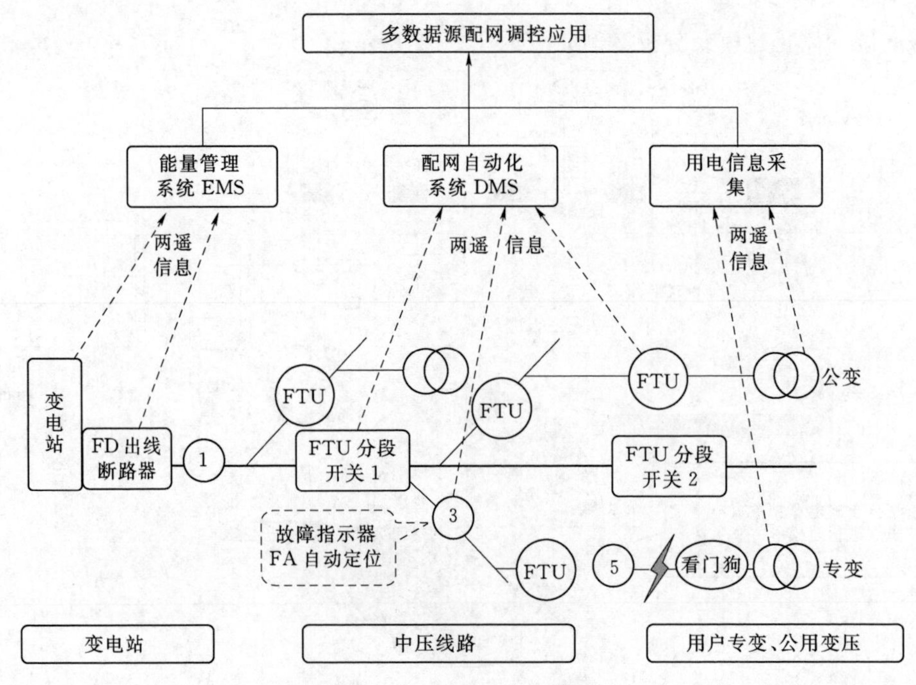

图 16－2－4　多数据源的配网调控

各种数据交互过程如图 16-2-5 所示。

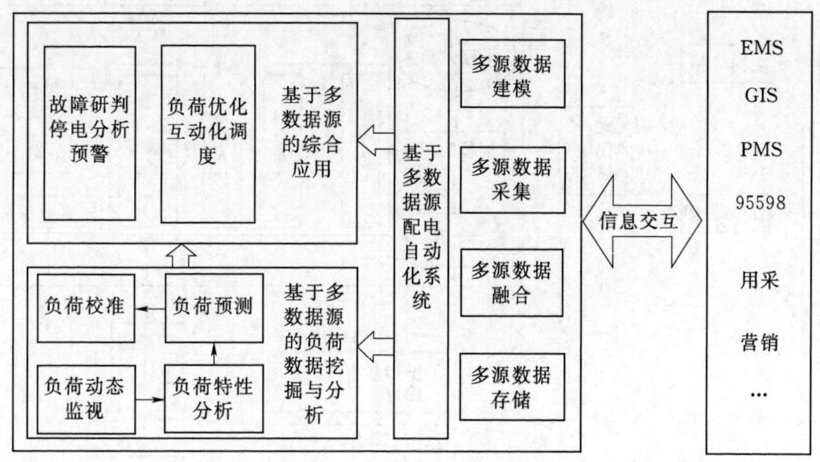

图 16-2-5　数据交互过程

3. 多信息源综合故障研判

利用配电主站的配网故障信息、95598 的故障报修信息和用电采集实时召测信息以及 PMS/OMS 的计划停电信息进行综合分析，实现故障研判。

4. 配电自动化历史数据分析

(1) 指导规划。评估电网的薄弱环节，用于变电站和线路规划设计，评估电网资产利用率，分析设备利用情况，指导制订未来电网设备的投资计划。

(2) 指导运维。分析电网与设备运行的薄弱环节，指导电网改造与辅助决策；分析配电自动化指标与二次设备运行情况，指导设备选型。

(3) 指导运行。能效分析决策、电能质量分析评估，电网运行指标评估。

五、高效运维技术

1. 配电网图模异动提升

(1) 以全网模型为基础，以拓扑分析为手段。

(2) 基于需求导向的动态图形模型抽取算法。

(3) 基于配电网图形特征的层次布局算法及紧凑型通道布线算法。

(4) 灵活的动态图形生成方法。

(5) 快捷的图形调整及差异分析辅助工具箱。

配电网图模异动提升过程如图 16-2-6 所示。

2. 配电自动化指标综合监测分析

随着接入终端规模及信息量不断增加，造成运维困难，监控不方便，缺乏对接入数据的有效的管控，也制约主站系统的进一步发展。通过对指标的分析统计以及深度挖掘，有利于系统的稳定运行，也有助于及时发现重大隐患。

3. 配电终端集中运维管控

(1) 点号自动生成维护。依据标准化点表（可定制不同厂家、终端）指定模板生成设

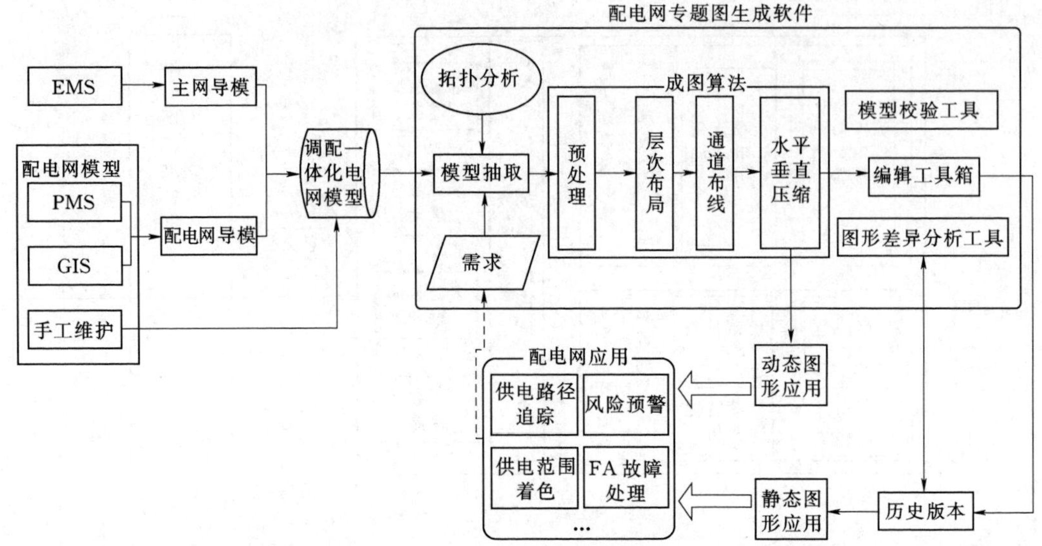

图 16-2-6　配电网图模异动提升过程

备的相关量测量（遥信、遥测、遥控、采样、告警定义、保护关联设备、各类自定义量测、DA 关联保护等）。

（2）量测自动对点管理。将系统对点工作量下发到现场调试人员，依据现场调试人员的操作生成主站侧以及终端侧的调试报告。

（3）终端自动接入。通过分析 IEC 61850 标准或参考其他领域相关设备自动识别方法，实现适用于配电自动化主站的终端自动识别技术，实现基于 IEC 61850 的配电终端自动接入、实现终端配置的远程维护。

（4）终端管理。实现终端电池电压在线监测、配电终端状态及通信网络一体化监控、无线终端通信流量监控、微机保护定值修改、配电终端的远程维护等。

4. FA 自动仿真测试

测试流程如下：

（1）全景模拟。与实时运行系统安全一致的环境。

（2）安全运行。与实时运行系统互不影响。

（3）逐点测试。线路逐点进行 FA 测试。

（4）自动评估。生成评估结论。

5. 晨操——开关计划性状态操作

全面推广“做早操”制度，结合计划检修、故障处理、运行方式变更等工作，确保具备遥控功能的开关（含备用开关）在三年内至少执行一次遥控“合”“分”操作。

选择开关的条件和处理原则见表 16-2-2。

系统利用表 16-2-2 的原则，筛选出符合需要的开关供调度参考，然后调度人员选出所需测试开关。

表 16-2-2　　选择开关的条件和处理原则

选择开关的条件	处理原则
近期消缺测试过的开关	不作选择
近期遥控过的开关	
不具有三遥功能的开关	
挂消缺牌的开关	
遥控成功率低的开关	优先选择
计划停电范围的开关	

第三节　人工智能技术在配调自动化系统中的应用

一、电力人工智能概念

电力人工智能是人工智能的相关理论、技术和方法与电力系统的物理规律、技术与知识融合创新形成的“专用人工智能”，针对电网的波动性、间歇性和不确定性等问题，在电网发展中引入人工智能思维，将有效促进电网向新一代电力系统和能源互联网发展。

数据驱动的人工智能技术是支撑新一代电力系统的重要手段。新一代电力系统的显著特征是高比例可再生能源、高比例电力电子设备接入电网、多能互补综合能源和信息物理深度融合智能化。

随着新能源、电动汽车、需求响应等技术的广泛应用和电力市场化发展，开放性、不确定和复杂化问题突出，机理方法难以建模；大电网广域互联和交直流混联，需要数据支撑的新的稳定运行机理。电力系统的监控、量测系统产生的数据，与外部相关数据融合，提供了良好的数据基础。

能源电力领域的数字时代已经到来，能源生产、传输和消费各环节中多要素广泛接入和融合共享，形成一种新型的开放式和生态式系统，人工智能将为数字化的能源电力赋予新动能。

二、电力人工智能发展的动力

(1) 电网实时平衡：大量新能源、新兴负荷接入形成随机、不确定的网络，电网实时平衡面临挑战。

(2) 交直流混联大电网：电网结构复杂程度显著增大，电网运行方式变化频繁，面临更大的不确定性。

(3) 新能源消纳：风电、太阳能等发电的波动性、间歇性和不确定性给电网的消纳和稳定运行带来挑战。

(4) 电网调控：随着电网运行复杂性的增加，使用传统的机理分析模型和调控手段，难以达到预期效果，亟须全面感知、全景观测的新一代调控系统。

（5）继电保护：电网发展要求继电保护配置与定值整定能够适应运行方式实时改变的需要，具备足够的灵活性、可靠性。

（6）配电网：亟须提高供电可靠性、电能利用效率和电网资产利用率，需要主动应对大规模分布式电源接入和大量电动汽车充电站/桩接入。

（7）新兴负荷的灵活互动：电动汽车、智能楼宇、智能家居、绿色微能源等新兴负荷的灵活接入和与电网的双向互动，价格因素下人的行为具有非物理特性。

配电自动化系统存在着较大的不确定性：新能源发电不确定性、分布式发电不确定性以及设备故障跳闸存在不确定性。配电网系统的复杂性使配电网运行的不确定性显著增加，实时调控运行的难度不断加大。同时，电网运行的经验知识、电网运行的操作规程、调度运行人员的偏好习惯等调度经验知识在实时调控运行系统中具有重要作用。

电力系统变成开放的复杂系统，其科学、技术正在进行全新的变革，也需要方法论上的变革。电网未来的发展需要围绕人工智能的思维发展。

人工智能在电力系统的应用是传感、传输、计算和算法的综合。终极应用是以数据为基础，以算法为核心。其发展思路如下：

（1）构建电力人工智能主体大脑部分。建立神经网络、机器学习、图像识别、自然语言处理等工具性技术平台；

（2）建立基本的人工智能中间件。建立领域知识图谱，如调度、运检、营销等领域知识图谱。支持关键逻辑与模型的构建；

（3）构建全景全域的全面数据感知。人工智能是基于数据的，包括量测、状态、行为数据等。需要真实的、能够反映应用对象的在线感知数据。为实现状态感知、量值传递、环境信息感知，需进行数字化转型，大量部署传感器和芯片，构建全景全域的感知系统。

围绕人工智能的思想，构建数据产生的全面感知和数字化转型，形成与物理平面平行的数字平面，在数字平面上进行运行和算法计算，并作用于物理世界。

三、电力人工智能系统的框架

电力人工智能系统框架如图 16－3－1 所示。

新能源消纳	电网安全与稳定	新兴负荷感知预测	电力资产管理运维
智能机器人			
计算机视觉		自然语言处理	
机器学习			
人工智能平台		大数据	
智能传感			

图 16－3－1　电力人工智能系统框架

四、电力人工智能发展的领域

电力人工智能发展如图 16－3－2 所示。

五、设计思想

通过部署数以亿计的传感器实现全面的感知，构建空天地一体化的网络传输层，以云

为平台，数据为基础，人工智能为核心打造电力大脑，形成 ACNET 架构，共同构建能源互联网信息物理融合系统，如图 16－3－3 所示。

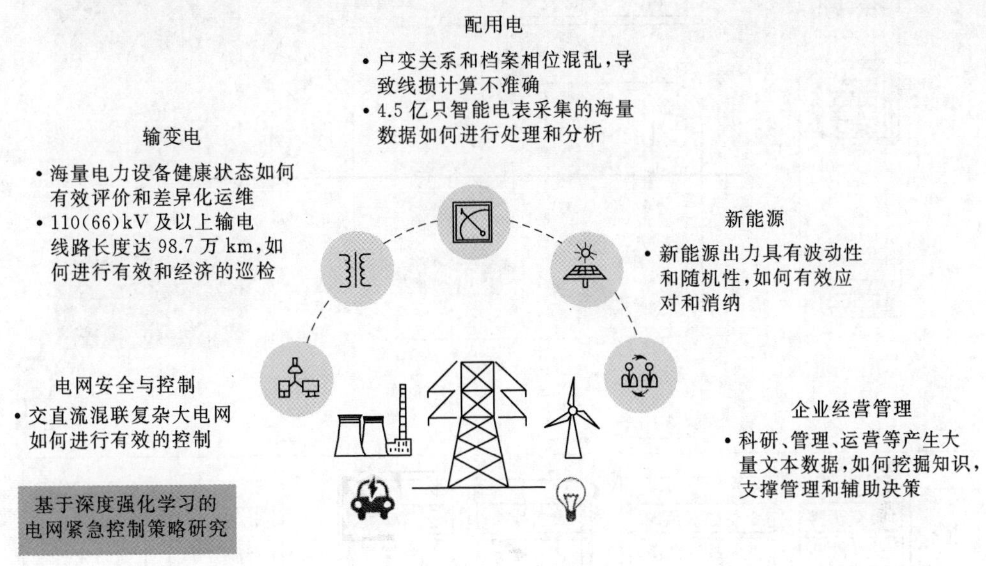

图 16－3－2　电力人工智能发展

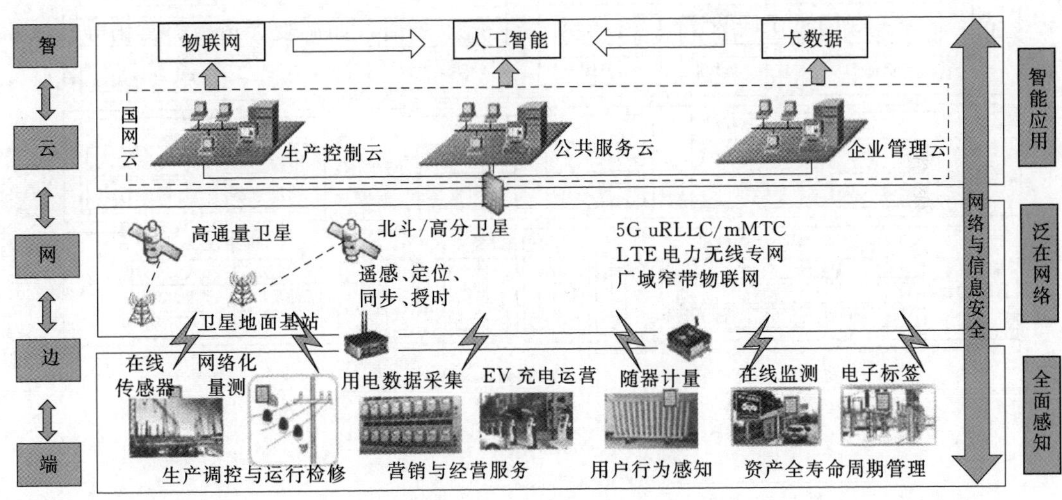

图 16－3－3　人工智能设计思想

采用先进人工智能技术，通过“数据＋规则”的训练学习方式，实现对历史数据的学习和规则的理解，模拟调度员的思维决策，为电网的态势分析、智能决策和调度助手提供决策支撑，如图 16－3－4 所示。

人工智能系统架构如图 16－3－5 所示。

知识引导过程如图 16－3－6 所示。

人工智能各部分关系如图 16－3－7 所示。

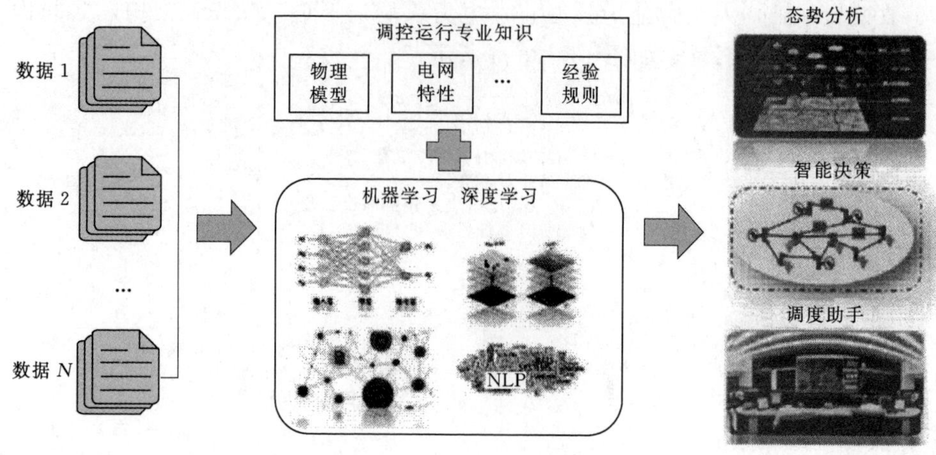

图 16-3-4　人工智能实现

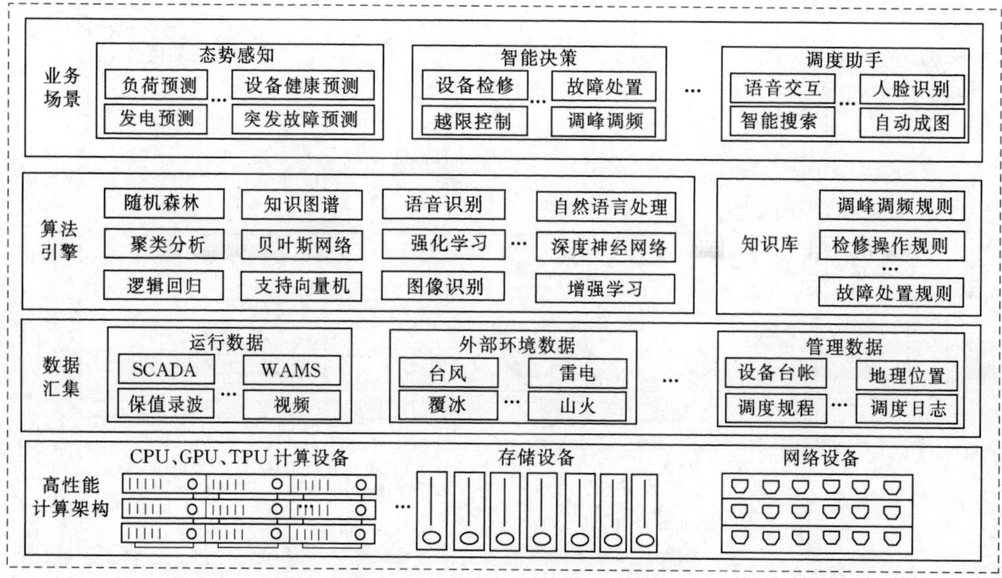

图 16-3-5　人工智能系统架构

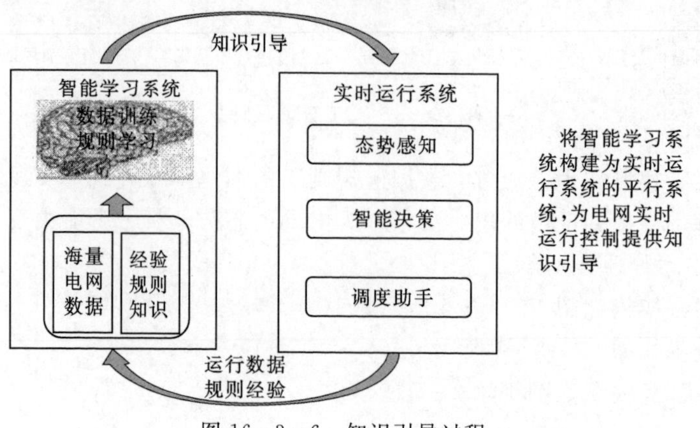

图 16-3-6　知识引导过程

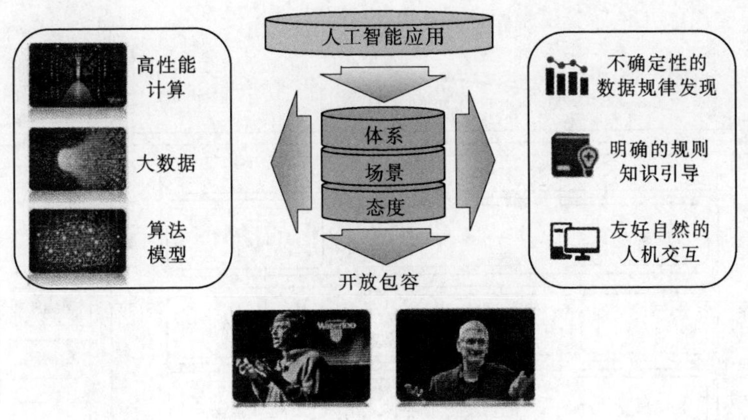

图 16－3－7　人工智能各部分关系

六、涉及的关键技术

涉及的关键技术如图 16－3－8 所示。

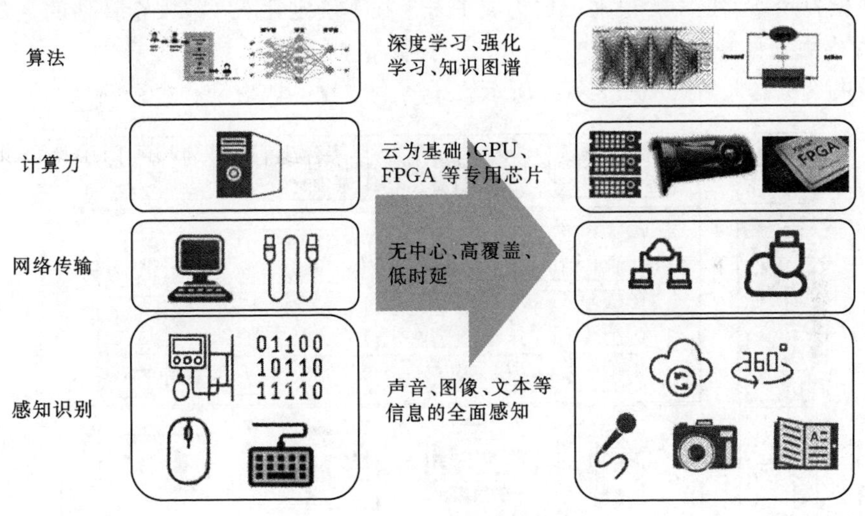

图 16－3－8　涉及关键技术

1. 高性能计算

（1）海量数据的模拟训练。

（2）多层级网络及海量参数。

（3）并行存储容量和带宽。

2. 电力大数据

（1）体量大：TB 级/天，典型 PMU 数据量；2.5GB/天/站×3000 站≈7.5TB/天。

（2）类型多：结构化、半结构化、非结构化（模型参数、设备量测、调度日志、气象环境、设备视频等）。

（3）速度快：毫秒级、秒级数据。

电力大数据如图 16－3－9 所示。

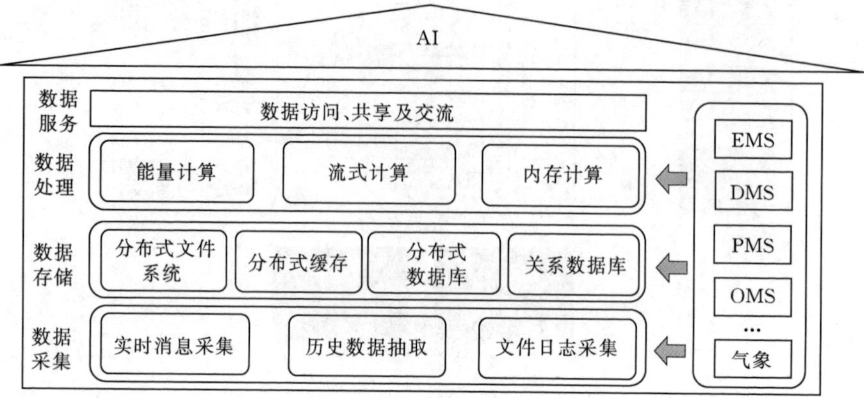

图 16－3－9　电力大数据

3. 态势感知——考虑不确定性的安全评估

随着新能源、分布式电源的发展，电网安全运行的不确定性显著增加，可能的系统状态数量和相关计算负担将会很大，这构成了未来在不确定性下在线安全评估的主要障碍。

4. 智能决策机器人

智能决策机器人如图 16－3－10 所示。

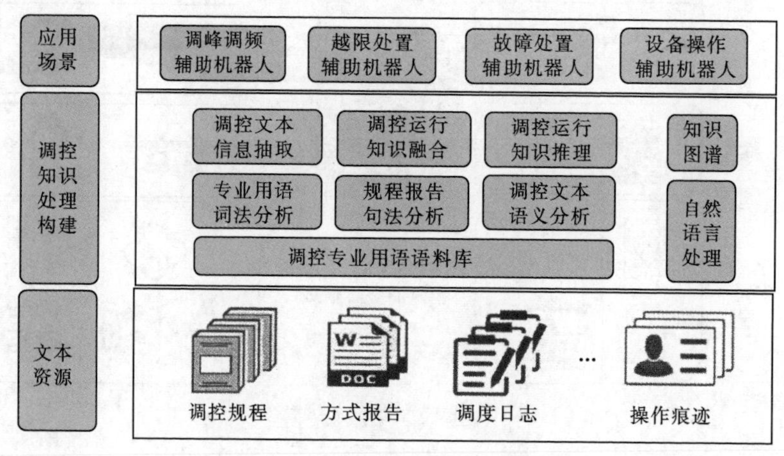

图 16－3－10　智能决策机器人

（1）基于自然语言处理技术对故障处置预案文本进行识别，并在此基础上构建故障处置知识图谱；进一步基于故障处置知识图谱实现以故障处置任务为导向的综合展示，同时建立故障处置智能任务引擎，实现故障处置任务的自动导航。

（2）建立调度专业词语语料库和语义模型，对预案中的预想故障名称、故障后方式、处置要点等文本数据进行提取，并建立静态文本和电网实时量测、在线分析结果的自动关联。

5. 调度智能助手

（1）调度智能助手（自然交互）如图 16－3－11 所示。

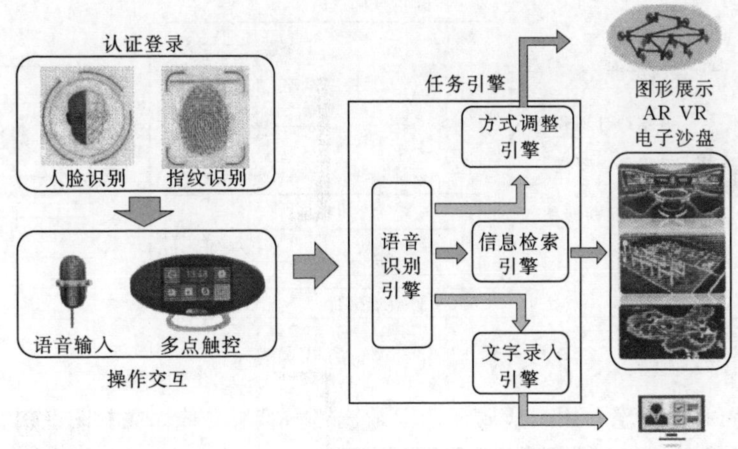

图 16-3-11 调度智能助手（自然交互）

（2）智能检索。借助于语音识别、智能搜索以及自动成图等技术，实现对调控人员信息查询的语音输入、语义解析、数据检索、数据加工和动态构图，提高人机交互友好性，如图 16-3-12 所示。

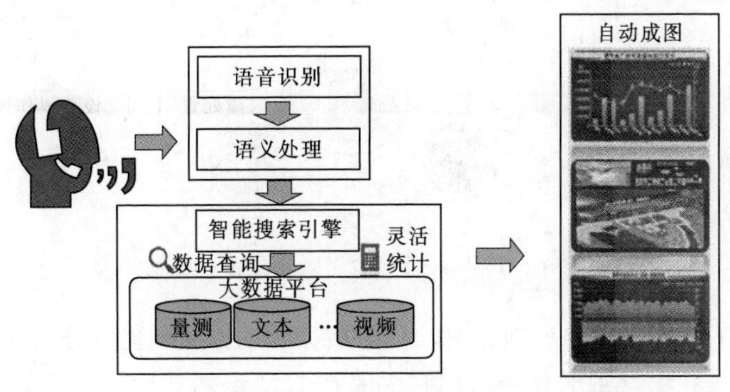

图 16-3-12 智能检索技术

目前已开展了语音交互功能与调度控制系统的融合，实现了告警查询、接线图查询、间隔查询、数据查询、数据检索等功能的语音交互，并在不断探索新的应用场景。

（3）方式调整。通过语音识别和调度操作任务相关联，建立调度语音发令模型，实现对机组、联络线计划快速调整，设备停复役操作、分区负荷转移等操作指令的在线生成，提高调度实时控制效率，如图 16-3-13 所示。

6. 人工智能技术在低压台区拓扑智能识别的应用分析

随着城市化发展的不断进步，用电负荷不断增加，新增的台区数量较多。在管理方面存在不足，例如台区互变关系混乱，表计相位不正确从而导致线损计算不准确，电网企业的经营风险和企业效益受到了影响。

（1）现有的问题及对策。

1）问题：①台区线路改造后，营销系统档案没有及时修正；②现有保留的台区线路

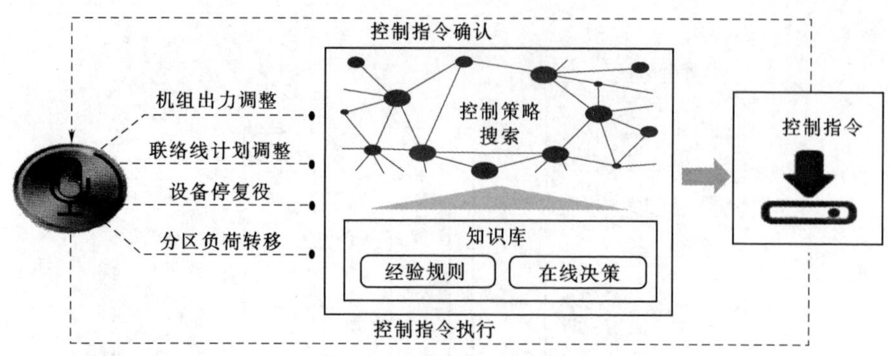

图 16-3-13　方式调整

的资料、接线路径不完整，用户所属馈线混淆线路增容后，线路拓扑未及时更新。

2）对策（图 16-3-14）：

①人工核查，但耗时长、效率低，难度大；②停电法，但普及率低，影响用户用电；③电力载波仪器，但成本高，存在安全隐患。

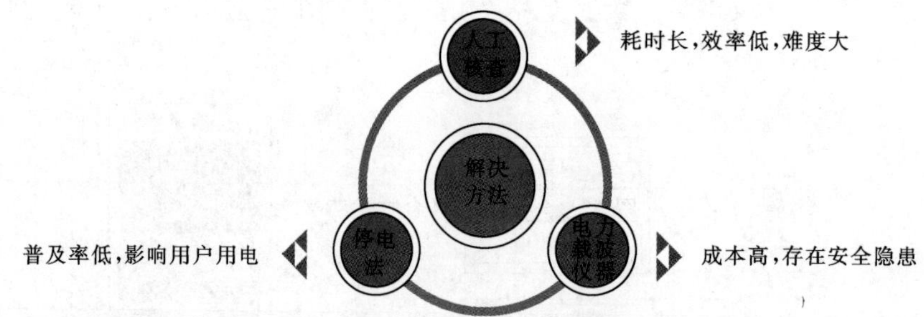

图 16-3-14　低压台区现阶段拓扑识别

（2）基于人工智能技术的识别方案。基于数据驱动方法，建立分析模型，利用多种聚类、相关性分析等算法，实现台区与用户关系的自动识别和验证，降低现场人员的工作量，提高线损计算的准确性，提升台区档案管理水平，如图 16-3-15 所示。

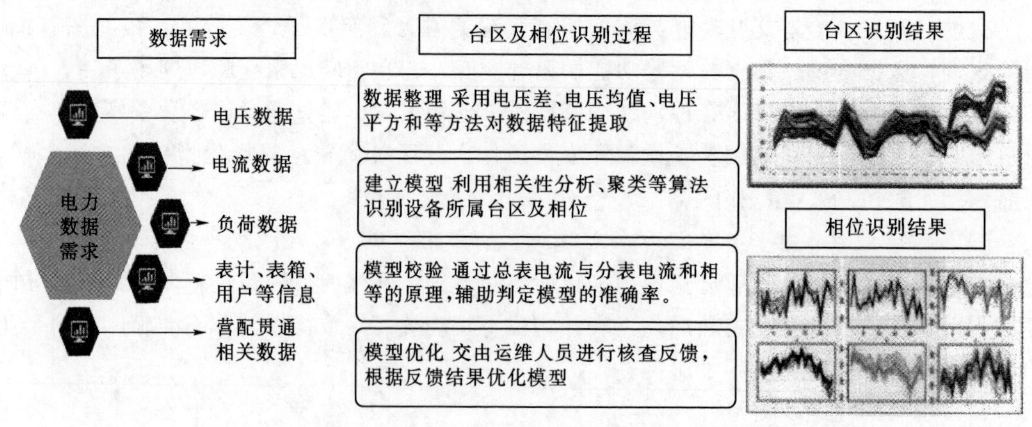

图 16-3-15　低压台区智能拓扑识别方案

第四节　智能配电网云平台

一、背景及需求

1. 技术背景

近些年，配电网设备数量多、运维人员少、状态感知不全面、信息共享不畅通等难题异常突出，为整个配电网的运维管理带来了极大的挑战。随着“大云物移智链”等新兴技术的不断涌现，为配电网的发展注入了新的生机与活力，使得通过传统技术与手段难以解决的问题逐渐迎刃而解，如图 16－4－1 所示。

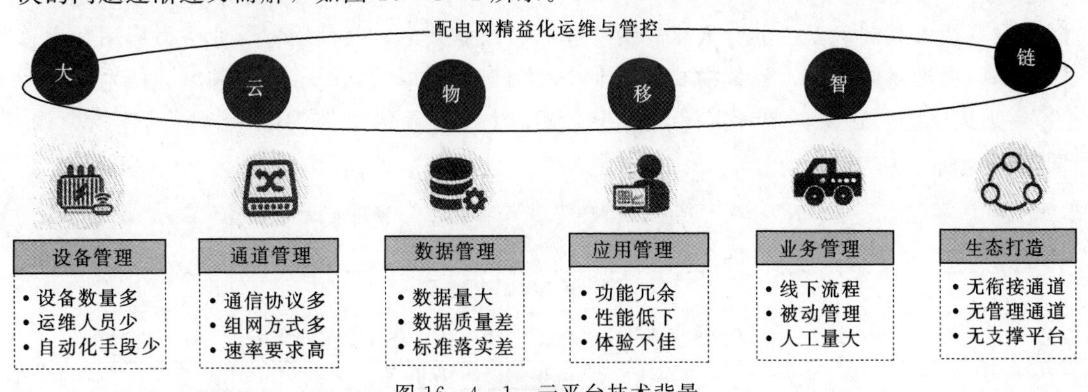

图 16－4－1　云平台技术背景

2. 配电网建设背景

《泛在电力物联网建设大纲》为泛在电力物联网的建设提出了新的目标，要充分应用“大云物移智链”等现代信息技术、先进通信技术，实现电力系统各个环节万物互联、人机交互，大力提升数据自动采集、自动获取、灵活应用能力。对内实现“数据一个源、电网一张图、业务一条线”；对外广泛连接内外部、上下游资源和需求，打造能源互联网生态圈；对电力系统各环节终端接入、数据管理、业务与开发的服务能力提供基础支撑。

（1）对内业务。模型驱动，信息融合；一次采集，共享共用；数据贯通，业务协同。

（2）对外业务。一平台承载、一站式服务、一体化联动。

（3）基础支撑。终端实时感知、数据即时获取、业务敏捷响应。

3. 配电物联网

国网公司设备部提出配电物联网的发展构想，总体架构划分为“云、管、边、端”4个部分，如图 16－4－2 所示。从狭义上讲，配电物联网云平台特指总体架构得“云”。而实际上，配电物联网涉及云平台的搭建、通信协议的转换、信息交互总线的维护，以及智能配电终端的接入，因此从广义上讲，配电物联网云平台涉及云、管、边各个环节。

二、智能配电网云平台架构

1. 云平台架构

遵循泛在电力物联网建设大纲与总体要求，以配电领域“两系统一平台”、配电物联

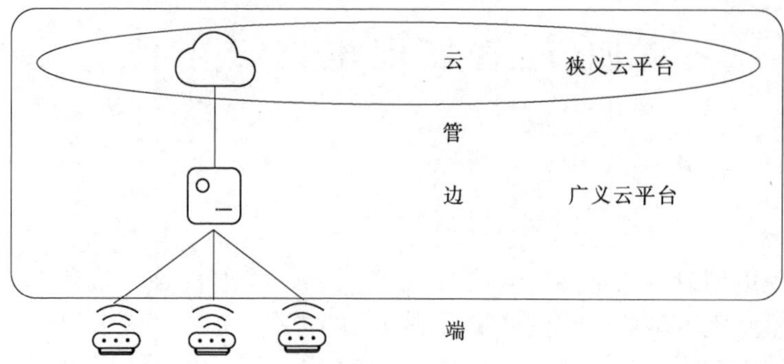

图 16-4-2　配电互联网

网建设现状为基础，以“平台云化、统一物联、数据共享、共性服务、业务微应用”为总体思路，重构以国网云、智慧物联、企业中台为核心支撑的新一代配电领域“两系统一平台”，形成以物联感知、平台支撑、业务变革、生态创新为主体的配电物联网体系架构，如图 16-4-3 所示。

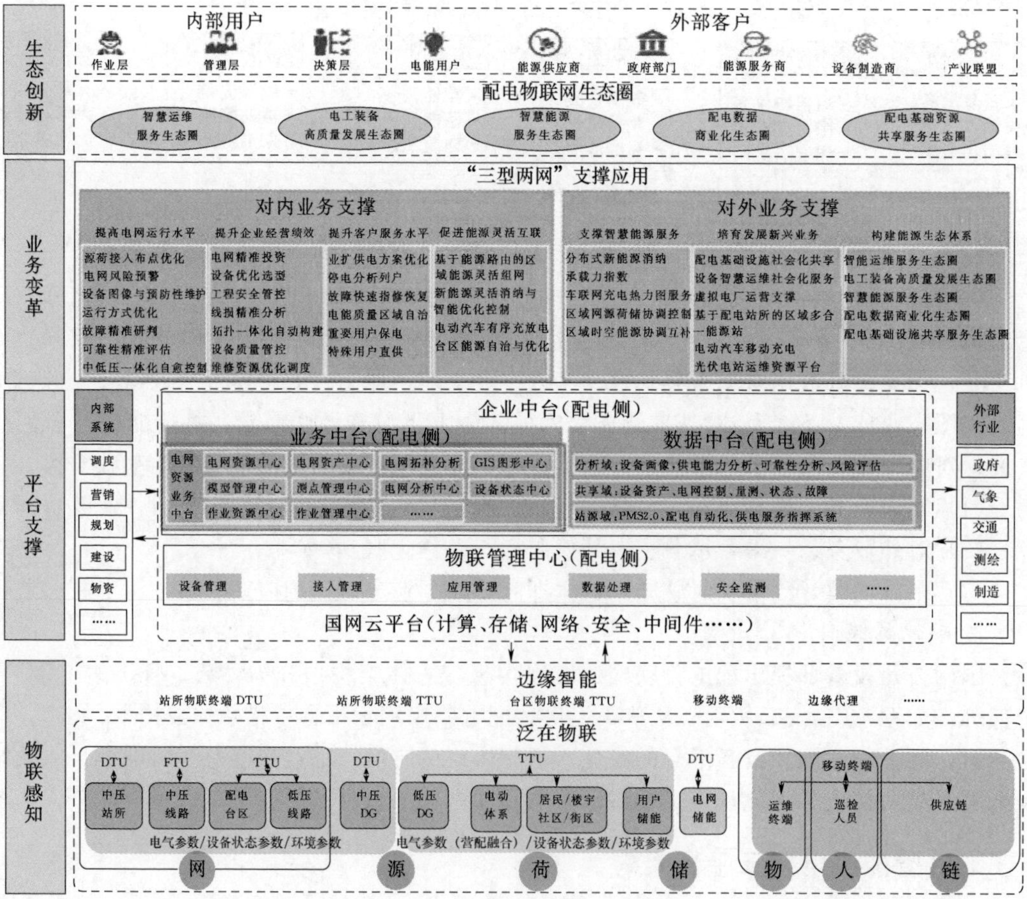

生态创新
内部用户
作业层
管理层
决策层
外部客户
电能用户
能源供应商
政府部门
能源服务商
设备制造商
产业联盟
配电物联网生态圈
智慧运维服务生态圈
电工装备高质量发展生态圈
智慧能源服务生态圈
配电数据商业化生态圈
配电基础资源共享服务生态圈

业务变革
“三型两网”支撑应用
对内业务支撑
提高电网运行水平：源荷接入布点优化、电网风险预警、设备图像与预防性维护、运行方式优化、故障精准研判、可靠性精准评估、中低压一体化自愈控制
提升企业经营绩效：电网精准投资、设备优化选型、工程安全管控、线损精准分析、拓扑一体化自动构建、设备质量管控、维修资源优化调度
提升客户服务水平：业扩供电方案优化、停电分析列户、故障快速抢修恢复、电能质量区域自治、重要用户保电、特殊用户直供
促进能源灵活互联：基于能源路由的区域能源灵活组网、新能源灵活消纳与智能优化控制、电动汽车有序充放电、台区能源自治与优化
对外业务支撑
支撑智慧能源服务：分布式新能源消纳、承载力指数、车联网充电热力图服务、区域网源荷储协调控制、区域时空能源协调互补
培育发展新兴业务：配电基础设施社会化共享、设备智慧运维社会化服务、虚拟电厂运营支撑、基于配电站所的区域多合一能源站、电动汽车移动充电、光伏电站运维资源平台
构建能源生态体系：智能运维服务生态圈、电工装备高质量发展生态圈、智慧能源服务生态圈、配电数据商业化生态圈、配电基础设施共享服务生态圈

平台支撑
内部系统：调度、营销、规划、建设、物资、……
企业中台（配电侧）
业务中台（配电侧）
电网资源业务中台：电网资源中心、电网资产中心、电网拓补分析、GIS图形中心、模型管理中心、测点管理中心、电网分析中心、设备状态中心、作业资源中心、作业管理中心、……
数据中台（配电侧）
分析域：设备画像，供电能力分析、可靠性分析、风险评估
共享域：设备资产、电网控制、量测、状态、故障
站源域：PMS2.0、配电自动化、供电服务指挥系统
物联管理中心（配电侧）
设备管理　接入管理　应用管理　数据处理　安全监测　……
国网云平台（计算、存储、网络、安全、中间件……）
外部行业：政府、气象、交通、测绘、制造、……

物联感知
边缘智能
站所物联终端 DTU　站所物联终端 TTU　台区物联终端 TTU　移动终端　边缘代理　……
泛在物联
DTU　FTU　TTU　DTU　TTU　DTU　移动终端
中压站所　中压线路　配电台区　低压线路　中压DG　低压DG　电动体系　居民/楼宇社区/街区　用户储能　电网储能　运维终端　巡检人员　供应链
电气参数/设备状态参数/环境参数
电气参数（营配融合）/设备状态参数/环境参数
网　源　荷　储　物　人　链

图 16-4-3　云平台架构

遵循统一的国网云及企业中台架构，配电物联网云平台以“源、网、荷、储、物、人、链”泛在物联为基础，基于统一信息模型实现终端设备灵活接入、数据高速采集与全面融合，以云边协同计算新模式支撑配网全息感知、业务协同、开放共享、融合创新，是配电物联网的核心平台。

2. 技术体系

(1) 泛在统一接入。包括传统终端、智能终端、异构系统、规约适配等。

(2) 泛在计算体系。包括边缘计算、下沉计算等。

(3) 泛在高速交换。包括无障碍、高速缓存等。

(4) 泛在统一模型。包括模型化接入、数据转换、多源融合等。

(5) 微服务架构。包括容器化、高可用、弹性伸缩等。

3. 技术特点

(1) 全云化架构、资源可伸缩。

(2) 模型全覆盖、信息全融合。

(3) 信息全流通、交互全可控。

(4) 数据高可用、应用高效率。

(5) 泛计算体系、算法可迁移。

三、云平台关键技术

1. 模型管理技术

配电物联网信息模型作为设备描述、信息交互、系统开发的基础，直接关系着系统正常运行与业务正常流通，因此从“云、管、边、端”各个环节实施对模型的管控显得至关重要。模型管理的主要技术包括元模型管理、模型拼接、模型校验、模型转换、模型映射等，基于此实现模型数据治理、自动成图等基本功能，如图 16-4-4 所示。

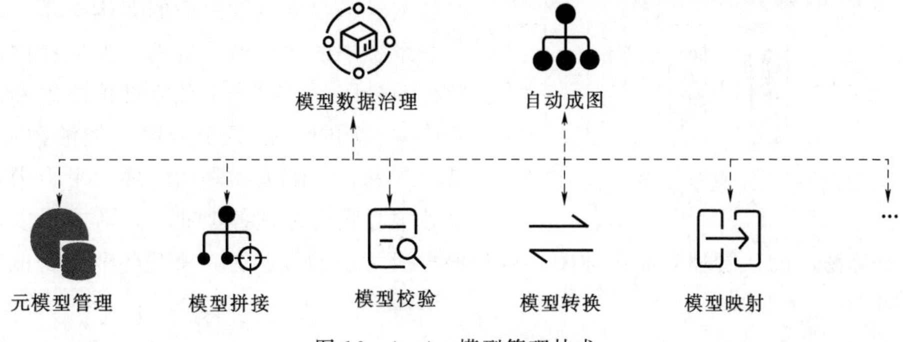

图 16-4-4　模型管理技术

2. 容器技术

与传统的基于硬件的虚拟化不同，容器技术是基于软件的虚拟化，是一种轻量级的虚拟化方式，如图 16-4-5 所示。其中 Docker 作为目前容器技术的代表技术之一，在运行方式上具有显著优势：首先，容器节点可根据访问量动态伸缩，体现出高可靠的特点；其次，Docker 容器启停可秒级实现，体现出高性能的特点；最后，Docker 容器对系统资源需求很少，而且资源可以灵活扩展或复用。

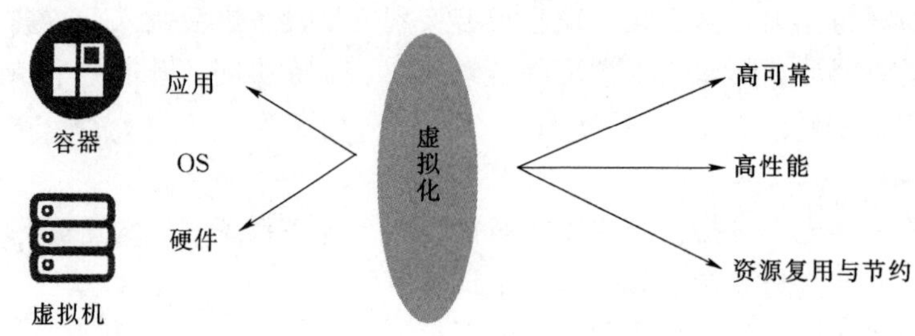

图 16-4-5　容器技术

3. 软件定义技术

为实现配网资源的有效利用和灵活配置、充分发挥配网资源在电网运维中的精益化管理需求、满足形态多样的业务融合和快速变化的服务要求，以基于软件定义的扁平、灵活、高效的组织架构作为配电物联网云平台的基本形态，具体包括终端、网络、服务三方面的软件定义。

(1) 软件定义终端。提供通用软件平台，在无需硬件变更的情况下满足配电台区不断变化的应用需求。

(2) 软件定义网络。将网络控制与网络拓扑分离，满足台区管理对通信资源的调整、扩容及升级。

(3) 软件定义服务。提供面向软件定义的多种平台微服务，通过微服务架构支持各类主站业务的快速开发与迭代。

4. 微服务技术

微服务技术打破原有的单体式架构，将应用分解为多个相互独立的、可以相连接的微服务，每个微服务完成特定的功能需求。配电物联网云平台通过微服务的架构技术，将原有业务系统中的功能模块解耦，形成高内聚、低耦合的微服务，提升了独立维护能力和系统容错能力，同时也使每个微服务能够独立部署，易于开发。在配电物联网管理云平台中，能源服务中心整合梳理各项业务，形成了以能源管理、能源交易、能效管理、能源地图、客户服务等为主的微服务，实现各业务功能完全解耦，如图 16-4-6 所示。

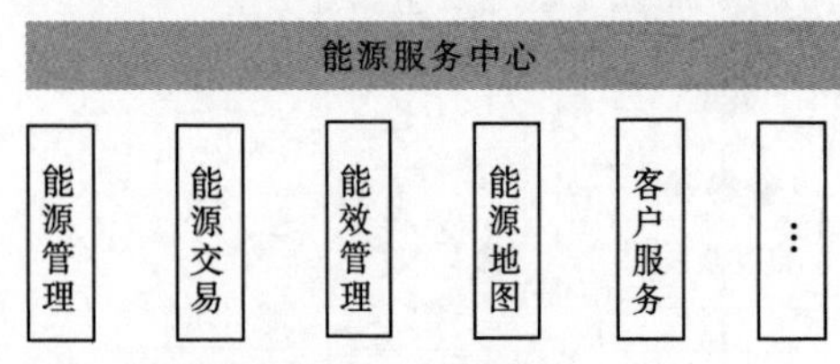

图 16-4-6　能源服务中心

5. 高速采集技术

实现配电网“站-线-台-户”侧“源、网、荷、储、人、链”的接入管理，实现泛在物联模型的采集处理，解析 101、104、376.1、61850 等规约，接入后的数据传输给物模型进行模型匹配与校验加工，实现采集实时运行数据的时序化和结构化处理，并把数据通过高速总线传送到数据中台，如图 16-4-7 所示。

6. 高速交换技术

实现数据高速交互功能，采用 Kafka 总线模式，实现数据信息的发布和订阅功能，从

终端到前置采集，经过 Kafka 数据发布功能，业务应用直接从总线实现数据订阅；采用服务总线架构实现不同业务系统之间服务的调用功能；采用交互管控技术进行交互约定，定义总线的交互方式、交互规则、管控交互的模型信息，数据交换信息，数据传输信息、数据存储信息等，同时可实现交互的权限审核，如图 16－4－8 所示。

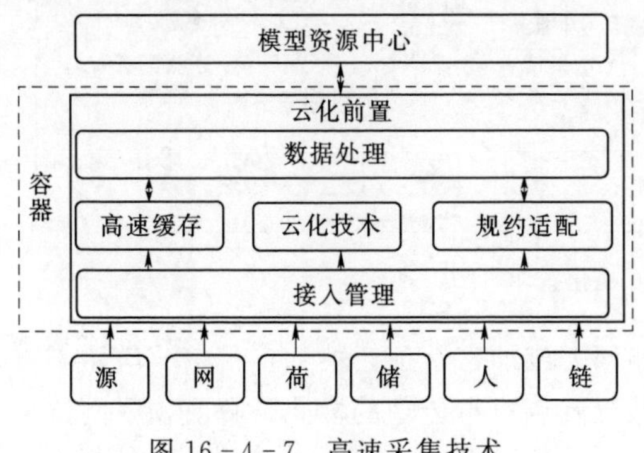

图 16－4－7　高速采集技术

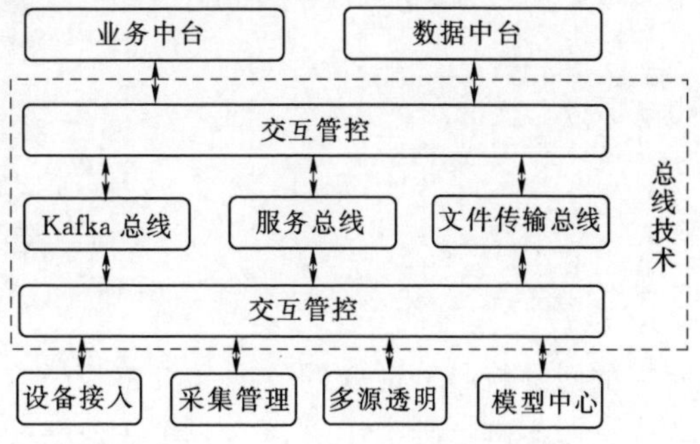

图 16－4－8　高速交换技术

7. 协同计算技术

配电物联网云平台按照总部、省公司两级部署模式，通过下沉式计算实现总部级算法、功能模块统一下发至省公司，避免了由于搬数据而导致的资源消耗与数据泄露等问题，同时保证了算法、功能模块由总部统一管控、统一更新。此外，通过在智能配变终端内部署边缘计算软件，实现实时采集数据的基本分析，如图 16－4－9 所示。

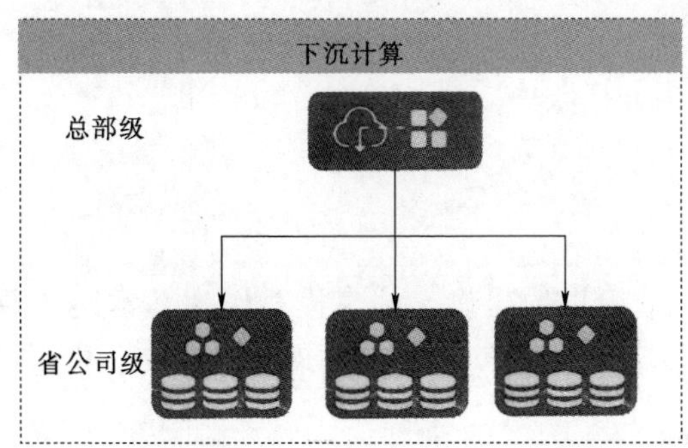

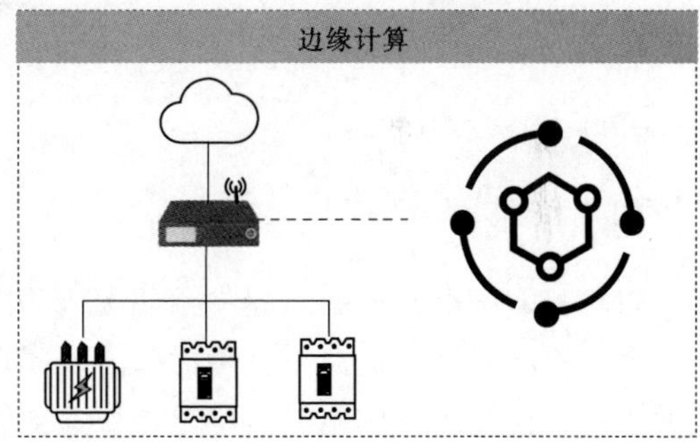

图 16－4－9　协同计算技术

8. 可视化技术

可视化技术在配电物联网中的体现主要在两个方面：一是更复杂系统、更大的数据量需要更加先进的可视化技术来呈现电网的完整信息，通过数字孪生实现客观电网的刻画；二是现有的大数据分析算法、机器学习算法仅适用于专业技术人员或程序开发人员，而无法满足业务人员的应用需求，通过可视化挖掘技术对数据挖掘算法模型进行模块化、图形化封装，使业务人员通过简单拖拽功能即可实现对数据的分析挖掘，如图 16－4－10 所示。

9. 区块链技术

配电物联网的基本目标是万物互联与全息感知，而整个物联网的架构是开放的，随之

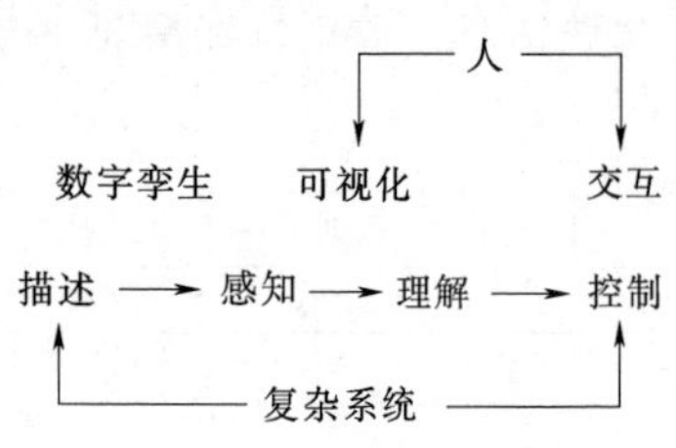

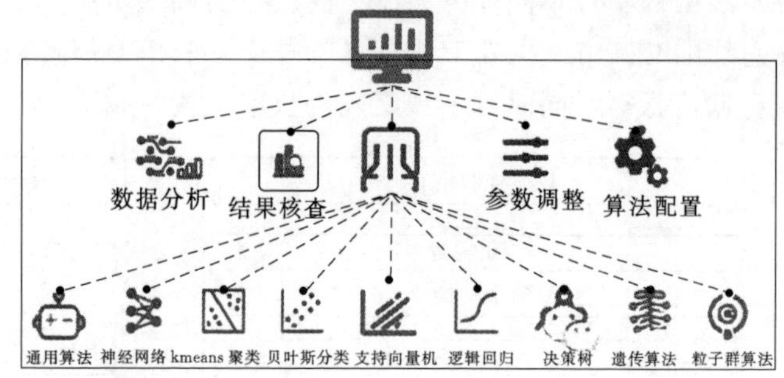

图 16－4－10　可视化技术

而来的问题就是分散式的数据和分布式的应用如何完成加密认证，使数据可信、应用不被篡改。区块链这种去中心化、分布式数据库存储以及点对点传输的模式为解决物联网体系中的加密认证带来了福音，如图 16－4－11 所示。

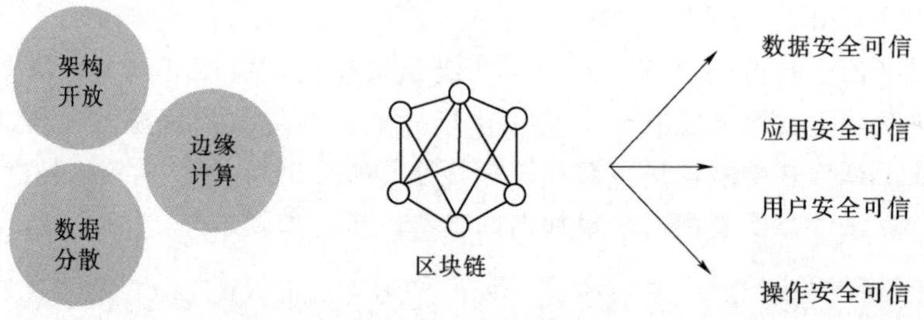

图 16－4－11　区块链技术

四、小节

（1）智能配电网云平台是一个开放架构，采用集约建设、共享模式作为基本建设原则，数据资源、计算资源充分考虑跨专业复用。配电物联网云平台实现架构开放、功能开放的思路，支撑各类应用灵活构建、快速部署。

1）按照国网公司共享系统的设计原则，构建开放式的平台架构。

2）根据现有系统的功能模块，梳理共性需求，构建开放式的功能架构，引导内外部优势资源协同合作。

3）根据实际业务场景，构建开放式的微服务架构，满足上层应用灵活调用的需求。

（2）泛在互联基础支撑。配电物联网云平台是泛在电力物联网在配电领域落地实施的基础支撑，为终端广泛接入、协议自动转换、数据高效传输、资源有序整合、服务灵活调用提供了共享服务平台，通过对现有业务系统的重构迁移实现平台化的部署模式，通过共享微服务支撑顶层业务微应用的运行，如图 16－4－12 所示。

（3）业务协同，共享共用。配电物联网云平台通过对配电领域共性业务梳理沉淀，对设备物联感知数据、电网运行量测数据有机整合，形成业务中台的共享服务中心，支撑上层应用于业务的高效运行，如图 16－4－13 所示。

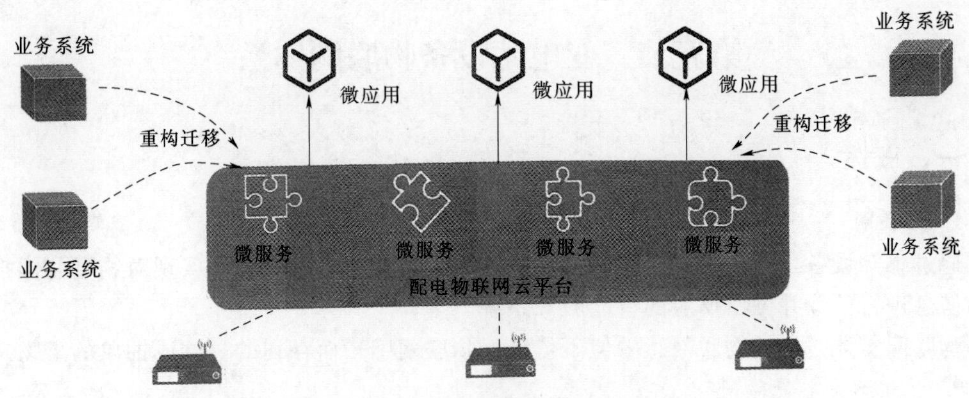

图 16-4-12　泛在互联网基础支撑

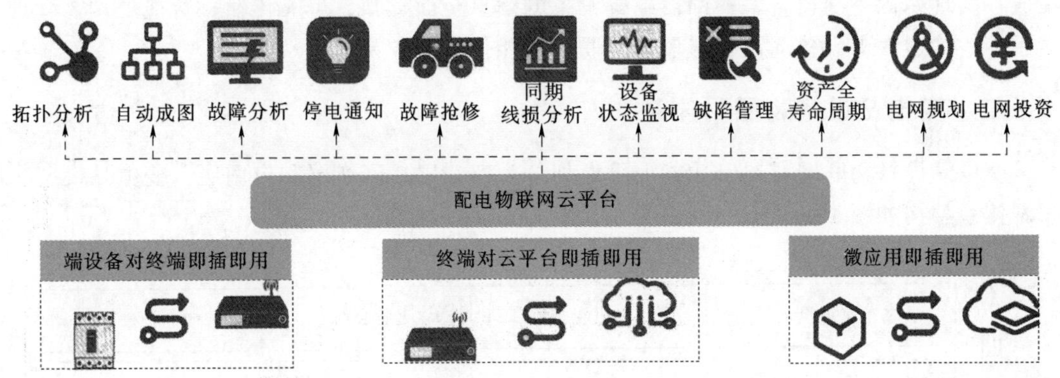

图 16-4-13　协同及共享

(4) 一站服务，创新应用。配电物联网云平台发挥配网侧设备、用户、分布式电源等资源优势，构建覆盖终端客户、上下游产业链的智慧能源互联体系，提供信息对接、供需匹配、交易撮合等服务，培育发展数字金融等新兴业务。同时，有效支撑公司智慧能源综合服务平台，为光伏云、车联网、智能装备、综合能源、能源金融提供配网数据、业务服务，如图 16-4-14 所示。

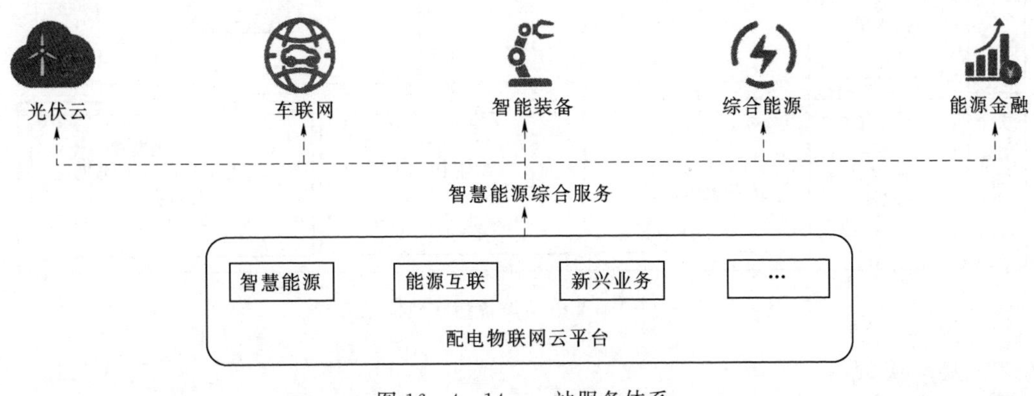

图 16-4-14　一站服务体系

第五节　变电站设备物联网体系

一、概述

1. 物联网

通过感知设备，按照约定协议，连接物、人、系统和信息资源，实现对物理和虚拟世界的信息进行处理并做出反应的智能服务系统。

物联网实体是指被物联网感知但不依赖于物联网感知而存在的具体或抽象的事物。

2. 变电站设备物联网

在变电站通过部署感知设备，将传感测量技术、通信技术、信息技术与物理设备高度集成，实现站内一次设备、辅助设施等设备的信息全面感知、可靠传输、智能处理、管理应用等，构建人与设备、设备与设备互联的智能信息服务系统。

二、变电站设备物联网体系

变电站设备物联网在逻辑功能上可以划分为感知层、网络层和应用层。变电站设备物联网体系架构如图 16－5－1 所示。

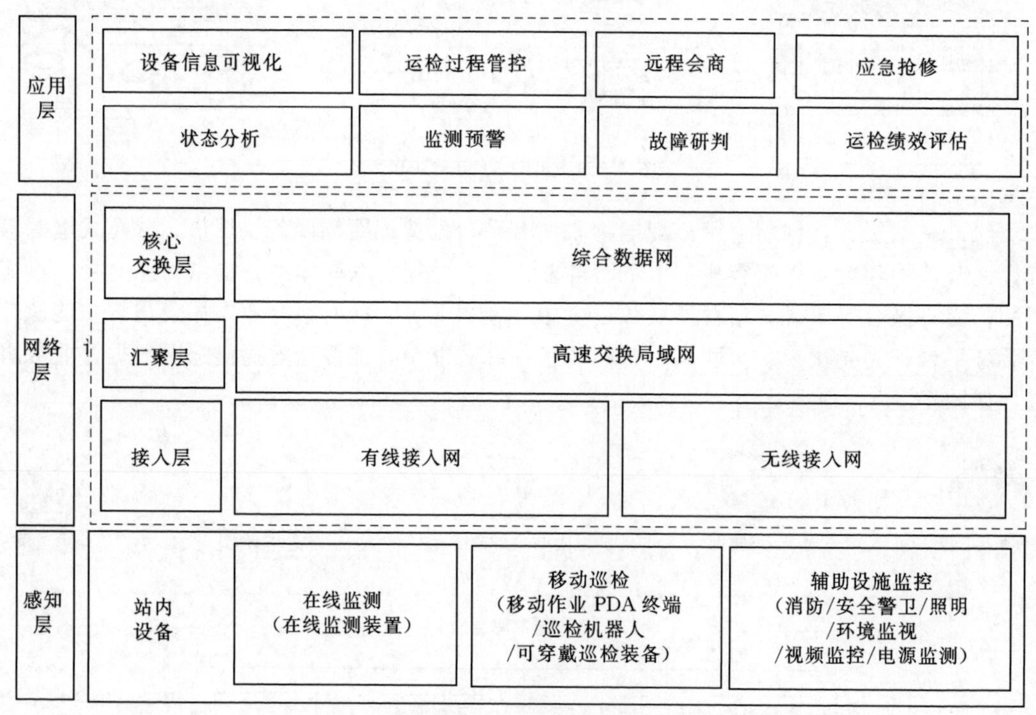

图 16－5－1　变电站设备物联网体系架构

1. 感知层

感知层是变电站设备物联网的基础，支持或实现在线监测、移动巡检和辅助设施监控等信息的采集、自动识别。对于被监测设备通过RFID或二维码建立身份标识。二维码编码规则应符合标准的相关要求。变电站设备物联网典型感知层设备见表16－5－1。

2. 网络层

（1）接入层。接入层位于感知层与汇聚层之间，通过各种接入技术，连接感知层设备，实现信息的传递。

接入层网络技术类型可分无线接入和有线接入。无线接入可包括电力无线专网、无线虚拟专网、近程通信、射频等；有线接入可包括现场总线接入、电力线接入、局域网接入等。无线信息通过安全隔离装置进入信息内网。

（2）汇聚层。汇聚层位于接入层与核心交换层之间，实现接入层数据分组传输的汇聚、转发与交换。接入层数据转发到核心交换层或在本地进行路由处理。

表16－5－1　　变电站设备物联网典型感知设备

分　类	设 备 名 称	描　　述
在线监测	变压器/电抗器在线监测装置	用以自动采集、处理和发送变电站被监测一次设备状态信息的装置（含传感器）
	断路器/GIS在线监测装置	
	电容型设备/避雷器在线监测装置	
	其他设备在线监测装置	
移动巡检	巡检机器人	采集站内移动作业信息，用于变电站巡检、检测、远程视频会商等作业
	移动作业PDA终端	
	可穿戴巡检设备	
	其他设备	
辅助设施监控	安防设备	采集、处理站内的环境、安全防范、火灾报警、辅助灯光控制等信息
	消防设备	
	照明设备	
	环境监控设备	
	电源监测设备	
	视频监控设备	

典型汇聚层设备可包括多串口/网络转换器、通信协议转换器、数据集中器及无线基站等。

（3）核心交换层。核心交换层为变电站设备物联网提供高速、安全与具有服务质量保障能力的数据传输环境。用于支撑变电站内和站外物联网信息的双向传送。

核心交换层的网络采用电力综合数据网。

3. 应用层

应用层由生产管理应用系统和应用层服务协议构成。

应用层服务协议由语法、语义与时序组成。语法规定了智能服务过程中的数据与控制信息的结构与格式。语义规定了控制信息的含义，以及完成的动作与响应。时序规定了事件实现的顺序。

典型的电力物联网应用包括：设备信息可视化、运检过程管控、远程会商、应急抢修、状态分析、监测预警、故障研判、运检绩效评估等。

4. 信息交互

运检应用系统应采集站内在线监测、移动巡检、辅助设施监控等设备物联网信息。

三、通信架构

1. 总体架构

变电站设备物联网通信网络宜采用工作可靠、结构简单、易于维护的架构，满足实时性和可靠性要求，必要时可采用双网冗余方式。站内尽量使用有线方式接入数据，在特殊情况下使用无线方式接入移动巡检数据，无线数据通过安全接入设备进入有线网络。各层之间存在 3 个接口级别，分别是第 1 级接口 I0、第 2 级接口 I1 和第 3 级接口 I2，通信架构如图 16 - 5 - 2 所示。

2. I0 接口

I0 接口是感知设备在接入层通信的数据接口。如变电站辅控设备的灯光控制器与照明控制网关的数据接口；在线监测装置与综合监测单元的数据接口等。

3. I1 接口

I1 接口是设备/系统在汇聚层通信的数据接口。如变电站辅控设备的照明控制网关与辅助设施监控主机间的数据接口；在线监测系统中综合监测单元与站端监测单元的数据接口等。

I1 接口也是变电站内不同系统站控层设备之间的数据接口。如变电站辅控系统与变电站监控系统的数据接口；变电设备在线监测系统与变电站监控系统的数据接口等。I1 接口宜采用多媒体协议、DL/T 860《变电站通用网络和系统》协议、DL/T 634.5104—2009《远动设备及系统　第 5 - 104 部分：传输规约　采用标准传输协议集的 IEC 60870 - 5 - 101 网络访问》协议。

具备条件的感知设备可采用 I1 接口直接与汇聚层设备通信。

4. I2 接口

I2 接口是设备/系统在核心交换层通信的数据接口，面向应用层接入。如站端监测单元、辅助设施监控主机与应用层系统的数据接口等。I2 接口宜采用多媒体协议、DL/T 860《变电站通用网络和系统》协议、DL/T 634.5104—2009《远动设备及系统　第 5 - 104 部分：传输规约　采用标准传输协议集的 IEC 60870 - 5 - 101 网络访问》协议。

具备条件的感知设备可采用 I2 接口直接与核心交换层设备通信。

四、感知设备通信接口

（一）物理接口

1. RJ45 接口

对于采用屏蔽双绞线的通信系统，宜采用支持 RJ45 的物理接口。根据要求的不同，其机械特性和技术规范应符合 IEC 60603 - 7 - 1、IEC 60603 - 7 - 2、IEC 60603 - 7 - 4、IEC 60603 - 7 - 5 或 IEC 60603 - 7 - 7 的相关要求。

2. 光纤接口

感知设备根据自身技术特点、使用环境和通信协议等条件，可采用且不限于 LC、

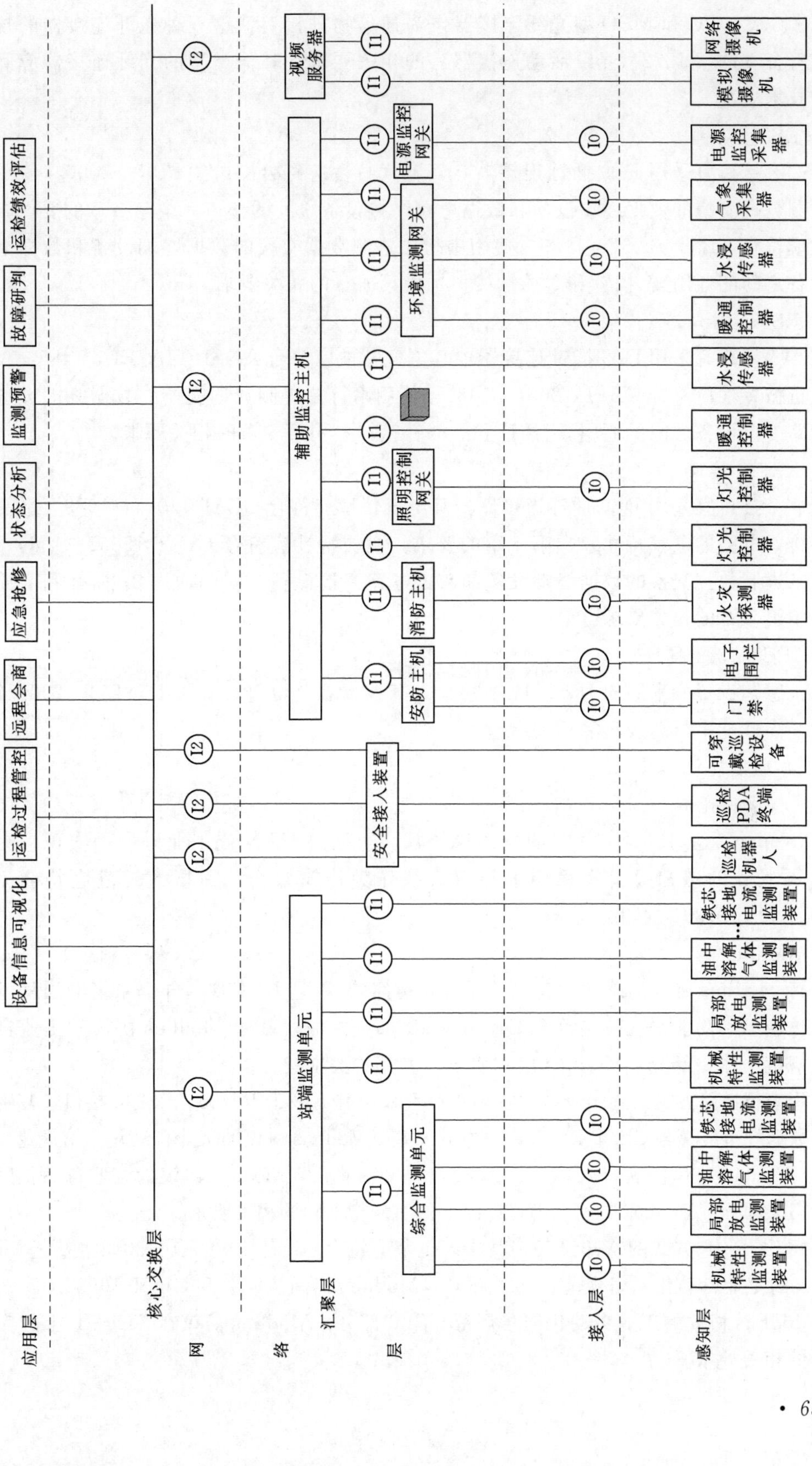

应用层
设备信息可视化
运检过程管控
远程会商
应急抢修
状态分析
监测预警
故障研判
运检绩效评估

网络层
核心交换层
I2
汇聚层
站端监测单元
安全接入装置
辅助监控主机
视频服务器
I1
接入层
综合监测单元
安防主机
消防主机
照明控制网关
环境监测网关
电源监控网关
I0

感知层
机械特性监测装置
局部放电监测装置
油中溶解气体监测装置
铁芯接地电流监测装置
机械特性监测装置
局部放电监测装置
油中溶解气体监测装置
……
铁芯接地电流监测装置
巡检机器人
巡检PDA终端
可穿戴巡检设备
门禁
电子围栏
火灾探测器
灯光控制器
灯光控制器
暖通控制器
水浸传感器
暖通控制器
水浸传感器
气象采集器
电源监控采集器
模拟摄像机
网络摄像机

图 16-5-2　变电站设备物联网通信架构

MT-RJ、SC、FC和MPO型光纤连接器作为通信物理接口，这五种光纤连接器的技术规范应符合YD/T 1272《光纤活动连接器》的相关要求。其他类型的光纤连接器应满足各自的技术规范。

3. RS232接口

RS232接口宜采用DB9插针连接器，其电气特性应符合GB/T 6107—2000《使用串行二进制数据交换的数据终端设备和数据电路终接设备之间的接口》中第2章的要求，机械特性应符合GB/T 12057—1989《使用串行二进制数据交换的数据终端设备和数据电路终接设备之间的通用37插针和9插针接口》中第4章的相关要求。

4. RS485接口

RS485接口宜采用DB9插针连接器，其电气特性应符合ANSI/TIA/EIA-485-A的要求，机械特性应符合GB/T 12057—1989《使用串行二进制数据交换的数据终端设备和数据电路终接设备之间的通用37插针和9插针接口》中第4章的相关要求。

5. RS422接口

RS422接口宜采用DB9插针连接器，其电气特性应符合GB/T 11014—1989《平衡电压数字接口电路的电气特性》中第4章的要求，机械特性应符合GB/T 12057—1989《使用串行二进制数据交换的数据终端设备和数据电路终接设备之间的通用37插针和9插针接口》中第4章的相关要求。

6. IEEE 1394接口

对于感知设备所采用的IEEE 1394接口，其技术规范应符合GB/T 19244—2003《信息技术　高性能串行总线》的相关要求。

（二）通信协议

1. CANopen

CANopen是基于CAN总线的应用层协议，可通过CAN或工业以太网实现。支持CANopen协议的感知设备宜采用屏蔽双绞线作为传输媒介，其技术规范应符合ISO 11898-1和CiA 301的相关要求。

2. Modbus

支持Modbus协议的感知设备可通过串行链路或TCP/IP实现与外部系统的通信，其协议总体模型和功能码规范应符合GB/T 19582.1—2008《基于Modbus协议的工业自动化网络规范　第1部分：Modbus应用协议》的相关要求。

采用串行链路方式的感知设备的物理接口宜采用且不限于RS485、RS232接口，其物理接口和数据规范应符合GB/T 19582.1—2008《基于Modbus协议的工业自动化网络规范　第1部分：Modbus应用协议》和GB/T 19582.2—2008《基于Modbus协议的工业自动化网络规范　第2部分：Modbus协议在串行链路上的实现指南》的相关要求。

采用TCP/IP方式的感知设备，其协议规范应符合GB/T 19582.1—2008《基于Modbus协议的工业自动化网络规范　第1部分：Modbus应用协议》和GB/T 19582.3—2008《基于Modbus协议的工业自动化网络规范　第3部分：Modbus协议在TCP/IP上的实现指南》的相关要求。

3. PROFIBUS

支持 PROFIBUS 的感知设备的物理接口宜采用 RS485、光纤接口等，其技术规范应符合 GB/T 20540.2—2006《测量和控制数字数据通信　工业控制系统用现场总线　类型 3：PROFIBUS 规范　第 2 部分：物理层规范和服务定义》的相关要求。输出信号应满足 PROFIBUS 总线协议，其技术规范应符合 GB/T 20540.3—2006《测量和控制数字数据通信　工业控制系统用现场总线　类型 3：PROFIBUS 规范　第 3 部分：数据链路层服务定义》和 GB/T 20540.4—2006《测量和控制数字数据通信　工业控制系统用现场总线　类型 3：PROFIBUS 规范　第 4 部分：数据链路层协议规范》的相关要求。

4. HART

基于有线网络的支持 HART 协议的感知设备应配备对应的物理接口，可采用 RS232、RS485 等接口，其技术规范应符合 GB/T 29910.1～29910.4《工业通信网络　现场总线规范　类型 20：HART 部分》以及 GB/T 29910.6—2013《工业通信网络　现场总线规范　类型 20：HART 部分　第 6 部分：应用层附加服务定义和协议规范》的相关要求。

5. 蓝牙

支持蓝牙的感知设备，其技术规范应符合蓝牙核心规范 4.0 或其后续版本的相关要求。

6. 无线局域网

支持无线局域网（WLAN）的感知设备，其技术规范应符合 IEEE 802.11 的相关要求。

7. RFID

支持 RFID 的感知设备，其技术规范宜符合 GB/T 29768—2013《信息技术　射频识别 800/900MHz 空中接口协议》的相关要求。

8. 无线 HART

支持无线 HART 的感知设备，其技术规范应符合 GB/T 29910.3～29910.6《工业通信网络　现场总线规范　类型 20：HART 部分》的相关要求。

9. WIA-PA

支持 WIA-PA 的感知设备，其技术规范应符合 GB/T 26790—2013《即时检测　质量和能力的要求》（所有部分）的相关要求。

10. ISA100

支持 ISA100 的感知设备，其技术规范应符合 IEC 62734 的相关要求。

（三）安全防护

变电站设备物联网网络及信息安全防护应满足 GB/T 36572—2018《电力监控系统安全防护导则》的相关要求。

第六节　35kV 配送式变电站

一、35kV 配送式变电站

35kV 配送式变电站是农网建设的重点，是基建方面的一项革命性创新，加大推行标准化设计、工厂化加工、装配式建设，有利于全面提高电网建设能力。

35kV变电站装配式建设包括现场式装配式和工厂式装配式（模块化）两种。

1. 现场装配式

其特点是易于运输、易选址、易扩展，适用于运输条件限制的场合。

2. 工厂装配式

在工厂完成装配过程，整体运输现场安装，施工周期更短，更便于整体搬迁，本节重点阐述这种方式。

二、工厂装配式（CISS型）

（一）应用原则

1. 适用范围

主要针对35kV农网、城市电网变电站，110kV/66kV末端变电站可参照执行。

2. 设计建设依据

（1）参照《35kV智能变电站技术导则》。

（2）参照《35kV标准配送式变电站通用设计》。

3. 设计建设

（1）标准化设计。全面应用通用设计、通用设备，创新应用预制舱式一次组合设备、集成型二次设备，全站采用预制光缆、预制电缆，深化智能技术，实现智能、可靠及高级功能应用。

（2）模块化建设。一二次技术集成，实现工厂内规模生产、集成调试、模块配送，提高建设质量、效率；建构筑物工厂化预制，机械化装配，标准化钢模浇筑技术，提高安全质量、工艺水平。

（二）实施方案施工步骤

包括基础浇筑、钢构架、房体装配、围墙装配等方面。

（三）小型化开关柜

采用小型化开关柜，具有智能、免维护、无污染的优点，采用永磁操作机构，适用于高温（70℃）、高寒（－40℃）、高湿（100%湿度）、重污染、高海拔（4000m以上）环境；全密封设计，可以防止盐雾、潮湿、灰尘等大气污染引起的设备老化，安全可靠性高。该类产品在各类严酷环境中也有十余年无故障运行经验，完全可满足沙漠区域运行要求。

小型化开关柜尺寸见表16-6-1。

表16-6-1　　小型化开关柜尺寸

名　称	技术参数		
额定电压/kV	12	24	40.5
常规开关柜（宽×深×高）/mm	1000×1650×2260	1000×1810×2450	1400×2800×2600
小型化柜（宽×深×高）/mm	375×650×1600	500×750×1800	600×1250×2200

（四）采用集装箱结构

1. 抗腐蚀能力强

针对环境来喷表面漆，确保 20 年不锈蚀。

2. 较高的检修性能

整体为模块化，四面都可根据需要打开，方便柜内设备拆卸检修，弹性密封胶条边，不锈钢铰链，提高了整体协调性和运行性能。

3. 与环境协调

箱体造型美观、隔热、隔噪，可以根据环境设计箱体颜色。

4. 全封闭设计

全封闭结构、防雨、防尘、防水、防锈、防火，可以在沙漠的环境中正常运行。

5. 散热性好

集装箱设有进排风口，箱体进出风口为回流式风道，确保进排风散热顺畅。

（五）系统构成

基于全寿命成本最优，为用户带来“省心、省时、智能、可靠、经济”等益处，实现收益最大化。除小型化开关柜外，还有以下系统。

1. 一体化直流、交流电源

（1）采用控制电源、通信电源及逆变电源一体化电源系统，共用 1 套电池。

（2）直流屏（3×10A）、交流屏、电池屏共 3 面；12V×18，65Ah。

（3）交流监测、直流监测、电池巡检。

2. 调度运动通信系统

（1）配置 1 套电量远方终端。

（2）1 套电力数据网接入设备。

（3）配置 1 套综合数据网通信设备。

（4）组 1 面屏。

3. 消防系统

（1）消防系统按照建筑要求进行配置。

（2）配置 1 套火灾报警系统，以空节点方式接入监控系统上传调度中心。

4. 安防系统

（1）电子围栏、门禁、视频系统联动。

（2）视频与监控系统联动。

（3）配置 1 面监控柜。

5. 与常规站比较的优势

（1）选址省心：项目占地小，要求平整度低，选址灵活。

（2）流程省心：全站设备标只有变压器和变电站主设备两个，采购流程简单。

（3）协调省心：建设过程无需协调各设备厂家接口、协议、工期、联调等等，只需提出要求，面向单一厂家。

（4）运输省心：模块化设备易于长距离运输。

（5）安装省心：工程化生产产品调试，现场安装方便，非常适用于偏远地区安装施工。

6. 远程维护

不用去现场，即可完成包括视频、围栏、风机、湿度烟感、空调、溢水、直流、门禁、灯光、温度、电脑等设备的巡视，设备异常自动告警。

通过智能网关将全站设备状态、环境状态发送到云服务器，系统智能诊断设备异常，信息实时发送到手机，维护人员随时随地观察设备状态并进行设备管理。

（六）一体化预装式模块化电气解决方案工程实践

1. 概述

定制化的钢结构箱体专门用于保护配电网络中的重要电气设备。预装式电气间（eHouse，又称为 PowerHouse、Power Distribution Center 等），是一种预制的步入式模块化钢结构户外箱体，里面可容纳中压（MV）和低压（LV）开关设备以及辅助设备。eHouse 可以是撬装，也可以直接被安装在板车上，能实现最短的现场安装、调试及开车时间，是传统的现场土建变电站、电气间（例如混凝土、砌砖建筑等）的高质高效替代。设计/制造时与供应商的紧密配合，使扩容和集成更为方便。出厂运输之前对 eHouse（包括其所有组件）进行的整体系统测试，使现场风险降到最低。它的可移动性使得安装和转移更轻松便捷、更经济实惠。eHouse 可以安装在主要荷载附近，这样能够减少电力和控制电缆的尺寸和长度，同时，能量损耗也会降低。

由康翊智能装备科技（江苏）有限公司提供的 eHouse 解决方案已在发电、石油、天然气、矿产开采和过程工业领域越来越受欢迎，它非常适用于需要减少现场施工量的项目，尤其是有时专业人员短缺、劳动力昂贵且难以管理的偏远地区。

一体化预装式模块化电气解决方案通过优化项目分工界面、缩短和保障交货期、降低项目风险、节约采购成本、低碳环保、可移动循环使用等给客户受益。

2. 工程实践的前提条件

（1）输配电专业的设计和设备集成经验。针对建筑、电气、通信、安防、暖通空调、相关规范等领域，有丰富的工程经验。

（2）强大的集成能力。提供完善的解决方案，包括咨询、预算、设计、采购、生产制造、集成安装、调试、试验、验收和售后运维服务。

（3）具备完整的相关电气供应链。提供完整的电气供应链，包括预装式电气模块、撬装式电力模块、通信模块、暖通空调模块，以及配套办公、住宿模块的整体解决方案。

（4）具备专业的集成安装和调试运维团队。包括：项目经理、现场经理、质量经理、安全经理和安装调试施工团队。

3. 方案实施过程

（1）运输。

1）eHouse 单体尺寸。

2）厂址和交付方式选择。

3）运输和包装方案。

4）吊装方案。

（2）现场环境对各专业设计的影响，见表 16-6-2。

表16-6-2　　现场环境对各专业设计的影响

专业	海拔	气候	环境荷载	温度	湿度	防火要求	土壤	结构	暖通	消防	电气
结构			×			×	×		×	×	×
暖通	×	×		×	×	×	×	×			×
消防						×		×			×
电气	×	×					×	×	×	×	

(3) 设计。

1) 总图以及eHouse箱体：①以工厂整体布局为基础决定整个eHouse的内部总图布置；②需融合电气（设备，接地/防雷，照明/插座，桥架/电缆）、结构、消防、暖通、安防等各专业的综合设计；③防火及隔热要求；④设计变更。

2) 电气：①一二次接口以及监控接口；②内部负载；③接地；④桥架；⑤电缆；⑥安装和进线方式。

3) 结构：①设备布局；②环境荷载；③不同荷载工况；④焊接；⑤油漆。

4) 暖通：①温湿度和新风控制要求、净压要求。

(4) 设备制造和供货。

1) 设备交付周期和出厂质量检验。

2) 设备基础和开孔位置。

3) 风管系统的制造。

4) 结构件、箱体、附件的制造、喷涂和焊接。

5) 本地认证。

(5) 总成：①箱体总成；②各专业施工。

配合：①各专业单体调试，分项工程验收；②系统最终。

验收：包装运输。

4. 工程案例

(1) 系统主接线如图11-6-1所示。

(2) 设备布置图如图11-6-2所示。

设备及参数见表11-6-3。

(3) 集装箱变电站建筑配电。集装箱变电站建筑配电包括配电箱、插座、照明、墙开关、电缆桥架和线管。在集装箱变电站中设置配电箱用于建筑配电的电源，配电箱的容量根据照明、暖通空调和消防的计算负荷设计，并且配电箱的电气结构依据TN-S系统设计。插座选用单相插座，规格为16A/220V，设置漏电保护30mA，在预装式变电站靠近门口处，设置面板开关，面板开关用来开断室内的正常照明。

预装式变电站的照明设计及选型依托于照度计算。预装式变电站内外安装照明灯具，照明系统为单相、电压220V，频率50Hz，正常室内和低压柜水平平行的地板照度不小于300lx，垂直低压柜表面照度不小于150lx，集装箱式变电站照明分为室内正常照明、室内应急照明、出口指示灯和户外照明。

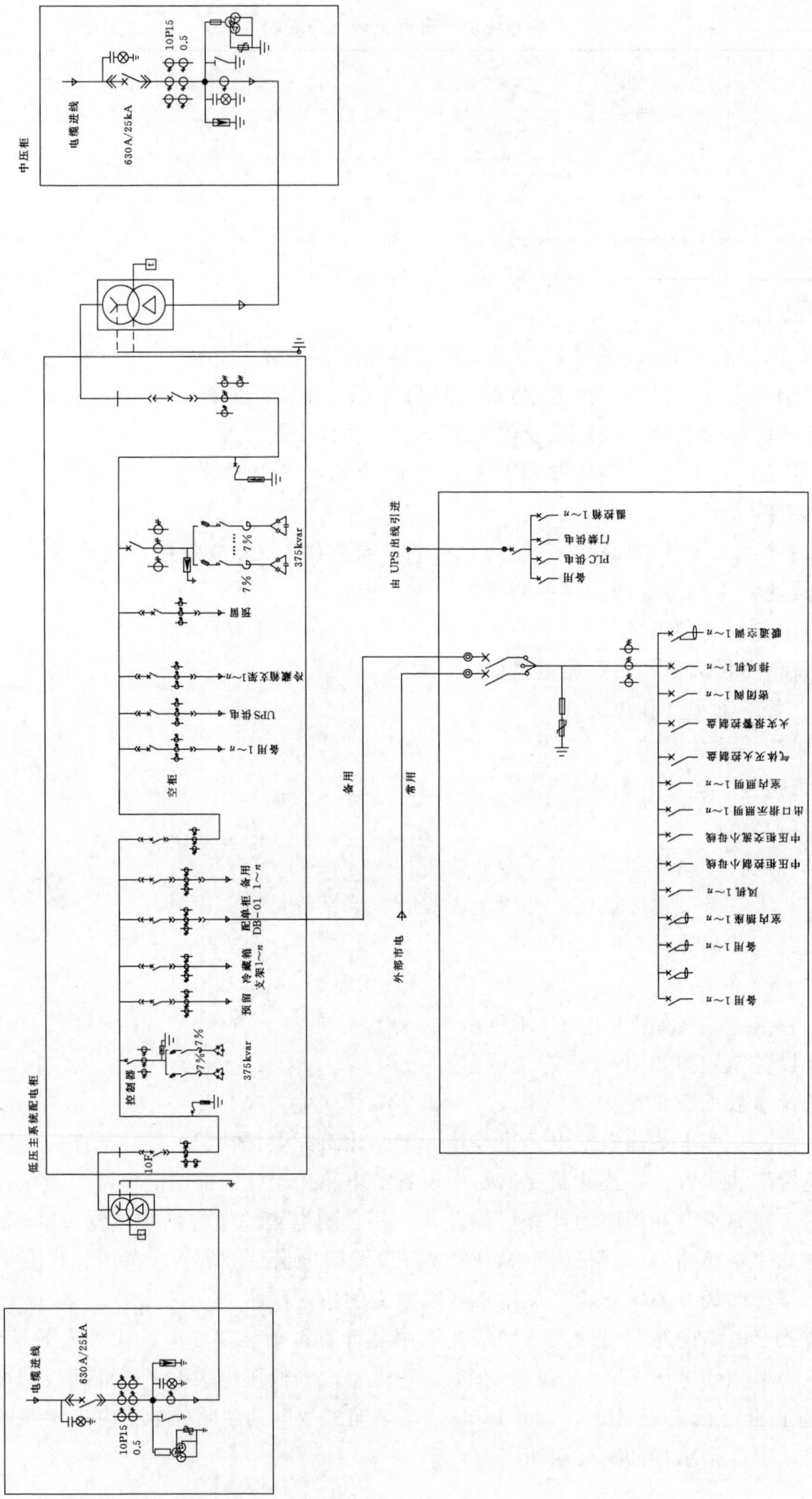

图 11－6－1　系统主接线图

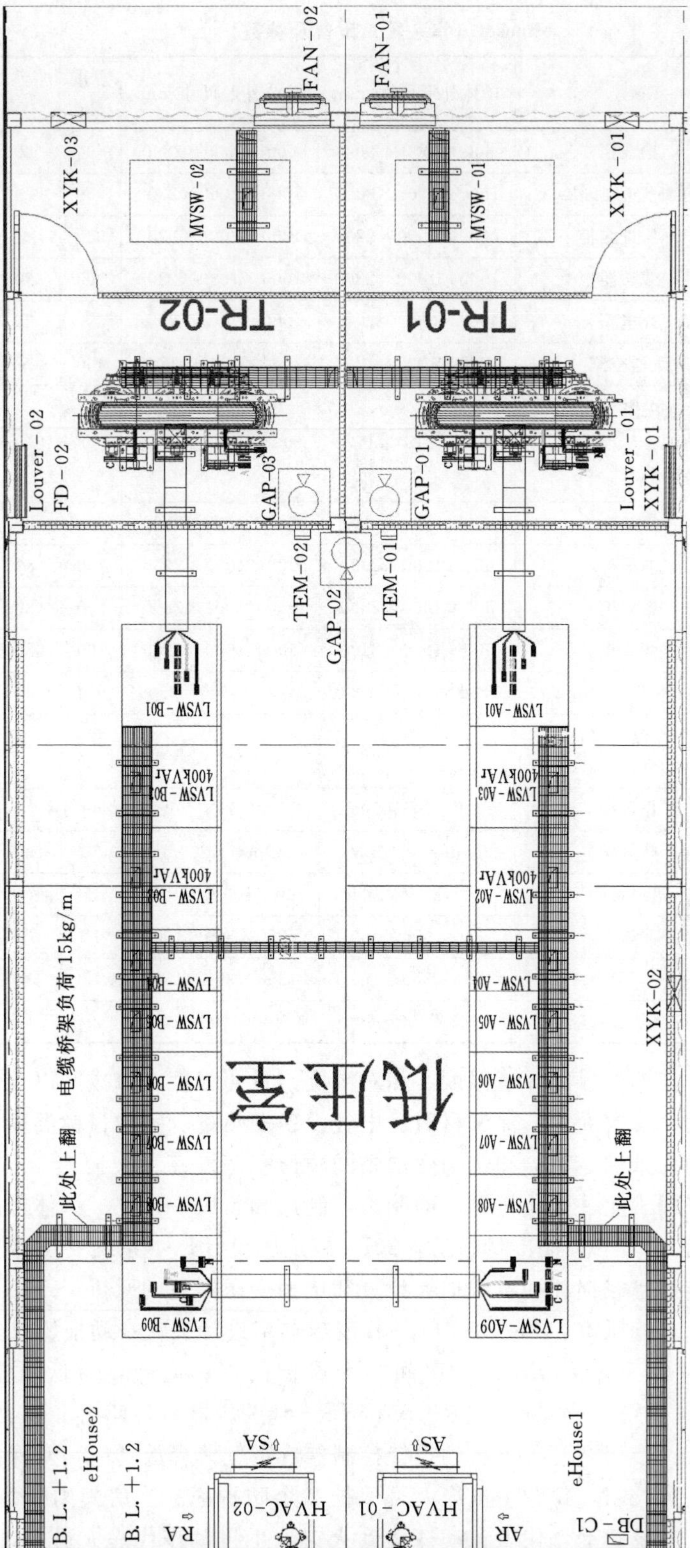

图 11－6－2　设备布置图

表 11-6-3 eHouse1（集装箱）设备及参数

编号	设备	描述	单体外形尺寸/mm	整体外形尺寸/mm	总重/kg	发热量/W	安装方式
1	LVSW-A04	馈线柜	600×1000×2300	600×1000×2300	700	800	落地安装
2	LVSW-A02	无功补偿柜 400kvar	1000×1000×2300	1000×1000×2300	900	700	落地安装
3	LVSW-A01	低压进线柜	1000×1000×2200	1000×1000×2200	900	1000	落地安装
4	LVSW-A09	母线转换柜	1000×1000×2200	1000×1000×2200	200	200	落地安装
5	DB-01	配电箱	900×500×2200	900×500×2200	300	200	墙挂
6	HVAC-01	暖通空调	1000×1000×1780	1000×1000×1780	400	NA	落地安装
7	TR-01	干式变压器 2500kVA 10/0.4kV，50Hz，Dyn11，$U_k=6\%$	2080×1070×1770	2080×1070×1770	6500	21050	落地安装
8	LVSW-A05	馈线柜	600×1000×2300	600×1000×2300	700	800	落地安装
9	LVSW-A06	馈线柜	600×1000×2300	600×1000×2300	700	800	落地安装
10	LVSW-A07	馈线柜	600×1000×2300	600×1000×2300	700	800	落地安装
11	LVSW-A08	馈线柜	600×1000×2200	600×1000×2200	700	800	落地安装
12	LVSW-A03	无功补偿柜 400kvar	1000×1000×2300	1000×1000×2300	900	700	落地安装
13	MVSW-01	中压柜，12kV 630A，20kA	800×1600×2300	800×1600×2300	400	400	落地安装
14	FAN-01	排风机	700×746×700	700×746×700	60	NA	墙挂
15	FD-01	防火阀	700mm×700mm	700mm×700mm	50	NA	墙挂
16	Louver-01	进风百叶	700×700（W×H）	700×700（W×H）	15	NA	嵌入墙体
17	XYK-01	泄压口	350×350×150	350×350×150	15	NA	嵌入墙体
18	XYK-02	泄压口	350×350×150	350×350×150	15	NA	嵌入墙体
19	TEM-01	变压器温控器	160×100×80	160×100×80	25	100	墙挂

（4）空调暖通。根据外界的环境温度、相对湿度、日照强度、海拔，以及集装箱变电站钢结构材料热特性、建筑面积、保温材料、电气设备发热量、室内目标温度、室内目标相对湿度和新风等输入条件，计算和选型变电站的暖通空调设备。

本系统低压室采用工业一体化空调，即制冷、制热和新风一体化。一体化暖通空调系统采用 $N+1$ 冗余设计，100%制冷量备份，20Pa 微正压设计。本系统变压器室采用强制性通风，根据变压器的空载损耗和负载损耗计算和选型变压器室的风机。

（5）消防系统。对低压室、TR-A/TR-B 变压器室设计火灾自动报警及气体灭火控制系统，柜式七氟丙烷灭火系统，每个房间一个保护区，根据计算对低压室使用 1 套 150L/127kg 柜式七氟丙烷进行保护，TR-A 和 TR-B 变压器室各使用 1 套 70L/30kg 柜式七氟丙烷进行保护；使用两套火灾自动报警控制器（带气体释放功能）对保护区进行火灾探测及启动气体灭火控制，每台主机最大可保护 2 个防护区。当房间内任意一个烟感、温感、手报动作（烟感温感动作代表自动探测到火灾，手报动作代表人员发现火情）时，保护区内声光发出报警，同时报警主机发出报警信号至监控中心；当第二个报警点也发

生（任意第二个烟感、温感、手报动作）时，火灾报警控制器会自动关闭防火分区的防火门、电动百叶窗等开口设备形成密闭空间，然后延时 30s（期间可通过门外紧急停止按钮停止延时取消灭火指令）启动七氟丙烷进行灭火，同时门外放气指示灯和声光警报器动作提示外部人员：本区域正在进行灭火，切勿进入。人员发现火情也可通过门外紧急启动按钮直接启动气体灭火过程。

灭火充分进行后应打开防火门、百叶窗等开口充分进行通风换气，确保空气含量正常人员再进入。已经释放的七氟丙烷应尽快联系原生产商进行重装并在 72h 内恢复使用。

（6）等电位接地。预装式变电站电气设备外壳、电缆桥架、门和集装箱钢结构要求接地，防止漏电伤害人员，并环网连接，构成等电位接地系统。等电位接地系统分为 PE 和 IE，一次电气设备主回路和钢结构接地排和二次仪器仪表设备接地排。所有一次电气设备和二次设备的接地端分别用黄绿色接地导线连接到对应的 PE 和 IE 接地排上，然后 PE 和 IE 接地铜排再通过接地电缆与集装箱室外底座上的接地终端连接，最后集装箱室外底座上的接地终端再通过接地引下线与预埋的接地网连接。

根据变电站的动、热稳定电流设计相应规格的接地铜排、接地电缆和接地端子。集装箱变电站所有设备都要串接接地，其中包括电气设备和暴露的金属部件，例如平台、楼梯、扶手和其他钢结构的部分等。

第七节　IEC 61850 标准在配电网中的应用

一、IEC 61850 标准产生的背景

IEC 61850 协议体系标准是基于通用网络平台的变电站自动化系统的唯一国际标准，它改变了目前变电站自动化系统封闭式的结构，使之成为开放性和标准性的系统。制定 IEC 61850 标准的主要原因如下：

（1）随着变电站自动化技术的发展，变电站自动化系统产品如通信协议、应用程序接口、数据描述等也不断增加，由于没有关于变电站自动化系统通信网络和系统的统一标准和规范，各厂家使用的网络和通信协议互不兼容。为保证设备之间的互操作性，就必须花很大的代价做通信协议转换装置，这样一方面增加了系统的复杂性降低了可靠性，另一方面增加了系统成本和维护的复杂性。

（2）在目前的变电站自动化系统中，有时候相同的数据，甚至是相同的功能，由于在不同的应用中使用，就必须重新进行设置，既繁琐又容易出错。如果能重复使用这些相同的数据或功能，将有效地减少现有的工作量。

（3）为了能将新的应用技术持续快速地整合到现有的变电站自动化系统中，需要有能涵盖通信技术与应用数据含义的统一通信协议标准。

制定 IEC 61850 标准的主要目的有以下几点：

（1）实现设备的互操作性。允许不同厂商生产的电子智能设备（IED）进行信息的交换，并且利用这些信息实现设备本身的特定功能。

（2）建立系统的自由结构。分配到智能电子设备和控制层的变电站自动化功能并非固

定不变，它与可用性要求、性能要求、价格约束、技术水平、公司策略等密切相关。允许变电站自动化系统的功能在不同设备间的自由分配。

(3) 保持系统的长期稳定性。IEC 61850标准具有面向未来的开放性特性，能够满足不断发展的通信技术与变电站自动化系统的需求。

在制定IEC 61850标准的过程中，IEC/TC57的三个工作组WG10、WG11、WG12参考和吸收了已有的许多相关标准，其中主要有：

(1) IEC 60870-5-101《远动通信协议标准》。

(2) IEC 60870-5-103《继电保护信息接口标准》。

(3) UCA2.0《公共设备通信体系标准》。

(4) ISO/IEC 9506《制造报文规范MMS (Manufacturing Message Specification)》。

以上这些标准的内容在IEC 61850中都有不同程度的引用和反映。几种标准功能及互操作性如图16-7-1所示。

IEC 61850标准实现了大多数公共实际设备和设备组件的建模。这些模型定义了公共数据格式、标识符、行为和控制。例如变电站和馈线设备（诸如断路器、电压调节器和继电保护等）。自我描述能显著降低数据管理费用、简化数据维护、减少由于配置错误而引起的系统停机时间。IEC 61850作为制定电力系统远动无缝通信系统基础，能大幅度改善信息技术和自动化技术的设备数据集成，减少工程量，减少现场验收、运行、监视、诊断和维护等费用，节约大量时间，增加了自动化系统使用期间的灵活性；解决了变电站自动化系统产品的互操作性和协议转换问题。采用该标准还可使变电站自动化设备具有自描述、自诊断和即插即用的特性，极大地方便了系统的集成，降低了变电站自动化系统的工程费用，提高变电站自动化系统的技术水平及系统安全稳定运行水平，节约开发、验收、维护的人力、物力，实现完全的互操作性。

二、IEC 61850标准分析

IEC 61850标准主要包括的系列文档如图16-7-2所示。

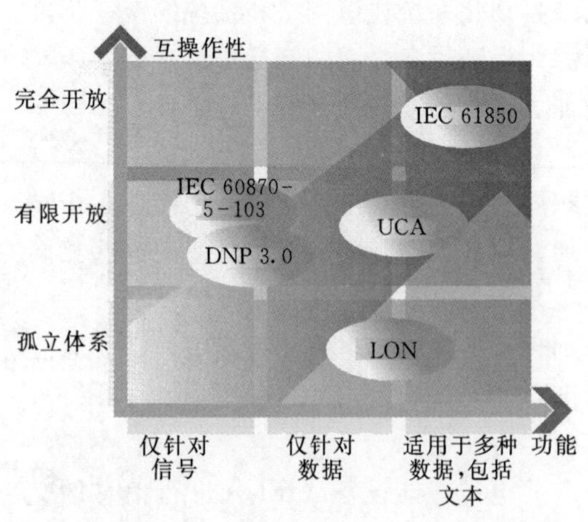

图16-7-1　几种标准功能及互操作性比较

基本原则	IEC 61850-8
术语	IEC 61850-1
一般性要求	IEC 61850-2
系统和工程管理	IEC 61850-3
功能和装置模型的通信要求	IEC 61850-4
变电站自动化系统结构化语言	IEC 61850-5
基本通信框架	IEC 61850-6
SCSM A　SCSM B　SCSM X　SCSM Y	IEC 61850-7
Stack A　Stack B　Stack X　Stack Y	IEC 61850-8
	IEC 61850-9
一致性测试	IEC 61850-10

图16-7-2　IEC 61850标准体系

（1）IEC 61850－1：介绍了 IEC 61850 标准系列的结构与框架标准制定的方法。

（2）IEC 61850－2：IEC 61850 术语集。

（3）IEC 61850－3：总体要求。介绍变电站自动化系统对通信网络的总体要求，重点是对通信网络的质量要求。

（4）IEC 61850－4：系统与项目管理。介绍系统与项目管理的过程及其要求，包括：工程过程及其支持工具；整个系统及其 IED 的寿命周期；开始于研发阶段终止于变电站自动化系统及其 IED 停产退出运行的质量保证。

（5）IEC 61850－5：功能的通信要求与设备模型。规范变电站自动化系统所要实现功能的通信要求与设备模型。

（6）IEC 61850－6：变电站自动化系统中 IED 的通信配置描述语言。规定与通信相关的 IED 配置和参数、通信系统配置、开关间隔（功能）结构以及它们之间关系的文件格式，即变电站 IED 的配置描述语言 SCL。

（7）IEC 61850－7：变电站与馈线设备的基本通信结构。

1）IEC 61850－7－1：原理与模型。介绍在 IEC 61850－7 中使用到的建模方法、通信原理以及信息模型。

2）IEC 61850－7－2：抽象通信服务接口 ACSI。定义的抽象通信服务接口 ACSI，用于 IED 之间实现实时协作的变电站领域，并且独立于底层的通信系统。

3）IEC 61850－7－3：公共数据类。定义了与变电站应用相关的公共属性类型和公共数据类。

4）IEC 61850－7－4：可兼容逻辑节点类与数据类。定义与变电站相关的设备及功能的信息模型。

（8）IEC 61850－8：特殊通信服务映射 SCSM，包括 SCSM 到 MMS（ISO/IEC 9506）及 ISO/IEC 8802－3 的映射。IEC 61850－8－1 规范了通过局域网将 ACSI 的对象与服务映射到 MMS 和 ISO/IEC 8802－3，从而实现数据交换的方法。

（9）IEC 61850－9：特殊通信服务映射 SCSM。

1）IEC 61850－9－1：通过单向多路点对点串行连接的模拟采样值。IEC 61850 -9 -1 规范了间隔层与过程层之间通信的特殊通信服务映射，包括用于采样值传输的抽象服务的映射，映射建立在与 IEC 60044－8 相一致的串行单向多路点对点连接的基础上。

2）IEC 61850－9－2：通过 ISO/IEC 8802－3 的模拟采样值。IEC 61850－9－2 定义采样值类模型到 ISO/IEC 8802－3 的映射，在混合通信栈的基础上使用对 ISO/IEC 8802－3 连接的直接访问来实现采样值的传输。

（10）IEC 61850－10：一致性测试。定义了变电站自动化系统设备一致性测试的方法，还给出了用于设置测试环境以便进行一致性研究并建立有效性的准则。

（11）与其他国际标准相比，IEC 61850 不仅局限于单纯的通信规约，而是数字化变电站自动化系统的标准，它指导了变电站自动化的设计、开发、工程、维护等各个领域。

IEC 61850 标准第 2 版主要围绕以下 3 个方面进行修改：

（1）IEC 61850 标准从面向变电站内领域扩展到其他电力公共事业领域，如水电和风电等通信控制领域。这正适应了目前智能电网的发展、新能源的推进、电力企业信息整合

的需要。

（2）第 2 版 IEC 61850 的通信应用范围进一步扩大，从变电站内部的通信范畴扩展到变电站之间以及变电站（发电厂）和控制中心之间、分布式发电节点之间的通信应用。

（3）对第 1 版本有关内容的明确和细化，对第 1 版中的不同章节表述不一致的地方进行校正，对于一些模型和服务表述模糊之处进一步明确化和具体化，避免各厂家由于理解不一致造成 IED 互操作性不兼容的问题。为此，IEC 61850 第 2 版在对第 1 版进行修订和补充的基础上，还新增了以下 7 个相关的标准或技术规范：IEC 61850－7－410《水电厂监视和控制通信》；IEC 61850－7－420《分布式能源的通信系统》；IEC 61850－7－500《变电站自动化系统逻辑节点应用导引》；IEC 61850－7－510《水电厂逻辑节点应用导引》；IEC 61850－80－1《基于公共数据类模型应用 IEC 60870－5－101/104 的信息交换》；IEC 61850－90－1《应用 IEC 61850 实现变电站之间的通信》；IEC 61850－90－2《应用 IEC 61850 实现变电站和控制中心之间的通信》。

三、IEC 61850 标准在配网自动化中的应用

在配网自动化中需要接入的大量的种类繁多配电终端。由于应用环境、生产厂家的不同，配电终端完成的功能和数据接口也不尽一致。如何有效地接入配电终端，方便地实现互操作，一直是制约配网自动化发展的一大难题。

采用 IEC 61850 的技术和方法对配电终端进行建模，规范智能配电终端数据接口和通信方式，方便地实现设备之间的互联互通和信息共享，已成为一个十分必要的课题。

配电自动化系统可以看作变电站自动化系统的扩展，因此 IEC 61850 标准的思想同样也适用于配电自动化系统。配网自动化通信应用 IEC 61850 是智能配电网的发展方向。

（1）实现终端设备的互查互联、即插即用。

（2）减少通信配置、安装调试的工作量。

（3）IEC 61850 逻辑节点覆盖了绝大部分配网自动化应用。

（4）IEC 61850 定义的信息交换模型、通信服务映射方法完全适用于配网自动化通信。

配电自动化系统遵循分层、分布式体系结构及集中控制的设计思想，在系统层次上可分为主站层、终端设备层（包括 FTU、TTU、DTU 等）两层结构；只在通信上设立配电子站层，作为数据集中器，起到数据集中转发的作用，如图 16－7－3 所示。

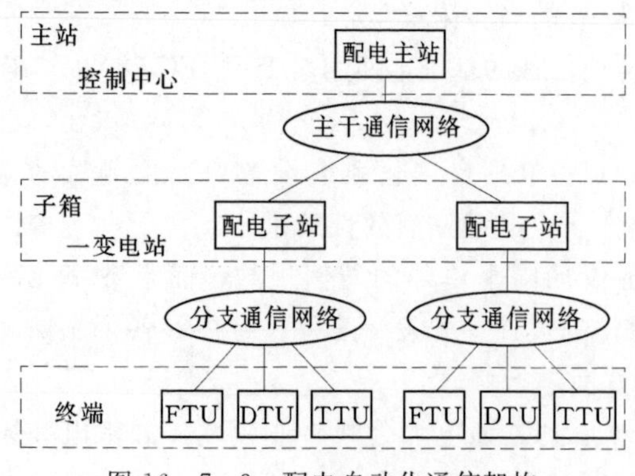

图 16－7－3 配电自动化通信架构

通过在现有的 IEC 61850 标准基础上，补充配网自动化有关的信息模型，形成《IEC 61850 在配电网自动化系统中的应用》（IEC 61850－90－6）。

1. IEC 61850－90－6 的主要内容

（1）配电自动化用例。描述配电自动化的主要功能、实现过程及其对信息变换的需求，包括故障指示、就地式故障定位、

隔离与恢复供电、集中式、分布式、集中电压式、反孤岛保护、线路备自投等与系统配置方面共 20 个用例。

（2）信息模型：针对用例描述的配电自动化功能，给出其通信需求对 LN（逻辑节点）的映射关系（所需要的 LN），甄别出需要扩展或新定义的 LN，并提出已有 LN 扩展与新 LN 定义的方案。

（3）通信需求：分析配电自动化通信对通道带宽、数据传输的实时性以及通信服务映射、信息安全的需求，提出配电网终端即插即用的解决方案。

（4）配置需求：分析配电自动化系统配置的需求，提出解决方案。

2. 配电自动化信息模型

IEC 61850 用于配电网自动化通信，一部分功能（如电压与电流测量、开关控制等）完全可以使用为变电站自动化系统定义的 LN，而也有一部分功能如分布式电源监控、故障指示、FLISR 等，需要扩展已有的 LN 或定义新的 LN。

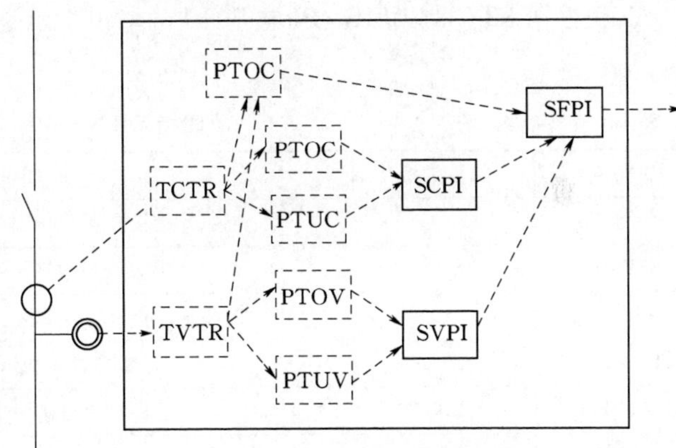

图 16-7-4　故障指示信息交互需求对 LN 的映射关系

下面以配电网终端（故障指示器）的故障指示功能为例，介绍需要扩展或新定义的 LN。终端在检测到过流现象后如果再检测到电压或电流消失，说明配电网发生了导致断路器跳闸的故障，给出故障指示，据此画出故障指示信息交互需求对 LN 的映射关系如图 16-7-4 所示，所需的 LN 的名称、功能及其是否为已有 LN 的情况见表 16-7-1。

表 16-7-1　故障指示功能信息交换所需的 LN

LN 名称	功　能	是否为已有的 LN
TCTR	电流互感器	是
TVTR	电压互感器	是
PTOC	过流保护，在电流超过电流定值持续一段预定的时间后输出一脉冲动作信号	是
PTUC	零流检测，在电流小于低电流定值持续一段预定的时间后输出一脉冲动作信号	是
PTOV	过电压保护，在电压超过过电压定值持续一段预定的时间后输出一脉冲动作信号	是
PTUV	欠电压保护，在电压小于欠电压定值持续一段预定的时间后输出一脉冲动作信号	是
SCPI	电流指示，用于判断故障是否已经被切除或已恢复供电	新定义
SVPI	电压指示，用于判断故障是否已经被切除或已恢复供电	新定义
SFPI	故障指示，根据 P 类 LN 与 SVPI 和（或）SCPI 判断是否有故障电流流过	新定义

电流指示 LN SCPI 与电压指示 LN SVPI 数据对象定义见表 16-7-2 和表 16-7-3。其中 SCPI. Prs 由 PTOC. Op 置位，由 PTOC. Str 复归；SCPI. Abs 由 PTUC. Op 置位，由 PTUC. Str 复归；SVPI. Prs 由 PTOV. Op 置位，由 PTOV. Str 复归；SVPI. Abs 由

PTUV. Op 置位，由 PTUV. Str 复归。

表 16-7-2　　电流指示 LN SCPI

类型	属性名	属性类型	说明	M（必选）/O（可选）
状态	Prs	ACT	电流存在	M
信息	Abs	ACT	电流消失	M

表 16-7-3　　电压指示 LN SVPI

类型	属性名	属性类型	说明	M（必选）/O（可选）
状态	Prs	ACT	电压存在	M
信息	Abs	ACT	电压消失	M

SFPI 根据 PTOC 以及 SVPI 与 SCPI 的输出指示是否有故障电流出现，其数据对象的定义见表 16-7-4。

表 16-7-4　　故障指示 LN SFPI

属性名	属性类型	说　明	M（必选）/O（可选）
状态信息			
EvoEltInd	SPS	发展性故障指示	O
FltInd	ACD	故障指示（指示故障类型、相别与方向）	M
FltPmTyp	ENS	故障性质指示	O
ItmFltInd	SPS	间歇性故障	O
PmFltInd	SPS	永久性故障	O
SfxFltInd	SPS	自熄灭性故障	O
SpmFltInd	SPS	半永久性故障（2 次重合闸后消失）	O
TrsFltInd	SPS	暂态故障（1 次重合闸后消失）	O
Str	ACD	故障状态指示（检测到故障后置位，故障清除后复位）	O
控制			
FltIndRs	SPCT	复位故障指示器	O
定值			
AutoRsMod	SPG	故障指示器自动复位设置	O
FltConfMod	ENG	故障指示确认方式：无/失压确认/零流确认/失压与零流同时确认	O
MaxTmms	ING	检测到故障后重合器重合的最大允许时间	O
PmFltRsTms	ING	永久故障指示自动复位时间	O
TrFltRsTms	ING	暂态或半永久性故障指示自动复位时间	O

四、IEC 61850-80-1 标准在配网自动化中的应用

在 IEC 61850 标准体系中，已新增 IEC 61850-80—1 作为 IEC 61850 和 IEC 60870-5-101/104 的映射标准。这是考虑到目前变电站和控制中心之间广泛使用 IEC 60870-5-

101/104规约，为了简化它们与IEC 61850之间规约转换而制定的信息交换的导则。如果能够利用已有的IEC 60870-5-101/104规约，在IEC 61850-80-1导则的框架下，实现基于CDC模型的信息交换机制，既可以最大限度地利用已有的软硬件资源，又能够最大限度地提升现有配电网通信体系的功能和性能，能够对配网自动化系统的实施起到更强有力的支撑作用。

IEC 61850-80-1规定了如何将通信服务映射到IEC 60870-5-101/104。其优点为易于实现；缺点为对服务模型支持得不够好。比如Server的GetServerDirectory、Logical Device的GetLogical-DeviceDirectory等在IEC 60870-5-101/104中没有相应地实现，但可以通过采用WebService、文件传输，或者对IEC 60870进行扩展，添加相关的应用来解决。

（1）IEC 61850-80-1的主要内容。在IEC 61850-80-1中，定义了IEC 61850面向对象的信息模型到IEC 60870-5-101/104规约的具体映射方法。其主要内容包括以下方面：

1）网关设备的抽象结构及其相关使用案例。

2）直接连接到广域网（WAN）的IED的抽象结构。

3）信息模型的映射。

4）数据的映射。

5）服务的映射。

（2）信息模型的映射原则。IEC 61850面向对象的信息模型到IEC 60870-5-101/104的映射原则如下：

1）将IEC 61850信息模型中的逻辑设备（LD）映射到IEC 60870-5-101/104中的ASDU公共地址（CASDU）。

2）将IEC 61850信息模型中的逻辑节点（LN）实例ID和数据属性的索引映射到IEC 60870-5-101/104中的信息对象地址（IOA）。

3）将IEC 61850信息模型中的公共数据类（CDC）映射到ASDU类型（TI）。

表16-7-5中列举了几种常用CDC到ASDU类型的映射关系。表16-7-6以公共数据类单点状态SPS为例描述了数据属性的映射关系。

表16-7-5　　常用CDC到ASCU类型映射表

IEC 61850—7—3中定义的常用CDC	
CDC（属性数据类型）	ASDU类型（TI）
SPS单点状态	监视方向（状态）：TI〈30〉用于事件；TI〈1〉用于总查询
ACT保护动作信息	监视方向（状态）：TI〈39〉或TI〈30〉用于事件；TI〈1〉用于总查询
BCR二进制表计读数	监视方向（状态）：TI〈37〉用于事件或总查询
MV量测值	监视方向（状态）：TI〈36〉或TI〈35〉用于事件；TI〈13〉或TI〈11〉用于总查询
SPC可控单点	监视方向（状态）：TI〈30〉用于事件；TI〈1〉用于总查询。 控制方向（命令）：TI〈45〉（不带时标）或TI〈58〉（带时标）
APC可控模拟设点信息	监视方向（状态）：TI〈36〉用于事件；TI〈13〉用于总查询。 控制方向（命令）：TI〈50〉（不带时标）或TI〈63〉（带时标）

表 16-7-6　　CDC 单点状态的映射

<table>
<tr><td colspan="2">CDC 类</td><td colspan="2">IEC 60870-5-101 或 IEC 60870-5-104 映射</td></tr>
<tr><td colspan="2">SPS</td><td colspan="2">TI〈30〉</td></tr>
<tr><td>属性名称</td><td>属性类型</td><td>信息元素</td><td>IEC 60870-5-101 或 IEC 60870-5-104 对象组映射</td></tr>
<tr><td>stVal</td><td>BOOLEAN</td><td rowspan="2">SIQ</td><td>SPI:〈0〉OFF=FALSE
〈1〉ON=TRUE</td></tr>
<tr><td>q</td><td>Quality</td><td>Validity→IV
good invalid→valid invalid
questionable→NTI
source→SB
substituted→substituted
operatorBlocked→BL
blocked→blocked</td></tr>
<tr><td>t</td><td>TimeStamp</td><td>CP56Time2a</td><td>7 字节二进制时间，CP56Time2a—dchg 或 qchg 的发生时间</td></tr>
</table>

（3）SCL/Schma 的扩展。在 IEC 61850-80-1 中对变电站配置语言（SCL）进行了扩展，针对 IEC 60870-5-101/104 分别定义了命名空间及 Privatc 部分的 Schcma 定义。

五、适用于分布式能源（微电网）的 IEC 61850 信息模型

1. IEC 61850 在分布式能源领域的应用

IEC 61850 标准是世界上第一个用于变电站自动化系统信息模型和信息交换的全球性标准。目前，IEC 61850 标准在逐渐完善中，其第 2 版正在修订之中，其标题也已改为《电力系统自动化通信网络和系统（Communication Networks and Systems for Power Utility Automation）》，这意味着 IEC 61850 的应用将不再限于变电站，其应用范围有可能拓展至变电站以外的整个电力系统。以 IEC 61850 为基础的风电场应用标准 IEC 61400—25 已在 2006 年 12 月颁布实施，其他变电站以外拓展应用的标准已在制定之中，这些标准应用包括电网电能质量监测、线路保护、变电站之间以及变电站和调度中心之间的信息交换、电力设备的状态监视、分布式能源、水电站监控等。此外，WG17 也将马上开展制定 IEC 61850 应用于配电自动化的标准。

由 IEC/TC 57 制定的有关分布式能源通信系统的早期的标准为 IEC 62350，该项目在 2004 年 12 月启动，其名称为《Communication System for Distributed Energy Resources（DER）》。在 IEC 61850 第 2 版中，分布式能源通信系统标准的制定仍由 TC57 的 WG17 负责，但其标准已经纳入 IEC 61850-7 中，它将作为 IEC 61850-7-420 标准出版，替代原有的编号为 IEC 62350 的标准。IEC 61850-7-420 为以逻辑节点为基础的分布式能源定义了对象模型，对除风电以外的分布式能源定义了各种逻辑装置和逻辑节点，这些分布式能源系统包括光伏发电系统、储能系统、燃料电池、电动汽车充电系统等。另外，WG17 正在为分布式馈线和网络设备（如开关设备、电容器组和重合器等）扩展定义其对象模型。此外，该标准也包含分布式能源中的能量转换、储能和换流装置的逻辑节点应用。

IEC 61850 系列标准由于开放式技术、采用面向对象的建模技术、提供互操作性等特性，开始逐渐渗透至整个能源供应链的自动化领域，成为未来电力系统通信乃至智能电网、分布式能源领域的主要标准。

2. 风电场监控通信标准 IEC 61400－25

IEC 61400－25 系列标准规定了风电场的专用信息、信息交换机制以及向通信协议的映射，并通过面向对象的概念阐述了风电场信息模型、信息交换模型及其建模方法，同时对如何映射到特定通信协议进行建模。IEC 61400－25 系列标准基于客户机一服务器通信模式（见图 16－7－5），定义了风电场 3 个方面的内容，并分别建立了模型，应用时具有可扩展性。

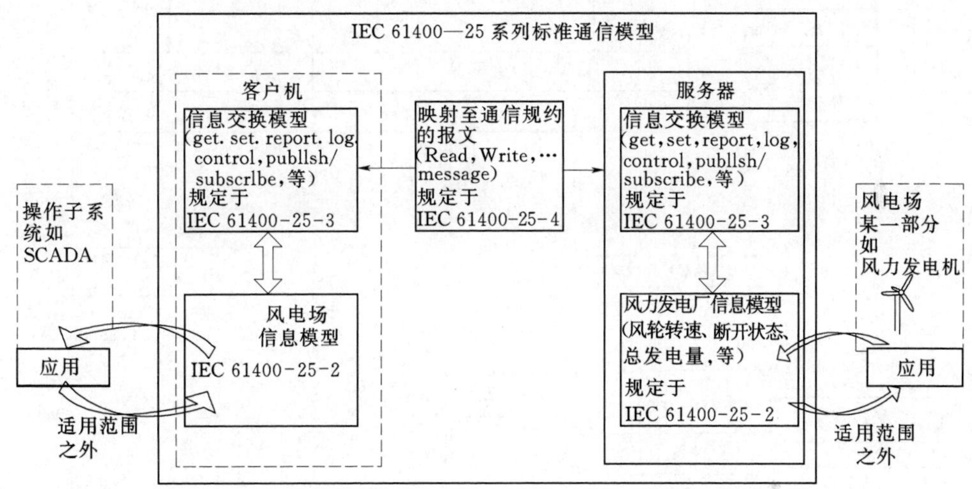

图 16－7－5　IEC 61400－25 系列标准通信模型

（1）信息模型（IEC 61400－25－2）。

（2）信息交换模型（IEC 61400－25－3）。

（3）上述两种模型在标准通信规约上的映射（IEC 61400－25－4）。

IEC 61400－25－4 标准具体规定了适用于 IEC 61400－25 系列标准的通信协议，包括 Webservices、IEC 61850－8－1 MMS、OPC XML DA、IEC 60870－5－104、DNP3。IEC 61400－25－4 标准将继承 IEC 61850 定义的特定通信服务映射（SCSM）和抽象通信服务接口（ASCI），并在映射结构上面考虑了 OSI 参考模型（ISO 7498－1：1984），以使 IEC 61400－25 系列标准有更强的网络适应能力。

3. 基于 IEC 61850 的分布式能源系统信息模型

IEC 61850－7－420 一共为分布式能源系统定义了 50 个新的逻辑节点，其中由大写字母“D”开头的 25 个逻辑节点为分布式能源系统专用逻辑节点。IEC 61400－25 信息模型如图 16－7－6 所示，分布式能源系统中的逻辑设备和逻辑节点分布如图 16－7－7 所示，其中各逻辑设备和逻辑节点说明参见表 16－7－7。

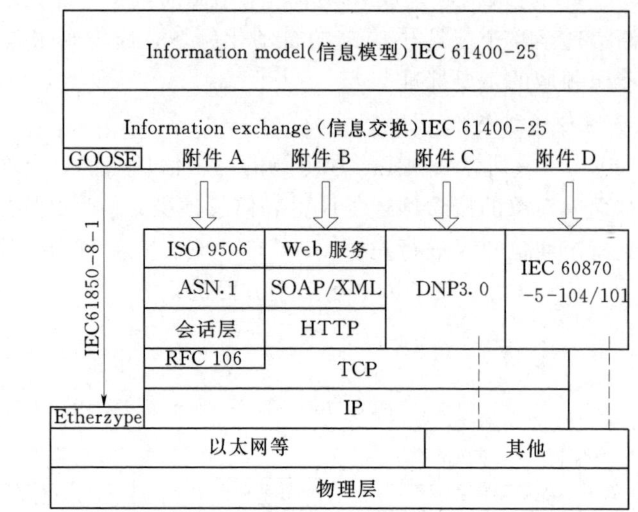

图 16-7-6 IEC 61400—25 信息模型

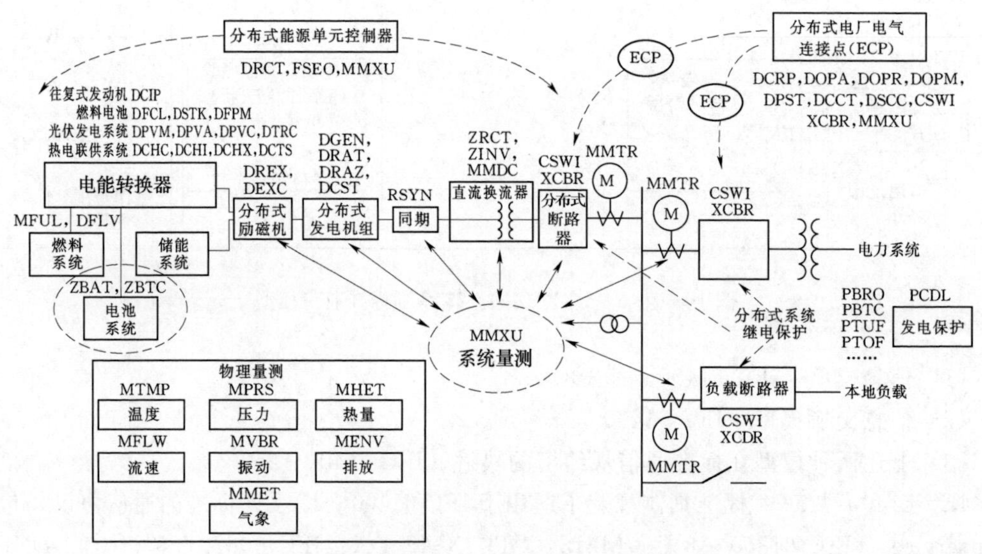

图 16-7-7 分布式能源系统中的逻辑设备和逻辑节点分布图

表 16-7-7 分布式能源系统中的逻辑设备和逻辑节点说明

逻辑节点名称	功 能	说 明	来 源
电池系统 (Battery System) (电池可用于备用电源、励磁电流源或用于储能)			
ZBAT	电池系统	用于远程监视和控制关键辅助电池系统的功能和状态，与电池类型有关	IEC 61850-7-420
ZBTC	电池充电器	用于远程监视和控制关键辅助电池系统的充电器	IEC 61850-7-420
燃料系统 (Fuel System)			

续表

逻辑节点名称	功　能	说　明	来　源
MFUL	燃料系统	描述燃料的类型和特征	IEC 61850-7-420
DFLV	燃料传送系统	描述燃料传送系统，包括钢轨、泵和阀	IEC 61850-7-420
储能系统（Storage System）（包括电池、抽水蓄能、超导磁能存储、飞轮、微飞轮）			
电能转换器（Energy Converter）（包括微汽轮机、燃料电池、光伏发电系统、风轮机、柴油发电机、燃气轮机）			
往复式发动机（Recip Engine）			
DCIP	往复式发动机	用于远程监视和控制往复式发动机的功能和状态	IEC 61850-7-420
燃料电池（Fuel Cell）			
DFCL	燃料电池控制器	用于远程监视燃料电池本体的关键功能和状态	IEC 61850-7-420
DSTK	燃料电池堆	用于远程监视燃料电池堆	IEC 61850-7-420
DFPM	燃料处理模块（从其他燃料中提取氢气用于发电）	该逻辑节点可与一到两个 MFUL 节点一起完整描述燃料处理过程。用于远程监视燃料处理模块	IEC 61850-7-420
光伏发电系统（Photovoltaics）			
DPVM	光伏模块额定参数	描述一个模块的光伏特性	IEC 61850-7-420
DPVA	光伏阵列特征	提供光伏阵列或子阵列的通用信息。描述光伏阵列的配置	IEC 61850-7-420
DPVC	光伏阵列控制器（用于使光伏阵列的功率输出最大化）	用于远程监视和控制（控制模式可变）光伏阵列的关键功能和状态	IEC 61850-7-420
DTRC	跟踪控制器（用于跟踪太阳的移动）	用于向用户提供跟踪系统的总体信息	IEC 61850-7-420
热电联供系统（Combined Heat and Power）			
DCHC	热电联供系统控制器	用于向用户提供热电联供系统的总体信息，包括各设备类型标识、运行约束和相关参数	IEC 61850-7-420
DCTS	热电联供系统储热装置	描述热电联供系统储热装置的特征，既用于储热也可用于储存冷却剂	IEC 61850-7-420
DCHB	热电联供系统锅炉系统	描述热电联供系统锅炉系统的特征	IEC 61850-7-420
分布式励磁机（Exciter）			
DREX	励磁额定参数	定义 DER 设备励磁额定参数	IEC 61850-7-420
DEXC	励磁操作	描述 DER 设备励磁组件的状态和设置	IEC 61850-7-420
DSFC	速度/频率控制器	定义速度/频率控制器的特征	IEC 61850-7-420
分布式发电机组（Generator Unit）			
DGEN	DER 发电机	定义 DER 发电机的实际状态	IEC 61850-7-420
DRAT	DER 发电机基本额定参数	定义 DER 发电机的基本额定参数	IEC 61850-7-420
DRAZ	DER 发电机高级额定参数	定义 DER 发电机的高级额定参数	IEC 61850-7-420

续表

逻辑节点名称	功　能	说　明	来　源
DCST	DER发电机损耗	提供DER发电机运行特性的相关经济指标。最好为不同的运行情况和不同季节定义单独的逻辑节点实例	IEC 61850-7-420
同期（Sync）			
RSYN	同期或检同期		IEC 61850-7-4
直流换流器（DC Converter）			
ZRCT	AC－DC整流器	定义AC/DC整流器特征	IEC 61850-7-420
ZINV	DC－AC逆变器	定义DC/AC逆变器特征	IEC 61850-7-420
MMDC	直流量测	直流侧测量值	IEC 61850-7-4
分布式能源单元控制器（DER Unit Controller）			
DRCT	DER单元控制器特征	定义单个DER单元的控制特性和功能	IEC 61850-7-420
DRCS	DER单元状态	定义单个DER单元的控制状态	IEC 61850-7-420
DRCC	DER单元控制操作	定义单个DER单元的控制操作	IEC 61850-7-420
FSEQ	顺序控制器	提供DER设备启动或退出的操作顺序	IEC 61850-7-420
MMXU	交流量测	自供有功无功测量值	IEC 61850-7-4
分布式电厂电气连接点（DER Plant Electrical Connection Point）			
DCRP	ECP资产属性	包括每个ECP的产权、运营许可、合同义务和权力、位置、所有直接或间接连接的DER设备的标识	IEC 61850-7-420
DOPA	ECP操作特性	包括DER设备类型、连接类型、运行方式、各DER设备在连接点的连接额定参数、连接点的电力系统运行限制	IEC 61850-7-420
DOPR	ECP运行控制权限	包括开合ECP开关、改变运行方式、启动/关闭DER机组的权限	IEC 61850-7-420
DOPM	ECP运行方式	提供ECP运行方式的设置	IEC 61850-7-420
DPST	ECP实际状态	提供ECP的实时状态和量测，包括ECP连接状态和累积电量	IEC 61850-7-420
DCCT	DER经济调度参数	定义DER经济调度参数	IEC 61850-7-420
DSCC	电能和辅助设备调度控制	实现电能和辅助设备调度控制	IEC 61850-7-420
DSCH	电能和辅助设备调度计划	定义电能和辅助设备调度计划	IEC 61850-7-420
CSWI	断路器	连接到ECP或负荷连接点的断路器	IEC 61850-7-4
XCBR	刀闸	连接到ECP或负荷连接点的刀闸	IEC 61850-7-4
MMXU	交流量测	ECP的交流量测，包括有功、无功、频率、电压、电流、功率因数、单相及总阻抗	IEC 61850-7-4

续表

逻辑节点名称	功 能	说 明	来 源
物理量测			
MTMP	温度量测	提供温度量测	IEC 61850-7-420
MPRS	压力量测	提供压力量测	IEC 61850-7-420
MHET	热量测	描述空气、水、蒸汽等物质的热量测，用于加热和冷却	IEC 61850-7-420
MFLW	流速量测	描述液体或气体（空气、水、蒸汽、油等）的流速量测，用于加热、冷却、润滑或其他辅助功能	IEC 61850-7-420
MVBR	振动量测	描述物质的振动，包括旋转物体、液体或气体的振动	IEC 61850-7-420
MENV	排放量测	描述DER排放特征	IEC 61850-7-420
MMET	气象指标量测	描述DER气象指标和气象参数	IEC 61850-7-4
电度表			
MMTR	电度表		
分布式系统继电保护（DER Protective Relaying）			
PBRO	DER继电保护基本逻辑节点	用于PUVR（低电压保护）、POVR（过电压保护）、PTOC（时限过电流保护）、PDPR（方向功率保护）、PFRQ（频率保护）	IEC 61850-7-4
PBTC	DER继电保护定时逻辑节点	用于PUVR（低电压保护）、POVR（过电压保护）、PTOC（时限过电流保护）	IEC 61850-7-4
PTUF	低频保护		IEC 61850-7-4
PTOF	高频保护		IEC 61850-7-4
…			

六、配电终端采用IEC 61850标准举例

（一）配电终端信息模型

配电终端用于采集、监测和控制配电网的各种远方实时、准实时信息，主要包括馈线监控终端和配电变压器监测终端等。

馈线终端完成配电网馈线回路监测，具有遥信、遥测、遥控和故障电流/电压检测、电能质量、智能充电等功能。

配变终端监测并记录配电变压器运行工况，能够采集电流、电压电量，有遥测、遥信和通信功能。

1. 馈线终端的信息模型

图16-7-8给出了柱上开关FTU的信息模型。

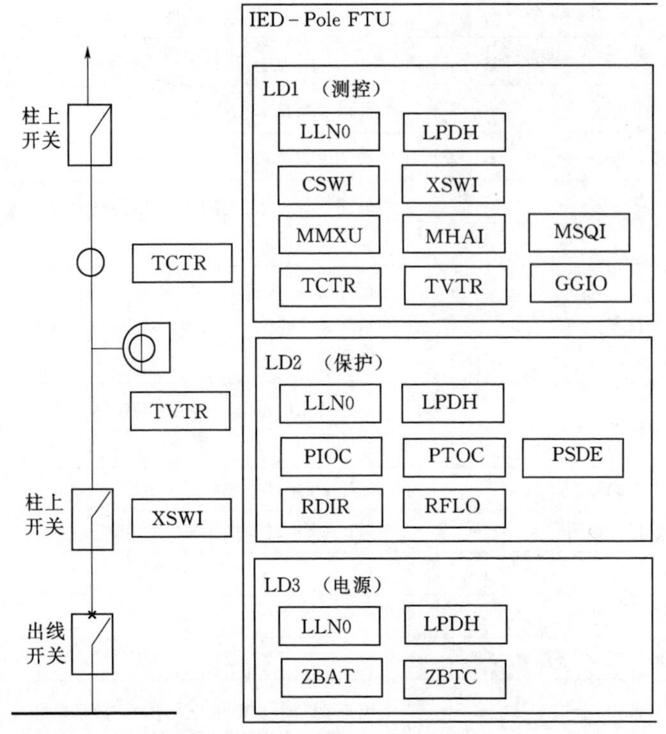

图 16－7－8　FTU 的信息模型

FTU IED 可分为 LD_1、LD_2、LD_3 3 个逻辑设备。其中 LD_1 主要完成 SCADA 功能，实现遥信、遥测、遥控功能；LD_2 主要完成保护和故障检测功能；LD_3 主要完成智能电源管理。

（1）LD_1 测控功能模块。

1）LLN0 包含物理装置 IED 的相关信息，控制 IED 自检等。LPDH 为 IED 的公共信息建模。如铭牌、自检结果等。

2）CSWI 通过 XSWI 控制柱上开关，采集开关的位置状态。XSWI 为负荷开关，如果柱上开关采用断路器，使用 XCBR 代替 XSWI。

3）MMXU 通过 TCTR、TVTR 采集配电线路的电流、电压信息。MHAI 完成谐波测量，MSQI 用来测量不平衡电流。GGIO 为通用过程 I/O 逻辑节点，可以将一些不方便建模的模拟量或者状态量接入，比如开关控制的软压板信息等。

（2）LD_2 保护故障检测功能模块。

1）PIOC 瞬时过流保护，短路故障的瞬时过流信号检测，为过流Ⅰ段保护。

2）PTOC 时限过流保护，作为短路故障的过流Ⅱ段保护。

3）PSDE 用于小电流接地故障检测。

4）RDIR 为方向元件，检测故障的方向。在不对称故障时通过检测负序电压、电流之间的相位差，判断故障方向；而在发生三相对称故障时，通过比较相电压、相电流的相位差判断故障方向。

5）RFLO 为故障定位原件，发生短路故障时，可以通过故障时线路的电流值和电压值，计算得到母线到故障点的电抗值，利用输入的线路单位长度的电抗值，计算故障距离。

（3）LD_3 电源管理功能模块。

包括 ZBAT（电池）和 ZBTC（电池充电管理）。

2. 环网柜 DTU 模型

参照 FTU 信息模型，建立图 16－7－9 所示的包括 8 个开关的 DTU 信息模型。

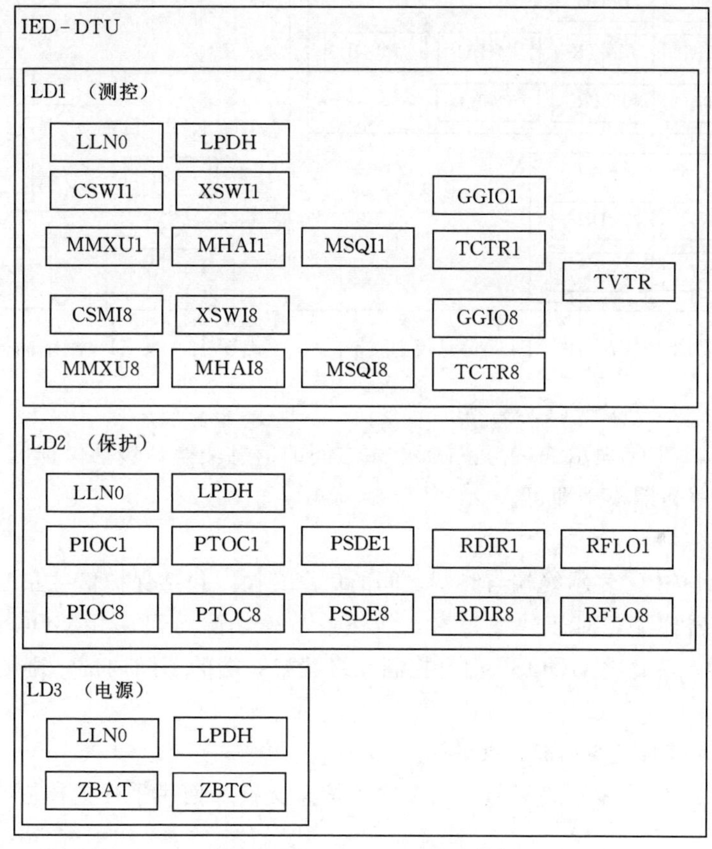

图 16－7－9　DTU 信息模型

（1）LD_1 测控功能模块。包括 1 路电压信息，8 路开关信息。

1）1 路电压信息为 TVTR。

2）8 路开关信息，包括 $CSWI_{1\sim8}$，$XSWI_{1\sim8}$ 位置、控制信息 $MMXU_{1\sim8}$、$MHAI_{1\sim8}$、$MSQI_{1\sim8}$、$TCTR_{1\sim8}$、$GGIO_{1\sim8}$ 电流等信息。

（2）LD_2 保护、故障检测功能模块。包括 $PIOC_{1\sim8}$、$PTOC_{1\sim8}$、$PSDE_{1\sim8}$、$RDIR_{1\sim8}$、$RFLO_{1\sim8}$ 等 8 路开关保护信息。

（3）LD_3 电源管理功能模块。

3. 配变终端 TTU 信息模型

TTU 信息模型如图 16-7-10 所示，包括 1 路电压、1 路电流的配变终端的信息。

（二）信息交换

配电终端的信息交换包括主站与终端、终端与终端、终端与过程层设备 TA、TV、开关、配变等的信息交换，如图 16-7-11 所示。

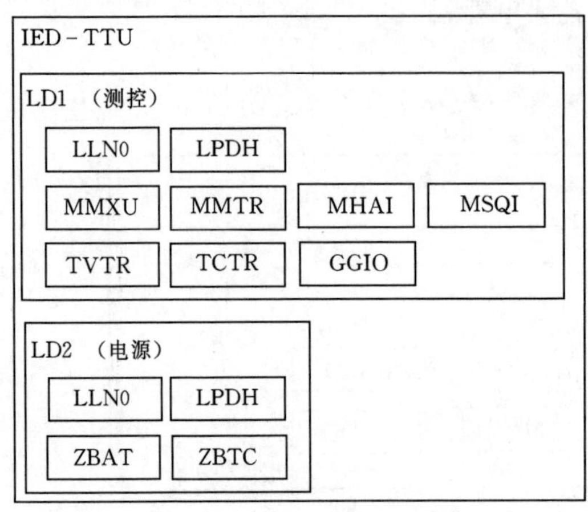

图 16-7-10　TTU 信息模型

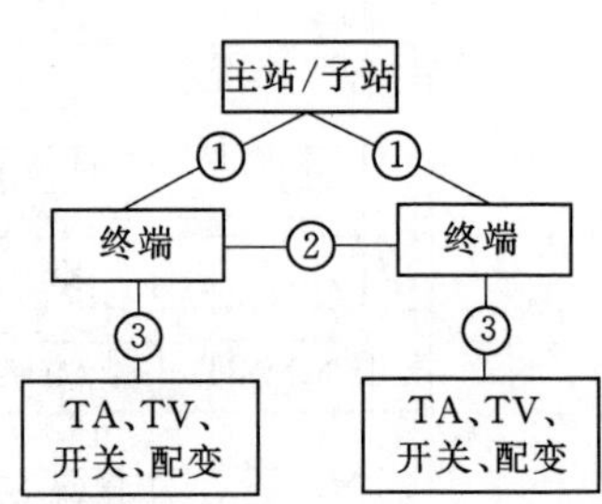

图 16-7-11　终端的信息交换

1. 终端与主站/子站的信息交换

图 16-7-11 中①表示终端与主站/子站之间的信息交换，包括保护信息和控制命令。优先采用客户/服务器模型即可。

2. 终端与终端的信息交换

图 16-7-11 中②表示终端与终端之间的信息交换，包括保护信息和控制命令。可以采用客户/服务器模型，对于快速报文，如快速故障切除等可采用 GOOSE 模型。采用 GOOSE 模型时，尽量将 GOOSE 信息控制在终端与终端的子网内部，避免加重全网的网络负担。

3. 终端与过程层设备的信息交换

图 16-7-11 中③表示终端与主站之间的信息交换，使用采样值传输模型和 GOOSE 模型。

4. 时间同步

直接使用 IEC 61850 中的时间同步模型，保持所有终端的时间与主站一致。仅在分布式保护中采用。

（三）服务映射

按照 IEC 61850 的标准，将上述信息交换服务映射到具体的通信方式。

（1）客户/服务器模型，映射到 MMS 或者 IEC 60870-5-101/104 上实现。

（2）GOOSE 报文，参照 IEC 61850-8-1 直接映射到 ISO/IEC 8802-3 以太网数据链路层。

（3）采用值传输，参照 IEC 61850-9-2 进行映射。

(4) 时间同步采用简单网络时间协议进行映射。

其中 (2)～(4) 在 IEC 61850 中定义的已比较明确，直接使用 IEC 61850-8-1、IEC 61850-9-2 中相关实现方式。

(5) 映射到 IEC 60870-5-101/104。IEC TC57 制订了 IEC 61850 与 IEC 60870-5-101/104 之间信息交换的导则 IEC 61850-80-1。使用 IEC 61850-80-1 可以完成数据模型的映射，用于变电站与控制中心的通信。终端与主站之间的通信也可以参照使用。

(四) 配电网中应用 IEC 61850 标准的问题

1. 配电自动化不同于变电站自动化

(1) 变电站自动化系统，IED 数量有限，布置在变电站内的设备及网络基础设施良好，主要采用 LAN 技术二层以太网交换机。

(2) 配网自动化系统。IED 数量巨大，点多面广，在很大的物理空间部署，网络通信基础设施差异较大，需要采用 WAN 技术，有时需要三层以太网交换机。

2. 信息建模

IEC 61850 第二版现有模型还不能完全描述配网自动化系统，可做必要的扩展，对配网自动化设备完整描述。

3. 通信服务

(1) 变电站自动化系统。ACSI 映射到 MMS，构成一种 SCSM。底层由 MMS 支持。其优点是实时性好；缺点是软件复杂，对 IED 硬件要求高。

(2) 配网自动化系统。IED 硬件配置不是很高，实时性要求不如变电站自动化系统高。可选择软件实现复杂度小的 SCSM，例如 Web Service。

4. 工程配置与维护

基于 IEC 61850-6 所定义的 SCL，工程系统集成工具处理各种模型文件，并对工程情况进行配置，最后形成整个变电站的配置文件 (SCD)。

IED 数量巨大，工程配置与维护量很大，往往是分批、分区、分阶段完成，与变电站自动化系统的集成过程不完全相同。对工程实施与维护提出了新的要求。

例如：SSD 用于描述变电站内的主接线，但不适合配网自动化。

SCD 基于变电站间隔进行组织，不适合配网自动化系统。

SCD 用于描述配置后全站的信息，但不能直接用于配网自动化。

配网自动化可能需要多个局部的 SCD 文件，一起构成整体的配置文件。

5. 与主站及变电站的信息交互

配网主站 (DMS) 基于 IEC 61968 标准，变电站自动化系统基于 IEC 61850 (MMS)，配网自动化终端基于 IEC 61850。需要协调信息的转化与共享。

第八节　基于互联网的电动汽车充电桩

一、基于互联网的电动汽车充电桩架构

电动汽车充电桩（以下简称充电桩）包含电气控制和交易服务两个部分。两个部分有

各自的技术发展路径，电气控制部分主要负责充电功率变换输出控制，交易服务部分主要负责完成用户认证、计量计费、结算支付，数据加密与通信功能。电气控制部分是随着充电技术（例如高频软开关技术、快速充电技术、无线充电技术）的发展而发展，并且与电动汽车动力电池技术发展息息相关；交易服务部分是随着信息化技术、互联网金融服务的发展而发展，并且伴随着“互联网＋充电服务”的兴起，有巨大的发展前景空间。发展的同时，二者之间存在一定的内在联系，充电桩通过两部分间的相互配合完成对外的充电服务，如图 16－8－1 所示。

其中电气控制与交易服务部分相互交织融合，软件的充电业务与电气控制融合在一起，不利于充电桩未来的发展。

现有充电桩架构如图 16－8－2 所示。该架构下未实现充电技术与交易业务的分离、使得充电产品的扩展性极差，不利于系统集成、灵活部署，不利于更新换代和技术改造，造成实际产品因用户需求变动导致整体都需要进行改动，给现场工程实施和后期产品的升级维护带来巨大困难，同时也增加了运营成本。

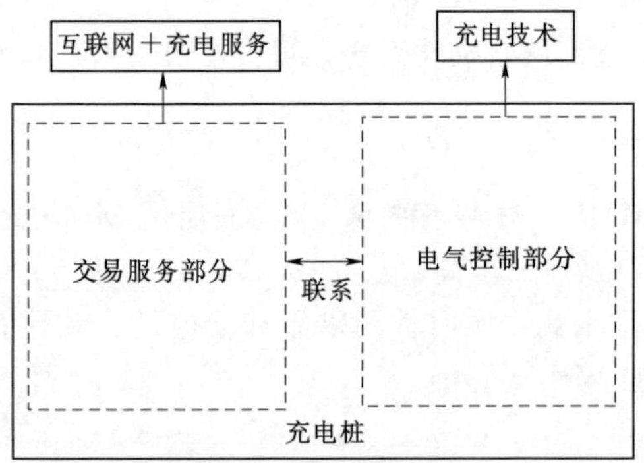

图 16－8－1　充电桩组成及发展路径示意图

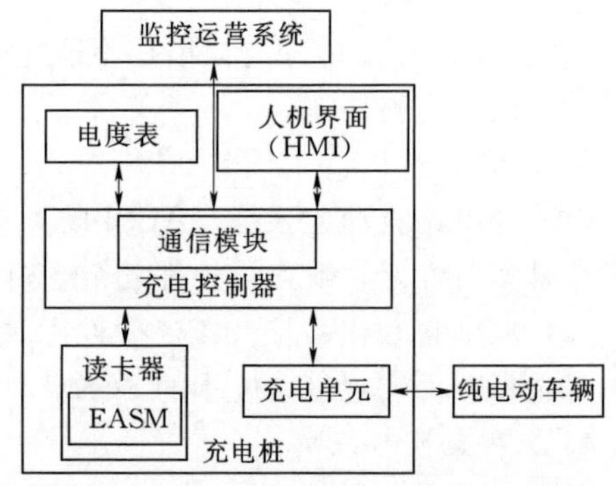

图 16－8－2　现有充电桩架构示意图

该架构下无法对充电用户的认证与交易结算方式形成标准统一的规范要求，造成充电产品在实际的使用过程中，用户认证与交易结算千差万别，大大降低电动汽车用户充电操作的便利性与安全性。

（1）产品的扩展性极差，不利于系统集成、灵活安装部署，不利于更新换代和技术改造。

（2）产品的操作不规范，已建设的充电设施人机界面不统一、操作流程不一样，交易服务流程不规范，工程实施流程不规范。

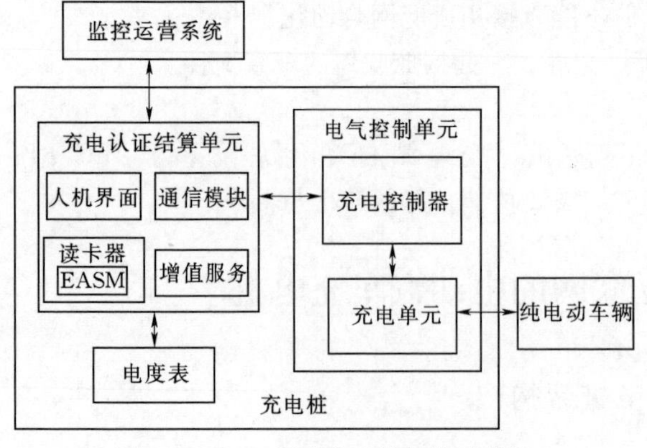

图 16－8－3　新型充电桩架构示意图

二、基于互联网的充电桩方案

1. 系统架构

新型充电桩架构如图 16－8－3 所示。新型充电桩架构包括电气控制单元和认证结算单元两个部分，硬件采用两块独立的板卡设计，充电认证结算单元板卡负责完成包括人机界面、读卡器和EASM认证、通信模块及增值服务等部分功能。其中通信模块负责同时与电气控制单元部分、监控运营系统及电度表等设备进行信息交互。电气控制单元板卡负责完成包括充电控制器及充电单元等部分功能。采用此种架构设计的充电桩，实现了充电技术与充电业务的分离，有利于充电桩进行标准化设计，任何用户业务需求的变动无需改动充电桩底层电气控制部分，利用充电桩产品的后期升级维护，降低充电桩维护成本。

2. 功能定义

充电桩具体功能包括访问控制与用户认证，计量计费与结算支付，充电交易数据加密与记录，通信等功能，见表16－8－1。

表16－8－1　　充电桩功能

序号	功能定义	功能描述
1	人机交互	通过向导式的用户操作界面，保证提示充电操作流程，保证充电交易的完成
2	访问控制与用户认证	支持RFID、验证码、二维码等
3	计量计费与结算支付	根据充电电量、分时电价等结算充电服务费用
4	充电交易数据加密与记录	对充电交易数据进行加密传输，并记录充电交易信息，保证用户交易和信息安全
5	通信功能	通过标准接口实现与充电桩控制器、智能电能表、运营监控系统的数据交互
6	交易功能	支持与银联接口、充电卡充值、银行卡、支付宝等多手段支付

充电桩中的认证结算单元部分主要涵盖人机、认证、结算、计量、通信及交易服务等功能；电气控制单元主要涵盖有充电控制及其相关的充电开关、电气回路等功能，如图16－8－4所示。

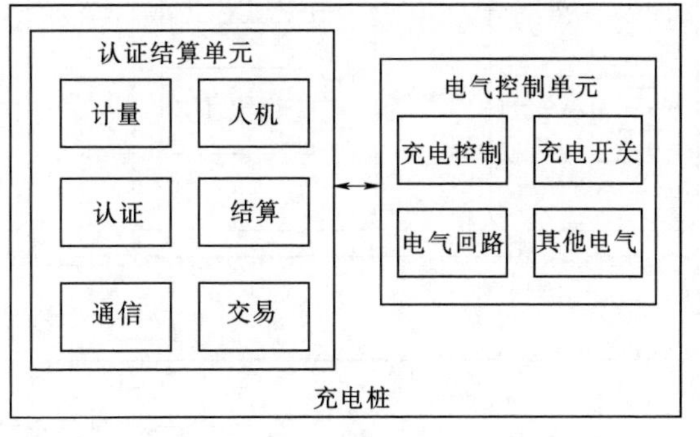

图16－8－4　充电桩功能示意图

3. 硬件接口

充电桩由CPU处理器、ESAM模块、非易失存储器、读卡器接口、电能表接口、远程通信接口、显示器接口、充电控制器接口、语音模块、定位模块、开关量输入、开关量输出、时钟、电源管理等部件构成，见表16－8－2。

表16－8－2　　充电桩硬件接口定义

接口类型	接口定义	接口特征
读卡器	对CPU卡读写操作	无
RS485	与智能电表通信	支持多种波特率

续表

接口类型	接口定义	接口特征
CAN	与充电桩控制器通信	支持多种通信速率
以太网	与运营监控系统通信	支持多网段有线通信
GPRS	与运营监控系统通信	支持多网段无线通信

4. 软件设计

软件采用模块化、组件化设计思想，采用单进程、多线程、分模块方式进行开发，采用面向对象的思想进行充电桩软硬件系统的分析设计实现，应用 RoseUML/Visio 等工具进行辅助设计，采用 QT/VS 2008 等集成开发环境，通过 C/C++语言进行软件模块的编码工作，如图 16-8-5 所示。

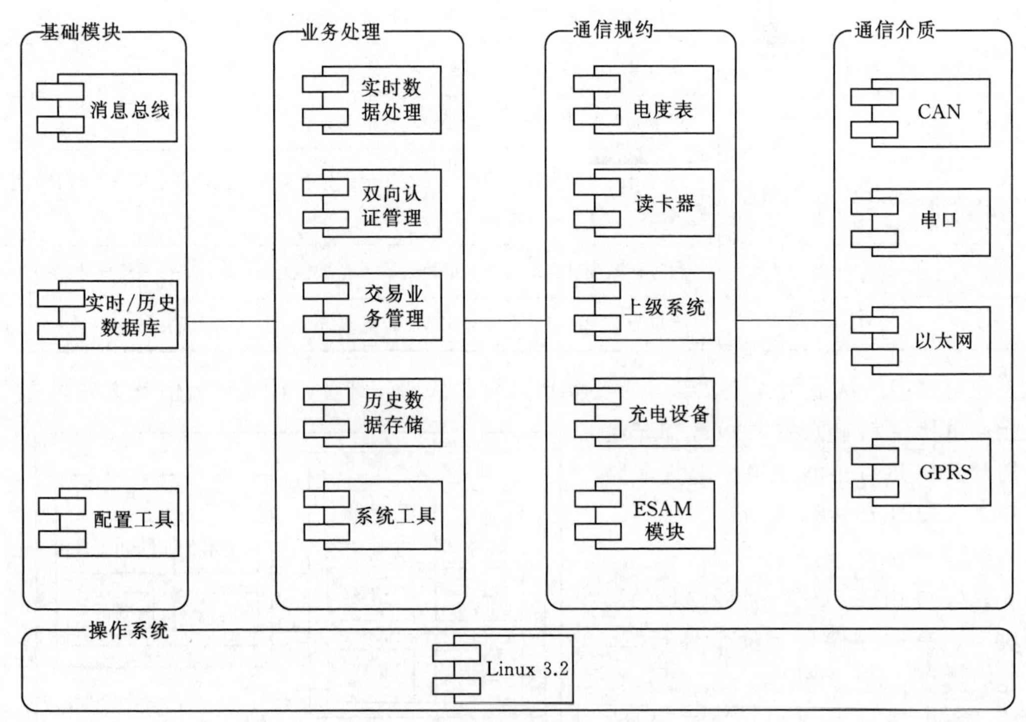

图 16-8-5　软件逻辑结构图设计

5. 通信网络

采用无线通信与无线中继技术完成无线通信、全面覆盖的充电桩无线就地组网，充电桩集成 WiFi 通信模块，支持 802.11b 和 802.11g 标准，为无线就地组网提供基础支撑，各充电桩成为局域网中的网络节点。集成无线 AP 技术，实现充电设施之间通过无线信号进行桥接中继，同时并不影响其无线覆盖功能。通过 GPRS 无线通信接口，完成虚拟热点与基于 Webservice 的服务发布和调用技术的通道支撑，完成与上级系统的信息交互，如图 16-8-6 所示。

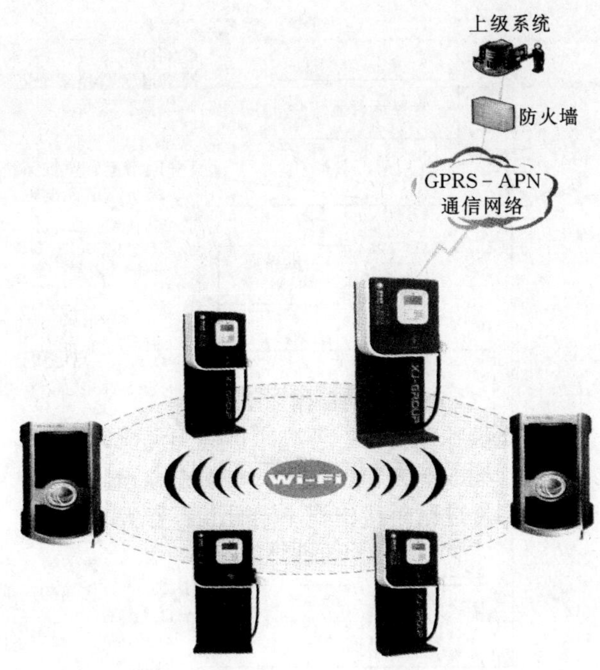

图 16-8-6　充电桩组网实现示意图

6. 方案优势

两种方案比较见表 16-8-3。

表 16-8-3　两种方案比较

对比因素	前方案	现方案
设计成本	一体化设计，设计耦合度高，未将电气控制部分与交易服务部分分离设计，造成所需硬件资源浪费	组件优化设计，将电气控制部分与交易服务部分分离，任何一部分的变化不影响原设计，硬件资源得到充分利用
维护成本	充电桩因用户的需求变化改动维护成本高，现场产品版本众多，维护工作量增加，技术升级不方便	仅改动交易服务部分，现场产品版本少，维护工作量降低，技术升级方便
系统集成	不利于系统集成，存在多种接口和协议版本	利于系统集成，只有一种接口和协议
结算认证	版本众多，不利于统一结算认证	一个版本，利用统一结算认证
用户体验	用户体验不好，操作流程复杂繁琐，用户需要关注技术细节	用户操作便捷，无需关注技术细节，用户体验好

三、标准体系

重新梳理目前市场上的充电桩涉及的标准体系，如图 16-8-7 所示。

根据充电桩新的架构需要重新制定 1 个规范和 2 个协议标准来支撑充电产品的发展，规范和标准的名称分别为认证结算单元功能接口技术规范、认证结算单元与监控运营管理系统间通信协议，认证结算单元与充电控制单元间通信协议，如图 16-8-8 所示。

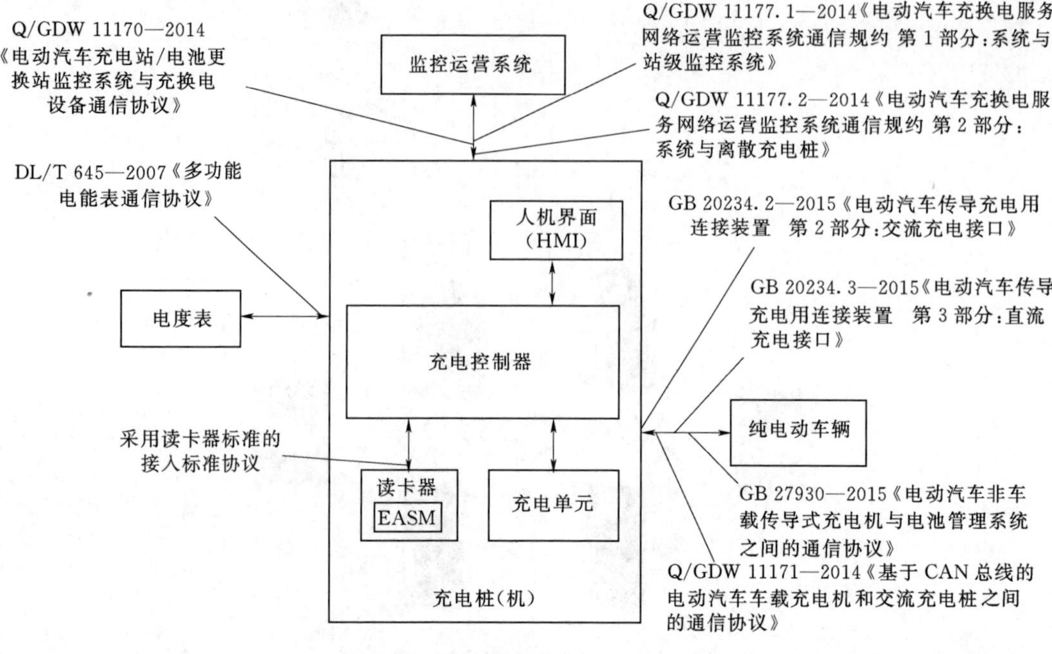

图 16-8-7　充电桩相关标准体系

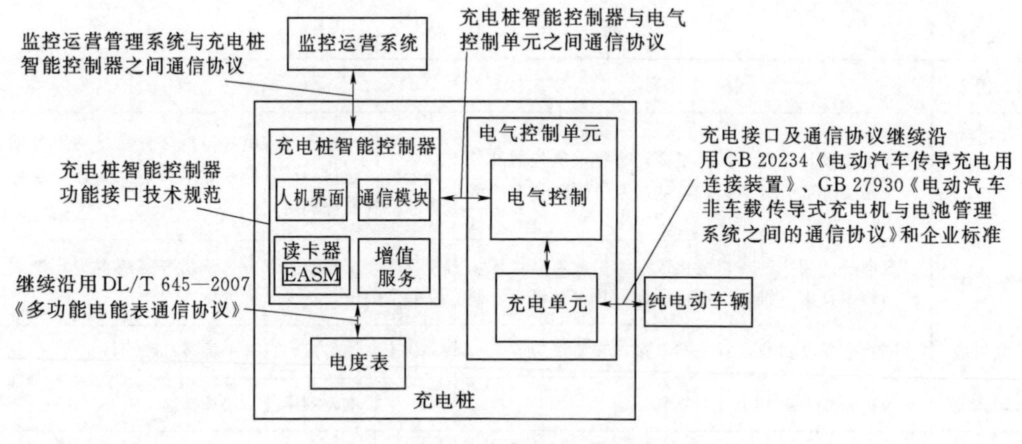

图 16-8-8　新制定的标准体系分布图

四、业务流程

依据架构设计选取了典型鉴权认证业务流程并进行详细设计说明。认证结算单元与监控运营重连时，确认充电桩的合法性，通过连接时取随机数方式完成鉴权认证，如图16-8-9所示。

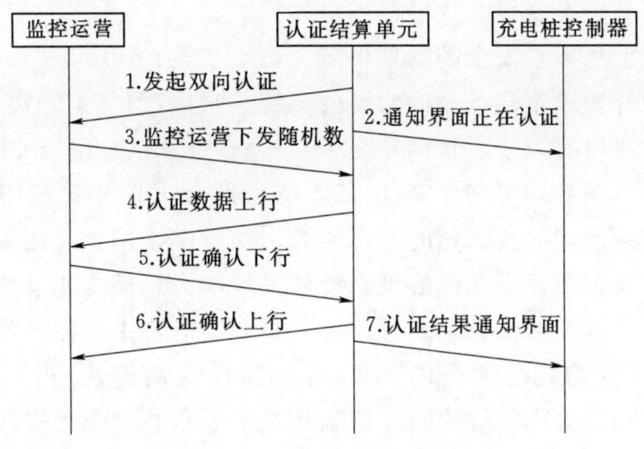

图 16-8-9　鉴权认证业务流程图

第九节　基于新一代安全控制系统解决方案
——基于嵌入式安全主控芯片 SoC - eSE

一、技术背景

物联网并非简单地将设备连到网上。设备通过网络相互连接仅是一种物理形态，物联网解决的是：信息的广泛感知采集与远程的控制指令在节点设备上得以执行；信息处理的范式交于人工智能；信息的存储与计算交于边缘设备与云端服务器；信息接入的带宽与传输的速度有赖于 5G；跨行业与垂直行业中不同实体间的信任问题依靠区块链。这些技术共同支撑起了物联网的智慧化生态的繁荣发展。预计到 2025 年，全球物联网市场将会有 4 万亿～11 万亿美元的高速增长，届时我国国内物联网设备的连接数量也将会突破 200 亿个，借助 5G、云计算、人工智能与区块链等技术，以物联网的形态为我们的生活提供便利与服务。未来会有更普遍的智慧家居、智慧社区、智慧城市、智慧医疗、智慧教育、智慧工业、智慧农业，乃至整个智慧地球出现在我们身边。物联网将为全球经济带来巨大的价值，但这种商业潜力必须要与“安全”相伴而生。

基于专用的安全芯片实现的硬件安全解决方案可以防御针对硬件的攻击。其中经过特殊设计的硬件逻辑与架构可以保护存储与运行在其中的代码与数据不可读，即使通过专业的反向工程也无法做到对其中的代码与数据进行分析与复制，因此安全芯片产品通常在系统设计中承担着可信任根的角色。因此，面向物联网应用的安全芯片产品绝不是安全功能的简单堆叠，而是需要面对物联网应用多元化的挑战，定义合理的产品设计，既能在保证安全强度的前提下实现安全目标达成的普遍性，又能以合理的价格满足物联网产品对成本控制的要求。

基于嵌入式安全主控芯片 SoC - eSE 正是满足物联网安全防护的最佳方案，其原因为：

(1) 5G 作为国家战略，将重点服务于工业互联网行业应用。

(2) 工业互联网的安全问题迫在眉睫，尤其是关系到国计民生的重要领域，如能源、

交通、通信、金融等领域，安全芯片的市场空间巨大。

（3）芯片安全是信息系统安全的物理根基。

（4）信创、安可等要求重要行业的软硬件系统必须国产化。

在国内，纳思达股份有限公司长期专注于C-Sky（玄铁）国产CPU内核的研发和应用，是国内顶级SoC（系统级芯片）的开发团队，拥有国内顶尖的SoC开发服务平台。基于对处理器设计的深刻理解及娴熟的定制能力，结合基于国家商用密码算法的安全架构软硬件设计能力，以及包括容错在内的可靠硬件设计能力，极海能够快速设计具备不同处理能力、覆盖不同工艺级别的各类系统芯片，具有全国产自主可控处理器设计能力并为客户提供定制化一站式低功耗、安全的SoC系统芯片应用解决方案。面向特殊应用领域（如电网）应用算法高集成度的软硬件定制化是实现核心知识产权和安全防护的重要保障，是处理性能提升的重要支撑，其解决了基于通用控制芯片＋软件方式实现安全功能或通过独立的控制芯片＋独立的安全芯片实现安全功能的控制应用系统所存在的安全的一体性较弱，处理性能、功耗和安全等级相对受限的问题。基于该SoC平台开发的系统级芯片已经成功批量应用于奔图打印机和电网，并被专家评定为国际先进、国内领先 。

二、技术特点

1. 提供定制化一站式SoC系统芯片应用解决方案——安全平台

（1）硬件和软件的安全CPU架构如图16-9-1所示。

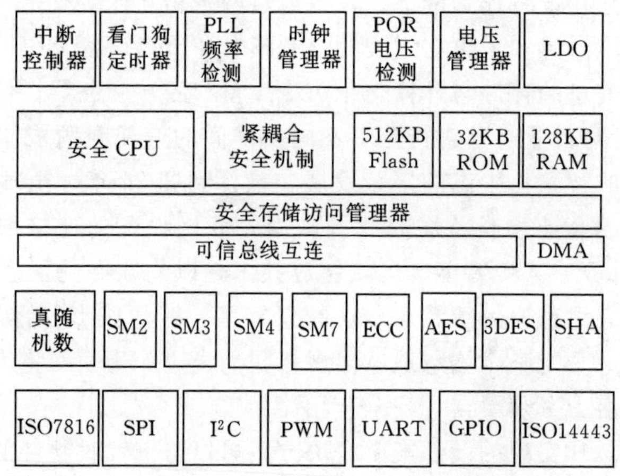

图16-9-1 硬件和软件的安全CPU架构

（2）密码引擎。

1）散列算法：SHA，SM3。

2）对称加密算法：AES，DES/3DES，SM4，SM7，ZUC。

3）公共密钥算法：RSA，ECC，SM2。

4）大数值运算。

（3）加密内存解决方案。

1）在eFlash或其他NVM中保护代码和数据。

2）保护 SRAM 的系统运行安全。

（4）真随机数发生器。

（5）传感器。

1）电压检测器、频率检测器、温度频率检测器、光探测器。

2）抗 SPA/DPA 攻击。

2. 采用全国产处理器核玄铁系列

其特点如下：

（1）指令集定制：拓展应用灵活性。

（2）安全化设计：增加安全性。

（3）可靠容错设计：可靠运行。

（4）面向特殊应用的 ASIP 处理器设计：提高整体能效。

（5）神经网络处理器：增加智能处理能力。

3. 安全可信

安全子系统作为主控芯片内嵌模块，是保障芯片器件自身安全以及相关数据信息安全的关键。

（1）物理隔离的安全子系统，其特点包括：安全处理器、OTP 存储、抗物理攻击、PUF 物理不可克隆技术、真随机数发生器、国密安全二级。

（2）安全启动和物理隔离的可信运行环境。

4. 聚焦工控安全，可信 CPU＋安全 CPU 多核架构技术方案

可信 CPU 和安全 CPU 架构如图 16－9－2 和图 16－9－3 所示。

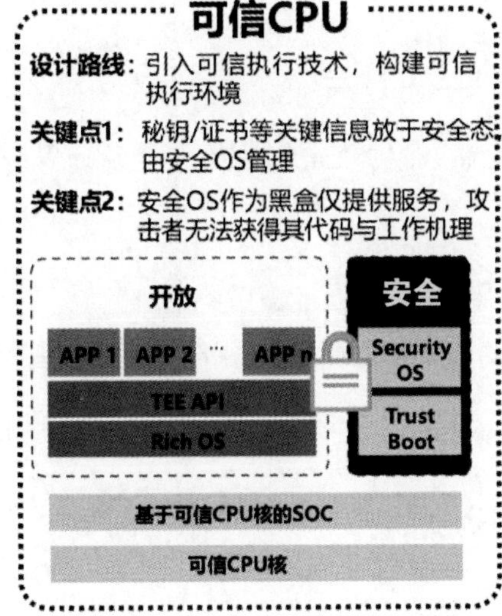

图 16－9－2　可信 CPU 架构

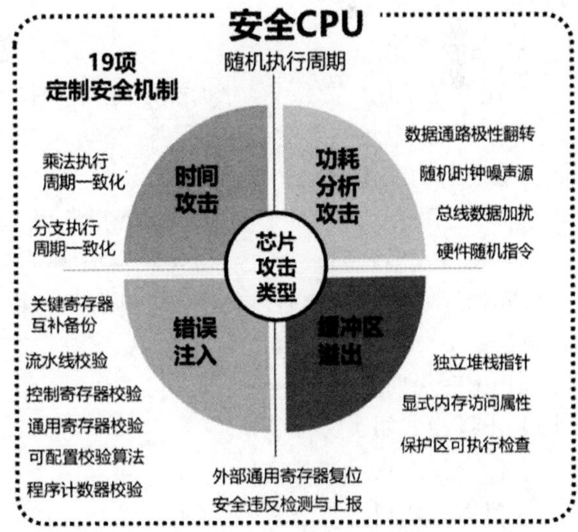

图 16－9－3　安全 CPU 架构

5. 高集成度的 eSE 嵌入式安全技术

把两颗芯片集成单颗芯片，具有更高集成度、更低功耗 、更高安全性的特点，其架构如图 16－9－4 所示。

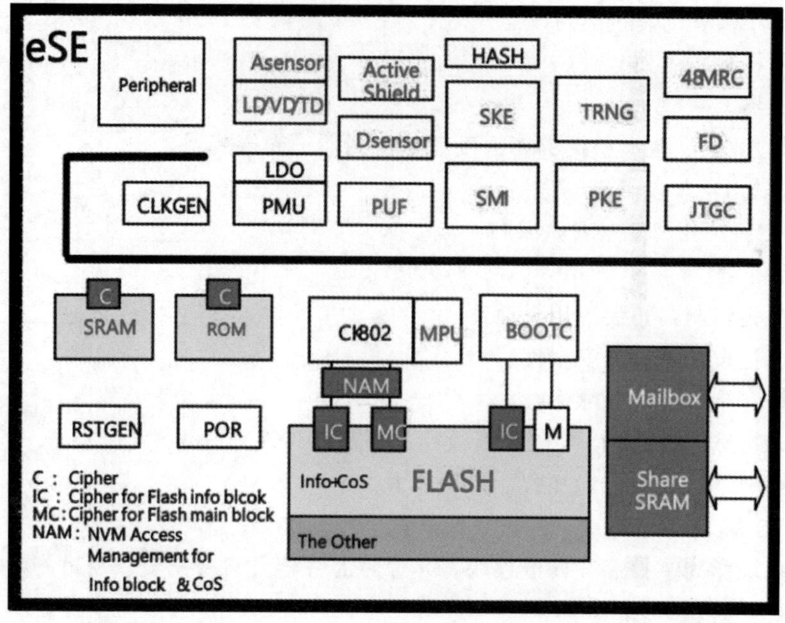

图 16-9-4　高度集成的 eSE 架构

6. 多核异构 SoC

根据客户应用场景，定制专用多核异构 SoC 架构，如图 16-9-5 所示，包括：①应用操作系统，运行标准 Linux，支撑用户应用程序运行；②嵌入式实时操作系统，运行实时 RTOS，满足嵌入式实时性任务处理；③网络子系统，运行以太网相关任务；④安全子系统，完成安全相关任务。

（1）安全防御。

1）主动防护层，总线/存储加扰以防御探针攻击。

2）数字/模拟传感器设计以双重防御电压/温度/电磁/时钟攻击算法的安全设计以防御侧信道攻击。

3）PUF 用于产生唯一、可靠的数字指纹用于防御反向工程。

（2）硬件安全启动。安全启动模块会按照一定顺序启动各个安全模块。

（3）物理隔离。只能通过共享 RAM 和 MAILBOX，以及有限接口命令与应用处理器进行通信。

（4）生命周期管理。

1）出厂模式用于芯片测试。

2）用户模式用于产品使用。

3）自毁模式用于敏感信息的销毁。

（5）存储访问管理。

1）FLASH 的 Info block 在用户模式下不可更改。

2）FLASH 上 CoS 可在用户模式下锁定。

7. 比分立式安全芯片更安全

（1）eSE 安全性体现：

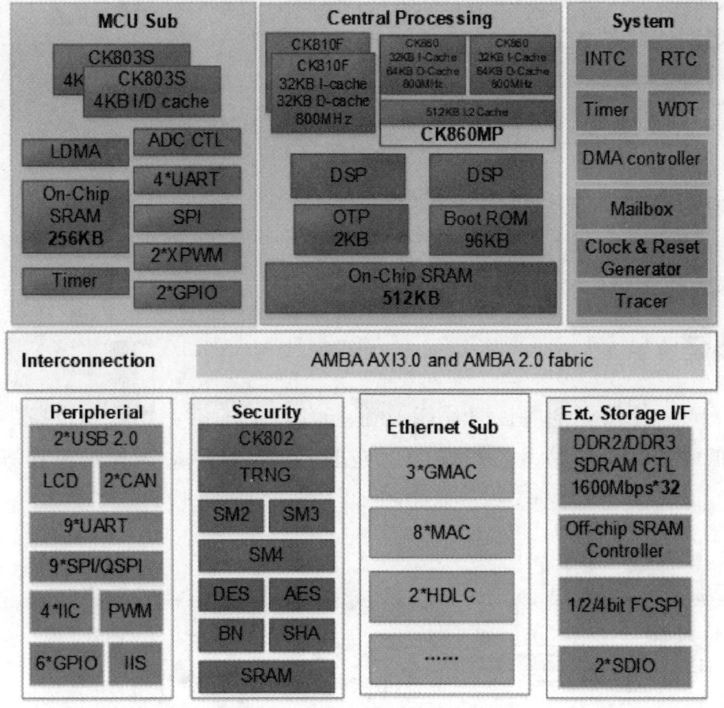

图 16 - 9 - 5　多核异构 SoC 架构

1）作为一个子系统内嵌于系统芯片中，与应用子系统只通过内部安全接口通信，防止数据从物理接口泄露。

2）安全子系统采用专用的安全处理器，具备独立的存储资源，从物理电路级、密码算法级、系统级等实现多层组合防护机制，保证安全子系统中的数据始终处于安全保护之中。

3）实现主动防护层、安全传感器等安全技术，实时监测芯片运行状态。

4）实现安全启动、自检、安全密钥等安全机制，具备自毁等安全特征，从上电开始，保护芯片整个生命周期都处于安全防护中。

总体而言，采用了 eSE 技术，使得芯片具备了抗侧信道攻击、故障注入攻击、物理攻击、远程软件攻击等一系列安全防护能力。

（2）eSE 领先性体现在：

1）普通密码芯片安全机制不够全面，只体现在算法抗侧信道攻击等方面，相比之下，eSE 采用更全面的安全机制，安全性更强。

2）eSE 技术使单颗芯片内同时具备了安全功能和主控功能，甚至其他定制化的应用功能。安全子系统与主控系统、其他子系统之间，通过安全通信接口交互，效率远远超过通过串行物理接口。因此安全性更强的同时，又极大提升了性能，打破了“安全与高效相悖”的惯有思维。

8. 高可靠抗干扰技术

（1）高可靠设计技术。

1）ESD 定制优化技术：＞8kV HBM ESD。

2）EMC 定制优化技术。

（2）展频时钟技术。

1）展频 OSC 技术。

2）展频 PLL 技术。

（3）温度电压动态监调技术。

1）芯片结温的实时监控。

2）芯片压降的实时监控。

三、各种解决方案

基于国产 SoC－eSE 安全主控芯片能覆盖 80％以上的工业物联网设备的应用，包括安全处理芯片、低端应用处理芯片、中端应用处理芯片、高端应用处理芯片等。

工业控制互联网安全应用解决方案如图 16－9－6 所示。

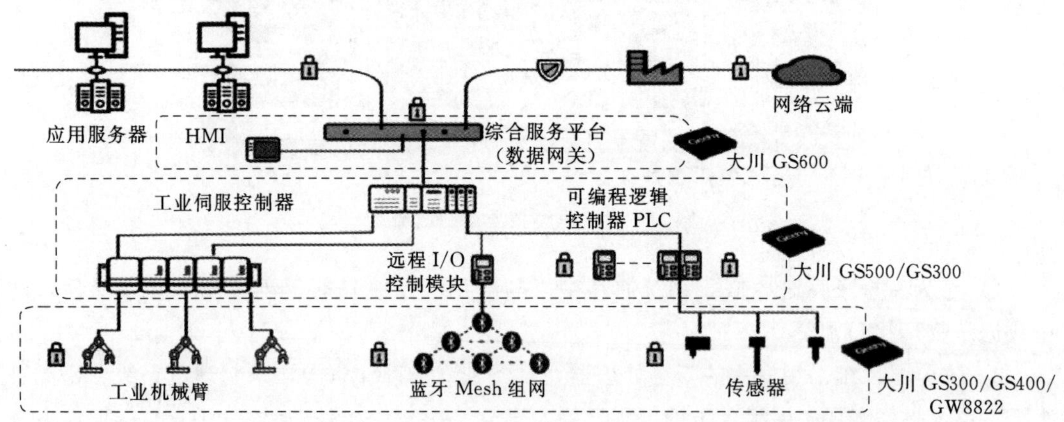

图 16－9－6　工业控制互联网安全应用解决方案

智慧能源解决方案如图 16－9－7 所示。

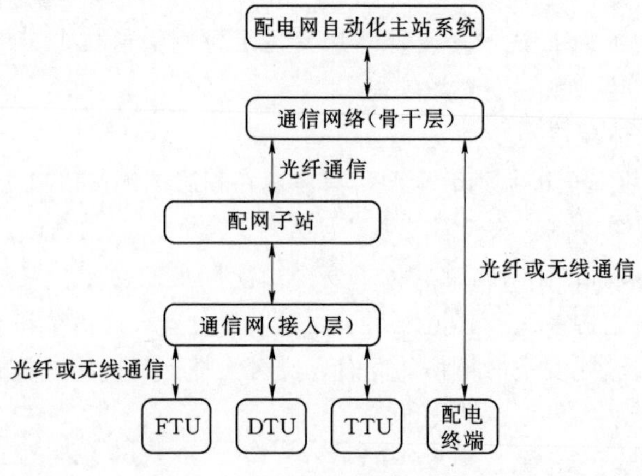

图 16－9－7　智慧能源解决方案

未来应用如图 16 - 9 - 8 所示。

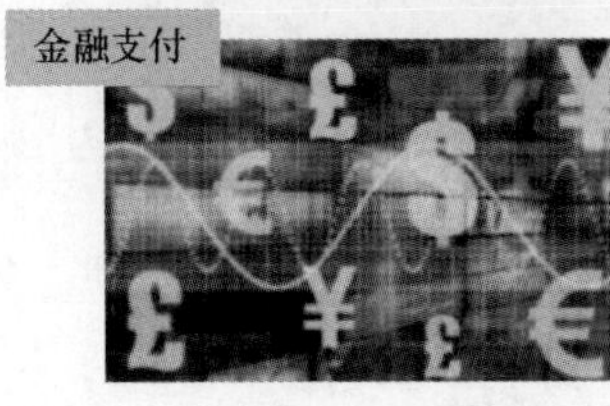

图 16 - 9 - 8　未来应用